JIXIE JIAGONG JICHU
RUMEN

U0287907

机械加工基础入门

张丽杰　王晓燕　主编

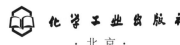

化学工业出版社

·北京·

内 容 简 介

本书以机械加工基础知识为主线，以图文并茂的形式、通俗易懂的语言介绍机械加工材料、制造工艺、加工方法、检验，装配调试等基础理论和基本技能。基础与应用相结合，详细介绍机械加工制造流程、工程材料、刀具材料、工件材料的冶炼工艺、毛坯的生产工艺、钢的热处理工艺、机械加工方法、机械加工工艺规程设计、超高速和超精密加工技术、孔轴配合公差、几何公差、表面粗糙度、常用零件的检测器具及检测项目、常用零件的检测方法、装配工艺的制订、装配尺寸链和保证装配精度的方法等。本书在精选传统经典内容的基础上，采用新的国家标准，便于读者学习与查阅。

本书既可作为机械加工技术人员的入门参考资料，又可供高等院校、高职高专机械类或近机类专业的师生使用。

图书在版编目（CIP）数据

机械加工基础入门/张丽杰，王晓燕主编. —北京：
化学工业出版社，2022.7
ISBN 978-7-122-41123-5

Ⅰ.①机… Ⅱ.①张… ②王… Ⅲ.①金属切削-基本知识 Ⅳ.①TG5

中国版本图书馆 CIP 数据核字（2022）第 055499 号

责任编辑：金林茹　　　　　　　　　　　　文字编辑：徐　秀　师明远
责任校对：赵懿桐　　　　　　　　　　　　装帧设计：王晓宇

出版发行：化学工业出版社（北京市东城区青年湖南街 13 号　邮政编码 100011）
印　　装：北京天宇星印刷厂
787mm×1092mm　1/16　印张 22¼　字数 577 千字　2023 年 1 月北京第 1 版第 1 次印刷

购书咨询：010-64518888　　　　　　　　售后服务：010-64518899
网　　址：http://www.cip.com.cn

定　　价：99.80 元　　　　　　　　　　　　　　　　版权所有　违者必究

在科技迅速发展的今天，机械工业作业各类工业的基础，在任何时期都不可或缺。在机械领域，人们常说"设计是灵魂，材料是基础，制造是关键，测试是保证"。对于好的机械产品而言，机械设计、材料、机械制造、测试四大环节缺一不可。机械制造的关键是机械加工，机械加工是通过受控的材料去除过程将材料（通常是金属）切割成所需的最终形状和尺寸的过程。一名合格的机械领域从业人员，无论在什么岗位，都必须具备一定的机械加工基础知识，只有这样才能更地协调或相互配合。

本书定位为介绍机械加工基础知识的入门书，旨在为广大读者提供机械加工材料、制造工艺、加工方法等基础理论和基本技能，使机械工程类的初学者及工程技术人员对机械加工有比较合面的理解。本书以机械加工基础知识为主线，注重基础与应用相结合，设置了五篇：第一篇是概述、第二篇是材料基础知识、第三篇是制造工艺及方法、第四篇是检验、第五篇是装配调试。本书工共有 18 单，包括：机械加工制造流程和内容、机械工程材料概述、工程材料、刀具材料、工程材料的冶炼工艺、毛坯的生产工艺、钢的热处理工艺、机械加工方法、机械加工工艺规程设计、超高速和超精密加工技术、孔轴配合公差、几何公差、表面粗糙度、常用零件的检测器具及检测项目、常用零零件的检测方法、装配工艺的制订、装配尺寸链和保证装配精度的方法。

本书内容全面，深入浅出，实用性强，在精选传统经典内容的同时，采用国家新标准，便于学习及查阅。本书可作为机械加工技术人员的入门参考资料，也可供高等院校、高职高专机械类或近机械类专业的师生使用。

本书由张丽杰、王晓燕任主编，郝振洁、王云、刘雅倩、张健、李立华任副主编，参加编写的还有王文照、马超、徐柳、张晓丽、李改灵、白丽娜。本书由徐来春、谢霞主审。

由于编者的水平所限，书中的不足之处在所难免，欢迎广大读者批评指正。

编　者

目录
CONTENTS

第3篇

制造工艺及方法 / 068

第4篇

检验　　/276

第5篇
装配调试　　/ 313

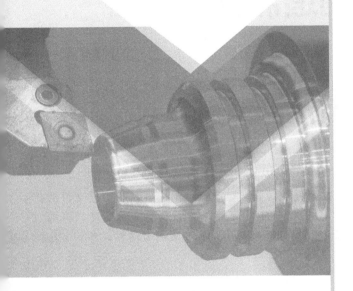

第1篇

概述

第1章
机械加工制造流程和内容

第1章

机械加工制造流程和内容

1.1 机械加工制造的流程

1.1.1 机械加工流程

机械制造的过程如图 1-1 所示,即根据零件设计图样,先进行图样审定和工艺文件的拟定,选材并选用适当加工方法(如铸造、锻造、冲压、焊接等)形成零件的毛坯,再通过车、铣、刨、磨、钻等切削加工方法和适当的热处理制造出符合要求的成品件,最后装配成机械产品。

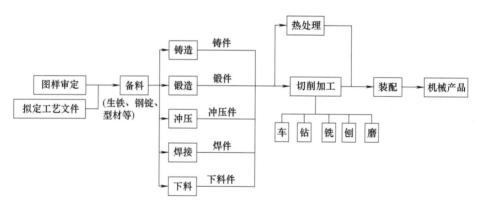

图 1-1 机械制造过程及主要工艺方法

1.1.2 主要加工方法

生产毛坯和零件的主要加工方法简述如下:

① 铸造 铸造是通过熔炼金属、制造铸型,并将熔融金属浇入铸型,使其凝固后获得一定形状、尺寸和性能的铸件毛坯的加工方法。采用先进的精密铸造技术可直接生产零件。

② 锻造 锻造是在加压设备及工(模)具的作用下,使坯料产生局部或整体的塑性变形,以获得一定几何尺寸、形状和质量的锻件毛坯的加工方法。采用先进的精密锻造技术也可直接生产零件。

③ 冲压 冲压是对金属板料施加外力,使板料经分离或变形而得到制件的工艺方法。冲压产品具有较高的精度和表面质量,只需(甚至无需)进行很少的切削加工即可使用。

④ 焊接 焊接是通过加热或加压,或两者并用,并且用或不用填充材料,使焊件达到

永久性连接的一种加工方法。

⑤ 切削加工 切削加工是利用切削刀具将坯料或工件上多余材料切除，以获得所要求的几何形状、尺寸精度和表面质量的零件的加工方法，常用的方法有车、镗、铣、刨、磨、钻等。大部分零件都是由毛坯（铸件、锻件、焊件等）经切削加工制成的。

⑥ 热处理 热处理是将金属在固态下采用适当的方式进行加热、保温和冷却，以获得所需要的组织结构，从而得到预期性能的加工方法。热处理是改善金属材料工艺性能和使用性能的一种非常重要的工艺措施。在机械制造过程中，大部分零件都要经过热处理。

1.2 生产过程与工艺过程

1.2.1 生产过程

生产过程是将原材料转变为成品的一系列相互关联的劳动过程的总和。机械产品的生产过程主要包括：

① 原材料的运输和保管。

② 生产技术准备，如产品的开发和设计、工艺设计、设备及工艺装备的设计和制造。

③ 毛坯准备，如铸造、锻造、冲压和焊接等。

④ 机械加工，直接改变材料、毛坯或零件半成品的尺寸和形状的生产过程。机械加工的方法有很多，主要有车、铣、刨、磨等。

⑤ 热处理，改变材料、毛坯或零件的物理和力学性能，使之适应加工要求或满足机器功能和性能要求的生产过程。

⑥ 装配和调试，如组装、部装、总装和调试等。

⑦ 表面修饰，如发蓝、发黑、电镀和油漆等。

⑧ 质量检验，是按技术条件及各类规范对零件或机器的尺寸、形状、材料、性能、工作精度等进行检验验收的过程。

⑨ 包装，是为了储运和销售而对合格产品进行包装、装潢的过程。

上述生产过程是针对产品为整台机器而言的，但是一个工厂企业的生产过程不一定非指整台机器，特别是随着专业化生产的推广，一台机器通常由几个制造厂协作完成。一个厂所完成的其专业分工的那一部分就是该厂的产品，如专业铸造厂、齿轮厂、热处理厂、减速器厂等。因此，企业（工厂或车间）的生产过程可定义为：该企业将原材料、毛坯或半成品变为产品（毛坯、零件、部件、机器）的各个劳动过程的总和。

1.2.2 工艺过程

生产过程中，按一定顺序逐渐改变生产对象的形状（铸造、锻造等）、尺寸（机械加工）、位置（装配）和性质（热处理），使其成为预期产品的主要过程称为工艺过程。工艺过程是生产过程的主要部分，其中采用机械加工的方法，直接改变毛坯的形状、尺寸和表面质量，使之成为合格零件的过程，称为机械加工工艺过程。

机械加工工艺过程是由一系列工序组合而成的，毛坯依次通过这些工序而变为成品。

① 工序 一个或一组工人，在一个工作地点对同一个或同时对几个工件所连续完成的那一部分工艺过程，称为工序。

工序是组成工艺过程的基本单元，也是制订生产计划和进行成本核算的基本单元。

② 工步与走刀 工步是在加工表面和加工工具（或装配）不变的情况下，所连续完成

的那一部分工序。工步是工序的组成单位。

一道工序可由几个工步组成，只要加工表面或加工工具改变了，则就为另一个工步。

如图 1-2 所示的阶梯轴，其工序划分见表 1-1。在工序 2 中，先车工件的一端，然后调头再车另一端。如作为两道工序，在工序 1 中，车端面和钻中心孔是两个工步；工序 2 中，车外圆、切槽和倒角是三个工步。

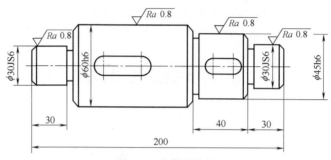

图 1-2　阶梯轴简图

表 1-1　阶梯轴工艺过程（生产量较小时）

工序号	工序内容	设备
1	车端面,钻中心孔	车床
2	车外圆,切槽和倒角	车床
3	铣键槽,去毛刺	铣床
4	磨外圆	磨床
5	检验	检验台

为了简化工艺文件，对于那些在一次安装中连续进行的若干个相同的工步，通常都看作一个工步。如图 1-3 所示零件上四个 $\phi15\text{mm}$ 的孔，在一道工序中经连续钻削而成，可视为一个工步——钻 $4\times\phi15\text{mm}$ 孔。

在一个工步内，有时被加工表面需要切去较厚的金属层，须分几次切削，这时每进行一次切削就是一次走刀。

③ 安装与工位　在同一工序中，工件在机床或夹具中每定位和夹紧一次，称为安装。在一道工序内，工件可能安装一次或数次，安装次数越多，装夹误差就越大。

工位是为了完成一定的工序内容，一次装夹工件后，工件与夹具或设备的可动部分一起相对刀具或设备的固定部分所占据的每一个位置。

工件每安装一次至少有一个工位。为了减少由于多次安装而带来的安装误差及时间损失，加工中常采用回转工作台、回转夹具或移动夹具，使工件在一次安装中可先后处于几个不同的位置进行加工。如图 1-4 所示为利用回转工作台在一次安装中顺次完成装卸工件、钻

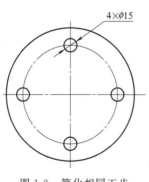

图 1-3　简化相同工步

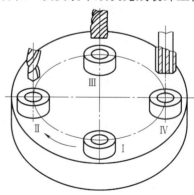

图 1-4　多工位加工

孔、扩孔和铰孔加工的例子，其中，工位Ⅰ为装卸工件，工位Ⅱ为钻孔工件，工位Ⅲ为扩孔，工位Ⅳ为铰孔。采用多工位加工，可减少工件的安装次数，缩短辅助时间，提高生产率。

1.3　生产纲领与生产类型

（1）生产纲领

生产纲领是指企业在计划期内应当生产的产品产量和进度计划。生产纲领对工厂的生产过程和生产组织起决定性作用。它决定了各个工序所需要的专业化和自动化程度，决定了所选用的工艺方法、机床设备和工艺装备。

（2）生产类型

生产类型是指企业生产专业化程度的分类。根据产品的尺寸大小和特征、生产纲领、批量及投入生产的连续性，机械制造业的生产类型分为单件、小批生产、成批生产和大量生产三种。

① 单件、小批生产。单件生产是指产品品种多，而每个品种的结构、尺寸不同，且产量很少，各个工作地点的加工对象经常改变，而且很少重复的生产类型。例如新产品试制，工具、夹具、模具制造，重型机械制造，专用设备制造等都属于这种类型。

② 成批生产。一年中分批地制造相同的产品，生产呈周期性的重复。例如机床制造，电动机和纺织机械的生产均属成批生产。

③ 大量生产。大量生产是指产品品种少、产量大，大多数工作地点（或设备）经常重复地进行某零件的某一道工序的生产。例如，汽车、拖拉机、轴承、自行车、标准件等的生产都属于这种类型。

生产类型的划分主要取决于产品的复杂程度及生产纲领的大小。表 1-2 所列为生产类型与生产纲领的关系，可供确定生产类型时参考。

表 1-2　生产类型和生产纲领的关系

生产类型	生产纲领（台/年或件/年）			工作地点每月担负工序数（工序数/月）
	小型机械或轻型零件	中型机械或中型零件	重型机械或重型零件	
单批生产	≤100	≤10	≤5	不作规定
小批生产	>100~500	>10~150	>5~100	>20~40
中批生产	>500~500	>150~500	>100~300	>10~20
大批生产	>5000~50000	>500~5000	>300~1000	>1~10
大量生产	>50000	>5000	>1000	1

注：小型机械、中型机械和重型机械分别以缝纫机、机床（或柴油机）和轧钢机为代表。

生产类型不同，产品和零件的制造工艺、所用的工艺装备、采取的技术措施也不相同。各种生产类型的工艺特征可归纳至表 1-3 中。

表 1-3　各种生产类型的工艺特征

工艺特征	生产类型		
	单件、小批	中批	大批、大量
零件的互换性	用修配法，钳工修配，无互换性	大部分具有互换性。灵活应用分组装配法和调整法，有时用修配法	所有零件具有互换性。少数装配精度较高，采用分组装配法和调整法
毛坯的制造方法与加工余量	木模手工造型或自由锻造。毛坯精度低，加工余量大	部分采用金属型铸造或模锻。毛坯精度和加工余量中等	广泛采用金属型机器造型、模锻或其他高生产率方法，毛坯精度高，加工余量小

续表

工艺特征	生产类型		
	单件小批	中批	大批大量
机床设备及其布置形式	采用通用机床。机床按类别采用"机群式"布置	采用部分通用机床和高效机床。机床按工件类别分工段排列	广泛采用高效专用机床及自动机床。机床按流水线形式布置
工艺装备	大多采用通用夹具、标准附件、通用刀具和万能量具。靠划线和试切法达到精度要求	广泛采用夹具,部分靠找正装夹达到精度要求。较多采用专用刀具和量具	广泛采用高效夹具、复合刀具、专用量具和自动检验装置。靠调整法达到精度要求
对工人的要求	需要技术水平较高的工人	需要一定技术水平的工人	对调整工的技术水平要求高,对操作工的技术水平要求较低
工艺文件	有工艺过程卡,关键工序有工序卡	有工艺过程卡,对关键零件有详细的工序卡	有工艺过程卡和工序卡,关键工序需要调整卡和检验卡
成本	较高	中等	较低

1.4　基　　准

　　基准就是用来确定某些点、线、面位置所依据的另外那些点、线、面。基准是机械设计制造中应用十分广泛的一个概念。机械产品从设计、制造、检验,一直到装配时零部件的装配位置确定等,都要用到基准的概念。

　　任何事物都有传承性,基准也不例外。搞清各种基准的含义、应用、相互关系,对基准的传承会有很大帮助。只有很好地利用了基准的传承,设计师才能设计出方便制造的机器,工艺师才能在制造过程中充分贯彻设计师的理念,制造出高质量的机器。

　　基准按其功用不同,可分为设计基准和工艺基准两大类。下面就各种基准的含义、应用和总体选择原则加以分析说明。

1.4.1　设计基准及其选择

　　设计基准是在机器设计过程中所采用的基准。机器的设计过程是:首先进行装配图设计,然后根据装配图设计零件图。机器设计的关键在于装配图设计,一旦装配图设计定型,机器的工作原理、零件间的装配关系以及零件的主要结构、尺寸、精度和形状也就基本确定。正因为如此,零件图的设计也称为"拆绘"零件图。

　　由上所述可知:设计基准包括装配设计基准和零件设计基准两种。装配图设计过程中,用来确定零件间相互位置关系所采用的基准,称为装配设计基准。设计零件时,用来确定同一个零件上点、线、面间相互位置关系所采用的基准,称为零件设计基准。

　　装配设计基准和零件设计基准,都属于设计基准。但习惯上人们把装配设计基准,泛称为装配基准;而把零件设计基准,简称为设计基准。

(1) 装配设计基准及其选择

　　机器设计的优劣,最有评判权的是用户、企业和工人。用户关心的是性能和价格,企业关心的是利润,工人关心的是制造的难易程度。这些评判机器优劣的指标也就决定了装配设计基准的主要选择原则。

　　① 有利于保证机器的精度和性能。图1-5为磨床横向手动进给机构的方案设计,当进给丝杠左端轴向定位后,由于图1-5(a)进给螺母后置,导致左端丝杠长度L_1过长,其刚

度和热变形对砂轮的横向进给调整就有较大影响，而图 1-5（b）方案就较好。

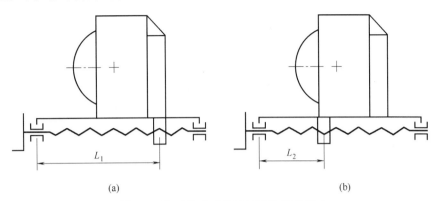

图 1-5　装配基准对机器精度性能的影响

②　最好是存在于实体零件上的点、线、面。装配设计基准应尽量采用零件上的实体面，以便零件的装配、检测、调整和定位。

③　方便机器的装拆和调整。机器装配设计基准选择时，必须考虑机器的装配调整，以及后期的维修和维护方便，不仅要尽量设计成能够进行独立装拆的结构单元，其装配设计基准的选择一定要方便机器的装拆。图 1-6 所示是组合机床主轴箱润滑油泵的装配图，由于主轴箱内部空间狭小，油泵无法安装在主轴箱内部，设计中就将油泵外置安装，从而使油泵的装拆、调整、维修都极为简便。

④　方便机器的加工制造。如图 1-7 所示，在花键的装配设计中，常采用花键孔小径定心，就是因为花键孔小径便于加工的原因。因此，在机器装配设计中，在满足机器性能的要求下，应注意将难于加工的装配基准面进行转移设计，从而使装配设计基准面加工方便，保证精度要求，同时也便于机器的装配和维修。

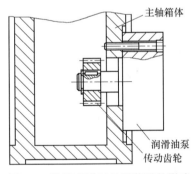

图 1-6　装配基准对机器装配的影响

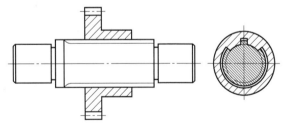

图 1-7　装配基准对零件加工的影响

装配设计基准按其在机器装配中的功用可分为三种：装配定位基准、装配位置基准和装配检验基准。

用以确定非相邻结构件相对位置关系的装配基准，称为装配位置设计基准，简称装配位置基准。用以确定相邻结构件相对位置关系的装配基准，称为装配定位设计基准，简称装配定位基准。装配检验基准是指用来确定结构件位置的初始基准。

(2) 零件设计基准及其选择

零件图，上承机器的装配设计，下接零件的加工制造。因此，零件图上设计基准的总体选择原则一般要遵循以下几点：

① 尽量与装配定位基准重合。零件设计基准与装配定位基准重合,便于保证装配精度,避免尺寸换算带来的误差。

在图 1-8 组合机床主轴箱体零件简图中,假设运动是由孔 3 处传入,孔 3 传动轴带动孔 2 传动轴,孔 2 传动轴带动孔 1 处主轴。那么,主轴箱体零件设计采用中心距 A、B 标注,就满足了与传动啮合的装配定位基准重合。

② 尽量与装配位置基准重合。在图 1-8 中,孔 1 处要安装主轴,该主轴由前盖上的孔伸出,而主轴与该前盖上孔的相互位置,是由装配工艺孔 O_1、O_2 的定位销保证的。因此,该零件图设计时,就应该标注 C、D 位置尺寸,以保证孔 1 的位置正确。

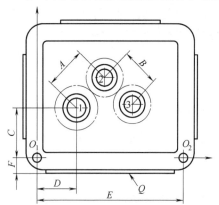

图 1-8　设计基准与装配基准的关系

③ 方便零件的加工和检验。在图 1-8 中,从保证装配定位精度和装配位置精度出发,需要标注 A、B 和 C、D 尺寸,但其加工工艺安排是先铣出 Q 面,然后以 Q 面定位加工出工艺孔 O_1、O_2,再以工艺孔为基准坐标,分别采用孔 1、2、3 的坐标值加工各孔,因此,按实际加工工艺,孔 1、2、3 都应该相对于工艺孔 O_1、O_2 所确定的坐标系,分别标注其坐标值。

由此可知,零件设计基准的选择需要与装配设计基准重合,但还须考虑工件的实际加工工艺需要。

④ 有利于提高零件设计的标注精度。不同的尺寸标注,对零件的设计精度影响是不一样的,如图 1-9 所示,图 1-9(a)标注孔心距的尺寸精度就差,采用图 1-9(b)标注显然就更好一些。

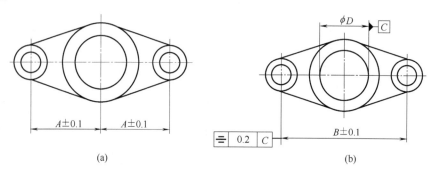

图 1-9　设计基准对零件标注精度的影响

⑤ 有利于减少尺寸标注的误差累积。在图 1-10 中,图 1-10(a)尺寸标注,影响 ϕC 孔位置误差的有:分布圆直径尺寸 ϕD 的误差、ϕD 对 ϕd 的同轴度误差,以及没有标注的 ϕC 孔沿 ϕD 圆的分布角度误差;而图 1-10(b)尺寸标注,就避免了图 1-10(a)标注的三种误差累积。

⑥ 便于零件加工面间尺寸精度保证和检验。图 1-11 中,图 1-11(a)加工面的尺寸基本以非加工面为基准标注,不便于加工面间尺寸精度的加工保证与检测,图 1-11(b)标注合理。

⑦ 便于零件非加工表面间相互位置关系的保证。图 1-12 中,图 1-12(a)的非加工面均相对于加工面标注尺寸,就无法保证,图 1-12(b)的尺寸标注就可以保证。

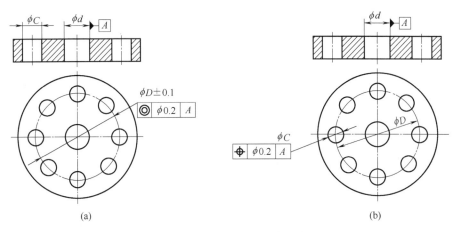

图 1-10 不同尺寸标注的误差累积

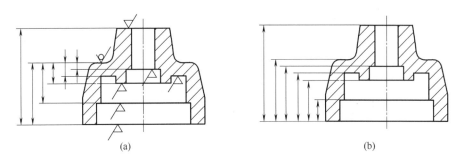

图 1-11 零件加工面的设计基准选择

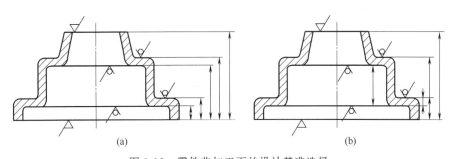

图 1-12 零件非加工面的设计基准选择

1.4.2 工艺基准及其选择

工艺过程中所采用的基准统称为工艺基准。工艺过程中常用的工艺基准有：工序基准、定位基准、调刀基准、测量基准和装配工艺基准。

(1) 工序基准的应用及选择

在工序图上，用来标定被加工面尺寸和位置所采用的基准，称为工序基准。加工面到工序基准的标定尺寸即工序尺寸，工序尺寸是工序加工中必须要予以直接保证的尺寸。

工序尺寸的确定，是工艺规程设计的一项重要内容。工艺规程编制是零件加工前的一项重要技术准备工作。工序基准是零件准备进入加工工艺过程的初始工艺基准，又称为原始基准。

工序基准选择需要起承上启下的作用：上要对零件的设计精度负责，下要有利于优质、高效和经济地进行加工。因此，工序基准的主要选择原则有以下几点。

① 必须保证零件的设计精度要求。即工序尺寸的确定，必须以保证零件设计尺寸精度为前提，一般应尽量与设计基准重合。

② 有利于扩大工序尺寸公差，降低加工成本。零件的加工工艺方案有多种，在保证零件设计精度的前提下，应选择有利于降低工序加工精度的工艺方案，这样有利于降低工序加工成本。

如图 1-13 所示，图 1-13（a）为零件简图，其他各面均已加工好，现要钻 $\phi12$mm 孔，工序基准选择有图 1-13（b）所示的四种方案，显然工序尺寸采用标注尺寸 B 是较好的。

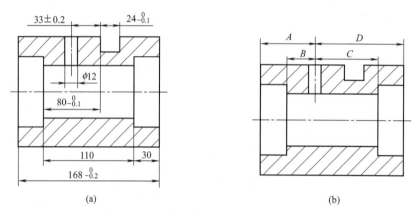

图 1-13　工序基准对工序尺寸精度的影响

③ 工序基准应尽量与定位基准重合，以减少定位误差对加工精度的影响。如图 1-14（a）所示零件简图，设计尺寸为 A、B。采用图 1-14（b）定位方式加工台阶面，其工序尺寸标注为 A、C，工序基准与定位基准重合。

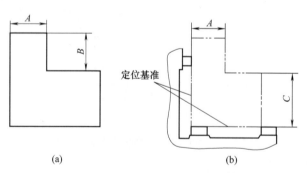

图 1-14　工序基准与定位基准重合

④ 工序基准应尽量与调刀基准重合，以减少调刀误差。采用组合刀具、复合刀具或其他特殊刀辅具加工时，工序基准一般应与刀具的调刀基准重合。

如图 1-15 是采用组合刀具镗孔，图 1-15（b）是镗刀的调刀尺寸。镗孔的工序尺寸标注如图 1-15（a）所示，它应与镗刀的调刀基准选择相一致。

图 1-16 为复合刀具扩孔加工。图 1-16（a）是复合刀具的设计尺寸。图 1-16（b）是孔加工情况，其工序基准选择应该与复合刀具的设计基准相一致。

（2）定位基准及其选择

用以确定工件正确位置的基准，称为定位基准。它是工件上与夹具定位元件直接接触的

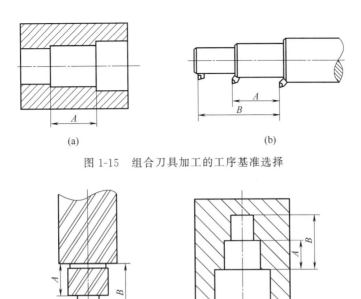

图 1-15 组合刀具加工的工序基准选择

(a) 复合刀具   (b) 工序基准选择

图 1-16 复合刀具加工的工序基准选择

点、线或面。定位基准选择需要满足以下要求。

① 定位精度要满足工序加工精度的要求。满足工序加工精度要求，是定位基准选择的根本所在。

② 方便机床的加工。定位基准选择，需要考虑具体工序加工所采用的机床和工艺装备情况，如机床的布局、进给运动方向、刀具及安装方法、夹具在机床上的安装，以及它们之间的相互位置关系等。

③ 便于工件的装夹和输送。定位基准选择需要与工件的装夹情况相适应，同时要考虑到工件加工后的输送问题，避免定位对工件输送的干涉影响。

（3）调刀基准及其选择

用来确定刀具正确位置的基准，称为调刀基准或对刀基准。调刀基准选择需要遵循的原则有以下几点。

① 便于调刀。为了方便调刀，调刀面一般应是实体表面。一般多采用工件定位基准做调刀基准，即调刀基准一般与定位基准重合。

如图 1-17 所示，刀具的位置是通过塞尺和对刀块确定的；对刀块和定位元件同属夹具的一部分，即它们之间的尺寸 A 是固定的；工件是通过定位元件定位的。为了确定刀具与工件间的相互位置关系，所以认为调刀基准是定位元件的上表面。此时把 A 尺寸和塞尺的误差归于调刀误差。

② 调刀基准尽量与设计或工序基准重合。当采用定位基准与设计基准，或工序用定位基准调刀又无法保证加工精度要求时，可直接采用工件的设计基准或工序，此时一般需要采用

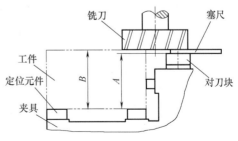

图 1-17 调刀基准与定位基准重合

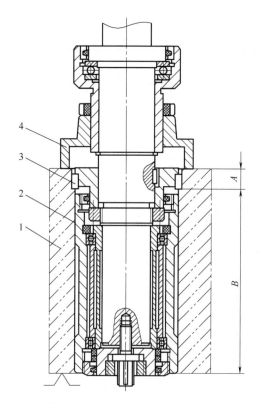

图 1-18 调刀基准与设计基准重合
1—工件；2—导向套；3—刀具；4—调刀挡套

专门的刀辅具。

如图 1-18 所示，1 是工件，2 是导向套，3 是刀具，4 是调刀挡套。工件以下底面定位，加工顶部止孔，如果采用定位基准为调刀基准，得到保证的工序尺寸是 B，由于误差累积的影响，设计尺寸 A 将无法保证。为此设计图示专用辅具，以导向套 2 对刀具进行定心，调刀挡套 4 可靠在工件顶面，挡套 4 可以改变刀具 3 到工件顶面的距离，从而很好地保证设计尺寸 A 的加工精度。

由于数控加工的特点，在加工前常直接采用零件的设计基准作调刀基准，建立工件坐标系，以此坐标系为工序尺寸基准，完成对工件各表面的加工。

③ 组合刀具和复合刀具的调刀基准应便于各刀具或切削刃之间位置关系的保证。对于组合刀具和复合刀具而言，各刀具或切削刃无法全部用定位基准或工件表面作调刀基准。如图 1-19（a）所示的组合镗刀，1、2 刀具的调刀基准是 3，刀具 3 的调刀基准一般与定位基准重合。而图 1-19（b）为复合扩刀，刀刃之间的尺寸是在刀具制造或磨刀时直接保证的，加工中只需按调刀基准调整切削刃 3 的位置就可以了。

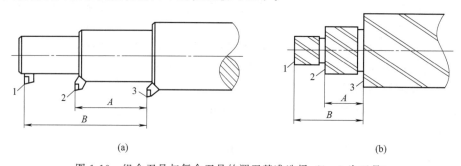

(a)   (b)

图 1-19 组合刀具与复合刀具的调刀基准选择（1～3 为刀具）

（4）测量基准及其选择

测量时所采用的基准称为测量基准。如图 1-20（a）所示，尺寸 40mm、15mm，有可供测量的实体基准面，可以方便地测量，其测量基准分别为 E、G 面和 G、H 面。尺寸 20mm、40mm、15mm 的测量，需要通过分别测量尺寸 A、B、C 和 ϕd 尺寸，再进行换算得出，其测量基准用到 E、F 面和 M、N、P、Q 点的孔母线，如图 1-20（b）。这就存在换算误差，以及众多测量环节带来的误差累积。

由此可知，测量基准无法完全与待测尺寸的标注基准重合，但选择测量基准时，需要注意以下原则。

① 测量基准最好与工序基准或设计基准重合。测量是零件加工质量的最后保障手段，直接影响着产品的质量和工人的切身利益，保证测量的准确、可靠、公平，是测量的最根本

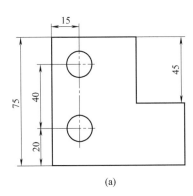
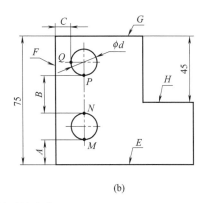

图 1-20　尺寸的测量基准

宗旨。为此，测量基准应尽量与工序基准或设计基准重合，以减少影响测量误差的因素。

　　② 测量基准应选择便于测量的实体上的点、线、面。由于传统测量工具的局限性，测量基准必须是实际存在于实体上的点、线、面。

　　如图 1-21 所示为齿轮坯体的跳动测量。齿坯通过标准芯轴安装在两顶尖间，从而构造出齿坯孔的几何中心线，为齿坯的跳动检测提供了与加工基准、设计基准一致的测量基准。这是高精度检测常用的方法和手段。

　　③ 测量基准选择应尽量减少"假废品"的产生。在实际生产中，有些尺寸测量不便，经常需要借助其他尺寸的测量，来间接评判该尺寸合格与否。但这会带来"假废品"的产生，即实际合格的零件被判定为不合格。

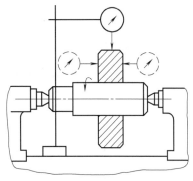

图 1-21　齿轮毛坯跳动测量

(5) 装配工艺基准及其选择

　　在装配工艺过程中，为保证零件间相互位置关系所采用的基准，称为装配工艺基准。机器中零件间正确位置关系的保证源于机器的装配设计基准，在机器装配时，通常也是采用装配设计基准对零件装配定位的。所以，人们常将装配设计基准和装配工艺基准混为一谈，泛称为装配基准。实际上，装配工艺基准并不完全与装配设计基准重合，其选择一般应遵循以下原则：

　　① 尽量使装配工艺基准与装配设计基准重合，以避免引入中间环节造成误差累积。

　　② 尽量使装配工艺基准与零件加工时的定位基准或工序基准重合。

　　③ 采用零件表面直接找正装配。当不便采用上述"基准重合原则"进行零件装配定位时，可以采用该方法。如自行车轮圈的装配，由于装配面较小和精度不便保证，而轮圈较大，装配基准稍许的误差，在轮圈外缘处会产生放大的位置误差，不便于保证轮圈的正确位置，所以轮圈一般采用直接找正进行装配。

　　④ 采用辅助定位装置进行装配定位。对于不需要拆装的零件装配，如焊接、胶粘等，可以借助外部定位装置进行辅助定位装配。如在自动焊装生产线上，凭借机器人的正确定位，可以将两个零件进行正确定位和焊接装配。

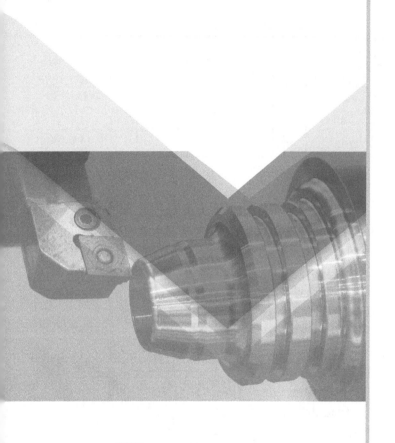

第2篇

材料基础知识

第2章

机械工程材料概述

2.1　材料的发展

材料是能为人类制造有用器件的物质，是人类生产、生活和改造自然的物质基础，是人类社会文明的重要支柱。人类社会的发展伴随着材料的发明和发展，可以说是一部材料和技术的演变史。因此，历史学家常将具体材料作为划分人类社会时代的重要标志。人类使用材料的时代开始时间见表 2-1。

表 2-1　人类使用材料的时代开始时间

公元前 10 万年	石器时代	1800 年	钢时代
公元前 3000 年	青铜器时代	1950 年	硅时代
公元前 1000 年	铁器时代	1990 年	新材料时代
公元 0 年	水泥时代	2000 年	纳米时代

材料发展的历史演进路线为天然材料—陶瓷—青铜—铁—钢—有色金属—高分子材料—新型材料。

早在史前，原始人类在与自然界的抗争中开始学会了使用石器、骨器和木器来捕杀猎物，学会了利用动物的皮毛和大自然的茅草和树皮来遮身、挡风遮雨，在用火过程中还学会了制造陶器。人类在寻找石器的过程中又逐渐认识了矿石，并在烧陶过程中发现并发展了冶炼术，人类的智慧也从利用天然材料发展到按照自己需求来制备材料的新阶段。

青铜时代是人类利用金属的开始，也是人类文明发展的重要里程碑。中华民族在公元前2700 年已经开始使用青铜器，商周（公元前 17 世纪到公元前 3 世纪）进入了鼎盛时期。青铜主要用于制造各种工具、食器、兵器。

公元前 14 世纪—前 13 世纪，人类已开始用铁，3000 年前铁工具比青铜工具更为普遍，人类开始进入了铁器时代。中国出土的最早的人工冶铁制品大约出现在公元前 9 世纪。到春秋（公元前 770—476 年）末期，我国生铁技术有较大突破，遥遥领先于世界其他地区，推动了整个世界文明的进步。

随着蒸汽机、电动机相继出现，对金属材料提出了更高的要求，同时对钢铁冶金技术产生了更大的推动作用。1854 年和 1864 年先后发明了转炉和平炉炼钢，使世界钢产量有了快速提升，大大促进了机械制造、轨道交通及纺织工业的发展，人类也真正进入了钢铁时代。随后电炉冶炼开始，不同类型的特殊钢相继问世，把人类带进了现代物质文明。在此前后，铜、铝也得到大量应用，而后镁、钛和很多稀有金属都相继被发现，从而使金属材料在整个20 世纪占据了结构材料的主导地位。

19 世纪末期，西方科学家仿制中国丝绸发明了人造丝，这是人类改造自然材料的又一里程碑。20 世纪初，各种人工合成的有机高分子材料相继问世。如 1909 年的酚醛树脂（电木），1920 年的聚苯乙烯，1931 年的聚氯乙烯及 1941 年的尼龙等，它们以性能优异、资源丰富、建设投资少、收效快而得到迅速发展。目前，世界三大有机合成材料（树脂、纤维和橡胶）年产量逾亿吨。而且有机材料的性能不断提高、附加值大幅度增加，特别是特种聚合物正向功能材料各个领域进军，显示出巨大的潜力。

目前世界上传统材料已有几十万种，既有天然材料，又有人造材料，人造材料占绝大多数。但是在一些发展迅速的领域，如航空航天、石油化工、电力、电子、交通运输和通信等，除了采用传统的材料外，由于新技术的发展对材料提出了许多新的、更高的要求，因此，新型材料的开发就成为一种高新技术。

新材料主要是指那些新近发展或正在发展中的，具有比传统材料更具有优异功能和效能的材料。目前，新材料正以每年 5% 的开发速度在增长。新材料优异的电学与电子学功能、磁学功能、光学功能、热学功能以及化学与生物医学功能在现代高科技中发挥出巨大作用。例如，1947 年发明了第一只具有放大作用的晶体管，十余年后又研制成功了集成电路，使以硅材料为主体的计算机的功能不断提高，体积不断缩小，价格不断下降，加之高性能的磁性材料不断涌现，激光材料与光导纤维的问世，使人类社会进入了信息时代。因为信息时代以硅为关键材料，所以称为以硅片为代表的电子材料时代。航空航天技术要求以力学性能为主的结构材料具有高强度、高模量、耐高温、低密度的性能，因此超高强度钢、超合金，以及各种先进复合材料登上了高技术新材料的舞台，为航空航天技术的发展作出了突出贡献，并且还将继续在 21 世纪作出更大的贡献。电子材料中的封装材料、压电与磁电材料等敏感元器件材料，以及液晶显示材料也同样在各自的领域中发挥着重要的作用。在具有特殊功能的材料中，对未来文明将会起巨大作用的是超导材料、储氢材料、非晶材料、纳米材料、生物材料以及各种功能复合材料。这些材料既可以是金属材料，也可以是陶瓷材料，还可以是高分子材料。这些新材料已经成为当今高技术新材料的象征。

纵观人类发现材料和利用材料的历史，每一种重要材料的发现和广泛应用，都会使人类支配和改造自然的能力提高到一个新水平，给社会生产力和人类生活水平带来巨大的变化，把人类的物质文明和精神文明向前推进一步，所以说材料是现代文明社会的先导。以机械工程为例，在第一次工业革命中，蒸汽机的发明带动了纺织机械、交通运输工具（火车、轮船）和发电、输电等电力设备的发展。但是，要知道，蒸汽机的发明除了物理学和机械学的发展基础外，其重要的物质基础是材料。显然，没有钢铁材料的发展，也就没有蒸汽机的出现。在这次工业革命中，随着各种机械的发展以及对材料要求的不断提高，钢铁材料也得到了发展。从普通钢铁到低合金钢、高合金钢，由低强度钢发展到高强度钢，进而又对各种机械的结构提出新的要求。就是这样，机械发展的要求促使新材料的发展，而材料的发展又促使着新型机械向更轻、更高速和更高效率的方向发展。时至今日，材料科学的发展及进步已成为衡量一个国家科学技术水平的重要标准。在国民经济中占有极其重要的地位，因此，20 世纪 70 年代人们把信息、材料和能源誉为当代文明的三大支柱。20 世纪 80 年代以高技术群为代表的新技术革命，又把新材料、信息技术和生物技术并列为新技术革命的重要标志。

2.2　材料的分类

随着科学技术的发展，材料的种类日益繁多。到 20 世纪末，材料的种类已经超过 40 万种，面对如此繁多的材料，为了便于研究、制取、加工制造、开发和应用材料，就有必要进行科学的分类。材料除了具有重要性和普遍性以外，还具有多样性。从不同的角度出发，材料可有多种不同的分类。

2.2.1　按照材料的来源分类

按照材料的来源可分为天然材料和人工材料两大类。

天然材料是指纯天然的未经加工的材料，如石料、矿土、木材、兽皮、棉、麻、石油、骨头、天然气等。

随着社会的发展，天然材料无法满足人们生活需求的增加，于是就有了人工材料。人工材料是指人类以天然材料为原料，通过物理、化学方法加工合成制造的材料，如钢铁材料、陶瓷材料、合成纤维、合金、复合材料等。

2.2.2　按照材料的结晶状态分类

由于材料的分子、原子构成情况不同，从而使各种材料表现出不同的性能和用途，从其结晶状态可以分为单晶材料、多晶材料、准晶材料和非晶材料，其材料内部的原子结构排列有序程度以此顺序降低，玻璃与非晶态材料，它们只具有原子结构单元层次的短程有序，而长程是无序的。

2.2.3　根据材料的物理效应分类

许多材料在物理场（如光、电、磁、声、力、热）作用下，会有某种物性效应，于是人们就可以利用这种效应制作各种仪器、设备。

按照材料产生的物理效应可以分为压电材料、热电材料、铁电材料、光电材料、电光材料、激光材料、非线性光学材料、磁光材料、磁致伸缩材料和声光材料等，它们都属于功能材料的范畴。

2.2.4　从物理化学属性来分

从物理化学属性可分为金属材料、无机非金属材料、有机高分子材料和复合材料，如图2-1所示。前三类是我们通常所说的材料的三大支柱，而最后一类是它们之间的相互复合。

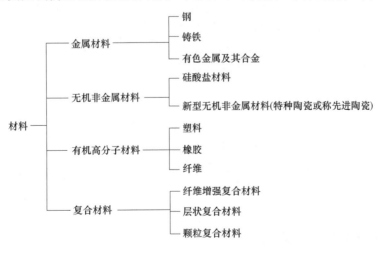

图 2-1　材料的分类

(1) 金属材料

由金属元素或以金属元素为主形成的具有金属特征的材料统称为金属材料。它包括纯金属及其合金，金属间化合物以及金属基复合材料等，它们的性质取决于构成元素的种类和含量。工业上把金属及其合金分成黑色金属和有色金属两大类：黑色金属包括铁、铬、锰及其合金，作为工业材料使用的主要指铁及铁基合金（钢、铸铁和铁合金）；有色金属指黑色金属以外的所有金属及其合金。新型金属材料除黑色金属、有色金属外，还包括特种金属材料，即那些具有不同用途的结构和功能金属材料。其中有急冷形成的非晶态、准晶、微晶、纳米晶等金属材料和用于隐身、抗氢、超导、形状记忆、耐磨、减振阻尼等的金属材料。

(2) 无机非金属材料

以某些元素的氧化物、碳化物、氢化物、卤素化合物以及硅酸盐、铝酸盐、磷酸盐、硼酸盐等物质组成的材料称为无机非金属材料。无机非金属材料是 20 世纪 40 年代以后，随着现代科学技术的发展从传统的硅酸盐材料演变而来的。

传统的无机非金属材料可分为三大类：天然无机非金属材料、硅酸盐材料、新型硅酸盐材料。

天然无机非金属材料中除石料仍作为建筑材料在直接使用以外，通常都是作为合成其他材料的原材料。

硅酸盐材料包括玻璃、水泥、混凝土、耐火材料和陶瓷等。硅酸盐是二氧化硅和金属氧化物以不同的比例组成的化合物的总称，是矿物中种类最多、分布最广的一类。

新型硅酸盐材料，并不是以硅酸盐物质为原料，而是采用硅酸盐材料的生产工艺制得的一些性能优异的材料。如用纯度较高的氧化铝粉为原料制得的刚玉，其硬度很高，可作切削刀具。此外还有碳化物、硼化物、氮化物陶瓷，硼酸盐、磷酸盐玻璃，硫酸盐、铝酸盐水泥等。

(3) 有机高分子材料

高分子材料又称聚合物材料，主要指以高分子化合物为基础制得的材料，它是由许多分子量特别大的大分子所组成，每个大分子由大量结构相同的单元（键节）相互连接而成。与聚合物有关的元素并不多，有 C、N、Si、F、Cl、Br、I 和 At 等。有机高分子材料，具有比强度高、有弹性、耐腐蚀、抗磨损、易成型、质轻、透明等特点，主要分为天然高分子材料和合成高分子材料。天然高分子材料包括棉、麻、丝等天然纤维，以及天然橡胶等；合成高分子材料包括合成橡胶、合成纤维和塑料等，它们的发展很快、应用极广，被誉为三大有机合成材料。塑料是以合成树脂或化学改性的天然高分子为主要成分，加入（或不加入）填料、增强剂和其他添加剂，在一定温度和压力下成型的高分子材料。橡胶，主要指经过硫化处理、弹性优良的高分子材料。合成纤维是指强度很高的单体聚合而成的、呈纤维状的高分子材料。

(4) 复合材料

复合材料是 20 世纪后期发展起来的，是在现代科学技术发展中，无法采用单一的金属、陶瓷或高分子材料来满足材料的应用性能要求时，用两种或两种以上化学本质不同的材料经过人工复合后产生的一类新材料。复合材料既能克服单一材料的缺点，同时又具备各种"组元材料"的优点，是现代科学技术发展的产物。它既是多种学科成果的综合，又与其他学科相互渗透、相辅相成、相互促进。

2.2.5　根据材料的用途分类

根据材料的用途可分为信息材料、航空航天材料、核材料、建筑材料、能源材料、生物材料等。更常用的分类方法为结构材料和功能材料。

(1) 结构材料

结构材料是指利用材料的强度、韧性、弹性等力学性能，用于制造在不同环境下工作时承受载荷的各种结构件和零部件的材料。这类材料对国民经济各部门如交通运输、能源开发、海洋工程、建筑工程、机械制造等的发展影响很大。结构材料分机器结构材料和建筑结构材料。

(2) 功能材料

功能材料是指具有某种优良的电学、磁学、热学、声学、力学、光学、化学和生物学功能及其相互转化的功能，并用于非结构目的的高技术材料，如电功能材料、磁功能材料、热功能材料、声功能材料、光功能材料、能源功能材料、化学功能材料、医用功能材料、机械功能材料、核功能材料等。

当然，结构材料对物理或化学性能也会有一定要求，如光泽、热导率、抗辐照、抗腐蚀、抗氧化等，而功能材料在很多情况下也会有一定的力学性能要求。一种材料往往既是结构材料又是功能材料，如铁、铜、铝等。

2.2.6　从材料的发展来分类

从材料的发展可分为传统材料与新材料。

传统材料是指那些已经成熟且在工业中批量生产并大量应用的材料，如钢铁、水泥、塑料等。这类材料由于产量大、产值高、涉及面广，又是很多支柱产业的基础，所以又称为基础材料。新材料（也称先进材料）是指那些正在发展，且具有优异性能和应用前景的一类材料。新材料与传统材料之间并没有明显的界限，传统材料通过采用新技术，提高技术含量，提高性能，大幅度增加附加值后可以成为新材料；新材料在经过长期生产与应用之后也就成为传统材料。传统材料是发展新材料和高技术的基础，而新材料又往往能推动传统材料的进一步发展。

第3章

工 程 材 料

进入 21 世纪,现代工业正朝着高速、自动、精密方向迅速发展,机械、国防、航空、化工、核能、运输、建筑、轻工业等国民经济部门或人们的日常生活用品,都离不开工程材料的使用。

工程材料是指具有一定性能,在特定条件下能够承担某种功能,被用来制造工程构件和机械零件的材料,用于机械、车辆、船舶、建筑、化工、能源、仪器仪表、航空航天等工程领域,也包括一些用于制造工具的材料和具有特殊性能(如耐蚀、耐高温等)的材料。

3.1 工 业 用 钢

金属材料是最重要的工程材料,金属材料中 95% 为钢铁,钢铁的工程性能比较优越,价格便宜,是应用最多的工程金属材料。在工业中使用的钢材料,按化学成分可分为碳素钢和合金钢两大类。

3.1.1 碳素钢及应用

碳钢是指碳的质量分数为 0.0218%～2.11% 的铁碳合金,常用碳钢的碳质量分数一般都小于 1.3%。由于碳钢冶炼简便,价格低廉,容易加工,具有较好的力学性能,而且在一般情况下能满足使用性能的要求,因此得到了广泛的应用。

(1) 碳素钢的成分

碳钢中除了含有铁、碳之外,还含有少量的锰、硅、硫、磷等杂质。C 决定碳钢的性能。Mn、Si 有利于改善钢的力学性能。S 易使钢发生热脆(高温锻轧时开裂)。P 易使钢发生冷脆(室温脆性增加)。它们对钢材性能和质量影响很大,其含量必须严格控制在牌号规定的范围之内。

(2) 碳素钢的分类

碳钢分类方法很多,最为流行(国家标准规定)的碳钢分类是按其品质和用途划分,见表 3-1。

表 3-1　碳钢的分类方式及种类

分类方式	类型	主要成分(质量分数 w)及种类
按化学成分	低碳钢	$w_C \leqslant 0.25\%$
	中碳钢	$0.25\% < w_C \leqslant 0.6\%$
	高碳钢	$w_C > 0.6\%$

续表

分类方式	类型	主要成分(质量分数 w)及种类
按 S、P 含量	碳素结构钢	$w_S \leqslant 0.050\%$；$w_P \leqslant 0.045\%$
	优质碳素结构钢	$w_S \leqslant 0.030\%$；$w_P \leqslant 0.035\%$
	高级优质碳素结构钢	$w_S \leqslant 0.020\%$；$w_P \leqslant 0.030\%$
按脱氧程度	沸腾钢	脱氧不完全
	镇静钢	脱氧完全
	特殊镇静钢	脱氧彻底
按生产用途	结构钢	用于制造各种工程构件(如桥梁、船舶、建筑构件等)和机器零件(如齿轮、轴、连杆等),一般属于低碳钢和中碳钢,$w_C = 0.08\% \sim 0.5\%$。
	工具钢	用于制造各种工具(如刃具、量具、模具等),一般属于高碳钢,$w_C > 0.70\% \sim 1.3\%$。

(3) 碳素钢的牌号及应用

根据现行国标 GB/T 700—2006,碳钢按用途分类的编号方法见表 3-2。

表 3-2 碳钢按用途分类的编号方法

分类	举例	编号说明
碳素结构钢	Q235A·F Q215B Q235C Q255A	Q 为屈字的汉语拼音首字母,后面的数字为屈服点(MPa)。A、B、C、D 表示质量等级,从左至右,质量依次提高。F、Z、TZ 依次表示沸腾钢、镇静钢、特殊镇静钢。如 Q235A·F 表示屈服点为 235MPa,质量为 A 级的沸腾钢
优质碳素结构钢	08F 20 45 40Mn	两位数字表示平均含碳量,以 0.01% 为单位,如 08F 表示平均含碳量为 0.08% 的沸腾优质碳素结构钢;45 表示平均含碳量 w_C 为 0.45% 的优质碳素结构钢。 若钢的锰含量在 0.70%~1.20% 之间,其编号方法是在含碳量数字后附加化学元素符号 Mn,如 40Mn
碳素工具钢	T8 T10A T12	T 为碳的汉语拼音首字母,后面的数字表示钢的平均含碳量,以 0.10% 为单位,如 T8 表示平均含碳量为 0.8% 的碳素工具钢;T10A 表示平均含碳量为 1.0% 的高级碳素工具钢

① 碳素结构钢 碳素结构钢含碳量低,具有较高的强度和良好的塑性与韧性,同时工艺性能（焊接性和冷成形性）优良,冶炼成本低。因此,碳素结构钢广泛应用于一般建筑、工程结构及普通机械零件。

碳素结构钢通常热轧成扁平成品（钢板、钢带等）或型材（圆钢、方钢、工字钢、钢筋等）供应,使用中一般不再进行热处理,在热轧状态下直接使用。但对某些零件,也可以进行正火、调质、渗碳等处理,以提高其使用性能。根据国家标准（GB/T 700—2006）,常用碳素结构钢的牌号、化学成分见表 3-3。

表 3-3 碳素结构钢牌号与化学成分 (GB/T 700—2006)

牌号	等级	化学成分(质量分数)/%($\leqslant$)					脱氧方法
		C	Mn	Si	S	P	
Q195	—	0.12	0.50	0.30	0.040	0.035	F、Z
Q215	A	0.15	1.20	0.35	0.050	0.045	F、Z
	B				0.045		
Q235	A	0.22	1.40	0.35	0.050	0.045	F、Z
	B	0.20			0.045		
	C	0.17			0.040	0.040	Z
	D				0.035	0.035	TZ

续表

牌号	等级	化学成分（质量分数）/%（≤）					脱氧方法
		C	Mn	Si	S	P	
Q275	A	0.24			0.050	0.045	F、Z
	B	0.21	1.50	0.35	0.045	0.045	Z
	C	0.22			0.040	0.040	Z
	D	0.20			0.035	0.035	TZ

其中，Q195、Q215、Q235A、Q235B 等钢塑性较好，有一定的强度，通常轧制成钢筋、钢板、钢管等，可用于桥梁、建筑物等构件，也可用作普通螺钉、螺母、铆钉等。Q235C、Q235D 可用于重要的焊接件。Q235、Q275 强度较高，可轧制成型钢、钢板作构件用。碳素结构钢的力学性能见表 3-4，特性和应用见表 3-5。

表 3-4　碳素结构钢的力学性能

牌号	等级	拉伸试验													冲击试验（V 型缺口）	
		屈服强度 R_{eH}/MPa						抗拉强度 R_m/MPa	断后伸长率 A/%					温度/℃	V 形冲击吸收能量（纵向）/J
		钢材厚度（直径）/mm							钢材厚度（直径）/mm						
		≤16	>16~40	>40~60	>60~100	>100~150	>150~200		≤40	>40~60	>60~100	>100~150	>150~200		
		不小于							不小于						不小于
Q195	—	195	185	—	—	—	—	315~430	33	—	—	—	—	—	—
Q215	A	215	205	195	185	175	165	335~450	31	30	29	27	26	—	—
	B													20	27
Q235	A	235	225	215	205	195	185	375~500	26	25	24	22	21	—	—
	B													20	27
	C													0	
	D													−20	
Q275	A	275	265	255	245	225	215	410~540	22	21	20	18	17	—	—
	B													20	27
	C													0	
	D													−20	

表 3-5　碳素结构钢的特性和应用

牌号	主要特性	应用举例
Q195	具有较高的塑性、韧性和焊接性能，良好的压力加工性能，但强度低	用于制造对强度要求不高，便于加工成形的坯件，如钢丝、紧固件、日用小五金、犁铧、烟筒、屋面板、铆钉、薄板、焊管等
Q215		
Q235	具有良好的塑性、韧性和焊接性能、冷冲压性能，以及一定的强度，良好的冷弯性能	广泛用于一般要求的零件和焊接结构，如受力不大的拉杆、连杆、销、轴、螺钉、螺母、套圈、支架、机座等
Q275	具有较高的强度、较好的塑性和切削加工性能、一定的焊接性能，小型零件可以淬火强化	用于制造强度要求较高的零件，如齿轮、轴、链轮、键、螺栓、螺母、农机用型钢、输送链等

②　优质碳素结构钢　优质碳素结构钢中有害杂质及非金属夹杂物含量较少，化学成分控制得也较严格，塑性和韧性较高，多用于制造较重要零件，一般都要经过热处理之后使用。随着优质碳素结构钢含碳量的增加，其强度、硬度提高，而塑性、韧性降低。因此，不同牌号的优质碳素结构钢具有不同的力学性能及用途。

优质碳素结构钢的牌号及化学成分见表 3-6，力学性能见表 3-7。

表 3-6　部分优质碳素结构钢的牌号、化学成分

牌号	化学成分/%				
	C	Mn	Si	S	P
08F	0.05～0.11	0.35～0.65	0.17～0.37	≤0.035	≤0.035
10	0.07～0.13	0.35～0.65	0.17～0.37	≤0.035	≤0.035
20	0.17～0.23	0.35～0.65	0.17～0.37	≤0.035	≤0.035
35	0.32～0.39	0.50～0.80	0.17～0.37	≤0.035	≤0.035
40	0.37～0.44	0.50～0.80	0.17～0.37	≤0.035	≤0.035
45	0.42～0.50	0.50～0.80	0.17～0.37	≤0.035	≤0.035
50	0.47～0.55	0.50～0.80	0.17～0.37	≤0.035	≤0.035
60	0.57～0.65	0.50～0.80	0.17～0.37	≤0.035	≤0.035
65	0.62～0.70	0.50～0.80	0.17～0.37	≤0.035	≤0.035
65Mn	0.62～0.70	0.90～1.20	0.17～0.37	≤0.035	≤0.035

表 3-7　部分优质碳素结构钢的力学性能

牌号	力学性能						
	下屈服强度 R_{eL} /MPa 不小于	抗拉强度 R_m /MPa 不小于	断后伸长率 A /% 不小于	断面收缩率 Z /% 不小于	冲击吸收能量 KU_2/(J/cm²) 不小于	未热处理钢 (HBW) 不大于	退火钢(HBW) 不大于
08F	195	325	35	60	—	131	—
10	205	335	31	55	—	137	—
20	245	410	25	55	—	156	—
35	315	530	20	45	55	197	—
40	335	570	19	45	47	217	187
45	355	600	16	40	39	229	197
50	375	630	14	40	31	241	207
60	400	675	12	35	—	255	229
65	410	695	10	30	—	255	229
65Mn	430	735	9	30	—	285	229

注：08F 塑性好，可制造冷冲压零件。10、20 钢冷冲压性与焊接性能良好，可用作冲压件及焊接件，经过热处理（如渗碳）也可以制造轴、销等零件。35、40、45、50 钢经热处理后，可获得良好的综合力学性能，用来制造齿轮、轴类、套筒零件。60、65 钢主要用来制造弹簧。

优质碳素结构钢的特性和应用见表 3-8。

表 3-8　优质碳素结构钢的特性和应用

牌号	主要特性	应用举例
08F	优质沸腾钢，强度、硬度低，塑性极好。深冲压、深拉延等冷加工性好，焊接性好。成分偏析倾向大，时效敏感性强（钢经时效处理后，韧性下降），故冷加工时，可采用消除应力热处理或水韧处理，防止冷加工断裂	易轧成薄板、薄带、冷变形材、冷拉钢丝。用做冲压件、压延件，各类不承受载荷的覆盖件，渗碳、渗氮、碳氮共渗件，制作各类套管、靠模、支架
10	强度低(稍高于08钢)，塑性、韧性很好，焊接性优良，无回火脆性。易冷热加工成形，淬透性很差，正火或冷加工后切削性能好	宜用冷轧、冷冲、冷镦、冷弯、热轧、热挤压、热镦等工艺成形，制造要求受力不大，韧性高的零件，如摩擦片、深冲器皿、汽车车身、弹体等
20	强度、硬度稍高于15F、15钢，塑性和焊接性都好，热轧或正火后韧性好	制作不太重要的中、小型渗碳、碳氮共渗件，锻压件、杠杆轴、变速箱变速叉、齿轮、重型机械拉杆、钩环等
35	强度适当，塑性较好，冷塑性高，焊接性尚可。冷态下可局部镦粗和拉丝。淬透性低，正火或调质后使用	适于制造小截面零件，可承受较大载荷的零件，如曲轴、杠杆、连杆、钩环等，各种标准件、紧固件
40	强度较高，可加工性良好，冷变形能力中等，焊接性差。无回火脆性，淬透性低，易生水淬裂纹，多在调质或正火态使用，两者综合性能相近，表面淬火后可用于制造承受较大应力件	适于制造曲轴芯轴、传动轴、活塞杆、连杆、链轮、齿轮等，做焊接件时须先预热，焊后缓冷

续表

牌号	主要特性	应用举例
45	最常用中碳调质钢,综合力学性能良好,淬透性低,水淬时易生裂纹。小型件宜采用调质处理,大型件宜采用正火处理	主要用于制造强度高的运动件,如透平机叶轮、压缩机活塞、轴、齿轮、齿条、蜗杆等。焊接件注意焊前预热,焊后消除应力退火
50	高强度中碳结构钢,冷变形能力低,可加工性中等。焊接性差,无回火脆性,淬透性较低,水淬时,易生裂纹,使用状态:正火、淬火后回火、高频表面淬火,适用于在动载荷及冲击作用不大的条件下耐磨性高的机械零件	锻造齿轮、拉杆、轧辊、轴摩擦盘、机床主轴、发动机曲轴、农业机械犁铧、重载荷心轴及各种轴类零件等,以及较次要的减振弹簧、弹簧垫圈等
60	具有高强度、高硬度和高弹性,冷变形时塑性差,可加工性能中等,焊接性不好,淬透性差,水淬易生裂纹,故大型件用正火处理	轧辊、轴类、轮毂、弹簧圈、减振弹簧、离合器、钢丝绳
65	适当热处理或冷作硬化后具有较高强度与弹性,焊接性不好,易形成裂纹,不宜焊接,可加工性差,冷变形塑性低,淬透性不好,一般采用油淬,大截面件采用水淬油冷,或正火处理。其特点是在相同组态下其疲劳强度可与合金弹簧钢相当	宜用于制造截面形状简单、受力小的扁形或螺旋形弹簧零件,如气门弹簧、弹簧环等,也宜用于制造高耐磨性零件,如轧辊、曲轴、凸轮及钢丝绳等
65Mn	强度、硬度、弹性和淬透性均比65钢高,具有过热敏感性和回火脆性倾向,水淬有形成裂纹倾向。退火态可加工性尚可,冷变形塑性低,焊接性差	受中等载荷的板弹簧,直径达7~20mm螺旋弹簧及弹簧垫圈、弹簧环。高耐磨性零件,如磨床主轴、弹簧卡头、精密机床丝杠、犁、切刀、螺旋辊子轴承上的套环、铁道钢轨等

③ 碳素工具钢 碳素工具钢都是优质钢,碳素工具钢一般以退火状态供应,使用时须进行适当的热处理,各种碳素工具钢淬火后的硬度相近,但随含碳量的增加,钢中未溶渗碳体增多,钢的耐磨性增加,而韧性降低。

碳素工具钢的牌号、化学成分及性能见表3-9。

表3-9 碳素工具钢的牌号、化学成分、硬度 (GB/T 1299—2014)

牌号	化学成分(质量分数)/%					退火钢的硬度(HBW)不大于	淬火温度/℃及冷却剂	淬火后钢的硬度(HRC)不小于
	C	Mn	Si	S 不大于	P 不大于			
T7	0.65~0.74	≤0.40	≤0.35	0.030	0.035	187	800~820	62
T8	0.75~0.84						780~800 水	
T8Mn	0.80~0.90	0.40~0.60						
T9	0.85~0.94	≤0.40				192	760~780 水	
T10	0.95~1.04					197		
T11	1.05~1.14					207		
T12	1.15~1.24							
T13	1.25~1.35					217		

注:1. 高级优质钢(钢号后加A),w_S≤0.020%,w_P≤0.030%。
2. 钢中允许有残余元素,w_{Cr}≤0.25%,w_{Ni}≤0.20%,w_{Cu}≤0.25%。供制造铅浴淬火钢丝时,钢中残余元素含量w_{Cr}≤0.10%,w_{Ni}≤0.12%,w_{Cu}≤0.20%,三者之和不大于0.40%。

碳素工具钢成本低,耐磨性和可加工性较好,但热硬性差(切削温度低于200℃)、淬透性低,只适于制作尺寸不大,形状简单的低速刀具。其特性和应用见表3-10。

表3-10 碳素工具钢的特性和应用

牌号	主要特性	应用举例
T7 T7A	经热处理(淬火、回火)之后,可得到较高的强度和韧性,以及相当大的硬度,但淬透性低,淬火变形,而且热硬度低	用于制作承受撞击、振动载荷、韧性较好、硬度中等且切削能力不高的各种工具,如小尺寸风动工具(冲头、凿子),木工用的凿和锯,压模、锻模、钳工工具、铆钉冲模、车床顶针、钻头、钻软岩石的钻头、镰刀、剪铁皮的剪子,还可用于制作弹簧、销轴、杆、垫片等耐磨,承受冲击,韧性不高的零件,T7还可制作手用大锤、钳工锤头、瓦工用的抹子

续表

牌号	主要特性	应用举例
T8 T8A	经淬火回火处理后,可得到较高的硬度和良好的耐磨性,但强度和塑性不高,淬透性低,加热时易过热,易变形,热硬性低,承受冲击载荷的能力低	用于制造切削刀口在工作中不变热的、硬度和耐磨性较高的工具,如木材加工用的铣刀、埋头钻、斧、凿、纵向手锯、圆锯片、滚子、铅锡合金压铸板和型芯、简单形状的模子和冲头、软金属切削刀具、打眼工具、钳工装配工具、铆钉冲模、虎钳口,以及弹性垫圈、弹簧片、卡子、销子、夹子、止动圈等
T8Mn T8MnA	性能和 T8、T8A 相近,由于合金元素锰的作用,淬透性比 T8、T8A 好。能获得较深的淬硬层,可以制作截面较大的工具	用途和 T8、T8A 相似
T9 T9A	性能和 T8、T8A 相近	用于制作硬度、韧性较高,但不受强烈冲击振动的工具,如冲头、冲模、木工工具、切草机刀片、收割机中切割零件
T10 T10A	钢的韧性较好,强度较高,耐磨性比 T8、T8A、T9、T9A 均高,但热硬性差,淬透性不高,淬火变形较大	用于制造切削条件较差、耐磨性较高,且不受强烈振动,要求韧性及锋刃的工具,如钻头、丝锥、车刀、刨刀、扩孔工具、螺纹板牙、铣刀、切烟和切纸机的切削刃、锯条、机用细木工具。拉丝模,直径或厚度为 6～8mm、断面均匀的冷切边模及冲孔模,卡板量具以及用于制作冲击不大的耐磨零件,如小轴、低速传动轴承、滑轮轴、销子等
T11 T11A	具有较好的韧性和耐磨性、较高的强度和硬度,而且对晶粒长大和形成碳化物网的敏感性较小,但淬透性低,热硬性差,淬火变形大	用于制造钻头、丝锥、手用锯金属的锯条、形状简单的冲头和凹模、剪边模和剪冲模
T12 T12A	具有高硬度和高耐磨性,但韧性较差,热硬性差,淬透性不好,淬火变形大	用于制造冲击小、切削速度不高、高硬度的各种工具,如铣刀、车刀、钻头、铰刀扩孔钻、丝锥、板牙、刮刀、切烟丝刀、锉刀、锯片、切黄铜用工具、羊毛剪刀、小尺寸的冷切边模及冲孔模,以及高硬度但冲击小的机械零件
T13 T13A	在碳素工具钢中,是硬度和耐磨性都最好的工具钢,韧性较差,不能承受冲击	用于制造要求极高硬度但不受冲击的工具,如刮刀、剃刀、拉丝工具、刻锉刀纹的工具、钻头、硬石加工用的工具、锉刀、雕刻用工具、剪羊毛刀片等

3.1.2　合金钢及应用

合金钢是在冶炼时特意在碳钢中加入一定量的 Si、Mn、Cr、Ni、W、Mo、Co、V、Ti、Al、B 及稀土元素（RE）后所获得的钢。经合金化处理的钢,不仅可以提高钢的力学性能、物理性能和化学性能,还可以改善钢的工艺性能。

3.1.2.1　合金钢的分类

合金钢的种类繁多,分类方法也较多,常用分类方法如下:

(1) 按合金元素的含量分

低合金钢:合金元素总的质量分数低于 5%。

中合金钢:合金元素总的质量分数在 5%～10% 之间。

高合金钢:合金元素总的质量分数高于 10%。

(2) 按用途及性能分

合金钢可分为合金结构钢、合金工具钢和特殊性能钢,见表 3-11。

表 3-11　合金钢按性能及用途分类及合金含量

类型	用途	种类	碳质量分数 w_C/%	合金总质量分数 $w_{合金}$/%
合金结构钢	工程结构用钢	低合金高强度钢,容器结构钢,耐高、低温结构钢,耐腐蚀结构钢	<0.20	<3.0

续表

类型	用途	种类	碳质量分数 w_C/%	合金总质量分数 $w_{合金}$/%
合金结构钢	机器用钢	合金渗碳钢	0.1～0.25	≤8.5
		合金调质钢	0.25～0.50	1.0～4.0
		合金弹簧钢	0.50～0.70	1.05～3.0
		滚动轴承钢	0.95～1.15	0.45～1.65
合金工具钢	刃具钢	低合金刃具钢	0.9	＜5.0
		高合金刃具钢	0.70～0.80	≥10.0
	模具钢	冷作模具钢	1.45～1.70	11.5～12.9
		热作模具钢	0.5	≤4.0
		塑料模具钢	0.3	≤11
	量具钢	普通量具钢	0.9	＜4.0
		精密量具钢	0.9～1.05	≥4.0
特殊性能钢	不锈钢	马氏体不锈钢	0.15～0.75	12～17
		铁素体不锈钢	≤0.12	17.0
		奥氏体不锈钢	0.03～0.15	17～19
	耐热钢	抗氧化钢	0.15～0.75	＞20,≤26
		热强钢	0.08～0.18	1.5～2.0
	耐磨钢	高锰钢	1.0～1.3	11～14
	磁钢	电磁纯铁	0.025～0.04	1.5
		电工硅钢	0.0028～0.09	2.15～4.8

3.1.2.2　合金钢的牌号及应用

合金钢的编号方法一般采用"数字＋元素符号＋数字"的方法表示，见表3-12。

表 3-12　合金钢的编号方法及举例

类型	编号说明	举例
低合金高强度结构钢	钢的牌号由代表屈服强度的汉语拼音字母(Q)、屈服强度数值、质量等级符号(A、B、C、D、E)，三个部分按顺序组成	Q 345 C 工程结构用钢 指质量等级符号 屈服强度数值，单位 MPa "屈"字汉语拼音首字母
合金结构钢	数字＋化学元素符号＋数字，前面数字表示钢中平均含碳量的万分数；元素符号表示合金元素；后面数字表示元素在钢中平均含量的百分数。 合金元素平均含量凡小于1.5%时，一般不标注，平均含量等于1.5%、2.5%、…，则相应以2、3、…表示。若为高级优质钢，则在钢号最后加A字；若为滚动轴承钢，则在钢号前加G，其含Cr量用千分之几表示	60 Si2 Mn 钢板弹簧钢 平均含 Mn 量不大于 1.5% 平均含 Si 量 2% 平均含碳量 0.60% G Cr15 SiMn 滚动轴承钢 两者平均含量均不大于 1.5% 平均含 Cr 量为 1.5% "滚"字汉语拼音首字母
合金工具钢	平均含碳量不小于1.0%时不标出，小于1.0%时以千分之几表示。高速钢例外，平均含碳量小于1.0%时，也不标出，合金元素含量表示方法与合金结构钢相同。如W18Cr4V平均质量分数为：0.75% C，18% W，4% Cr，小于1.5% V不标注	5 CrMnMo 热作模具钢 三者平均含量均小于 1.5% 平均含碳量 0.5% CrWMn 为低速用工具钢，C 平均含量不小于 1.0%，Cr、W、Mn 平均含量均小于 1.5%

续表

类型	编号说明	举例
特殊性能钢	不锈钢和耐热钢的平均含碳量以千分之几表示。但当平均含碳量不大于 0.03% 及 0.08% 时,钢号前分别冠以 00 及 0 表示,合金元素含量的表示方法与合金结构钢相同,如 0Cr19Ni9 的平均含碳量小于等于 0.08%,平均含铬量 19%,平均含镍量 9%	20　Cr13　耐气蚀及耐热用钢 　　—— 平均含 Cr 量为 13% 　　—— 平均含 C 量是 0.2% 1　Cr18　Ni9　Ti　耐酸及耐热用钢 　　—— 平均含 Ti 量 0.8% 　　—— 平均含 Ni 量 9% 　　—— 平均含 Cr 量 18% 　　—— 平均含 C 量小于或等于 0.12%

(1) 低合金高强度结构钢

低合金高强度结构钢是指在碳素结构钢的基础上,加入质量分数不超过 2%～3% 的锰、钒、铌、钛等合金元素,用于工程和一般结构的钢种。低合金高强度结构钢的强度比碳素结构钢高 30%～50%,并在保持低碳 (≤0.20%) 的条件下,获得不同的强度等级。用低合金高强度结构钢代替碳素结构钢使用,可以减轻结构自重,节约金属材料消耗,提高结构承载能力并延长其使用寿命。

低合金高强度结构钢的牌号和化学成分见表 3-13。

低合金高强度结构钢的拉伸试验力学性能见表 3-14。

低合金高强度结构钢的特性和应用见表 3-15。

表 3-13　我国常用的几种低合金高强度结构钢的牌号和化学成分 (GB/T 1591—2018)

牌号	质量等级	化学成分/%												
		C	Si	Mn	P	S	Nb	V	Ti	Cr	Ni	Cu	N	Mo
							≤							
Q355	B	0.20	0.55	1.60	0.035	0.035	0.07	0.15	0.20	0.30	0.50	0.30	0.012	0.10
	C				0.030	0.030								
	D				0.030	0.025								
	E	0.18			0.025	0.020								
Q390	A	0.20	0.50	1.70	0.035	0.035	0.07	0.20	0.20	0.30	0.50	0.30	0.015	0.10
	B				0.035	0.035								
	C				0.030	0.030								
	D				0.030	0.025								
Q420	A	0.20	0.50	1.70	0.035	0.035	0.07	0.20	0.20	0.30	0.80	0.30	0.015	0.20
	B				0.035	0.035								
	C				0.030	0.030								
	D				0.030	0.025								
Q460	E	0.20	0.60	1.80	0.035	0.030	0.11	0.20	0.20	0.30	0.80	0.55	0.015	0.20 B:0.004
	D				0.030	0.025								
	E				0.025	0.020								

(2) 合金渗碳钢

合金渗碳钢是指经过渗碳热处理后使用的低碳合金钢,主要用于制造在摩擦力、交变接触应力和冲击条件下工作的零件,如汽车、拖拉机、重型机床中的齿轮,内燃机的凸轮轴等。这些零件的表面要求有高的硬度和耐磨性及高的接触疲劳强度,心部则要求有良好的韧性。

表 3-14　我国常用的几种低合金高强度结构钢的拉伸试验力学性能

牌号	质量等级	屈服强度/MPa 厚度（直径、边长）/mm									抗拉强度/MPa 厚度（直径、边长）/mm							断后伸长率/% 厚度（直径、边长）/mm						
		≤16	>16~40	>40~63	>63~80	>80~100	>100~150	>150~200	>200~250	>250~400	≤40	>40~63	>63~80	>80~100	>100~150	>150~250	>250~400	≤40	>40~63	>63~80	>80~100	>100~150	>150~250	>250~400
Q355	B	≥355	≥345	≥335	≥325	≥315	≥295	≥285	≥275	—	470~630	470~630	470~630	470~630	450~600	450~600	—	≥20	≥19	≥18	≥18	≥18	≥17	—
	C	≥355	≥345	≥335	≥325	≥315	≥295	≥285	≥275	≥265	470~630	470~630	470~630	470~630	450~600	450~600	450~600	≥21	≥20	≥20	≥19	≥19	≥18	≥17
	D	≥355	≥345	≥335	≥325	≥315	≥295	≥285	≥275	≥265	470~630	470~630	470~630	470~630	450~600	450~600	450~600	≥21	≥20	≥20	≥19	≥19	≥18	≥17
Q390	A	≥390	≥370	≥350	≥330	≥330	≥310	—	—	—	490~650	490~650	490~650	490~650	470~620	—	—	≥20	≥19	≥19	≥18	≥18	—	—
	B	≥390	≥370	≥350	≥330	≥330	≥310	—	—	—	490~650	490~650	490~650	490~650	470~620	—	—	≥20	≥19	≥19	≥18	≥18	—	—
	C	≥390	≥370	≥350	≥330	≥330	≥310	—	—	—	490~650	490~650	490~650	490~650	470~620	—	—	≥20	≥19	≥19	≥18	≥18	—	—
	D	≥390	≥370	≥350	≥330	≥330	≥310	—	—	—	490~650	490~650	490~650	490~650	470~620	—	—	≥20	≥19	≥19	≥18	≥18	—	—
	E	≥390	≥370	≥350	≥330	≥330	≥310	—	—	—	490~650	490~650	490~650	490~650	470~620	—	—	≥20	≥19	≥19	≥18	≥18	—	—
Q420	A	≥420	≥400	≥385	≥360	≥360	≥340	—	—	—	520~680	520~680	520~680	520~680	500~650	—	—	≥19	≥18	≥18	≥18	≥18	—	—
	B	≥420	≥400	≥385	≥360	≥360	≥340	—	—	—	520~680	520~680	520~680	520~680	500~650	—	—	≥19	≥18	≥18	≥18	≥18	—	—
	C	≥420	≥400	≥385	≥360	≥360	≥340	—	—	—	520~680	520~680	520~680	520~680	500~650	—	—	≥19	≥18	≥18	≥18	≥18	—	—
	D	≥420	≥400	≥385	≥360	≥360	≥340	—	—	—	520~680	520~680	520~680	520~680	500~650	—	—	≥19	≥18	≥18	≥18	≥18	—	—
	E	≥420	≥400	≥385	≥360	≥360	≥340	—	—	—	520~680	520~680	520~680	520~680	500~650	—	—	≥19	≥18	≥18	≥18	≥18	—	—
Q460	C	≥460	≥440	≥420	≥400	≥400	≥380	—	—	—	550~720	550~720	550~720	550~720	530~700	—	—	≥17	≥16	≥16	≥16	≥16	—	—
	D	≥460	≥440	≥420	≥400	≥400	≥380	—	—	—	550~720	550~720	550~720	550~720	530~700	—	—	≥17	≥16	≥16	≥16	≥16	—	—
	E	≥460	≥440	≥420	≥400	≥400	≥380	—	—	—	550~720	550~720	550~720	550~720	530~700	—	—	≥17	≥16	≥16	≥16	≥16	—	—

表 3-15　低合金高强度结构钢的特性和应用

牌号	主要特性	应用举例
Q355 Q390	综合力学性能好,焊接性及冷、热加工性能和耐蚀性能均好,C、D、E 级钢具有良好的低温韧性	船舶、锅炉、压力容器、石油储罐、桥梁、电站设备、起重运输机械及其他较高载荷的焊接结构件
Q420	强度高,特别是在正火或正火加回火状态有较高的综合力学性能	大型船舶,桥梁,电站设备,中、高压锅炉,高压容器,机车车辆,起重机械,矿山机械及其他大型焊接结构件
Q460	强度最高,在正火、正火加回火或淬火加回火状态有很高的综合力学性能,全部用铝补充脱氧,质量等级为 C、D、E 级,可保证钢的良好韧性	备用钢种,用于各种大型工程结构及要求强度高、载荷大的轻型结构

合金渗碳钢的碳含量较低,仅为 0.10%～0.25%,这样可以保证零件心部有足够的韧性。常加入的合金元素有 Cr、Ni、Mn、B,这些元素除了提高钢的淬透性,改善零件心部组织与性能外,还能提高渗碳层的强度与韧性,尤其以 Ni 的作用最为显著。此外钢中还加入微量的 V、Ti、W、Mo 等元素以形成特殊碳化物,阻止奥氏体晶粒在渗碳温度下长大,使零件在渗碳后能进行预冷直接淬火,并提高零件表面硬度和接触疲劳强度及韧性。

合金渗碳钢的热处理一般都是渗碳后直接进行淬火和低温回火,其表层组织为细针状回火高碳马氏体＋粒状碳化物＋少量残余奥氏体,硬度为 58～64HRC,心部组织为铁素体(或屈氏体)＋低碳马氏体,硬度为 35～45HRC。

常用渗碳钢的牌号和化学成分见表 3-16。

表 3-16　常用的几种合金渗碳钢的牌号和化学成分 (GB/T 3077—2015)

牌号	化学成分(质量分数)/%						
	C	Si	Mn	Cr	Mo	V	其他
20Mn2	0.17～0.24	0.17～0.37	1.40～1.80	—	—	—	—
20Cr	0.18～0.24	0.17～0.37	0.50～0.80	0.70～1.00	—	—	—
20MnV	0.17～0.24	0.17～0.37	1.30～1.60	—	—	0.07～0.12	—
20CrMn	0.17～0.23	0.17～0.37	0.90～1.20	0.90～1.20	—	—	—
20CrMnTi	0.17～0.23	0.17～0.37	0.80～1.10	1.00～1.30	—	—	Ti:0.04～0.10
20MnTiB	0.17～0.24	0.17～0.37	1.30～1.60	—	—	—	B:0.0008～0.0035 Ti:0.04～0.10
18Cr2Ni4WA	0.13～0.19	0.17～0.37	0.30～0.60	1.35～1.65	—	—	—

常用合金渗碳钢的力学性能见表 3-17。

表 3-17　常用合金渗碳钢的力学性能

牌号	试样毛坯尺寸/mm	热处理					力学性能					
		淬火			回火		抗拉强度 R_m /MPa	下屈服强度 R_{eL} /MPa	断后伸长率 A/%	断面收缩率 Z /%	冲击吸收能量 KU_2 /J	退火或高温回火供应状态布氏硬度 (HBW)
		加热温度/℃		冷却剂	加热温度/℃	冷却剂	≥					≤
		第一次淬火	第二次淬火									
20Mn2	15	850	—	水、油	200	水、空气	785	590	10	40	47	187
		880	—	水、油	440	水、空气						
20Cr	15	880	780～820	水、油	200	水、空气	835	540	10	40	47	179
20MnV	15	880	—	水、油	200	水、空气	785	590	10	40	55	187
20CrMn	15	850	—	油	200	水、空气	930	735	10	45	47	187
20CrMnTi	15	880	870	油	200	水、空气	1080	850	10	45	55	217
20MnTiB	15	860	—	油	200	水、空气	1130	930	10	45	55	187
18Cr2Ni4W	15	950	850	空气	200	水、空气	1180	835	10	45	78	269

常用合金渗碳钢的特性和应用见表 3-18。

表 3-18   常用合金渗碳钢的特性和应用

牌号	主要特性	应用举例
20Mn2	具有中等强度、较小截面尺寸的 20Mn2 和 20Cr 性能相似,低温冲击韧性、焊接性能较 20Cr 好,冷变形时塑性高,切削加工性良好,淬透性比相应的碳钢要高,热处理时有过热、脱碳敏感性及回火脆性倾向	用于制造截面尺寸小于 50mm 的渗碳零件,如渗碳的小齿轮、小轴、力学性能要求不高的十字头销、活塞销、柴油机套筒、气门顶杆、变速齿轮操纵杆、钢套,热轧及正火状态下用于制造螺栓、螺钉、螺母及铆焊件等
20Cr	比 15Cr 和 20 钢的强度和淬透性高,经淬火+低温回火后,能得到良好的综合力学性能和低温冲击韧性,无回火脆性,渗碳时,钢的晶粒仍有长大倾向,因而应进行二次淬火以提高心部韧性,不宜降温淬火,冷弯变形时塑性较高,可进行冷拉丝,高温正火或调质后,切削加工性良好,焊接性较好(焊前一般应预热至 100~150℃)	用于制造小截面、形状简单、转速较高、载荷较小、表面耐磨、心部强度较高的各种渗碳或碳氮共渗零件,如小齿轮、小轴、阀、活塞销、衬套棘轮、托盘、凸轮、蜗杆、牙形离合器等,对热处理变形小、耐磨性要求高的零件,渗碳后应进行一般淬火或高频淬火,如小模数(小于 3mm)齿轮、花键轴、轴等,也可作调质刚用于制造低速、中载(冲击)的零件
20MnV	性能好,可以代替 20Cr、20CrNi 使用,其强度、韧性及塑性均优于 15Cr 和 20Mn2,淬透性亦好,切削加工性尚可,渗碳后,可以直接淬火,不需要第二次淬火来改善心部组织,焊接性能好,但热处理时,在 300~360℃时有回火脆性	用于制造高压容器、锅炉、大型高压管道等的焊接构件(工作温度不超过 450~475℃),还用于制造冷轧、冷拉、冷冲压加工的零件,如齿轮、自行车链条、活塞销等,还广泛用于制造直径小于 20mm 的矿用链环
20CrMn	强度、韧性均高,淬透性良好,热处理后所得到的性能优于 20Cr,淬火变形小,低温韧性良好,切削加工性较好,但焊接性能低,一般在渗碳淬火或调质后使用	用于制造重大截面的调质零件及小截面的渗碳零件,在用于制造中等负载、冲击较小的中小零件时,代替 20CrNi 使用,如齿轮、轴、摩擦轮、蜗杆调速器的套筒等
20CrMnTi	淬火+低温回火后,综合力学性能和低温冲击韧性良好,渗碳后具有良好的耐磨性和抗弯强度,热处理工艺简单,热加工和冷加工性较好,但高温回火时有回火脆性倾向	是应用广泛、用量很大的一种合金结构钢,用于制造汽车、拖拉机中的截面尺寸小于 30mm 的中载或重载、冲击耐磨且高速的各种重要零件,如齿轮轴、齿圈、齿轮、十字轴、滑动轴承支承的主轴、蜗杆、牙形离合器,有时还可以代替 20SiMoVB、20MnTiB 使用
20MnTiB	具有良好的力学性能和工艺性能,正火后切削加工性良好,热处理后的疲劳强度较高	较多地用于制造汽车、拖拉机中尺寸较小、中载荷的各种齿轮及渗碳零件,可代替 20CrMnTi 使用
18Cr2Ni4W	属于高强度、高韧性、高淬透性的高级中合金渗碳结构钢,在油淬时,截面尺寸小于 200mm 可完全淬透,空冷淬火时全部淬透直径为 110~130mm。经渗碳、淬火及低温回火后表面硬度及耐磨性均高,心部强度和韧性也都很高,是渗碳钢中力学性能最好的钢种。工艺性能差,热加工易产生白点,锻造时变形阻力较大,氧化皮不易清理。可加工性也差,不能用一般退火来降低硬度,应采用正火及长时间回火,在冷变形时塑性和焊接性也较差	适用于制造截面尺寸较大、载荷较重,又要求良好韧性和低缺口敏感性的重要零件,如大截面齿轮、传动轴、曲轴、花键轴、活塞销及精密机床上控制进刀的涡轮等;进行调质处理后,可用于制造承受重载荷和振动下工作的零件,如重型和中型机械制造业中的连杆、齿轮、曲轴、减速器轴及内燃机车、柴油机上受重载荷的螺栓等;调质后再经渗氮处理,还可制作高速大功率发动机曲轴等

(3) 合金调质钢

合金调质钢是指经过调质处理(淬火+高温回火)后使用的中碳合金结构钢,主要用于制造受力复杂、要求有良好综合力学性能的重要零件,如精密机床的主轴、汽车的后桥半轴、发动机的曲轴、连杆螺栓、锻锤的锤杆等。

合金调质钢的含碳量为 0.25%~0.50%,多为 0.40% 左右,以保证钢经调质处理后有足够的强度和塑性、韧性。常加入的合金元素有 Mn、Cr、Si、Ni、B 等,它们的主要作用是增加淬透性,强化铁素体,有时加入微量的 V,以细化晶粒。对于含 Cr、Mn、Cr-Ni、Cr-Mn 的钢中常加入适量的 Mo、W,以防止或减轻第二类回火脆性。

常用合金调质钢的牌号和化学成分如表 3-19 所示。

表 3-19　常用的几种合金调质钢的牌号和化学成分

牌号	化学成分(质量分数)/%					
	C	Si	Mn	Cr	Mo	其他
45Mn2	0.42~0.49	0.17~0.37	1.40~1.80	—	—	—
40MnB	0.37~0.44	0.17~0.37	1.10~1.40	—	—	B:0.0008~0.0035
40MnVB	0.37~0.44	0.17~0.37	1.10~1.40	—	V:0.05~0.10	B:0.0008~0.0035
40Cr	0.37~0.44	0.17~0.37	0.50~0.80	0.80~1.10	—	—
40CrMn	0.37~0.45	0.17~0.37	0.90~1.20	0.90~1.20	—	—
30CrMnSi	0.27~0.34	0.90~1.20	0.80~1.10	0.80~1.10	—	—
35CrMo	0.32~0.40	0.17~0.37	0.40~0.70	0.80~1.10	0.15~0.25	—
38CrMoAl	0.35~0.42	0.20~0.45	0.30~0.60	1.35~1.65	0.15~0.25	Al:0.70~1.10
40CrNi	0.37~0.44	0.17~0.37	0.50~0.80	0.45~0.75	—	Ni:1.00~1.40

常用合金调质钢的力学性能如表 3-20 所示。

表 3-20　常用合金调质钢的力学性能

牌号	试样毛坯尺寸/mm	热处理					力学性能					
		淬火			回火		抗拉强度 R_m /MPa	下屈服强度 R_{eL} /MPa	断后伸长率 A /%	断面收缩率 Z /%	冲击吸收能量 KU_2 /J	退火或高温回火供应状态布氏硬度(HBW)
		加热温度/℃		冷却剂	加热温度/℃	冷却剂	≥					≤
		第一次淬火	第二次淬火									
45Mn2	25	840	—	油	550	水、油	885	735	10	45	47	217
40MnB	25	850	—	油	500	水、油	785	590	10	40	55	187
40MnVB	25	850	—	油	520	水、油	980	785	10	45	47	207
40Cr	25	850	—	油	520	水、油	980	785	9	45	47	207
40CrMn	25	840	—	油	550	水、油	980	835	9	45	47	229
30CrMnSi	25	880	—	油	520	水、油	1080	885	10	45	39	229
35CrMo	25	850	—	油	550	水、油	980	835	12	45	63	229
38CrMoAl	30	940	—	水、油	640	水、油	980	835	14	50	71	229
40CrNi	25	820	—	油	500	水、油	980	785	10	45	55	241

常用合金调质钢的特性和应用如表 3-21 所示。

表 3-21　常用合金调质钢的特性和应用

牌号	主要特性	应用举例
45Mn2	中碳调质锰钢,其强度、塑性及耐磨性均优于 40 钢,并具有良好的热处理工艺及切削加工性,焊接性差,当含碳在下限时,需要预热至 100~425℃ 才能焊接,存在回火脆性、过热敏感性,水冷易产生裂纹	用于制造重载工作的各种机械零件,如曲轴、车轴、轴、半轴、杠杆、连杆、操纵杆、蜗杆、活塞杆、承载的螺栓、螺钉、加固环、弹簧,当制造直径小于 40mm 的零件时,其静强度及疲劳性能与 40Cr 相近,可代替 40Cr 制作小直径的重要零件
40MnB	具有高强度、高硬度、良好的塑性及韧性,高温回火后,低温冲击韧性良好,调质或淬火+低温回火后,承受动载荷能力有所提高,淬透性和 40Cr 相近,回火稳定性比 40Cr 低,有回火脆性倾向,冷热加工性良好,工作温度范围为 -20~425℃	用于制造拖拉机、汽车及其他通用机器设备中的中、小重要调质件,如汽车半轴、转向轴、花键轴、蜗杆和机床主轴、齿轴等,可代替 40Cr 制造较大截面的零件,如卷扬机中轴。制造小尺寸零件时,可代替 40CrNi 使用
40MnVB	综合力学性能优于 40Cr,具有高强度、高韧性和塑性,淬透性良好,热处理的过热敏感性较小,冷拔、切削加工性均好	常用于代替 40Cr、45Cr 及 38SiCr,制造低温回火、中温回火及高温回火状态的零件,还可代替 42CrMo、40CrNi 制造重要调质件,如机床和汽车上的齿轮、轴等

续表

牌号	主要特性	应用举例
40Cr	经调质处理后,具有良好的综合力学性能、低温冲击韧性及低的缺口敏感性,淬透性良好,油冷时可得到较高的疲劳强度,水冷时复杂形状的零件易产生裂纹,冷弯塑性中等,正火或调质后切削加工性好,但焊接性不好,易产生裂纹,焊前应预热到100~150℃,一般在调质状态下使用,还可以进行碳氮共渗和高频表面淬火处理	使用最广泛的钢种之一,调质处理后用于制造中速、中载的零件,如机床齿轮、轴、蜗杆、花键轴、顶针套等;调质并高频表面淬火后用于制造表面高硬度、耐磨的零件,如齿轮、轴、主轴、曲轴、心轴、套筒、销子、连杆、螺钉、螺母、进气阀等;经淬火及中温回火后用于制造重载、中速冲击的零件,如油泵转子、滑块、齿轮、主轴、套环等,经淬火及低温回火后用于制造重载、低冲击、耐磨的零件,如蜗杆、主轴、套环等,碳氮共渗处理后制造尺寸较大、低温冲击韧性较高的传动零件,如轴、齿轮等
40CrMn	强度高,可加工性良好,淬透性比40Cr大,与40CrNi相近,在油中临界淬透直径为27.5~74.5mm;热处理时淬火变形小,但形状复杂的零件,淬火时易开裂,回火脆性倾向严重,横向冲击值稍低,白点敏感性比铬镍钢稍低	适用于制造在高速与弯曲载荷下工作的轴、连杆;高速与高载荷的无强力冲击载荷的齿轮轴、齿轮、水泵转子、离合器、小轴、心轴等;在化工工业中可制造直径小于100mm,而强度要求超过785MPa的高压容器盖板上的螺栓;在运输和农业机械制造业中多用于不重要的零件;在制作工作温度不太高的零件时可以和40CrMo、40CrNi互换使用,以制作大型调质件
30CrMnSi	高强度调质结构钢,具有很高的强度和韧性,淬透性较高,冷变形塑性中等,切削加工性能良好,有回火脆性倾向,横向的冲击韧性差,焊接性能较好,但厚度大于3mm时,应先预热到150℃,焊后需热处理,一般调质后使用	多用于制造高负载、高速的各种重要零件,如齿轮、轴、离合器、链轮、砂轮轴、轴套、螺栓、螺母等,也用于制造耐磨、工作温度不高的零件,变载荷的焊接构件,如高压鼓风机的叶片、阀板以及非腐蚀性介质输送管道
35CrMo	高温下具有高的持久强度和蠕变强度,低温冲击韧性较好,工作温度高温可达500℃,低温可至-110℃,并具有高的静强度、冲击韧性、较高的疲劳强度,淬透性良好,无过热倾向,淬火变形小,冷变形时塑性尚可,切削加工性中等,但有第一类回火脆性,焊接性不好,焊前需预热至150~400℃,焊后热处理以消除应力,一般在调质处理后使用,也可在高、中频表面淬火或淬火及低、中温回火后使用	用于制造承受冲击、弯扭、高载荷的各种机器中的重要零件,如轧钢机人字齿轮、曲轴、锤杆、连杆、紧固件、汽轮发动机主轴、车轴、发动机传动零件、大型电动机轴,石油机械中的穿孔器,工作温度低于400℃的锅炉用螺栓,低于510℃的螺母,化工机械中高压无缝厚壁的导管(450~500℃,无腐蚀介质)等,还可代替40CrNi用于制造高载荷传动轴、汽轮发电机转子、大截面齿轮、支承轴(直径小于500mm)等
38CrMoAl	高级渗氮钢,具有很高的渗氮性能和力学性能,良好的耐热性和耐蚀性,经渗氮处理后,能得到高的表面硬度、高的疲劳强度及良好的抗过热性,无回火脆性,切削加工性尚可,高温工作温度可达500℃,但冷变形时塑性低,焊接性差,淬透性低,一般在调质及渗氮后使用	用于制造高疲劳强度、高耐磨性,热处理后尺寸精确、强度较高的各种尺寸不大的渗氮零件,如气缸套、座套、底盖、活塞螺栓、检验规、精密磨床主轴、车床主轴、镗杆、精密丝杠和齿轮、蜗杆、高压阀门、阀杆、仿模、滚子、样板、汽轮机的调速器、转动套、固定套、塑料挤压机上的一些耐磨零件
40CrNi	中碳合金调质钢,具有高强度、高韧性以及高淬透性,调质状态下,综合力学性能良好,低温冲击韧性良好,有回火脆性倾向,水冷易产生裂纹,切削加工性良好,但焊接性差	用于制造锻造和冷冲压且截面尺寸较大的重要调质件,如连杆、圆盘、曲轴、齿轮、轴、螺钉等

(4) 合金弹簧钢

弹簧是利用弹簧变形来储存能量或缓和冲击的一种零件,它常受到交变外力的作用。因此,对制造弹簧的材料要求具有较高的弹性极限、屈服极限和疲劳强度。同时,还应具有足够的塑性和韧性,以便绕制成形。

合金弹簧钢的含碳量为0.45%~0.7%。为了提高塑性、韧性、弹性极限和淬透性以及回火稳定性,常加入的合金元素有硅、锰、铬、钒等。常用合金弹簧钢的牌号和化学成分见表3-22。

表 3-22　常用的几种合金弹簧钢的牌号和化学成分

牌号	化学成分(质量分数)/%					Ni	Cu	P	S
	C	Si	Mn	Cr	V	≤			
65Mn	0.62～0.70	0.17～0.37	0.90～1.20	≤0.25	—	0.35	0.25	0.030	0.030
60Si2Mn	0.56～0.64	1.50～2.00	0.70～1.00	≤0.35	—	0.35	0.25	0.035	0.035
55SiCr	0.51～0.59	1.20～1.60	0.50～0.80	0.50～0.80	—	0.35	0.25	0.025	0.020
55CrMn	0.52～0.60	0.17～0.37	0.65～0.95	0.65～0.95	—	0.35	0.25	0.025	0.020
50CrV	0.46～0.54	0.17～0.37	0.50～0.80	0.80～1.10	0.10～0.20	0.35	0.25	0.025	0.020
60CrMnB	0.56～0.64	0.17～0.37	0.70～1.00	0.70～1.00	B:0.0008～0.0035	0.35	0.25	0.025	0.020

常用合金弹簧钢的力学性能见表 3-23。

表 3-23　常用合金弹簧钢的力学性能

牌号	热处理			力学性能(≥)				
	淬火温度/℃	淬火介质	回火温度/℃	抗拉强度/MPa	下屈服强度/MPa	断后伸长率		断面收缩率/%
						A/%	$A_{11.3}$/%	
65Mn	830	油	540	980	785	—	8	30
60Si2Mn	870	油	480	1275	1180	—	5	25
55SiCr	860	油	450	1450	1300	6	—	25
55CrMn	830～860	油	485	1225	1080	9	—	20
50CrV	850	油	500	1275	1130	10	—	40
60CrMnB	830～860	油	490	1225	1080	9	—	20

常用合金弹簧钢的特性和应用见表 3-24。

表 3-24　常用合金弹簧钢的特性和应用

牌号	主要特性	应用举例
65Mn	锰提高淬透性,12mm 的钢材在油中可以淬透,表面脱碳倾向比硅钢小,经热处理后的综合力学性能优于碳钢,但有过热敏感性和回火脆性	小尺寸各种扁、圆弹簧,坐垫弹簧,弹簧发条,也可制作弹簧环、气门簧、离合器簧片、刹车弹簧、冷卷螺旋弹簧
60Si2Mn	钢的强度和弹性极限较 55Si2Mn 稍高,淬透性也较高,在油中临界淬透直径为 35～73mm	汽车、拖拉机、机车上的减振板簧和螺旋弹簧,气缸安全阀簧,止回阀簧,还可用作 250℃ 以下非腐蚀介质中的耐热弹簧
55SiCr	与硅锰钢相比,当塑性相近时,具有较高的抗拉强度和屈服强度,淬透性较大,有回火脆性	用于承受高压力及工作温度在 300～350℃ 以下的弹簧,如调速器弹簧、汽轮机汽封弹簧、破碎机用弹簧等
55CrMn	有较高强度、塑性和韧性,淬透性较好,过热敏感性比锰钢低,比硅锰钢高,脱碳倾向比硅锰钢小,回火脆性大	用于车辆、拖拉机上制作负荷较重、应力较大的板簧和直径较大的螺旋弹簧
50CrV	有良好的力学性能和工艺性能,淬透性较高。加入钒使钢的晶粒细化,降低过热敏感性,提高强度和韧性,具有高疲劳强度,是一种较高级的弹簧钢	用做较大截面的高负荷重要弹簧及工作温度小于 300℃ 的阀门弹簧、活塞弹簧、安全阀弹簧等
60CrMnB	性能与 60CrMn 基本相似,但有更好的淬透性,在油中临界淬透直径为 100～150mm	适用于制造大型弹簧,如推土机上的叠板弹簧、船舶上的大型螺旋弹簧和扭力弹簧

(5) 滚动轴承钢

滚动轴承钢是用来制造滚动轴承中的滚柱、滚珠、滚针和内外圈的钢材。滚动轴承钢要求有高且均匀的硬度和耐磨性,高的弹性极限、疲劳强度和抗压强度,还要有足够的韧性和淬透性,同时具有一定的耐腐蚀能力。

为了保证滚动轴承钢的高硬度、高耐磨性,含碳量为 0.95%～1.05%,并加入铬元素,以增加淬透性和耐磨性。若含碳量或含铬量过高，均增加残余奥氏体量，降低硬度及尺寸稳定性。

滚动轴承钢的牌号和化学成分见表 3-25。

表 3-25　滚动轴承钢的牌号和化学成分

牌号	化学成分(质量分数)/%								
	C	Si	Mn	Cr	Mo	P	S	Ni	Cu
						≤			
GCr4	0.95～1.05	0.15～0.30	0.15～0.30	0.35～0.50	≤0.08	0.025	0.020	0.25	0.20
GCr15	0.95～1.05	0.15～0.35	0.25～0.45	1.40～1.65	≤0.10	0.025	0.025	0.30	0.25 Ni+Cu≤0.50
GCr15SiMn	0.95～1.05	0.45～0.75	0.95～1.25	1.40～1.65	≤0.10	0.025	0.025	0.30	0.25 Ni+Cu≤0.50
GCr15SiMo	0.95～1.05	0.65～0.85	0.20～0.40	1.40～1.70	0.30～0.40	0.027	0.020	0.30	0.25
GCr18Mo	0.95～1.05	0.20～0.40	0.25～0.40	1.65～1.95	0.15～0.25	0.025	0.020	0.25	0.25

滚动轴承钢球化或软化退火钢材硬度见表 3-26。

表 3-26　滚动轴承钢的硬度

牌号	GCr4	GCr15	GCr15SiMn	GCr15SiMo	GCr18Mo
布氏硬度	179～207	179～207	179～217	179～217	179～207

滚动轴承钢的特性和应用见表 3-27。

表 3-27　滚动轴承钢的特性和应用

牌号	主要特性	应用举例
GCr4	具有较好的冷变形塑性和可加工性，耐磨性比碳素工具钢高，但对形成白点敏感性高，焊接性差；热处理时有低温回火脆性倾向；淬透性差，在油中临界淬透直径为 5～20mm（50%马氏体），一般经淬火及低温回火后使用	用于制造滚动轴承上的小直径钢球、滚子、滚针等
GCr15	淬透性好，耐磨性好，疲劳寿命高，冷加工塑性变形中等，有一定的切削加工性，焊接性差，一般经淬火及低温回火后使用	用于制造大型机械轴承的钢球、滚子和套圈，还可以制造耐磨、高接触疲劳强度的较大负荷的机器零件，如牙轮钻头的转动轴、叶片、泵钉子、靠模、套筒、心轴、机床丝杠、冷冲模等
GCr15SiMn	耐磨性和淬透性比 GCr15 更高，冷加工塑性中等，焊接性差，对形成白点敏感性高，热处理时有回火脆性	用于制造大型轴承的套圈、钢球和滚子，还可制造高耐磨、高硬度的零件，如轧辊、量规等，应用和特性与 GCr15 相近

(6) 刃具钢

刃具是用来进行切削加工的工具，主要指车刀、铰刀、刨刀、钻头等。刃具钢要求有高硬度（>60HRC）、高耐磨性、高的热硬性以及足够的强度、韧性。

① 低合金刃具钢　低合金刃具钢用于制造低速切削刃具，可在碳素工具钢基础上添加总量不超过 5% 的合金元素获得，钢碳含量 w_C 在 0.8%～1.5% 之间，碳量较高可以保证足够的硬度和耐磨性，加入合金元素 Cr、Mn、Si 用以提高淬透性，Si 还可使钢淬火后加热到 250～300℃ 时仍能保持高硬度，从而保证一定的热硬性。

钢中加入的碳化物形成元素 W、V 等，在正常淬火加热时不溶于奥氏体，而以碳化物形式存在，以增加钢的耐磨性，并能阻碍加热时奥氏体晶粒长大，也可使钢的强度、韧性和耐磨性提高。常用的是 9SiCr 和 CrWMn 等，见表 3-28。

表 3-28　常用低合金工具钢的牌号、成分、热处理及用途

牌号	化学成分(质量分数)/%					淬火		交货状态硬度(HBW)	用途
	C	Si	Mn	Cr	其他	温度/℃	硬度(HRC)		
9SiCr	0.85~0.95	1.20~1.60	0.30~0.60	0.95~1.25		820~860 油	≥62	241~197	丝锥、板牙、钻头、铰刀、齿轮铣刀、冷冲模、轧辊
8MnSi	0.75~0.85	0.30~0.60	0.80~1.10		—	800~820 油	≥60	≤229	一般多用作木工凿子、锯条或其他刀具
Cr06	1.30~1.45	≤0.40	≤0.40	0.50~0.70		780~810 水	≥64	241~187	用作剃刀、刀片、刮片、刻刀、外科医疗刀具
Cr2	0.95~1.10	≤0.40	≤0.40	1.30~1.65		830~860 油	≥62	229~179	低速、材料硬度不高的切削刀具、量规、冷轧辊等
9Cr2	0.80~0.95	≤0.40	≤0.40	1.30~1.70		820~850 油	≥62	217~179	主要用作冷轧辊、冷冲头及冲头、木工工具等
W	1.05~1.25	≤0.40	≤0.40	0.10~0.30	W0.80~1.20	800~830 水	≥62	229~187	低速切削硬金属的工具,如麻花钻、车刀等
9Mn2V	0.85~0.95	≤0.40	1.70~2.00	—	V0.10~0.25	780~810 油	≥62	≤229	丝锥、板牙、铰刀、小冲模、冷压模、落料模、剪刀等
CrWMn	0.90~1.05	≤0.40	0.80~1.10	0.90~1.20	W1.20~1.60	800~830 油	≥62	255~207	拉刀、长丝锥、量规及形状复杂精度高的冲模、丝杠等

② 高合金刃具钢　高合金刃具钢用于制造高速切削刃具,钢中含有大量的 W、Mo、Cr、V、Co 等碳化物形成元素,因而具有更高的淬透性和回火抗力。最常用的是 W18Cr4V 和 W6Mo5Cr4V2 等高速钢,见表 3-29。碳含量 w_C 在 0.7%~1.25% 间,加入碳化物形成元素 Cr、W、Mo、V 等可形成碳化物,提高硬度、耐磨性及回火稳定性。高速钢广泛用于制造各种用途和类型的高速切削工具,如车刀、刨刀、拉刀、铣刀、钻头等。高速钢制造的工具,能在比较高的温度下(600℃)保持切削性能和耐磨性,其切削速度比碳素工具钢和低合金工具钢增加 1~3 倍,耐用性增加 7~14 倍。

表 3-29　常用高合金刃具钢的牌号、成分、热处理

牌号	化学成分(质量分数)/%							热处理温度/℃		退火硬度(HBW)	淬火回火(HRC)
	C	Mn	Si	Cr	W	Mo	V	淬火	回火		
W18Cr4V (T51841)	0.73~0.88	0.10~0.40	0.20~0.40	3.80~4.50	17.20~18.70	≤0.30	1.00~1.40	1270~1285	550~570	≤255	≥63
W6Mo5Cr4V2 (T66541)	0.80~0.90	0.15~0.40	0.20~0.45	3.80~4.40	5.00~6.75	4.50~5.50	1.75~2.20	1210~1230	540~560	≤255	≥63
W6Mo5Cr4V3	1.15~1.25	0.15~0.40	0.20~0.45	3.80~4.50	5.90~6.70	4.70~5.20	2.70~3.20	1200~1220	540~560	≤255	≥64
W9Mo3Cr4V (T69341)	0.77~0.87	0.20~0.40	0.20~0.40	3.80~4.40	8.50~9.50	2.70~3.30	1.30~1.70	1220~1240	540~560	<255	≥63

(7) 模具钢

模具是用于进行压力加工的工具。常用的合金模具钢有冷作模具钢、热作模具钢两大类。

① 冷作模具钢　冷作模具钢主要用于制造承受剪切作用或在型腔中冷塑成型的模具。如落料或冲孔模、剪切模、冷镦模、拉深模和弯曲模等。冷作模具一般在室温下工作,工作时实际温度不超过 200~300℃,承受较大的冲击载荷,被加工金属与模具表面产生摩擦,故要求冷作模具钢具有高的强度、硬度、耐磨性和韧性。硬度应达到 58~62HRC。

形状简单、冲击载荷小的模具,可用碳素工具钢制作。形状较复杂的模具,可选用

9SiCr、GCr15 等。对形状复杂、尺寸精度要求高的模具，则选用 Cr12 型模具钢。对形状很复杂、载荷很大的大型模具，选用 Cr4W2MoV 或 6W6Mo5Cr4V 钢，这两种钢具有优良的力学性能。

冷作模具钢必须经热处理才能得到符合使用要求的性能。Cr12 型钢（Cr12、Cr12MoV）是冷作模具专用钢。与高速钢相似，铸态组织必须反复锻造以改善碳化物分布状态。Cr12 型钢的主要特点是高碳高铬，具有很高的强度、硬度、耐磨性，淬透性很好，淬火变形很小。适合于制造中、大型冷作模具。

冷作模具钢的牌号、成分、性能和应用见表 3-30。

表 3-30　常用冷作模具钢的牌号、成分、热处理、性能和应用（GB/T 1299—2014）

牌号	化学成分（质量分数）/%							硬度				特点和应用
	C	Si	Mn	Cr	W	Mo	其他	退火交货状态硬度（HBW）	试样淬火			
									温度/℃	冷却剂	≥（HRC）	
Cr12	2.00~2.30	≤0.40	≤0.40	11.50~13.00	—	—	—	269~217	950~1000	油	60	高碳高铬钢，具有高强度、高耐磨性和淬透性，淬火变形小、较脆，多用于耐磨性高又不承受冲击的冷冲模、量具、拉丝模、搓丝板、冷切剪刀
Cr12MoV	1.45~1.70	≤0.40	≤0.40	11.00~12.50	—	0.40~0.60	V 0.15~0.30	255~207	950~1000	油	58	淬透性、淬火回火后的硬度、强度、韧性高于Cr12，截面直径 300~400mm 以下可完全淬透，耐磨性、塑性较好，变形小，高温塑性也好，可用于各种铸、锻模具，如冲孔模、切边模、拉丝模和量具
9Mn2V	0.85~0.95	≤0.40	1.70~2.00	—	—	—	V 0.10~0.25	≤229	780~810	油	62	淬透性和耐磨性高于碳素工具钢，淬火变形小，适于制造各种变形小、耐磨和韧性好，工作时不变热的量具、刃具，如量规、样板、板牙、丝锥、拉刀
CrWMn	0.90~1.05	≤0.40	0.80~1.10	0.90~1.20	1.20~1.60	—	—	255~207	800~830	油	62	淬透性、耐磨性及淬火硬度高于铬钢和铬硅钢，韧性好，淬火变形小，缺点是易产生碳化物网状偏析。多用于长而形状复杂的刀具，如长铰刀和复杂量具
9CrWMn	0.85~0.95	≤0.40	0.90~1.20	0.50~0.80	0.50~0.80	—	—	241~197	800~830	油	62	碳的质量分数低于CrWMn，碳化物偏析较小，力学性能较好。应用场合同 CrWMn
C4W2MoV	1.12~1.25	0.40~0.70	≤0.40	3.50~4.00	1.90~2.60	0.8~1.20	V 0.8~1.10	≤269	960~980 1020~1040	油	60	共晶化合物晶粒细小、分布均匀，淬透性、淬硬性好，力学性能好，耐磨且尺寸稳定。用于制造冲模、冷挤压模、搓丝板
6W6Mo5Cr4V	0.55~0.65	≤0.40	≤0.60	3.70~4.30	6.00~7.00	4.50~5.50	V 0.70~1.10	≤269	1180~1200	油	60	具有良好的综合力学性能，具有高强度、高硬度、高耐磨性和高回火稳定性。适用于制作冲头、冷作凹模等

② 热作模具钢　热作模具钢是在载荷和温度均发生周期性变化的条件下工作的钢种，用于制造热锻模、热挤压模和压铸模等。热作模具钢常在 400℃ 左右长期经受交变热载荷和摩擦载荷，因此要求模具钢具有良好的热疲劳性能、高温强度、高温冲击韧性、导热性、回火稳定性和淬透性。

热作模具钢为中碳钢，$w_C=0.30\%\sim0.60\%$，以保证良好的强度和韧性的配合。合金元素铬、镍可以提高淬透性、硬度和热疲劳性。钨、钼、钒可以提高热硬性、热疲劳性，细化晶粒。

普通热锻模可用调质钢制作，经调质后使用。常用牌号为 40Cr、5CrMnMo、5CrNiMo，其中 5CrMnMo 常用于中小型热锻模，5CrNiMo 用于较大型热锻模。工作温度在 600～700℃ 的热作模具，常用的钢种是 3Cr2W8V。4Cr13Mo3W4Nb、Y6、4Cr3MoMnV13 和 Y10 高温强度和高温冲击韧性均有很大提高，模具寿命比 3Cr2W8V 钢提高许多倍。

常用热作模具钢的牌号、成分、热处理、性能和应用见表 3-31。

表 3-31　常用热作模具钢的牌号、成分、热处理、性能和应用 (GB/T 1299—2014)

牌号	化学成分(质量分数)/%							硬度				特点和应用
	C	Si	Mn	Cr	W	Mo	其他	退火交货状态硬度(HBW)	试样淬火			
									温度/℃	冷却剂	≥(HRC)	
5CrMnMo	0.50~0.60	0.25~0.60	1.20~1.60	0.60~0.90	—	0.15~0.30	—	241~197	820~850	油	—	锤锻模具钢，不含镍。有良好的强度、韧性和耐磨性，淬透性好，对回火脆性不敏感，宜制造边长300～400mm的中小型热锻模
3Cr2W8V	0.30~0.40	≤0.40	≤0.40	2.20~2.70	7.50~9.00	—	V 0.20~0.50	255~207	1075~1125	油	—	常用的压铸模具钢，碳的质量分数低，又含有碳化物形成元素铬、钨，故韧性、导热性好，高温强度及热硬性好，淬透性好，耐热疲劳性好。适于制造高温高应力下，不受冲击的铸、锻模、热金属切刀
8Cr3	0.75~0.85	≤0.40	≤0.40	3.20~3.80	—	—	—	255~207	850~880	油	—	有较好的淬透性和高温强度。多用于制作冲击载荷不大，500℃以下磨损状态下的热作模具，热弯、热剪切刀及螺钉
4Cr5MoSiV	0.33~0.43	0.80~1.20	0.20~0.50	4.75~5.50	—	1.10~1.60	V 0.30~0.60	≤235	790℃预热，1000℃盐浴或1010℃(炉控气氛加热)保5～15min，空冷，550℃回火		—	空淬硬化热作模具钢，中温下有较好的高温强度、韧性、耐磨性，使用性能和寿命高于3Cr2W8V。宜用于制作铝合金压铸模、热挤压模、锻模及耐500℃温度以下的飞机、火箭零件
5Cr4W5Mo2V	0.40~0.50	≤0.40	≤0.40	3.40~4.50	4.50~5.30	1.50~2.10	V 0.70~1.10	≤269	1100~1150	油	—	热挤压、精密锻造模具钢。有高的热强性、热硬性、耐磨性，可进行一般热处理和化学热处理，多用于制造中、小型精锻模，或代替3Cr2W8V作热挤压模具

(8) 量具钢

机械制造中需要使用各类量具来度量工件尺寸。量具与工件接触产生摩擦，容易磨损和碰坏，为此，量具钢应具有高硬度、高耐磨性、热处理变形小，以及良好的尺寸稳定性和足够的强韧性。

量具钢没有专用钢种，一般精度的量具，可以用 T10A、T12A 制造，但碳素工具钢有较严重的时效效应现象，尺寸稳定性差。高精度的量具常用 GCr15、CrWMn 和 9SiCr 等制作，这类钢残余应力较小，钢的组织稳定性好，尺寸稳定，尤其是 CrWMn，变形量小，适于制造精度要求高、形状复杂的量具。

量具钢淬火和低温回火后，组织为回火马氏体和残余奥氏体。在长期使用中，由于残余奥氏体发生转变，使量具精度降低。故通常在淬火后立刻进行冷处理，促使残余奥氏体转变，然后低温回火。为保证高精度，量具在低温回火后应再精加工及去应力退火，尽量减少量具的残余应力。

(9) 特殊性能钢

特殊性能钢是指具有特殊使用性能的钢。特殊性能钢包括不锈钢、耐热钢、耐磨钢和磁钢等。

① 不锈钢　不锈钢是能耐大气腐蚀或能耐酸、碱化学介质腐蚀的钢。

不锈钢获得耐腐蚀性能最基本元素是铬。铬在氧化性介质中能形成一层氧化膜（Cr_2O_3）以防止钢的表面被外界介质进一步氧化和腐蚀。另一方面含铬量达到 12% 时，钢的电极电位跃增，有效地提高了钢的耐电化学腐蚀性。所以不锈钢中含铬量不少于 12%，铬含量越多，钢的耐蚀性越好。

碳是不锈钢中降低耐蚀性的元素。因为碳在钢中会形成铬的碳化物，降低了基本金属中的含铬量。这些碳化物会破坏氧化膜的耐蚀性。因此，从提高钢的耐蚀性能来看，希望含碳量越低越好。但含碳量关系到钢的力学性能，还应根据不同情况，保留一定的含碳量。

不锈钢按金相组织不同，常用的有以下三类：

a. 铁素体型不锈钢　这类钢含碳量较低（≤0.12%），而以铬为主要合金元素。常见的有 10Cr17 等。一般用于工作应力不大的化工设备、容器及管道。

b. 马氏型不锈钢　这类钢含碳量稍高（平均含碳量 0.1%~0.45%），淬透性好，油淬或空冷能得到马氏体组织。具有较高强度、硬度和耐磨性，是不锈钢中力学性能最好的钢。缺点是耐蚀性稍低，焊接性差。主要用于制造力学性能要求较高，耐蚀性要求较低的零件。

c. 奥氏体型不锈钢　这是一类典型的铬镍不锈钢。含碳量较低（≤0.15%）。当钢中含铬量达 18% 左右，含镍量达 8%~10% 时，钢在常温时，便可获得单一的奥氏体组织。铬镍不锈钢的 18-8 型，是不锈钢中耐蚀性最好的钢。无磁性，且塑性、韧性及冷变形、焊接工艺性良好。但切削加工性能较差。主要钢号有 06Cr18Ni9、17Cr18Ni9 等。这类钢主要用于制作耐蚀性要求较高及需要冷变形和焊接的低负荷零件。也可用于仪表、电力等工业制作无磁性零件。这类钢热处理不能强化，只有通过冷变形提高其强度。

② 耐热钢　耐热钢是指在高温条件下仍能保持足够强度和能抵抗氧化而不起皮的钢。

为了提高抗氧化的能力，钢中主要加入铬、硅、铝等元素。这些元素与氧的结合能力比铁强，能在表面形成一层致密的氧化膜 Cr_2O_3、SiO_2、Al_2O_3，能有效地阻止金属元素向外扩散和氧、氮、硫等腐蚀性元素向里扩散，保护金属，免受侵蚀。这些抗氧化性的元素越多，抗氧化能力越强。

为了提高钢的高温强度，向钢中加入高熔点元素钨、钼，使其固溶于铁，增加钢的抗蠕变（即受力时产生缓慢连续变形的现象）的能力。此外加入钒、钛，析出弥散碳化物，能提高钢的高温强度。

③ 耐磨钢　有些零件，如拖拉机和坦克的履带板和轧石板等，在工作时受到强烈的撞击和摩擦磨损，因此要求具有特别高的耐磨性及很高的韧性，目前工业上应用最广泛的耐磨钢是高锰钢（ZGMn13）。ZGMn13 钢中 w_{Mn} 为 $12\%\sim14\%$，w_C 为 $1\%\sim1.3\%$，属于奥氏体钢，其力学性能为：$R_m = 1050\text{MPa}$、$\sigma_s = 400\text{MPa}$、$A = 80\%$、$Z = 50\%$、硬度为 210HBW。从上列数据来看，Mn 钢的屈服强度不高，只有抗拉强度的 40%，断后伸长率及断面收缩率很高，说明具有相当高的韧性，它的硬度虽不高，但却有很高的耐磨性。它之所以有很高的耐磨性，是由于 Mn 使钢在常温下呈单一的奥氏体组织，奥氏体经受高压冲击因塑性变形而产生冷加工硬化，使钢强化而获得高的耐磨性。高锰钢的耐磨性只在高压下才表现出来，反之，在低压下并不耐磨。

3.2　铸　　铁

铸铁是碳质量分数大于 2.11%（一般为 $2.5\%\sim4.0\%$）并含有较多 Si、Mn、S、P 等元素的多元铁碳合金。

铸铁来源广、价格低廉且工艺简单，与钢相比，虽然抗拉强度、塑性、韧性较低，但却具有优良的铸造性能、可加工性、减振性、耐磨性等，是机械制造业中最重要的材料之一。铸铁的价值与其组织中碳的存在形态密切相关，只有大部分的碳不再以渗碳体（Fe_3C）形态析出而是以游离态的石墨（G）形态存在时，铸铁才能够得到广泛的应用。

通常把铸铁中石墨的形成过程称为石墨化过程。

3.2.1　铸铁的分类

根据铸铁在凝固过程中石墨化程度不同，可分为灰口铸铁、白口铸铁和麻口铸铁三种不同的铸铁。

灰口铸铁，其中碳主要以石墨形式存在，断口呈灰暗色，由此得名，是工业上应用最多最广的铸铁。白口铸铁，碳几乎全部以 Fe_3C 形式存在，断口呈银白色，由此得名，性能硬而脆、不易加工，所以白口铸铁很少直接用来制造机械零件，但可利用它硬而耐磨的特性，制成少数不受冲击的耐磨零件，如球磨机衬板、磨球、磨粉机的磨盘和磨轮等。目前，白口铸铁主要用作炼钢原料和生产可锻铸铁的毛坯。麻口铸铁其组织介于上述二者之间，断口呈灰白相间的麻点，具有较大的硬脆性，工业上很少应用。

根据石墨的形态不同，如图 3-1 所示，可将铸铁分为灰铸铁（石墨为片状）、可锻铸铁

　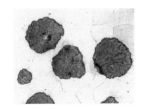　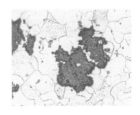　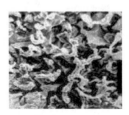

(a) 片状石墨　　　　　　(b) 球状石墨　　　　　　(c) 团絮状石墨　　　　　　(d) 蠕虫状石墨

图 3-1　铸铁的石墨形态

（石墨为团絮状）、球墨铸铁（石墨为球状）、蠕墨铸铁（石墨为蠕虫状）等。

3.2.2　常用普通铸铁

(1) 灰铸铁

灰铸铁的成分（质量分数）大致为 w_C：$2.5\%\sim4.0\%$，w_{Si}：$1.0\%\sim2.5\%$，w_{Mn}：$0.5\%\sim1.4\%$，$w_S\leqslant0.10\%\sim0.15\%$，$w_P\leqslant0.12\%\sim0.25\%$。由于碳、硅含量较高，所以具有较强的石墨化能力，铸态显微组织有三种：铁素体＋片状石墨、铁素体＋珠光体＋片状石墨、珠光体＋片状石墨，如图 3-2 所示。

(a) 铁素体基体　　　　　　(b) 铁素体+珠光体基体　　　　　　(c) 珠光体基体

图 3-2　灰铸铁显微组织

此类铸铁具有高的抗压强度、优良的耐磨性和减振性，低的缺口敏感性。由于石墨的强度与塑性几乎为零，因而灰铸铁的抗拉强度与塑韧性远比钢低，且石墨的量越大，石墨片的尺寸越大、越尖，分布越不均匀，铸铁的抗拉强度与塑韧性则越低。灰铸铁主要用于制造汽车、拖拉机中的气缸体、气缸套、机床的床身等承受压力及振动的零件。

若将液态灰铸铁进行孕育处理，即浇注前在铸铁液中加入少量孕育剂（如硅铁或硅钙合金）作为人工晶核，细化石墨片，即得到孕育铸铁（变质铸铁），其显微组织为细珠光体＋细石墨片，强度、硬度都比变质前高，可用于制造压力机的机身、重负荷机床的床身、液压缸等机件。

灰铸铁的牌号、性能及应用见表 3-32。牌号中 HT 为"灰铁"二字的汉语拼音首字母，其后数字表示最低抗拉强度。

表 3-32　灰铸铁的牌号、性能及应用（GB/T 9439—2010）

牌号	铸件壁厚 /mm	单铸试棒 R_m/MPa (min)	铸件预期抗拉强度 R_m /MPa(min)	显微组织 主要基体	显微组织 石墨	应用举例
HT100	5～40	100	—	F	粗片状	用于制造只承受轻载荷的简单铸件,如盖、外罩、托盘、油盘、手轮、支架、底板、把手、冶矿设备中的高炉平衡锤、炼钢炉重锤等
HT150	5～10	150	155	F+P	较粗片状	用于制造承受中等弯曲力、摩擦面间压强高于 500kPa 的铸件,如机床的工作台、溜板、底座、汽车的齿轮箱、进排气管、泵体、阀体、阀盖等
HT150	10～20	150	130	F+P	较粗片状	
HT150	20～40	150	110	F+P	较粗片状	
HT150	40～80	150	95	F+P	较粗片状	
HT150	80～150	150	80	F+P	较粗片状	
HT150	150～300	150	—	F+P	较粗片状	

续表

牌号	铸件壁厚/mm	单铸试棒 R_m/MPa（min）	铸件预期抗拉强度 R_m/MPa(min)	显微组织 主要基体	显微组织 石墨	应用举例
HT200	5～10	200	205	P	中等片状	用于制造要求保持气密性并承受较大弯曲应力的铸件，如机床床身、立柱、齿轮箱体、刀架、油缸、活塞、带轮等
	10～20		108			
	20～40		155			
	40～80		130			
	80～150		115			
	150～300		—			
HT225	5～10	225	230			
	10～20		200			
	20～40		170			
	40～80		150			
	80～150		135			
	150～300		—			
HT250	5～10	250	250	细 P	较细片状	适于制造炼钢用轨道板、气缸套、泵体、阀体、齿轮箱体、齿轮、划线平板、水平仪、机床床身、立柱、油缸、内燃机的活塞环、活塞等
	10～20		225			
	20～40		195			
	40～80		170			
	80～150		155			
	150～300		—			
HT275	10～20	275	250			
	20～40		220			
	40～80		190			
	80～150		175			
	150～300		—			
HT300	10～20	300	270	细 P	细小片状	机床导轨、受力较大的机床床身、立柱机座等；通用机械的水泵出口管、吸入盖等；动力机械中的液压阀体、蜗轮、汽轮机隔板、泵壳、大型发动机缸体、缸盖
	20～40		240			
	40～80		210			
	80～150		195			
	150～300		—			
HT350	10～20	350	315			大型发动机气缸体、缸盖、衬套；水泵缸体、阀体、凸轮等；机床导轨、工作台等摩擦件；需经表面淬火的铸件
	20～40		280			
	40～80		250			
	80～150		225			
	150～300		—			

注：F 为铁素体，P 为珠光体。

（2）可锻铸铁

在汽车、农业机械上常有一些截面较薄、形状复杂，工作中又受到冲击和振动的零件，如汽车、拖拉机的前后桥壳、减速器壳、转向机构等，这些零件适宜采用铸造法生产。若用灰铸铁制造，则韧性不足；若用铸钢，因其铸造性能差，不易获得合格产品，且价格较高。在这种情况下，就要利用铸铁的优良铸造性能先铸成白口铸铁，然后经过石墨化退火处理，将 Fe_3C 分解为团絮状的石墨，即获得可锻铸铁。

可锻铸铁的成分（质量分数）大致为：w_C：2.4%～2.8%，w_{Si}：1.2%～2.0%，w_{Mn}：0.4%～1.2%，w_S≤0.1%，w_P≤0.2%。根据石墨化退火工艺不同，可以形成铁素体基体及珠光体基体两类可锻铸铁，如图 3-3 所示。

由于可锻铸铁中的石墨呈团絮状，对基体的割裂作用小，故其强度、塑性及韧性均比灰铸铁高，尤其是珠光体可锻铸铁可与铸钢媲美，但是不能锻造。通常可用于铸造形状复杂、

(a) 黑心铁素体可锻铸铁 (b) 珠光体可锻铸铁

图 3-3 可锻铸铁显微组织

要求承受冲击载荷的薄壁零件,如汽车、拖拉机的前后轮壳、差速器壳、转向节壳等。但由于其生产周期长,工艺复杂,成本高,有些可锻铸铁零件已逐渐被球墨铸铁所代替。

可锻铸铁的牌号、性能及应用见表3-33。牌号中"KT",为可铁二字的汉语拼音首字首,"KTH",表示黑心可锻铸铁,"KTZ"表示珠光体可锻铸铁,它们后面的两组数字分别表示最低抗拉强度和最低延伸率。

表 3-33 常用可锻铸铁的牌号、性能及应用 (GB/T 9440—2010)

种类	牌号	试样直径 /mm	力学性能				应用举例
			R_m/MPa (min)	$R_{p0.2}$/MPa (min)	A/% (min)	硬度 (HBW)	
黑心可锻铸铁	KTH275-05	12 或 15	275	—	5	≤150	汽车、拖拉机零件,如后桥壳、轮壳、转向机构壳体、弹簧钢板支座等。机床附件,如钩形扳手、螺纹绞扳手等;各种管接头、低压阀门、农具等
	KTH300-06		300	—	6		
	KTH330-08		330	—	8		
	KTH350-10		350	200	10		
	KTH370-12		370	—	12		
珠光体可锻铸铁	KTZ450-06		450	270	6	150～200	曲轴、凸轮轴、连杆、齿轮、活塞环、轴套、耙片、万向接头、棘轮、扳手、传动链条
	KTZ500-05		500	300	5	165～215	
	KTZ550-04		550	340	4	180～230	
	KTZ600-03		600	390	3	195～245	
	KTZ650-02		650	430	2	210～260	
	KTZ700-02		700	530	2	240～290	
	KTZ800-01		800	600	1	270～320	

(3) 球墨铸铁

1948年问世的球墨铸铁,使铸铁的性能发生了质的飞跃。球墨铸铁的成分(质量分数)大致为:w_C:3.8%～4.0%,w_{Si}:2.0%～2.8%,w_{Mn}:0.6%～0.8%,$w_S<0.04\%$,$w_P<0.1\%$,$w_{RE}<0.03\%$～0.05%。其铸态显微组织为铁素体+球状石墨,铁素体+珠光体+球状石墨,珠光体+球状石墨,如图3-4所示。

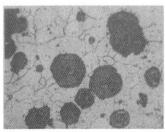  

(a) 铁素体球铁 (b) 铁素体+珠光体球铁 (c) 珠光体球铁

图 3-4 球墨铸铁显微组织

为了使石墨呈球状,浇注前须向铁液中加入一定量的球化剂(如 Mg、RE)进行球化处理,同时在球化处理后还要加入少量的硅铁或硅钙铁合金立即进行孕育处理,以促进石墨化,增加石墨球的数量,减小球的尺寸。

由于此类铸铁中的石墨呈球状，对基体的割裂作用小，应力集中也小，使基体的强度得到了充分的发挥。研究表明，球墨铸铁的基体强度利用率可达 70%～90%，而灰铸铁的基体强度利用率仅为 30%～50%。因此，球墨铸铁既具有灰铸铁的优点，如良好的铸造性、耐磨性、可加工性及低的缺口敏感性等，又具有与中碳钢相媲美的抗拉强度、弯曲疲劳强度及良好的塑性与韧性。此外，还可以通过合金化及热处理来改善与提高它的性能。所以，生产上已用球墨铸铁代替中碳钢及中碳合金钢（如 45 钢、42CrMo 钢等）制造发动机的曲轴、连杆、凸轮轴和机床的主轴等。

球墨铸铁的牌号、性能及应用见表 3-34，牌号中的 "QT"，为球铁二字的汉语拼音首字母，其后面的两组数字分别代表最低抗拉强度和最低伸长率。R 代表室温（23℃）下的冲击性能不低于 14J，L 代表低温（－20℃）冲击吸收功不低于 12J。

表 3-34　球墨铸铁的牌号、性能及应用（GB/T 1348—2019）

牌号	主要基体组织	力学性能				应用举例
		R_m /MPa(min)	$R_{p0.2}$ /MPa(min)	A/% (min)	硬度 (HBW)	
QT350-22L	F	350	220	22	≤160	泵、阀体、受压容器等
QT350-22R	F	350	220	22	≤160	
QT350-22	F	350	220	22	≤160	
QT400-18L	F	400	240	18	120～175	承受冲击、振动的零件，如汽车、拖拉机的轮毂、驱动桥壳、差速器壳、拨叉、农机具零件、中低压阀门、输水及输气管道、压缩机上高低压气缸、电动机壳、齿轮箱、飞轮壳等
QT400-18R	F	400	250	18	120～175	
QT400-18	F	400	250	18	120～175	
QT400-15	F	400	250	15	120～180	
QT450-10	F	450	310	10	160～210	
QT500-7	F+P	500	320	7	170～230	强度与塑性中等的零件，如机器座架、传动轴、飞轮、电动机架、内燃机的机油泵齿轮、铁路机车车辆轴瓦
QT550-5	F+P	550	350	5	180～250	
QT600-3	P+F	600	370	3	190～270	载荷大、耐磨、受力复杂的零件，如汽车、拖拉机的曲轴、连杆、凸轮轴、气缸套，部分磨床、铣床、车床的主轴，机床蜗杆、蜗轮、轧钢机轧辊、大齿轮，小型水轮机主轴、气缸体，桥式起重机大小滚轮等
QT700-2	P	700	420	2	225～305	
QT800-2	P 或 S	800	480	2	245～335	
QT900-2	B+S 或回火马氏体	900	600	2	280～360	高强度、耐磨、耐疲劳的零件，如汽车后桥螺旋锥齿轮、大减速器齿轮、传动轴、内燃机曲轴、凸轮轴等

注：B 表示贝氏体，S 表示索氏体。

（4）蠕墨铸铁

自球墨铸铁问世以来，人们就发现了石墨的另一种形态——蠕虫状，但当时被认为是球墨铸铁球化不良的缺陷形式。进入 20 世纪 60 年代中期，人们已认识到具有蠕虫状石墨的铸铁性能上具有一定的优越性，并逐步将其发展成为独具一格的铸铁——蠕墨铸铁。

蠕墨铸铁的成分（质量分数）大致为 w_C：3.5%～3.9%，w_{Si}：2.2%～2.8%，w_{Mn}：0.4%～0.8%，w_S、w_P<0.1%。其铸态显微组织为铁素体+蠕虫状石墨、铁素体+珠光体+蠕虫状石墨、珠光体+蠕虫状石墨，如图 3-5 所示。

为了使石墨呈蠕虫状，浇注前向高于 1400℃ 的铁液中加入稀土硅钙合金（w_{RE}：10%～15%，w_{Si}≈50%，w_{Ca}：15%～20%）进行蠕化处理，处理后加入少量孕

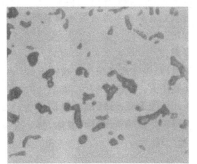

图 3-5　蠕墨铸铁显微组织

育剂（硅铁或硅钙铁合金）以促进石墨化。由于蠕化剂中含有球化元素 Mg、稀土等，故在大多数情况下，蠕虫状石墨与球状石墨共存。

与片状石墨相比，蠕虫状石墨的长宽比值明显减小，尖端变圆变钝，对基体的切割作用减小，应力集中减小，故蠕墨铸铁的抗拉强度、塑性、疲劳强度等均优于灰铸铁，而接近铁素体基体的球墨铸铁。此外，这类铸铁的导热性、铸造性、可加工性均优于球墨铸铁，而与灰铸铁相近。

蠕铁用于制造在热循环载荷条件下工作的零件，如钢锭模、玻璃模具、柴油机气缸、气缸盖、排气刹车等，以及结构复杂、要求高强度的铸件，如液压阀阀体、耐压泵的泵体等。

蠕墨铸铁的牌号、性能及应用见表 3-35。牌号中 RuT 为"蠕"的汉语拼音全拼和"铁"的汉语拼音首字母，其后数字表示最低抗拉强度。

表 3-35　常用蠕墨铸铁的牌号、性能及应用（GB/T 26655—2011）

牌号	主要基体组织	力学性能				应用举例
		R_m /MPa(min)	$R_{p0.2}$ /MPa(min)	$A/\%$ (min)	硬度 (HBW)	
RuT300	F	300	210	2	140～210	排气管,大功率船用、机车、汽车和固定式内燃机缸盖,增压器壳体,纺织机、农机零件
RuT350	F＋P	350	245	1.5	160～220	机床底座,托架和联轴器,大功率船用、机车、汽车和固定式内燃机缸盖,钢锭模、铝锭模,焦化炉炉门、门框、保护板、桥管阀体、装煤孔盖座,变速箱体,液压件
RuT400	P＋F	400	280	1.0	180～240	内燃机的缸体、缸盖,机床底座,托架和联轴器,载重卡车制动鼓、机车车辆制动盘,泵壳和液压件,钢锭模、铝锭模,玻璃模具
RuT450	P	450	315	1.0	200～250	汽车内燃机缸体和缸盖,气缸套,载重卡车制动盘,泵壳和液压件,玻璃模具,活塞环
RuT500	P	500	350	0.5	220～260	高负荷内燃机缸体、气缸套

3.2.3　特殊性能铸铁

在铸铁中加入一定数量的合金元素或经过某种处理后，可具有一些特殊性能（如耐磨性、耐热性、耐蚀性等），称为特殊性能铸铁。

(1) 耐磨铸铁

为使无润滑干摩擦条件下工作的铸铁具有高而均匀的硬度，生产中常采用激冷的办法，使铸件表层具有一定深度的白口铸铁组织，而心部为灰铸铁组织，从而使铸件既有高的耐磨性，又能承受一定的冲击，这种方法得到的是冷硬铸铁。

在白口铸铁的基础上加入质量分数为 $14\%\sim15\%$ 的 Cr 和质量分数为 $2.5\%\sim3.5\%$ 的 Mo，形成高铬白口耐磨铸铁，具有较高韧性和更高的硬度，可用于大型球磨机的衬板及粉碎机的锤头。

然而，对于润滑条件下工件的铸铁，则要求软质基体上分布有硬的组织组成物，软质基体磨损后形成的沟槽可储存润滑油。具有珠光体基体组织的灰铸铁正是这类材料，并且其中的石墨片也起减摩作用，脱落后形成的凹坑可储存润滑油。

在普通灰铸铁的基础上加入适量的 Cu、Mo 等元素，可以强化基体，增加珠光体含量，细化组织，提高耐磨性。加入适量的 V、Ti 等元素，可形成高硬度的 C、N 化合物，加入质量分数为 $0.4\%\sim0.7\%$ 的 P 可形成高硬度、断续网状分布的磷共晶，加入 B 可形成高硬度的硼化物，均能进一步提高耐磨性。

由耐磨铸铁所制的零件按工作条件大致可分为以下两种类型：一种是在润滑条件下工

作，另一种是在无润滑的干摩擦条件下工作。灰铸铁和白口铸铁的耐磨性就属于这两种不同的类型。

(2) 耐热铸铁

在高温下工作的铸铁，如炉底板、换热器、坩埚、热处理炉内的运输链条等，必须使用耐热铸铁。灰铸铁在高温下表面会被氧化和烧损；同时氧化气体沿石片边界和裂纹内渗，造成内部氧化，并且渗碳体会高温分解成石墨等，都导致热稳定性下降。在铸铁中加入 Al、Si、Cr 等合金元素，一方面在铸件表面形成致密的氧化膜，阻碍继续氧化；另一方面提高铸铁的临界温度，使基体变为单相铁素体，不发生石墨化过程，从而改善铸铁的耐热性。球墨铸铁中，石墨为孤立分布，互不相连，不形成气体渗入通道，故其耐热性更好。

提高铸铁的耐热性，可用于炉底、换热器、坩埚和热处理炉内的运输链条等零件。

(3) 耐蚀铸铁

耐蚀铸铁的耐蚀原理基本上与不锈钢和耐酸钢相同，即：

① 通过向铸铁中加入 Si、Al、Cr、Cu、Ni、P 等合金元素，提高基体的电极电位；

② 使基体成为单相，尽量减少石墨数量并形成球状石墨，因为这样可以减少微电池数目；

③ 在铸铁表面形成一层致密的保护膜。耐蚀铸铁可分为高硅耐蚀铸铁、高铝耐蚀铸铁及高铬耐蚀铸铁等。在铸铁中加入大量的 Si、Al、Ni、Cu 等合金元素，用来提高铸铁基体组织的电极电位，并使铸铁表面形成一层致密的保护膜，内部组织为单相基体加孤立分布的少量球状石墨，从而可使铸铁具有耐蚀性，用于在腐蚀介质中工作的零件，如化工设备管道、阀门、泵体、反应釜和盛储器等。

3.3　有色金属及其合金

有色金属是指除黑色金属以外的其余金属，如铝、铜、锌、镁、铅、钛、锡等。

与黑色金属相比，有色金属具有许多优良的特性，因此在工业领域尤其是高科技领域应用广泛。例如铝、镁、钛、铍等轻金属具有相对密度小、比强度高等特点，广泛用于航空航天、汽车、船舶和军事领域；银、铜、金（包括铝）等贵金属具有优良导电导热和耐蚀性，是仪表和通信领域不可缺少的材料；镍、钨、钼、钽及其合金是制造高温零件和电子真空元器件的优良材料；还有专用于原子能工业的铀、镭、铍；用于石油化工领域的钛、铜、镍等。

3.3.1　铜及铜合金

铜是一种非常重要的有色金属，具有与其他金属不同的许多优异性能，因此，铜及铜合金应用非常普遍。

纯铜呈玫瑰红色，因它表面经常形成一层紫红色的氧化物，俗称紫铜。铜的熔点为 1083℃，密度为 $8.9\mathrm{g/cm^3}$，具有面心立方晶格，无同素异构转变。

铜的导电性和导热性仅次于金和银，是最常用的导电、导热材料。铜的化学稳定性高，在大气、淡水和冷凝水中有良好的耐蚀性。铜无磁性，塑性高（$A=50\%$），但强度较低，$R_\mathrm{m}=200\sim250\mathrm{MPa}$，可采用冷加工进行形变强化。由于纯铜强度低，一般不宜直接作为结构材料使用。除了用于制造电线、电缆、导热零件及耐腐蚀器件外，多作为配制铜合金的原料。我国工业纯铜有 T1~T3 三个牌号。"T"为铜的汉语拼音首字母，其后的数字表示序号，序号越大，纯度越低。

为了获得较高强度的结构用铜材，一般采用加入合金元素制成各种铜合金的方式。铜合金分为黄铜、青铜和白铜三大类。以锌作为主要合金元素的铜合金称为黄铜，以镍作为主要合金元素的铜合金称为白铜。除黄铜和白铜之外，其他的铜合金统称为青铜。在普通机器制造业中，应用较为广泛的是黄铜和青铜。

(1) 黄铜

黄铜是以锌为主要合金元素，因呈金黄色，故称黄铜。按化学成分不同，分为普通黄铜和特殊黄铜。普通黄铜是指铜锌二元合金，其锌含量小于 50%，牌号以"H+数字"表示。其中 H 为"黄"字汉语拼音首字母，数字表示平均含铜量。如 H62 表示含 Cu 量为 62% 和含 Zn 量为 38% 的普通黄铜；特殊黄铜是在普通黄铜中加入铅、铝、锰、锡、铁、镍、硅等合金元素所组成的多元合金，其牌号以"H+第二主添加元素的化学符号+铜含量+除锌以外的各添加元素含量（数字间以"-"隔开）"表示（注：黄铜中锌为第一主添加元素，但牌号中不体现锌含量）。如 HMn58-2 表示含 Cu 量为 58% 和含 Mn 量为 2%，其余为 Zn 的特殊黄铜。

表 3-36 列出了部分黄铜的牌号、化学成分、性能与用途。

表 3-36　常用黄铜的牌号、化学成分、性能及用途

类别	代号	化学成分/%		铸造方法	力学性能			用途举例
		Cu	其他		R_m /MPa	A/%	硬度 (HBW)	
普通黄铜	H80	79.0~81.0	Zn 余量	—	640	5	145	造纸网、薄壁管
	H70	68.5~71.5	Zn 余量	—	660	3	150	弹壳、造纸用管、机械和电气零件
	H68	67.0~70.0	Zn 余量	—	660	3	150	复杂的冷冲件和深冲件、散热器外壳、导管
	H62	60.5~63.5	Zn 余量	—	500	3	164	销钉、铆钉、螺母、垫圈、导管、散热器
	H59	57.0~60.0	Zn 余量	—	500	10	103	机械、电器用零件，焊接件，热冲压件
特殊黄铜	HPb59-1	57.0~60.0	Pb：0.8~1.9 Zn 余量	—	650	16	140	热冲压件及切削加工零件，如销子、螺钉、垫圈等
	HAl59-3-2	57.0~60.0	Al：2.5~3.5 Ni2.0~3.0 Zn 余量	—	650	15	150	船舶、电动机等常温下工作的高强度耐蚀零件
	HSn90-1	88.0~91.0	Sn：0.25~0.75 Zn 余量	—	520	5	148	汽车、拖拉机弹性套管等
	HMn58-2	57.0~60.0	Mn：1.0~2.0 Zn 余量	—	700	10	175	船舶和弱电用零件
	HSi80-3	79.0~81.0	Si：2.5~4.0 Fe：0.6Mn0.5 Zn 余量	—	600	8	160	耐磨锡青铜的代用品
	ZCuZn25Al6-Fe3Mn3 (ZHAl66-6-3-2)	60.0~66.0	Al：4.5~7.0 Fe：2.0~4.0 Mn：2.0~4.0 Zn 余量	S	725	10	160	高强、耐磨零件，如桥梁支承板、螺母、螺杆、耐磨板、滑块和涡轮等
				J	740	7	170	

注：S 表示砂模；J 表示金属模。

(2) 白铜

白铜是指以镍为主要合金元素（含量低于 50%）的铜合金。按成分可将白铜分为简单

白铜和特殊白铜。简单白铜即铜镍二元合金，其牌号以"B+数字"表示，后面的数字表示镍的含量，如 B30 表示含 Ni 的量为 30% 的白铜合金；特殊白铜是在简单白铜的基础上加入了铁、锌、锰、铝等辅助合金元素的铜合金，其牌号以"B+主要辅加元素符号+镍的质量分数+主要辅加元素含量"表示，如 BFe5-1，表示 w_{Ni} 为 5%、w_{Fe} 为 1% 白铜合金。

白铜延展性好、硬度高、色泽美观、耐腐蚀、富有深冲性能，被广泛用于造船、石油化工、电器、仪表、医疗器械、日用品、工艺品等领域，还是重要的电阻和热电偶合金。但是由于其主要添加元素镍比较稀缺，所以价格比较昂贵。

（3）青铜

青铜是指以除锌和镍以外的其他元素为主要合金元素的铜合金。其牌号为"Q+第一主添加元素化学符号+各添加元素的质量分数"（数字间以"-"隔开），如 QSn4-3 表示成分为 4% 的 Sn、3% 的 Zn，其余为铜的锡青铜；若为铸造青铜，则在牌号前再加"Z"。青铜合金中，工业用量最大的为锡青铜和铝青铜，强度最高的为铍青铜。

① 锡青铜　锡青铜是我国历史上使用最早的有色合金，也是常用的有色合金之一。锡含量是决定锡青铜性能的关键，含锡 5%～7% 的锡青铜塑性最好，适用于冷、热压力加工。典型牌号为 QSn5-5-5，主要用于仪表的耐磨、耐蚀零件，以及弹性零件及滑动轴承、轴套等；而含锡量大于 10% 时，合金强度升高，但塑性却很低，只适于作铸造用。典型牌号为 ZCuSn10Zn2，主要用于制造阀、泵壳、齿轮、涡轮等零件。锡青铜在造船、化工机械、仪表等工业中有广泛的应用。

② 铝青铜　铝青铜是无锡青铜中用途最为广泛的一种，根据合金的性能特点，铝青铜中含铝量一般控制在 12% 以内。工业上压力加工用铝青铜的含铝量一般低于 5%～7%；含铝 10% 左右的合金，强度高，可用于热加工或铸造用材。铝青铜的耐蚀性、耐磨性都优于黄铜和锡青铜，而且还具有耐寒、冲击时不产生火花等特性。可用于制造齿轮、轴套、蜗轮等在复杂条件下工作的高强度抗磨零件以及弹簧和其他高耐腐蚀性的弹性零件。

③ 铍青铜　指含铍 1.7%～2.5% 的铜合金，其时效硬化效果极为明显，通过淬火时效，可获得很高的强度和硬度，抗拉强度 R_m 可达 1250～1500MPa，硬度可达 350～400HBW，远远超过了其他铜合金，且可与高强度合金钢相媲美。由于铍青铜没有自然时效效应，故其一般供应态为淬火态，易于成形加工，可直接制成零件后再时效强化。

3.3.2　铝及铝合金

铝及铝合金在工业上是仅次于钢的一种重要金属，尤其是在航空、航天、电力工业及日常用品中得到广泛应用。

铝的熔点为 660.37℃，密度为 2.7g/cm³，具有面心立方晶格，无同素异构转变。铝的强度、硬度很低（R_m=80～100MPa，硬度为 20HBW），塑性很好（A=30%～50%，Z=80%）。所以铝适合于各种冷、热压力加工，制成各种形式的材料，如丝、线、箔、片、棒、管和带等。铝的导电和导热性能良好，仅次于金、银、铜而居第四位。

根据铝中杂质含量的不同，铝分为工业高纯铝和工业纯铝。工业高纯铝有 1A85～1A99 等牌号，其顺序号越大，纯度越高。通常只用于科研、化工以及一些特殊用途。工业纯铝有 L1～L7 等牌号，其顺序号越大，纯度越低。通常用来制造导线、电缆及生活用品，或作为生产铝合金的原材料。

由于铝的强度低，因此不宜作承力结构材料使用。在铝中加入硅、铜、镁、锌、锰等合金元素而制成铝基合金，其强度比纯铝高几倍，可用于制造承受一定载荷的机械零件。

铝合金的种类很多，根据合金元素的含量和加工工艺特点，可以分为变形铝合金和铸造铝合金两大类。以压力加工方法生产的铝合金，称为变形铝合金，变形铝合金根据特点和用途可分为防锈铝合金、硬铝合金、超硬铝合金和锻铝合金。常用变形铝合金的牌号、化学成分、力学性能及用途见表3-37。用来直接浇注各种形状的机械零件的铝合金，称为铸造铝合金。常用铸造铝合金的牌号、化学成分、力学性能及用途见表3-38。铝合金可用于汽车、装甲车、坦克、飞机及舰艇的部件，如汽车发动机壳体、活塞、轮毂，飞机机身及机翼的蒙皮，还可以用于建筑行业的门窗框架、日常生活用品及家具等。

表 3-37   常用变形铝合金的牌号、化学成分、力学性能及用途

类别	代号	化学成分（质量分数）/%					力学性能			用途
		Cu	Mg	Mn	Zn	其他	R_m /MPa	A/%	HBW	
防锈铝合金	5A05 (LF5)	0.10	4.8~5.5	0.3~0.6	0.20	—	270	23	70	焊接油箱、油管、焊条、铆钉以及中等载荷零件及制品
	3A21 (LF21)	0.20	0.05	1.0~1.6	0.10	—	130	23	30	焊接油箱、油管、焊条、铆钉以及轻载荷零件及制品
硬铝合金	2A01 (LY1)	2.2~3.0	0.2~0.5	0.20	0.10	—	300	24	70	工作温度不超过100℃的结构用中等强度铆钉
	2A11 (LY11)	3.8~4.8	0.4~0.8	0.4~0.8		—	420	18	100	中等强度的结构零件，如骨架、模锻的固定接头、支柱、螺旋桨叶片、局部镦粗的零件、螺栓和铆钉
	2A12 (LY12)	3.8~4.9	1.2~1.8	0.3~0.9		—	480	11	131	高强度的结构零件，如骨架、蒙皮、隔框、肋、梁、铆钉等在温度为150℃以下工作的零件
超硬铝合金	7A04 (LC4)	1.4~2.0	1.8~2.8	0.2~0.6	5.0~7.0	Cr:0.10~0.25	600	12	150	结构中主要受力件，如飞机大梁、桁架、加强框、蒙皮接头及起落架
	7A09 (LC9)	1.2~2.0	2.0~3.0	0.15	5.1~6.1	Cr:0.16~0.30	680	7	190	
锻铝合金	2A50 (LD5)	1.8~2.6	0.4~0.8	0.4~0.8	—	Si:0.7~1.2	420	13	105	形状复杂中等强度的锻件及模锻件
	2A70 (LD7)	1.9~2.5	1.4~1.8	—		Ti:0.02~0.10 Ni:0.9~1.5 Fe:0.9~1.5	440	13	120	内燃机活塞和在高温下工作的复杂锻件，板材可作高温下工作的结构件
	2A14 (LD10)	3.9~4.8	0.4~0.8	0.4~1.0	—	Si:0.5~1.2	480	19	135	承受重载荷的锻件和模锻件

表 3-38   常用铸造铝合金的牌号、化学成分、力学性能及用途

类别	牌号	代号	化学成分（质量分数）/%	铸造方法	热处理	力学性能			用途
						R_m /MPa	A/%	HBW	
铝硅合金	ZAlSi12	ZL102	Si:10.0~13.0	SB JB SB J	F F T2 T2	143 153 133 143	4 2 4 3	50 50 50 50	形状复杂的零件，如飞机、仪器零件、抽水机壳体
	ZAlSi9Mg	ZL104	Si:8.0~10.5 Mg:0.17~0.35 Mn:0.2~0.5	J J	T1 T6	192 231	1.5 2	70 70	工作温度在220℃以下形状复杂的零件，如电动机壳体、气缸体

续表

类别	牌号	代号	化学成分（质量分数）/%	铸造方法	热处理	力学性能 R_m/MPa	力学性能 A/%	力学性能 HBW	用途
铝硅合金	ZAlSi5Cu1Mg	ZL105	Si:4.5～5.5 Cu:1.0～1.5 Mg:0.4～0.6	J J	T5 T7	231 173	0.5 1	70 65	工作温度在250℃以下形状复杂的零件，如风冷发动机气缸头、机闸、液压泵壳体
铝硅合金	ZAlSi7Cu4	ZL107	Si:6.5～7.5 Cu:3.5～4.5	SB J	T6 T6	241 271	2.5 3	90 100	强度和硬度较高的零件
铝硅合金	ZAlSi2Cu1-Mg1Ni1	ZL109	Si:11.0～13.0 Cu:0.5～1.5 Mg:0.8～1.3 Ni:0.8～1.5	J J	T1 T6	192 241	0.5 —	90 100	较高温度下工作的零件，如活塞
铝硅合金	ZAlSi9Cu2Mg	ZL111	Si:8.0～10.0 Cu:1.3～1.8 Mg:0.4～0.6 Mn:0.10～0.35 Ti:0.10～0.35	SB J	T6 T6	251 310	1.5 2	90 100	活塞及高温下工作的零件
铝铜合金	ZAlCu5Mn	ZL201	Cu:4.5～5.3 Mn:0.6～1.0 Ti:0.15～0.35	S S	T4 T5	290 330	3 4	70 90	内燃机气缸头、活塞等
铝铜合金	ZAlCu10	ZL202	Cu:9.0～11.0	S J	T6 T6	163 163	— —	100 100	高温下工作不受冲击的零件
铝铜合金	ZAlCu4	ZL203	Cu:4.0～5.0	J J	T4 T5	202 222	6 3	60 70	中等载荷、形状比较简单的零件
铝镁合金	ZAlMg10	ZL301	Mg:9.5～11.5	S	T4	280	9	20	舰船配件
铝镁合金	ZAlMg5Si1	ZL303	Si:0.8～1.3 Mg:4.5～5.5 Mn:0.1～0.4	S 或 J	F	143	1	55	氨用泵体
铝锌合金	ZAlZn11Si7	ZL401	Si:6.0～8.0 Mg:0.1～0.3 Zn:9.0～13.0	J	T1	241	1.5	90	结构形状复杂的汽车、飞机、仪器零件，也可制造日用品
铝锌合金	ZAlZn6Mg	ZL402	Mg:0.5～0.65 Cr:0.4～0.6 Zn:5.0～6.5 Ti:0.15～0.25	J	T1	231	4	70	

注：J—金属模；S—砂模；B—变质处理；F—铸态；T1—人工时效；T2—退火；T4—固溶处理＋自然时效；T5—固溶处理＋不完全人工时效；T6—固溶处理＋完全人工时效；T7—固溶处理＋稳定化处理。

3.3.3　钛及钛合金

钛在地壳中的储量十分丰富，仅次于铝、铁、镁，居金属元素中的第四位。钛及钛合金具有密度小、重量轻、比强度高、耐高温、耐腐蚀以及良好的低温韧性和焊接性等特点，是一种理想的轻质结构材料，特别适用于航空航天、化工、导弹、造船等领域。但由于钛在高温时异常活泼，钛及钛合金的熔炼、浇注、焊接和热处理等都要在真空或惰性气体中进行，加工条件严格，加工成本较高，在一定程度上限制了它的应用。

钛是银白色金属，密度小（4.5g/cm^3）、熔点高（1725℃）。纯钛的热胀系数小、导热性差、塑性好、无磁性、强度低，经冷塑性变形可显著提高工业纯钛的强度，容易加工成形，可制成细丝和薄片。钛在大气和海水中有优良的耐蚀性，在硫酸、硝酸、盐酸、氢氧化钠等介质中都很稳定，抗氧化能力强。具有储氢、超导、形状记忆、超弹和高阻尼等特殊功能。它既是优质的耐蚀结构材料，又是功能材料及生物医用材料。

钛在固态有两种同素异构体，温度在 882.5℃ 以下为具有密排六方晶格的 α-Ti，温度在 882.5℃ 以上直到熔点为体心立方晶格的 β-Ti。

工业纯钛的牌号按纯度分为 4 个等级：TA0、TA1、TA2、TA3。TA 后的数字越大，纯度越低，强度增大，塑性降低。

钛合金是以钛为基础加入其他元素组成的合金。利用 α-Ti、β-Ti 两种结构的不同特点，添加适当的合金元素，可得到不同组织的钛合金。钛合金按退火组织不同分为 α 钛合金、β 钛合金、(α+β) 钛合金三类，分别以 TA、TB、TC 加顺序号表示。

(1) α 钛合金

这类合金主要加入的元素是铝（Al）、锡（Sn）、锆（Zr），合金在室温和使用温度下均处于 α 单相状态，组织稳定，具有良好的抗氧化性、焊接性和耐蚀性，不可热处理强化，室温强度低，但高温强度高。

典型的牌号是 TA7，成分为 Ti-5Al-2.5Sn，其使用温度不超过 500℃，主要用于制造导弹的燃料罐、超音速飞机的涡轮机匣等。

(2) β 钛合金

这类合金主要加入的元素是钼（Mo）、钒（V）、铬（Cr）等，未经热处理就具有较高的强度，但稳定性差，不宜在高温下使用。

典型的牌号是 TB3，成分为 Ti-3.5Al-10Mo-8V-1Fe，一般温度在 200℃ 以下使用，适用于制造航空航天紧固件等。

(3) (α+β) 钛合金

这类合金是双相合金，兼有 α、β 钛合金的优点。组织稳定性好，具有良好的韧性、塑性和高温变形能力，能较好地进行压力加工，高温强度高，其热稳定性略次于 α 钛合金。

典型的牌号是 TC4，成分为 Ti-6Al-4V，强度高，塑性好，温度在 400℃ 组织稳定，蠕变强度高。低温时具有良好的韧性，适于制造温度在 400℃ 以下长期工作的零件，或要求一定高温强度的发动机零件，以及在低温下使用的火箭、导弹的液氢燃料箱部件等。

3.4 陶瓷材料

陶瓷是人类应用最早的材料之一。传统意义上的"陶瓷"是陶器和瓷器的总称，后来发展到泛指整个硅酸盐（玻璃、水泥、耐火材料和陶瓷）和氧化物类陶瓷。现代"陶瓷"被看作除金属材料和有机高分子材料以外所有固体材料，所以陶瓷亦称无机非金属材料。所谓陶瓷是指一种用天然硅酸盐（黏土、长石、石英等）或人工合成化合物（氮化物、氧化物、碳化物、硅化物、硼化物、氟化物）为原料，经粉碎、配制、成型和高温烧制而成的无机非金属材料。由于它的一系列性能优点，不仅用于制作像餐具之类的生活用品，而且在现代工业中已得到越来越广泛的应用。在有些情况下，其他材料无法满足性能要求时，陶瓷成为目前唯一能选用的材料。例如内燃机火花塞，用陶瓷制作可承受的瞬间引爆温度达 2500℃，并可满足高绝缘性及耐腐蚀性的要求。一些现代陶瓷已成为国防、宇航等高科技领域中不可缺少的高温结构材料及功能材料。陶瓷材料、金属材料及高分子材料被称为三大固体材料。

3.4.1 陶瓷的分类

陶瓷种类繁多，性能各异。按其原料来源不同可分为普通陶瓷（传统陶瓷）和特种陶瓷（近代陶瓷）。普通陶瓷是以天然的硅酸盐矿物为原料（黏土、长石、石英），经过原料加工、成型、烧结而成，因此这种陶瓷又叫硅酸盐陶瓷。特种陶瓷是采用纯度较高的人工合成化合物（如 Al_2O_3、ZrO_2、SiC、Si_3N_4、BN），经配料、成型、烧结而制得。陶瓷按用途分为日用陶瓷和工业陶瓷。工业陶瓷又分为工程陶瓷和功能陶瓷。按化学组成分为氮化物陶瓷、氧化物陶瓷、碳化物陶瓷等。按性能分为高强度陶瓷、高温陶瓷、耐酸陶瓷等。

3.4.2　陶瓷的性能与应用

与金属比较，陶瓷材料刚度大，具有极高的硬度，其硬度大多在 1500HV 以上，氮化硅和立方氮化硼具有接近金刚石的硬度，而淬火钢的硬度才 500~800HV。因此，陶瓷的耐磨性好，常用来制作新型的刀具和耐磨零件。陶瓷的抗压强度较高，但抗拉强度较低，塑性韧性都很差，由于其冲击韧性与断裂韧性都很低，目前在工程结构和机械结构中应用很少。

陶瓷材料熔点高，大多在 2000℃ 以上，在高温下具有极好的化学稳定性，所以广泛应用于工程上耐高温场合。陶瓷的导热性低于金属材料，所以还是良好的隔热材料。大多数陶瓷材料具有高电阻率，是良好的绝缘体，因而大量用于电气工业中的绝缘子、瓷瓶、套管等。少数陶瓷还具有半导体的特性，可做整流器。

功能陶瓷是指具有高温氧化自适应性的高温陶瓷。

氧化铝陶瓷主要组成物为 Al_2O_3，一般含量大于 45%。氧化铝陶瓷具有各种优良的性能，耐高温，可在 1600℃ 长期使用，耐腐蚀，高强度，强度为普通陶瓷的 2~3 倍，高者可达 5~6 倍。氧化铝陶瓷的缺点是脆性大，不能承受环境温度的突然变化。可做坩埚、发动机火花塞、高温耐火材料、热电偶套管、密封环等，也可做刀具和模具。

氮化硅陶瓷主要组成物是 Si_3N_4，这是一种高温强度高、高硬度、耐磨、耐腐蚀并能自润滑的高温陶瓷，使用温度达 1400℃，还具有优良的电绝缘性和耐辐射性。可用作高温轴承、在腐蚀介质中使用的密封环、热电偶套管，也可用作金属切削刀具。氮化硅等高温陶瓷材料是未来发动机的新型候选材料。现在人们的目标是继续提高其强度和韧性，并研制在高温下破损时的自我诊断和修复功能。

碳化硅陶瓷主要组成物是 SiC，这是一种高强度、高硬度的耐高温陶瓷，是目前高温强度最高的陶瓷，还具有良好的导热性、抗氧化性、导电性和高的冲击韧性。是良好的高温结构材料，可用于火箭尾喷管喷嘴、热电偶套管、炉管等高温下工作的部件。

立方氮化硼（CBN）陶瓷是一种切削工具陶瓷，硬度高，仅次于金刚石，热稳定性和化学稳定性比金刚石好。可制成刀具、模具、拉丝模等，用于难加工材料的切削。

3.5　高分子材料

3.5.1　塑料

塑料是以合成树脂为主要成分，加入各种添加剂，在加工过程中可塑制成各种形状的高分子材料。其具有质轻、绝缘、减摩、耐蚀、消声、吸振、廉价、美观等优点，广泛应用于工业生产和日常生活中。

(1) 塑料的组成

它由合成树脂和添加剂组成。合成树脂是其主要成分；添加剂是为了改善塑料的使用性能或成型工艺性能而加入的其他组分，包括填料（又称填充剂或增强剂）、增塑剂、固化剂（又称硬化剂）、稳定剂（又称防老化剂）、润滑剂、着色剂、阻燃剂、发泡剂、抗静电剂等。

(2) 塑料的分类

塑料的常用分类有以下两种：

① 按树脂的性质分类　根据树脂在加热和冷却时所表现的性质，塑料可分为热塑性塑料和热固性塑料两类。

a. 热塑性塑料　热塑性塑料又称为热熔性塑料。这类塑料受热时软化，熔融为可流动的黏稠液体，冷却后成型并保持既得形状，再受热又可软化成熔融状，如此可反复进行多次，即具有可逆性。该塑料的优点是加工成型简便，具有较高的力学性能，废品回收后可再利用。缺点是耐热性、刚性较差。聚氯乙烯、聚苯乙烯、聚乙烯、聚酰胺（尼龙）、ABS、聚四氟乙烯（F4）、聚甲基丙烯酸甲酯（有机玻璃）等，均属于这类塑料。

b. 热固性塑料　热固性塑料在一定温度下软化熔融，可塑制成一定形状，经过一段时间的继续加热或加入固化剂后，化学结构发生变化即固化成型。固化后的塑料质地坚硬，性质稳定，不再溶入各种溶剂中，也不能再加热软化（温度过高便会自行分解）。因此，热固性塑料只可一次成型，废品不可回收，它的软化与固化是不可逆的。该类塑料耐热性好，抗压性好，但韧性较差，质地较脆。常用的热固塑料有酚醛树脂、呋喃树脂（以具有呋喃环的糠醇和糠醛作原料生产的树脂类的总称）、环氧树脂等。

② 塑料的应用范围分类

a. 通用塑料　产量大，用途广，价格低廉，主要指通用性强的聚乙烯、聚氯乙烯、聚苯乙烯、聚丙烯、酚醛树脂和氨基塑料 6 大品种，占塑料总产量的 75% 以上。

b. 工程塑料　力学性能比较好，可以替代金属在工程结构和机械设备中的应用，例如制造各种罩壳，轻载齿轮，干摩擦轴承，轴套，密封件，各种耐磨、耐蚀结构件，绝缘件等。常用的工程材料有聚酰胺（尼龙）、聚甲醛、酚醛树脂、聚甲基丙烯酸甲酯（有机玻璃）、ABS 等。

常用工程材料的特征和应用见表 3-39。

表 3-39　常用工程材料的特征和应用

类别	塑料名称	特性	应用示例
一般结构材料	丙烯腈-丁二烯-苯乙烯树脂（ABS）	硬度高,耐冲击,表面可电镀,但耐候性和耐热性差	汽车车身、水表外壳、电话机外壳、泵叶轮、汽车挡泥板
	聚丙烯（PP）	较高的力学性能和抗应力开裂能力,密度小,耐腐蚀性能好	化工容器、仪表罩壳、管道、法兰接头、汽车零件
	高密度聚乙烯（HDPE）	耐酸、碱、有机溶剂,注射成型性好,成型温度范围宽	汽车调节器盖、喇叭后壳、叶轮、电动机壳、手柄、风扇
	改性聚氯乙烯（改性 PS）	刚性好,韧性好,吸水性低,耐酸碱性好,成型性好,不耐有机溶剂	自动化仪表零件、电镀表外壳切换开关、数字式电压表壳
耐磨受力传动零件	尼龙（PA）	冲击韧性良好,耐磨,耐油,吸水性大,尺寸稳定性差	轴承、密封圈、轴瓦、高压碗装密封圈、石墨填充轴承
	MC 尼龙	强度高,减磨、耐磨性超过尼龙,可浇铸大型铸件	大型轴承、齿轮、涡轮、轴套
	聚甲醛（POM）	耐磨、耐疲劳,抗摩擦因数低,成型收缩率大	大型轴承、齿轮、涡轮、轴套、阀杆、螺母
	聚碳酸酯（PC）	抗蠕变形及冲击韧性好,脆化温度为 $-100℃$,透明,精度高	小模数仪表齿轮、汽车灯罩、电器仪表零件、水泵叶轮
减磨零件	聚四氟乙烯（F4）	摩擦因数低,不吸水,耐腐蚀,熔融状态时流动性差,加工成型性差	无油润滑活塞环、密封圈
	填充聚四氟乙烯	可采用玻璃纤维粉末、MoS_2、石墨和铜粉填充,增加承载能力和刚性	高温腐蚀介质中工作活塞环、密封圈、轴承等

续表

类别	塑料名称	特性	应用示例
耐腐蚀构件	聚四氟乙烯(F4)	耐沸腾盐酸、硫酸、硝酸及王水。只有在熔融碱金属、气态氟条件下才能腐蚀	化工用阀、隔膜
	聚三氟氯乙烯(F3)	耐各种强酸、强碱、强氧化剂	耐酸泵壳体、叶轮和阀座
	氯化聚醚(CPE)	耐各种酸及有机溶剂,不耐高温下浓硝酸、浓双氧水、湿氯气	腐蚀介质中摩擦传动零件,可作为涂料涂覆在设备表面
氟塑料	聚苯醚(PPO)	强度高、耐热性好、收缩率低	高温下齿轮、轴承,外科医疗器械
	聚酰亚胺(PI)	在 200℃下可长期工作,耐磨性好	用 F4 粉填充,制作高温无油润滑活塞环、轴承、封圈
	氟塑料	耐腐蚀、耐高温,可在 $-196 \sim 260℃$ 下工作	高温环境中化工设备及零件

(3) 塑料的性能特点

塑料的主要优点是质轻、比强度高;良好的耐蚀性、减摩性与自润滑性;绝缘性、耐电弧性、隔音性、吸振性优良;工艺性能好。

塑料的主要缺点是强度、硬度、刚度低;耐热性、导热性差,热胀系数大;易燃烧,易老化。

(4) 塑料的成型方法和机械加工

塑料的成型一般是在 400℃ 以下,采用注塑、挤塑、模压、吹塑、浇铸或粉末冶金压制烧结等加工方法。此外,还可以采用喷涂、浸渍、黏结等工艺覆盖于其他材料表面上,也可以在塑料表面上电镀、着色,从而得到需要的制品。

① 注塑　又称注射成型,是把塑料放在注射成型机的料筒内加热熔化,再靠柱塞或螺杆以很高的压力和速度注入闭合的模具型腔内,待冷却固化后从模具内取出成品。这种加工方法适用于热塑性塑料或流动性大的热固性塑料。注射成型的优点是生产速度快、效率高、操作可自动化、能成型形状复杂的零件,可用于自动化大批量生产;缺点是设备及模具成本高,注塑机清理较困难等。

② 挤塑　又称挤出成型,是把塑料放在挤压机的料筒内加热熔化,利用螺旋推杆将塑料连续不断地从模具的型孔中挤出制品。挤塑的优点是可挤出各种形状的制品,生产效率高,可自动化、连续化生产;缺点是热固性塑料不能广泛采用此法加工,制品尺寸容易产生偏差。适用于热塑性塑料的管、板、棒以及丝、网、薄膜的生产。

此外,塑料的成型方法还有吹塑成型、模压成型和浇铸成型等。

塑料的加工性能一般较好,传统的车、铣、刨、磨、钻以及抛光等方法都可以使用。由于塑料的导热性和耐热性差,有弹性,加工时容易变形、分层、开裂、崩落等,为此应在刀具的角度、冷却方式以及切削用量上适当调整,以便加工出要求的制品。

3.5.2　橡胶

橡胶是一种具有高弹性的有机高分子材料,在较小的载荷下就能产生很大的变形,当载荷去除后又能很快恢复原状,是常用的弹性材料、密封材料、传动材料、防震和减振材料。广泛用于制造轮胎、胶管、软油箱、减振和密封零件等。

(1) 橡胶的组成

橡胶制品主要组分是由生胶、各种配合剂和增强材料三部分组成。橡胶制品生产的基本过程包括:生胶的塑炼、胶料的混炼、压延、压出和制品的硫化。

① 生胶　生胶是未加配合剂的橡胶，是橡胶制品的主要组分，使用不同的生胶，可以制成不同性能的橡胶制品。

② 配合剂　配合剂作用是提高橡胶制品的使用性能和改善加工工艺性能。配合剂种类很多，主要有硫化剂、硫化促进剂、增塑剂、补强剂、防老化剂、着色剂、增容剂等。此外，还有能赋予制品特殊性能的其他配合剂，如发泡剂、电性调节剂等。

③ 增强材料　增强材料主要作用是提高橡胶制品的强度、硬度、耐磨性和刚性等力学性能并限制其变形。主要增强材料有各种纤维织品、帘布及钢丝等，如轮胎中的帘布。

（2）橡胶的种类

橡胶按原料来源分为天然橡胶和合成橡胶两大类；按应用范围，又分为通用橡胶和特种橡胶两大类。通用橡胶是指用于制造轮胎、工业用品、日常生活用品等量大而广的橡胶；特种橡胶是指用在特殊条件（如高温、低温、酸、碱、油、辐射等）下使用的橡胶制品。

（3）橡胶的性能

高弹性是橡胶突出的特性，这与其分子结构有关。橡胶只有经过硫化处理才能使用，因为硫化将橡胶由线型高分子交联成为网状结构，使橡胶的塑性降低、弹性增加、强度提高、耐溶剂性增强，扩大高弹态温度范围。此外，橡胶还具有良好的绝缘性、耐磨性、阻尼性和隔音性。

还可以通过添加各种配合剂或者经化学处理，使其改性，以满足某些性能的要求，如耐辐射、导电、导磁等特性。

（4）常用橡胶

① 天然橡胶　天然橡胶是由橡树流出的胶乳，经过凝固、干燥、加压制成片状生胶，再经硫化处理成为可以使用的橡胶制品。

天然橡胶有较好的弹性，抗拉强度可达 $25 \sim 35$MPa，有较好的耐碱性能，是电绝缘体。缺点是耐油和耐溶剂性能差，耐臭氧老化较差，不耐高温，使用温度在 $-70 \sim 110$℃ 范围。天然橡胶广泛用于制造轮胎、胶带、胶管、胶鞋等。

② 通用合成橡胶　通用合成橡胶品种很多，常用的有以下几种。

a. 丁苯橡胶（SBR）　它是由丁二烯和苯乙烯共聚而成，外观为浅褐色，是合成橡胶中产量最大的通用橡胶。丁苯橡胶的品种很多，主要有丁苯-10、丁苯-30、丁苯-50 等，短线后的数字表示苯乙烯的含量，一般来说，苯乙烯含量越多，橡胶的硬度、耐磨性、耐蚀性越高，弹性、耐寒性越差。

丁苯橡胶强度较低，成型性较差，制成的轮胎的弹性不如天然橡胶，但其价格便宜，并能以任何比例与天然橡胶混合。它主要与其他橡胶混合使用，可代替天然橡胶，广泛用于制造轮胎、胶带、胶鞋等。

b. 顺丁橡胶（BR）　它是由丁二烯单体聚合而成。顺丁橡胶的弹性、耐磨性、耐热性、耐寒性均优于天然橡胶，是制造轮胎的优良材料，其缺点是强度较低，加工性能差，抗撕裂性差。主要用于制造轮胎，也可制作胶带、减振器、耐热胶管、电绝缘制品、三角皮带等。

c. 氯丁橡胶（CR）　它是由氯丁二烯聚合而成。氯丁橡胶不仅具有可与天然橡胶相比拟的高弹性、高绝缘性、较高强度和高耐碱性，并且具有天然橡胶和一般通用橡胶所没有的优良性能，如耐油、耐溶剂、耐氧化、耐老化、耐酸、耐热、耐燃烧、耐挠曲等性能，故有"万能橡胶"之称。其缺点是耐寒性差，密度大，生胶稳定性差。氯丁橡胶应用广泛，由于其耐燃烧，一旦燃烧能放出 HCl 气体阻止燃烧，故是制造耐燃橡胶制品的主要材料，如制作地下矿井的运输带、风管、电缆包皮等。还可作输送油或腐蚀介质的管道、耐热运输带、高速三角皮带及垫圈。

　　d. 乙丙橡胶（EPR）　它是由乙烯和丙烯共聚而成，乙丙橡胶的原料丰富、价廉、易得。由于其分子链中不含双键，故结构稳定，比其他通用橡胶有更多的优点。它具有优异的抗老化性能，抗臭氧的能力比普通橡胶高百倍以上。绝缘性、耐热性、耐寒性好，使用温度范围宽（−60～150℃），化学稳定性好，对各种极性化学药品和酸、碱有较大的抗蚀性，但对碳氢化合物的油类稳定性差。主要缺点是硫化速度慢、黏结性差。用于制作轮胎、蒸汽胶管、胶带、耐热运输带、高电压电线包皮等。

　　③ 特种合成橡胶　特种橡胶种类很多，这里仅介绍常用的以下几种。

　　a. 丁腈橡胶（NBR）　它是由丁二烯和丙烯腈共聚而成，是特种橡胶中产量最大的品种。丁腈橡胶有多种，其中主要是丁腈-18、丁腈-26、丁腈-40 等，数字代表丙烯腈含量，其含量越高，则耐油性、耐溶剂和化学稳定性增加，强度、硬度和耐磨性提高，但耐寒性和弹性降低。丁腈橡胶的突出优点是耐油性好，同时具有高的耐热性、耐磨性、耐老化、耐水、耐碱、耐有机溶剂等优良性能。缺点是耐寒性差，其脆化温度为−10～−20℃，耐酸性差、绝缘性差，不能作绝缘材料。主要用于制作耐油制品，如油箱、储油槽、输油管、油封、燃料液压泵、耐油输送带等。

　　b. 硅橡胶（SR）　它是由二甲基硅氧烷与其他有机硅单体共聚而成。由于硅橡胶的分子主链是由硅原子和氧原子以单键连接而成，具有高柔性和高稳定性。

　　硅橡胶的最大优点是不仅耐高温，而且耐低温，使用温度在−100～350℃范围内保持良好弹性；还有优异的抗老化性能，对臭氧、氧、光和气候的老化抗力大；绝缘性也很好。其缺点是强度和耐磨性低，耐酸碱性也差，而且价格较贵。主要用于飞机和航空航天中的密封件、薄膜、胶管等，也用于耐高温的电线、电缆的绝缘层，由于硅橡胶无味无毒，所以可用于制造食品工业用耐高温制品，以及医用人造心脏、人造血管等。

　　c. 氟橡胶（FPR）　它是以碳原子为主链、含有氟原子的高聚物。由于含有键能很高的碳氟键，故氟橡胶有很高的化学稳定性。

　　氟橡胶的突出优点是高的耐腐蚀性，它在酸、碱、强氧化剂中的耐蚀能力居各类橡胶之首，其耐热性也很好，最高使用温度为 300℃，而且强度和硬度较高，抗老化性能强。其缺点是耐寒性差，加工性能不好，价格高。氟橡胶主要用于国防和高科技中，如高真空设备、火箭、导弹、航天飞行器的高级密封件、垫圈、胶管、减振元件等。

3.6　复合材料

　　随着现代机械、电子、化工、国防等工业的发展及航天、信息、能源、激光、自动化等高科技的进步，对材料性能的要求越来越高。除了要求材料具有高比强度、高比模量、耐高温、耐疲劳等性能外，还对材料的耐磨性、尺寸稳定性、减振性、无磁性、绝缘性等提出特殊要求，甚至有些构件要求材料同时具有相互矛盾的性能，如既导电又绝热，强度比钢好而弹性又比橡胶强，并能焊接等。这对单一的陶瓷及高分子材料来说是无能为力的。若采用复合技术，把一些具有不同性能的材料复合起来，取长补短，就能实现这些性能要求，于是现代复合材料应运而生。

　　复合材料是指由两种或两种以上不同性质的材料，通过不同的工艺方法人工合成的、各组分间有明显界面且性能优于各组成材料的多相新型工程材料。一般由基体和增强材料两部分组成，也可由基体和具有其他功能的材料组成。

　　随着复合材料越来越引起人们的重视，"复合"已成为改善材料性能的一种手段，新型复合材料的研制和应用也愈来愈广泛。

3.6.1　复合材料的分类

(1) 按照基体材料分类

① 非金属基复合材料它又可分为：

a. 无机非金属基复合材料，如陶瓷基、水泥基复合材料等；

b. 有机非金属基复合材料，如塑料基、橡胶基复合材料。

② 金属基复合材料如铝基、铜基、镍基、钛基复合材料等。

(2) 按照增强材料分类

① 纤维增强复合材料　如纤维增强塑料、纤维增强橡胶、纤维增强陶瓷、纤维增强金属等。

玻璃钢就是一种纤维增强复合材料，它是无机非金属材料与有机高分子材料相复合的产物，是复合材料的早期代表。它是先用比头发还细的玻璃纤维纺织成玻璃丝布，再把这种布一层一层地放在热熔的树脂里加热压制成型而成。它强度高、韧性好、耐腐蚀，可用于制造舰艇和化工设备；它不反射无线电波、微波透过性好，是制造雷达罩的良好材料；它具有瞬间耐高温的性能，可用作人造卫星、导弹、火箭的耐烧蚀层。玻璃钢亦称聚合物基复合材料。不过，聚合物基复合材料是在玻璃钢的基础上又发展起来的一大类新型复合材料，它不仅可用玻璃纤维，而且可用碳纤维、各种有机纤维来增强。碳纤维增强塑料中的碳纤维的强度比玻璃纤维高 6 倍，因此碳纤维增强塑料的性能比玻璃钢更好，现已在化工、机电、造船、航空等领域应用。

② 粒子增强复合材料　如金属陶瓷、烧结弥散硬化合金等。

它是两种或两种以上不同类型材料的微小颗粒混合在一起，用类似陶瓷的生产工艺制备的一种新型复合材料。

金属陶瓷就是颗粒复合的典型，它是用金属相陶瓷粉末进行混合、成型、烧结制成的，具有陶瓷的耐热性和硬度及金属的韧性等优良性能。如碳化钨与钴形成的超硬合金、碳化钛-铌、碳氮化钛-铌等金属陶瓷。目前它们多用作切削刀具。

③ 叠层复合材料　如双层金属复合材料（巴氏合金-钢轴承材料）、三层复合材料（钢-铜-塑料复合无油滑动轴承材料）。

叠层复合材料是将两种不同类型的薄膜叠合在一起，使其具有双重性质的材料。目前较常用的叠层复合材料是铝-塑薄膜。它是在绝缘性能良好的塑料膜上用特殊的喷镀工艺叠加上一层极薄的铝层，可制作电容器，也可用作包装纸。此外，在玻璃表面烧结一层氧化钛等的薄膜，制成的导电玻璃也属于叠层复合材料。

在上述三类增强材料中，以纤维增强复合材料发展最快、应用最广。复合材料的分类见表 3-40。

表 3-40　复合材料分类

增强体		基体							
		金属	无机非金属				有机非金属		
			陶瓷	玻璃	水泥	碳素	木材	塑料	橡胶
金属		金属基复合材料	陶瓷基复合材料	金属网嵌玻璃	钢筋水泥	无	无	金属丝增强材料	金属丝增强橡胶
无机非金属	陶瓷—纤维/粒料	金属基超硬合金	增强陶瓷	陶瓷增强玻璃	增强水泥	无	无	陶瓷纤维增强塑料	陶瓷纤维增强橡胶
	碳素—纤维/粒料	碳纤维增强合金	增强陶瓷	陶瓷增强玻璃	增强水泥	碳纤增强碳复合材料	无	碳纤维增强塑料	碳纤炭黑增强橡胶
	玻璃—纤维/粒料	无	无	无	增强水泥	无	无	玻璃纤维增强塑料	玻璃纤维增强橡胶

增强体		基体							
		金属	无机非金属				有机非金属		
			陶瓷	玻璃	水泥	碳素	木材	塑料	橡胶
有机非金属	木材	无	无	无	水泥木丝板	无	无	纤维板	无
	高聚物纤维	无	无	无	增强水泥	无	塑料合板	高聚物纤维增强塑料	高聚物纤维增强橡胶
	橡胶胶粒	无	无	无	无	无	橡胶合板	高聚物合金	高聚物合金

3.6.2　复合材料的性能特点

由于复合材料能集中和发扬组成材料的优点，并能实行最佳结构设计，所以具有许多优越的特性。

(1) 比强度和比弹性模量高

复合材料的比强度和比弹性模量都很高，是各类材料中最高的。高的比强度和比模量可使结构质量大幅度减轻，意味着军用飞机可增加弹载、提高航速、改善机动特性，延长巡航。民用飞机可多载燃油，提高客载。

(2) 抗疲劳性能好

首先，缺陷少的纤维的疲劳抗力很高；其次，基体的塑性好，能消除或减小应力集中区的大小和数量，使疲劳源（纤维和基体中的缺陷处、界面上的薄弱点）难以萌生出微裂纹；即使微裂纹形成，塑性变形也能使裂纹尖端钝化，减缓其扩展。而且由于基体中密布着大量纤维-树脂界面，疲劳断裂时，裂纹的扩展常要经历非常曲折和复杂的路径，因此复合材料的疲劳强度都很高。

(3) 减振性能好

构件的自振频率除与结构本身形状有关外，还与材料比弹性模量的平方根成正比。复合材料的比模量大，所以它的自振频率很高，在一般加载速度或频率的情况下，不容易发生共振而导致快速脆断。另外，复合材料是一种非均质多相体系，其中有大量（纤维与基体之间）界面，界面对振动有反射和吸收作用。而且，一般来说基体的阻尼也较大。因此，在复合材料中振动的衰减频率都很快。

(4) 耐热性好

增强剂纤维多有较高的弹性模量，因而常有较高的熔点和高温强度，且耐疲劳性能好，纤维和基体的相容性好，热稳定性也是很好的。

(5) 断裂安全性高

纤维增强复合材料每平方厘米截面上有成千上万根隔离的细纤维，当其过载会使其中部分纤维断裂，载荷将力迅速重新分配到未断纤维上，不致造成构件在瞬间完全丧失承载能力而断裂，所以工作的安全性高。

此外，复合材料的减摩性、耐蚀性、自润滑性、可设计性以及工艺性能也都较好，因此在当代材料领域中占据越来越重要的地位。

3.6.3　常用复合材料

(1) 玻璃纤维复合材料

玻璃纤维复合材料出现于第二次世界大战期间，又称玻璃钢，分为热塑性和热固性两种。

① 热塑性玻璃钢（FR-TP）　热塑性玻璃钢是以玻璃纤维为增强剂和以热塑性树脂为黏结剂制成的复合材料。

应用较多的热塑性树脂是尼龙、聚烯烃类、聚苯乙烯类、热塑性聚酯和聚碳酸酯五种，它们都具有高的力学性能、介电性能、耐热性和抗老化性能，工艺性能也好。

热塑性玻璃钢同热塑性材料相比，基体材料相同时，强度和疲劳性能可提高 2～3 倍以上，冲击韧性提高 2～4 倍（脆性塑料时），蠕变抗力提高 2～5 倍，达到或超过了某些金属的强度，比如铝合金，因此可以用来取代这些金属。

② 热固性玻璃钢（GFRP）　热固性玻璃钢是以玻璃纤维为增强剂和以热固性树脂为黏结剂制成的复合材料。

常用的热固性树脂为酚醛树脂、环氧树脂、不饱和聚酯树脂和有机硅树脂等四种。酚醛树脂出现最早，环氧树脂性能较好，应用较普遍。

热固性玻璃钢集中了其组成材料的优点，是重量轻、比强度高、耐腐蚀性能好、介电性能优越、成型性能良好的工程材料。

玻璃纤维复合材料的用途：玻璃钢的应用极广，从各种机器的护罩到形状复杂的构件，从各种车辆的车身到不同用途的配件，从电动机电器上的绝缘抗磁仪表、器件，到石油化工中的耐蚀耐压容器、管道等，都有玻璃钢的身影，大量地节约了金属材料，提高了构件性能水平。

(2) 碳纤维复合材料

碳纤维复合材料是 20 世纪 60 年代迅速发展起来的。碳以石墨的形式出现，晶体为六方结构，六方体底面上的原子以强大的共价键结合，所以碳纤维比玻璃纤维具有更高的强度和非常高的弹性模量。并且在 2000℃ 以上的高温下强度和弹性模量基本上保持不变，在 −180℃ 以下的低温也不变脆。

① 碳纤维树脂复合材料　作基体的树脂，目前应用最多的是环氧树脂、酚醛树脂和聚四氟乙烯。这类材料比玻璃钢的性能还要优越。其密度比铝轻，强度比钢高，弹性模量比铝合金和钢大，疲劳强度、冲击韧性高，耐水耐湿气，化学稳定性、导热性好，摩擦因数小，受 X 射线辐射时强度和模量不变化。因此，可以用作宇宙飞行器的外层材料；人造卫星和火箭的机架、壳体、天线构架；各种机器中的齿轮、轴承等受载磨损零件；活塞、密封圈等受摩擦件；也可用作化工零件和容器等。

② 碳纤维碳复合材料　这是一种新型的特种工程材料。除具有石墨的各种优点外，强度和冲击韧性比石墨高 5～10 倍，刚度和耐磨性高，化学稳定性好，尺寸稳定性也好。目前已用于高温技术领域（如防热）、化工和热核反应装置中。在航天航空中用于制造鼻锥、飞船的前缘、超音速飞机的制动装置等。

③ 碳纤维金属复合材料　这是在碳纤维表面镀金属制成的复合材料。这种材料直到接近于金属熔点时仍有很好的强度和弹性模量。用碳纤维和铝锡合金制成的复合材料，是一种减摩性能比铝锡合金更优越、强度很高的高级轴承材料。

④ 碳纤维陶瓷复合材料　同石英玻璃相比，它的抗弯强度提高了约 12 倍，冲击韧性提高了约 40 倍，热稳定性也非常好，是有前途的新型陶瓷材料。

(3) 硼纤维复合材料

① 硼纤维树脂复合材料　其基体主要为环氧树脂、聚苯并咪唑和聚酰亚胺树脂等。是 20 世纪 60 年代中期发展起来的新材料。

硼纤维树脂复合材料的特点是：抗压强度（为碳纤维树脂复合材料的 2～2.5 倍）和剪切强度很高，蠕变小，硬度和弹性模量高，有很高的疲劳强度（达 340～390MPa），耐辐射，对水、有机溶剂和燃料、润滑剂都很稳定。由于硼纤维是半导体，所以它的复合材料的导热性和导电性很好。

硼纤维树脂材料主要应用于航空航天工业制造翼面、仪表盘、转子、压气机叶片、直升机螺旋桨叶的传动轴等。

② 硼纤维金属复合材料　常用的基体为铝、镁及其合金、钛及其合金等。用高模量连续硼纤维增强的铝基复合材料的强度、弹性模量和疲劳极限一直到 500℃ 都比高强度铝合金和耐热铝合金高。它在 400℃ 时的持久强度为烧结铝的 5 倍，它的比强度比钢和钛合金还高，所以在航空和火箭技术中很有发展前途。

(4) 金属纤维复合材料

作增强纤维的金属主要是强度较高的高熔点金属钨、钼、钢、不锈钢、钛、铍等。

① 金属纤维金属复合材料　这类材料除了强度和高温强度较高外，主要是塑性和韧性较好，而且比较容易制造，可以用于飞机的许多构件。

② 金属纤维陶瓷复合材料　这是改善陶瓷材料脆性的重要途径之一。采用金属纤维增强，可以充分利用金属纤维的韧性和抗拉能力。

3.6.4　先进复合材料

(1) 仿生层叠复合材料

这是仿天然珍珠的结构特点，将具有高强、高硬度的金属材料与具有良好韧性、耐冲击性的树脂有机结合，并进一步在树脂层中加入纤维复合，使其呈现自然生物材料的优良性能。这类轻质高性能复合材料对汽车工业、航空航天、轻工、建筑等行业有着举足轻重的意义。

(2) 功能梯度复合材料

即 FGM。是为了适应高技术领域的需要，满足在极限环境条件（如超高温、大温度落差）下不断反复正常工作而开发的一种新型复合材料。这种材料是根据使用要求，选择使用两种不同性能的材料，采用先进的材料复合技术，使其组成和结构连续呈梯度变化，从而使材料的性质和功能也呈梯度变化，在航空航天、能源工程、生物医学、电磁、核工程和光学领域都有广泛的应用。

(3) 智能复合材料

这是一类基于仿生学概念发展起来的高新技术材料，它实际上是集成了传感器、信息处理器和功能驱动器等多种作用的新型复合材料体系，是微电子技术、计算机技术与材料科学交叉的产物，在许多领域展现了广阔的应用前景。

(4) 纳米复合材料

纳米复合材料是其中任一相、任一维的尺寸达 100nm 以下，甚至可以达到分子水平的复合材料。按基体材料可分为金属基纳米复合材料、陶瓷基纳米复合材料和聚合物基纳米复合材料三类，是一种高性能的新型复合材料。

第4章

刀具材料

刀具材料一般是指刀具切削部分的材料，其性能的优劣是影响加工表面质量、切削效率、刀具寿命的重要因素。因此，金属切削刀具的材料应具备一些独特的性能。

4.1　刀具材料应具备的性能

不同场合下对切削刀具材料进行选择，在加工过程中是最重要的因素。切削刀具受到高温、高接触应力和沿着刀具-切屑接触面以及已加工表面摩擦的影响。所以，刀具材料应满足以下基本要求：

① 高的硬度　刀具材料的硬度必须高于工件材料的硬度，以便切入工件，在常温下，刀具材料的硬度应在60HRC以上。

② 高的耐磨性　耐磨性表示刀具抵抗磨损的能力，与刀具耐用度息息相关。通常材料硬度越高，耐磨性越好。此外耐磨性还与基体中硬质点的大小、数量、分布的均匀程度以及化学稳定性有关。

③ 足够的强度和韧性　为了承受切削力、冲击和振动，刀具材料应具备足够的强度和韧性，避免崩刃，一般情况下刀具的强度和韧性越高，其硬度和耐磨性越低，因此这两个方面的性能常常是相互矛盾的，需要综合考虑。

④ 高的耐热性（红硬性）　在切削加工高温条件下，刀具的硬度、强度和耐磨性需要得到保持，从而保持其形状和锋利度，具有较好的切削性能。

⑤ 良好的热物理性能和耐热冲击性　要求刀具材料具有良好的导热性，能及时将切削热传递出去，不会因为受到大的热冲击时刀具内部产生裂纹而断刀。

⑥ 良好的工艺性　为了进行切削加工，刀具都具有一定的结构和角度。刀具材料应具有良好的工艺性能（如锻造性能、切削性能、焊接性能、磨削性能和热处理性能等），以便于刀具本身的制造和刃磨。

刀具材料的种类繁多，常用的材料有碳素工具钢、合金工具钢、高速钢、硬质合金、陶瓷、立方氮化硼和金刚石等。常用刀具材料的特性见表4-1。

表 4-1　常用刀具材料的特性

种　类	牌　号	硬度	维持切削性能的最高温度/℃	抗弯强度/GPa	工艺性能	用途
碳素工具钢	T8A T10A T12A	60～64HRC	约200	2.45～2.75	可冷、热加工成形，工艺性能良好，磨削性好，需热处理	只用于手动刀具，如手动丝锥、板牙、铰刀、锯条、锉刀等

续表

种类	牌 号	硬度	维持切削性能的最高温度/℃	抗弯强度/GPa	工艺性能	用途
合金工具钢	9CrS CrWMni	60~65HRC	250~300	2.45~2.75	可冷、热加工成形,工艺性能良好,磨削性好,需热处理	只用于手动或低速机动刀具,如丝锥、板牙、拉刀等
高速钢	W18Cr4V W6Mo5Cr4V2 W6Mo5Cr4V2Al W6Mo5Cr4V2Co8 W10Mo4Cr4V3Al	62~70HRC	540~600	2.45~4.41	可冷、热加工成形,工艺性能良好,需热处理,磨削性好,但钒类较差	用于各种刀具,特别是形状较复杂的刀具,如钻头、铣刀、拉刀、齿轮刀具、丝锥、板牙、刨刀等
硬质合金	YG3,YG6,YG8 YT5,YT15,YT30 YW1,YW2	89~94HRA	800~1000	0.88~2.45	压制烧结后使用,不能冷、热加工,多镶片使用,无需热处理	车刀刀头大部分采用硬质合金,钻头、铣刀、滚刀、丝锥等可镶刀片使用
陶瓷		91~94HRA				多用于车刀,性脆,适于连续切削
立方氮化硼		7300~9000 HV			压制烧结而成,可用金刚石砂轮磨削	用于硬度、强度较高材料的精加工
金刚石		10000HV			用天然金刚石砂轮刃磨极困难	用于非铁金属的高精度、表面粗糙度值小切削

选择刀具材料时,很难找到各方面的性能都是最佳的,因为材料的硬度和韧性、综合性能与价格之间是相互矛盾的,只能根据工艺需要,以保证主要需求性能为前提,尽可能选用价格较低的材料。

机械加工中使用最多的是高速钢与硬质合金。

4.2 高 速 钢

高速钢又称白钢、锋钢,是一种高碳高合金工具钢,经热处理后,高速钢在600℃左右仍然保持高的硬度,可达62HRC以上,从而保证其切削性能和耐磨性。高速钢刀具的切削速度比碳素工具钢和低合金工具钢刀具提高1~3倍,耐用性增加7~14倍,所谓高速钢即因此得名。高速钢还有很高的淬透性,甚至在空气中冷却也能形成马氏体组织,故又有"风钢"之称。

高速钢的含碳量为0.75%~1.65%;合金元素总量大于10%,加入的合金元素有W、Mo、Cr、V、Co等。

含碳量高可获得高硬度的马氏体和足够的合金碳化物,使淬火后高速钢的硬度、耐磨性和红硬性得到提高,但是碳含量过高,则会增加碳化物的不均匀性,使钢的韧性降低,工艺性变坏。

高速钢按切削性能可分为普通高速钢和高性能高速钢;按制造工艺方法可分为熔炼高速钢和粉末冶金高速钢;近年来还出现了涂层高速钢。

① 普通高速钢 是切削硬度在50~280HBS以下的大部分结构钢和铸铁的基本刀具材料,占高速钢总量的75%。切削普通钢料时的切削速度一般不高于40~60m/min。按钨、钼含量的不同分为钨系高速钢(如W18Cr4V)和钨钼系高速钢。钨系高速钢综合性能好,

适用于制造复杂刀具。钨钼系高速钢具有良好的力学性能，可做尺寸较小、承受冲击力较大的刀具，适用于制造热轧钻头等。

随着热处理设备和技术的发展，含 Mo 高速钢的脱碳敏感等问题逐步得到解决，所以近年来发展很快，已逐步取代了 W 系高速钢。目前国外 W-Mo 系高速钢一般占高速钢总用量的 65%～70%。20 世纪 80 年代以后，以 M7（W2Mo9Cr4V2）为主的 Mo 系通用高速钢迅速发展并得到广泛使用。

② 高性能高速钢　是在普通高速钢的基础上增加一些含碳量、含钒量，并添加钴、铝等合金元素熔炼而成，其耐热性好，在 630～650℃ 时仍能保持接近 60HRC 的硬度，适用于加工高温合金、钛合金、奥氏体不锈钢、高强度钢等难加工材料。

③ 粉末冶金高速钢　是用高压惰性气体把钢水雾化成粉末后，再经过热压锻轧成材。与熔炼高速钢相比，粉末冶金高速钢材质均匀、韧性好、硬度高、热处理变形小、质量稳定、刃磨性能好、刀具寿命较高。可用它切削各种难加工材料，特别适合于制造各种精密刀具和形状复杂的刀具。

④ 涂层高速钢　这种材料制成的刀具切削力、切削温度可下降 25%，切削速度、进给量和刀具寿命显著提高。适合在钻头、丝锥、成形铣刀和切齿刀具上应用。常用涂层有 TiN、TiC、TiAlN、AlTiN、TiAlCN、DLC 和 CBC 涂层等。

常用高速钢的牌号、化学成分见表 4-2。

表 4-2　常用高速钢的化学成分、热处理、特性及用途（GB 9943—2008）

牌号	化学成分/%						
	C	Mn	Si	Cr	V	W	Mo
W18Cr4V	0.73～0.83	0.10～0.40	0.20～0.40	3.80～4.50	1.00～1.20	17.20～18.70	—
W6Mo5Cr4V2	0.80～0.90	0.15～0.40	0.20～0.45	3.80～4.40	1.75～2.20	5.50～6.75	4.50～5.50
W6Mo5Cr4V2Al	1.05～1.15	0.15～0.40	0.20～0.60	3.80～4.40	1.75～2.20	5.50～6.75	4.50～5.50 Al：0.80～1.20
W2Mo9Cr4VCo8	1.05～1.15	0.15～0.40	0.15～0.65	3.50～4.25	0.95～1.35	1.15～1.85	9.00～10.00 Co：7.75～8.75

常用高速工具钢的硬度见表 4-3。

表 4-3　常用高速工具钢的硬度

牌号	交货硬度（退火态）（HBW≤）	试样热处理制度及淬回火硬度					
		预热温度/℃	淬火温度/℃		淬火介质	回火温度/℃	硬度（HRC≥）
			盐浴炉	箱式炉			
W18Cr4V	255	800～900	1250～1270	1260～1280	油或盐浴	550～570	63
W6Mo5Cr4V2	255		1200～1220	1210～1230		540～560	64
W6Mo5Cr4V2Al	269		1200～1220	1230～1240		550～570	65
W2Mo9Cr4VCo8	269		1170～1190	1180～1200		540～560	66

常用高速工具钢的特性和应用见表 4-4。

表 4-4　常用高速工具钢的特性和应用

牌号	主要特性	应用举例
W18Cr4V	具有良好的热硬性，在 600℃ 时，仍具有较高的硬度和较好的切削性，被磨削加工性好，淬火过热敏感性小，比合金工具钢的耐热性能好。但由于其碳化物较粗大，强度和韧性随材料尺寸增大而下降，因此仅适于制造一般刀具，不适于制造薄刃或较大的刀具	广泛用于制造加工中等硬度或软材料的各种刀具，如车刀、铣刀、拉刀、齿轮刀具、丝锥等；也可制造冷作模具，还可用于制造高温下工作的轴承、弹簧等耐磨、耐高温的零件

续表

牌号	主要特性	应用举例
W6Mo5Cr4V2	具有良好的热硬性和韧性,淬火后表面硬度可达 64～66HRC,这是一种含钼低钨高速钢,成本较低,是仅次于 W18Cr4V 而获得广泛应用的一种高速工具钢	适于制造钻头、丝锥、板牙、铣刀、齿轮刀具、冷作模具等
W6Mo5Cr4V2Al	含铝超硬型高速钢,具有高热硬性、高耐磨性,热塑性好,且高温硬度高,工作寿命长	适于加工各种难加工材料,如高温合金、超高强度钢、不锈钢等,可制作车刀、镗刀、铣刀、钻头、齿轮刀具、拉刀等
W2Mo9Cr4VCo8	高碳高钴超硬型高速钢,具有高的室温及高温硬度,热硬性好,可磨削性好,刀刃锋利	适于制作各种高精度复杂刀具,如成形铣刀、精拉刀、专用钻头、车刀、刀头及刀片,对于加工铸造高温合金、钛合金、超高强度钢等难加工材料,均可得到良好的效果

除常用高速钢外,新型高速钢的研究与应用也受到普遍重视:

① 超硬高速钢　是指热处理硬度达 67HRC 以上的高速钢,多为高 C、高 V,并含 Co 的钢,如 5F6 (W10Mo4Cr4V3Al)、B201 (W6Mo5Cr4V5SiNbAl)、Co5Si (W12Mo3Cr4V3Co5S) 等。由于其高的硬度和热硬性,在加工难加工材料和高速切削领域显示出较大优越性。但含 Co 高速钢成本高,高 C、高 V、高速钢的可磨削性差,而且超硬高速钢的切削加工性能和韧性普遍较差,因此各国在进行超硬高速钢成分精细调整和热处理工艺改进的同时,加紧开发高性能且价格低廉的超硬高速钢新品种。

② 时效硬化高速钢　是指通过金属间化合物析出而不是碳化物析出来获得高硬度和热硬性的工具钢,这类钢往往是低碳或无碳和高合金度。

时效硬化高速钢淬火后得到无碳或低碳的高合金马氏体,其硬度仅为 30～40HRC,可进行切削加工,加工成刀具后再进行时效获得高硬度,简化了工具制造工艺,并提高了精度。时效硬化高速钢不含碳化物,又不存在共晶转变,钢中的强化相是呈细粒状的金属间化合物,分布也比高速钢中的碳化物均匀,因此其磨削性大大优于传统高速钢,而且时效硬化高速钢的耐回火性比高速钢还高出 100℃ 左右。

时效硬化高速钢特别适于制作尺寸小、形状复杂,要求精度特别高、粗糙度值特别低的刀具和超硬精密模具,是解决钛合金等难加工材料的成形切削与精加工的较理想材料,其主要问题是合金度高 (高 Co)、价格贵。

③ 低合金高速钢　它是以相应的通用高速钢基体成分为基础,采用较低的合金质量分数和较高的碳质量分数来产生二次硬化。而通用高速钢是采用较高的合金质量分数和较低的碳质量分数来产生二次硬化,二者所获得的硬度、强度及热硬性相近,但低合金高速钢具有以下特点:节约合金元素,W、Mo 的质量分数约为通用高速钢的 1/2,成本低;碳化物细小,分布较均匀,有较好的工艺性能和综合性能;热处理淬火温度低,节能;在中低速切削条件下,其性能与通用高速钢相当。

4.3　硬质合金

硬质合金是将高熔点、高硬度的金属碳化物粉末 (如 WC、TiC、TaC 等) 和黏结剂 (如 Co、Ni、Mo 等) 混合,压制成形,再经烧结而成的一种具有金属性质的粉末冶金材料。

4.3.1　硬质合金的性能特点

① 高硬度、耐磨性好、高热硬性，这是硬质合金的主要性能特点。由于硬质合金是以高硬度、高耐磨性和高热稳定性的碳化物作为骨架，起到坚硬耐磨作用，所以，在常温下硬度可达 86～93HRA（相当于 69～81HRC），热硬性可达 900～1000℃。故作切削刀具使用时，其耐磨性、寿命和切削速度都比高速钢有显著提高，切削速度提高 4～7 倍、寿命提高 5～8 倍。

② 压缩强度及弹性模量高，压缩强度可高达 6000MPa，高于高速钢；但弯曲强度低，只有高速钢的 1/3～1/2。其弹性模量很高，为高速钢的 2～3 倍；但它的韧性很差，冲击韧度仅为 2.5～6J/cm²，为淬火钢的 30%～50%。

此外，硬质合金还有良好的耐蚀性和抗氧化性，其热胀系数比钢低。抗弯强度低、脆性大、导热性差是硬质合金的主要缺点，因此在加工及使用过程中要避免冲击和温度急剧变化。

硬质合金主要用做切削工具，可切削淬火钢，奥氏体钢等。由于它的硬度高，性脆，不能用一般的切削方法加工，只有采用电加工（电火花、线切割）和专门的砂轮磨削。一般是将一定形状和规格的硬质合金制品，通过黏结、钎焊或机械装夹等方法固定在钢制刀体或模具体上使用。

4.3.2　硬质合金的分类

常用硬质合金按成分和性能特点分为三类，其代号、化学成分及性能见表 4-5。

① 钨钴类硬质合金　是以 WC 粉末和软的 Co 粉末混合制成的。Co 起黏结作用。牌号以"YG（硬钴的汉语拼音首字母）＋数字"表示。例如 YG3 是含 Co 量为 3% 的硬质合金，其余为 WC 含量。常用的牌号有 YG8、YG6、YG3、YG8C、YG6X、YG3X 等。其中 C 表示粗晶粒，X 表示细晶粒。随 Co 的含量增加其韧性升高，但硬度、耐磨性降低。这类合金主要用作加工脆性材料，如铸铁、有色金属及塑料等。

② 钨钴钛类硬质合金　是以 TiC、WC 和 Co 的粉末制成的合金。牌号以"YT（硬钛汉语拼音首字母）＋数字"来表示。如 YT5 表示 TiC 含量为 5%，其余为 WC 和 Co 含量。钨钛钴类硬质合金的硬度、热硬性比 YG 类高，但抗弯强度与韧性比 YG 类低。主要用作加工钢材等塑性材料。

③ 钨钛钽类硬质合金（通用合金）　这类硬质合金是在 YT 类硬质合金中添加了少量的碳化钽（TaC）而派生出来的。由于在钽（Ta）提纯时，不可避免地有部分铌（Nb）存在，因此这类硬质合金中同时有部分碳化铌（NbC）存在。加入一定量的 TaC 可提高硬质合金的硬度、耐磨性、耐热性和抗氧化能力，并细化晶粒。这类硬质合金适宜加工耐热钢、高锰钢、不锈钢等难加工钢材，也适宜加工一般钢材和普通铸铁及有色金属。由于它既能加工钢，又能加工铸铁，故称为通用型硬质合金。它的牌号有 YW1 和 YW2，前者适用于精加工，后者用于粗加工或半精加工。

表 4-5　常用硬质合金的代号、化学成分及性能

类别	代号[①]	化学成分(质量分数)/%				物理及力学性能		
		WC	TiC	TaC	Co	密度/g·cm⁻³	硬度(HRA)(不低于)	弯曲强度/MPa(不低于)
钨钴类合金	YG3X	96.5		<0.5	3	15.0～15.3	91.5	1100
	YG6	94			6	14.6～15.0	89.5	1450
	YG6X	93.5		<0.5	6	14.6～15.0	91	1400

续表

类别	代号[①]	化学成分(质量分数)/%				物理及力学性能		
		WC	TiC	TaC	Co	密度 /g·cm⁻³	硬度(HRA) (不低于)	弯曲强度/MPa (不低于)
钨钴类合金	YG8	92			8	14.5~14.9	89	1500
	YG8C	92			8	14.5~14.9	88	1750
	YG11C	89			11	14.0~14.4	86.5	2100
	YG15	85			15	13.9~14.2	87	2100
	YG20C	80			20	13.4~13.8	82~84	2200
	YG6A	91		3	6	14.6~15.0	91.5	1400
	YG8A	91		<1.0	8	14.5~14.9	89.5	1500
钨钴钛类合金	YT5	85	5		10	12.5~13.2	89	1400
	YT15	79	15		6	11.0~11.7	91	1150
	YT30	66	30		4	9.3~9.7	92.5	900
通用合金	YW1	84	6	4	6	12.8~13.3	91.5	1200
	YW2	82	6	4	8	12.6~13.0	90.5	1300

① 代号中的 X 代表细颗粒合金;C 代表粗颗粒合金;A 代表含有少量 TaC 的合金;其他为一般颗粒合金。

4.3.3　硬质合金的应用

在机械制造中,硬质合金主要用于制造切削刀具、冷作模具、量具和耐磨零件。

钨钴类合金刀具主要用来切削加工产生断续切屑的脆性材料,如铸铁、有色金属、胶木及其他非金属材料;钨钴钛类合金主要用来切削加工韧性材料,如各种钢。在同类硬质合金中,由于含钴量多的硬质合金韧性好些,适宜粗加工,含钴量少的适宜精加工。

通用硬质合金既可切削脆性材料,又可切削韧性材料,特别是对于不锈钢、耐热钢、高锰钢等难以加工的钢材,其切削加工效果更好。

硬质合金也用于冷拔模、冷冲模、冷挤压模及冷镦模;在量具的易磨损工作面上镶嵌硬质合金,使量具的使用寿命和可靠性都得到提高;许多耐磨零件,如机床顶尖、无心磨导杆和导板等,也都应用硬质合金。硬质合金是一种贵重的刀具材料。

4.3.4　钢结硬质合金

钢结硬质合金是一种新型硬质合金,它是以一种或几种碳化物(WC、TiC)等为硬化相,以合金钢(高速钢、铬钼钢)粉末为黏结剂,经配料、压型、烧结而成的。

钢结硬质合金具有与钢一样的可加工能力,可以锻造、焊接和热处理。其锻造退火后的硬度为 40~45HRC,这时能用一般切削加工方法对其进行加工。加工成工具后,经过淬火+低温回火处理,硬度可达 69~73HRC。用它制作刀具,其寿命与钨钴类合金差不多,而大大超过合金工具钢,可以制造各种复杂的刀具,如麻花钻、铣刀等,也可以制造在较高温度下工作的模具和耐磨零件。

4.4　涂层刀具

从 20 世纪 60 年代开始,新型金属合金和工程材料得到了空前的发展。这些材料拥有很高的强磨和韧性,但它们大部分和切削刀具之间易发生磨损和化学反应。这些困难给有效加工这些材料的刀具材料提出了新的挑战,并最终促进涂层刀具的发展和使用。

涂层刀具是在韧性较好的硬质合金或高速钢刀具的基体上,涂覆一层很薄的耐磨性很高的难熔金属化合物而获得的。与刀具材料本身相比,涂层材料有以下的优势:

① 低摩擦因数。

② 更高的抗磨损和裂纹能力。

③ 更高的热硬性和耐热冲击性。

④ 作为刀具和工件材料中间的防扩散层。

涂层刀具的寿命比非涂层刀具高 10 倍以上，这也使得其可以提高切削速度并且降低切削加工时间和生产成本。涂层刀具技术、现代加工机床和计算机控制技术一起，给切削加工的经济性造成了很大的影响。目前，涂层刀具在 80% 的加工场合中得到了应用，特别是车削、铣削和钻削。

4.4.1   涂层材料

涂层材料主要有 TiC、TiN、Al_2O_3 及其复合材料，这些涂层厚度一般为 $2 \sim 15 \mu m$（$80 \sim 600 \mu in$）。

TiC 涂层呈银白色，具有很高的硬度与耐磨性，抗氧化性好，切削时能产生氧化钛薄膜，从而降低摩擦因数，减少刀具磨损。TiC 与钢的黏结温度高，表面晶粒较细，切削时很少产生积屑瘤，适合于精车。TiC 涂层的缺点是线胀系数与基体差别较大，易与基体形成脆弱的脱碳层，降低了刀具的抗弯强度。在重切削、加工带夹杂物的工件时，涂层易崩裂。TiC 涂层硬度合金刀具的切削速度比不涂层刀具可提高 40% 左右。

TiN 涂层在高温时能形成氧化膜，与铁基材料摩擦因数较小，抗黏结性能好，能有效地降低切削温度。TiN 涂层刀片抗月牙洼和抗后刀面磨损能力比 TiC 涂层刀片强，切削钢和易黏刀的材料时可获得小的表面粗糙度值，刀具寿命较高。缺点是与基体结合强度不及 TiC 涂层，而且涂层厚时易剥落。

TiC-TiN 复合涂层：第一层涂 TiC，与基体黏结牢固不易脱落；第二层涂 TiN，减少表面与工件的摩擦。

TiC-Al_2O_3 复合涂层：第一层涂 TiC，与基体黏结牢固不易脱落；第二层涂 Al_2O_3，使表面层具有良好的化学稳定性与抗氧化性能。这种复合涂层能像陶瓷刀具那样进行高速切削，耐用度比 TiC、TiN 涂层刀片高，同时又能避免陶瓷刀的脆性和易崩刃的缺点。

目前，单涂层刀片已很少应用，大多采用 TiC-TiN 复合涂层或 TiC-Al_2O_3-TiN 三复合涂层刀片。

陶瓷涂层：因为其化学惰性、低热传导率、耐高温性，以及耐后刀面与月牙洼磨损能力，陶瓷是一种十分合适的刀具涂层材料。最常见的陶瓷涂层是 Al_2O_3。然而，正因为其高化学稳定性（化学活性不高），氧化物涂层和基体的结合十分脆弱。

金刚石涂层。多晶金刚石涂层在切削刀具中的应用十分广泛，特别是 WC 基和 SiN 基刀片。金刚石涂层刀具在切削有色金属、研磨材料（如含有 Si 的铝合金）纤维强化和金属基体复合材料以及石墨时十分有效。相比其他涂层刀具，金刚石涂层刀具寿命提高了 10 倍以上。

4.4.2   复合涂层材料

TiCN 和 TiAlN 涂层在切削不锈钢时十分有效。TiCN（通过 PVD 法沉积）有着比 TiN 更大的硬度和韧性，可以用在硬质合金和高速钢刀具中。TiAlN 涂层在切削航空合金时十分有效。Cr 基涂层，如 CrC，在切削易黏附刀具的较软材料（如 Al、Cu 和 Ti）时有着良好的效果。其他涂层材料有 ZrN 和 HfN。

4.5　其他刀具材料

4.5.1　陶瓷

陶瓷刀具是以氧化铝（Al_2O_3）或以氮化硅（Si_3N_4）为基体，添加少量金属在高温下烧结而成的。

陶瓷刀具材料，首先出现在 20 世纪 50 年代早期。陶瓷材料的常温硬度达 91～95HRA，在 1200℃高温下硬度为 80HRA，有很高的耐磨性和耐热性，良好的抗黏结性和较低的摩擦因数，化学性能稳定。陶瓷刀具切削时不易黏刀，不易产生积屑瘤。但是，陶瓷刀具的强度较低，只有硬质合金的 1/2，其热导率也只有硬质合金的 1/5～1/2，故陶瓷刀具的强度和抗热冲击性较差，因此一般用于高速精细加工硬材料。

4.5.2　金刚石

金刚石是碳的同素异形体，是目前最硬的物质。其显微硬度达 10000HV。金刚石刀具有以下三类：

① 天然单晶金刚石刀具　主要用于非铁材料及非金属的精密加工。天然单晶金刚石刀具的切削性能优良，但由于价格昂贵，生产中很少使用。

② 人造聚晶金刚石刀具　人造金刚石是通过合金催化剂的作用，在高温高压下由石墨转化而成的。聚晶金刚石是将人造金刚石微晶在高温高压下进行烧结而获得的。它可制成所需的形状尺寸，镶嵌在刀杆上使用。聚晶金刚石主要用于刃磨硬质合金刀具、切割大理石等石材制品。

③ 金刚石烧结体刀具　在硬质合金基体上烧结一层约 0.5mm 厚的聚晶金刚石而制得。强度较好，能进行断续切削，可多次刃磨。

4.5.3　立方氮化硼（CBN）

立方氮化硼是由六方氮化硼（白石墨）在高温高压下转化而成的，它是 20 世纪 70 年代发展起来的新型刀具材料。主要优点是：硬度与耐磨性很高，其硬度高达 8000HV，仅次于金刚石。它的抗弯强度和断裂韧性介于陶瓷与硬质合金之间；它有较强的抗黏结能力，与钢的摩擦因数小。它可耐 1300～1500℃的高温，热稳定性好。它的化学稳定性也很好，温度高达 1200～1300℃也不与铁产生化学反应。故其适用于高速切削高硬度的钢铁材料及耐热合金。

由于这种超硬刀具材料的价格较高，因此只有加工高硬度材料或超精加工时使用超硬材料的刀具才能取得良好的经济效益。

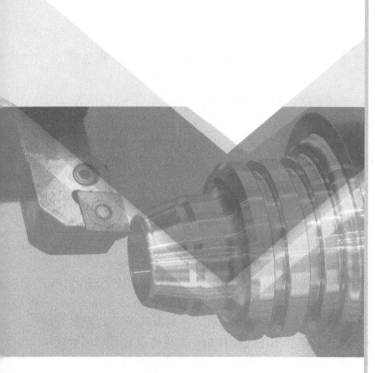

第3篇

制造工艺及方法

第5章

工件材料的冶炼工艺

5.1 冶 金 工 艺

冶金是研究由矿石或其他含金属原料中提取金属的一门科学。冶金工业通常分为黑色冶金工业和有色冶金工业。前者包括生铁、钢和铁合金的生产；后者包括其余所有各种金属的生产。

5.1.1 冶金工艺流程

作为冶金原料的矿石，其中除含有所要提取的金属矿物外，还含有伴生金属矿物以及大量无用的脉石矿物。冶金的任务就是把所要提取的金属从成分复杂的矿物集合体中分离出来并加以提纯，这种分离和提纯过程常常不能一次完成，需要进行多次。一般说来，冶金过程包括：预备处理、熔炼和精炼三个循序渐进的作业过程。

预备处理是指矿石在提炼之前，需要经过干燥、煅烧、焙烧和烧结等处理过程，以改变矿石的物理条件或化学性质，去除一些冶炼妨害因素或提高冶炼效率。干燥的目的主要是分离附着的水分；煅烧是为了加热分解氢氧化物、硫酸盐和碳酸盐等；焙烧是为了得到最适于下一工序要求的化学组分所进行的加热处理，如硫酸化焙烧、还原焙烧、氯化焙烧、苏打焙烧和硫化焙烧等；烧结是为了得到适应鼓风炉等炉型的块矿。

熔炼是熔融冶炼的简称，目的在于把精矿、焙砂和烧结矿等装入高温炉内进行熔融与冶炼，并将主金属直接制成粗金属或者富集于中间产物（锍）中，同时将原矿所含的脉石和杂质等作为炉渣分离出去。

精炼方法有火法精炼和电解精炼两种。火法精炼是指在高温熔化金属的条件下，用各种方法除去粗金属中杂质的精炼过程。根据金属和杂质的不同特性，火法精炼有下列一些方法，如加剂法、熔析法、精馏等。火法精炼主要用于重有色金属和某些轻有色金属的精炼。电解精炼是指利用不同元素的阳极溶解或阴极析出难易程度的差异而提取纯金属的技术。电解精炼常用于有色金属的精炼。如粗铜，粗银，粗镍等的精炼。

5.1.2 冶金方法

在现代冶金中，由于矿石性质和成分、能源、环境保护以及技术条件等情况的不同，故实现上述冶金作业的工艺流程和方法是多种多样的，根据各种方法的特点，大体上可将其归纳为三类：火法冶金、湿法冶金和电冶金。

(1) 火法冶金

火法冶金，又称干法冶金，是在高温条件下进行的冶金过程。矿石或精矿中的部分或全部矿物在高温下经过一系列物理化学变化，生成另一种形态的化合物或单质，分别富集在气体、液体或固体产物中，达到所要提取的金属与脉石及其他杂质分离的目的。实现火法冶金过程所需热能，通常是依靠燃料燃烧来供给的，也有依靠过程中的化学反应供给的，比如，硫化矿的氧化焙烧和熔炼就无需由燃料供热；金属热还原过程也是自热进行的。火法冶金包括：干燥、焙解、焙烧、熔炼、精炼、蒸馏等过程。

(2) 湿法冶金

湿法冶金是在溶液中进行的冶金过程。湿法冶金温度不高，一般低于100℃，现代湿法冶金中的高温高压过程，温度也不过200℃，极个别情况温度可达300℃。湿法冶金包括：浸出、净化、制备金属等过程。

(3) 电冶金

电冶金是利用电能提取金属的方法。根据利用电能效应的不同，电冶金又分为电热冶金和电化冶金。

① 电热冶金　是利用电能转变为热能进行冶炼的方法。在电热冶金的过程中，按其物理化学变化的实质来说，与火法冶金过程差别不大，两者的主要区别只是冶炼时热能来源不同。

② 电化冶金　是利用电化学反应，使金属从含金属盐类的溶液或熔体中析出，前者称为溶液电解，如铜的电解精炼和锌的电积，可列入湿法冶金一类；后者称为熔盐电解，不仅利用电能的化学效应，而且也利用电能转变为热能，借以加热金属盐类使之成为熔体，故也可列入火法冶金一类。

从矿石或精矿中提取金属的生产工艺流程，常常是既有火法过程，又有湿法过程，即使是以火法为主的工艺流程，比如，硫化铜精矿的火法冶炼，最后还需要有湿法的电解精炼过程；而在湿法炼锌中，硫化锌精矿还需要用高温氧化焙烧对原料进行炼前处理。

5.2　钢铁冶金

钢与生铁的区别首先是在碳的含量中得到体现。理论上，一般把碳含量小于2.11%的铁碳合金称为钢，它的熔点为1450～1500℃，而生铁的熔点为1100～1200℃。在钢中，碳元素和铁元素形成Fe_3C固溶体，随着碳含量的增加，其强度、硬度增加，而塑性和冲击韧性降低。由于钢具有很好的物理化学性能与力学性能，可进行拉、压、轧、冲、拔等深加工，所以用途十分广泛。用途不同对钢的性能要求也不同，从而对钢的品种也提出了不同的要求。石油、化工、航天航空、交通运输、农业、国防等许多重要的领域均需要各种类型的大量钢材，人们的日常生活更离不开钢。总之，钢材仍将是21世纪用途最广的结构材料和最主要的功能材料。

5.2.1　炼钢用原材料

原材料是炼钢的基础，原材料的质量和供应条件对炼钢生产的各项技术经济指标产生重要影响。对炼钢原料的基本要求是：既要保证原料具有一定的质量和相对稳定的成分，又要因地制宜充分利用本地区的原料资源，不宜苛求。炼钢原料分为金属料、非金属料和气体。

(1) 金属料

① 铁水　铁水是转炉炼钢的主要原材料，一般占装入量的70%～100%。铁水的化学热

和物理热是转炉炼钢的主要热源。因此，对入炉铁水的化学成分和温度有一定的要求。

硅（Si）是重要的发热元素，铁水中含硅量高，炉内的化学热增加，铁水中硅量增加 0.10%，废钢的加入量可提高 $1.3\%\sim1.5\%$。铁水含硅量高，渣量增加，有利于脱磷，脱硫，但硅含量过高将会使渣料和消耗增加，易引起喷溅，金属收得率降低；同时渣中过量的 SiO_2 也会加剧对炉衬的侵蚀，影响石灰化渣速度，延长吹炼时间。通常铁水中的硅含量为 $0.30\%\sim0.60\%$ 为宜。

锰（Mn）是发热元素，铁水中锰氧化后形成的 MnO 能有效促进石灰溶解，加快成渣，减少助熔剂的用量和炉衬侵蚀。同时铁水含锰高，终点钢中余锰高，从而可以减少合金化时所需的锰铁合金，有利提高钢水的纯净度。

磷（P）是高发热元素，对一般钢种来说是有害元素，因此要求铁水磷含量越低越好。一般要求铁水中磷含量小于 0.20%。

硫（S）除了易切削钢外，绝大多数钢种要求去除硫这一有害元素。氧气转炉单渣操作的脱硫效率只有 $30\%\sim40\%$。我国炼钢技术规程要求入炉铁水的硫含量不超过 0.05%。

铁水温度是铁水含物理热多少的标志，铁水物理热占转炉热收入的 50%，应努力保证入炉铁水的温度，保证炉内热源充足和成渣迅速。我国炼钢规定入炉铁水温度应大于 $1250℃$，并且要相对稳定。

② 废钢　转炉和电炉炼钢均使用废钢，氧气顶吹转炉用废钢量一般是总装入量的 $10\%\sim30\%$。

炼钢对废钢的要求有：

a. 废钢的外形尺寸和块度应能保证从炉口顺利加入转炉。废钢的长度应小于转炉口直径的 $1/2$，块重一般不应超过 300kg。

b. 废钢中不得混有铁合金。严禁混入铜、锌、铅、锡等有色金属和橡胶，不得混有封闭器皿、爆炸物和易燃易爆品以及有毒物品。废钢的硫、磷含量均不大于 0.050%。

c. 废钢应清洁干燥，不得混有泥沙、水泥、耐火材料、油物等。

d. 不同性质的废钢分类存放，以免混杂。非合金钢、低合金钢、废钢可混放在一起，不得混有合金废钢和生铁。合金废钢要单独存放，以免造成冶炼困难，产生熔炼废品或造成贵重合金元素的浪费。

③ 生铁　生铁主要在电炉炼钢中使用，其主要目的在于提高炉料或钢中的碳含量，并解决废钢来源不足的困难。由于生铁中含碳及杂质较高，因此电炉钢炉料中生铁配比通常为 $10\%\sim25\%$，最高不超过 30%。电炉炼钢对生铁的质量要求较高，一般 S、P 含量要低，Mn 不能高于 2.5%，Si 不能高于 1.2%。

④ 海绵铁　海绵铁是用氢气或其他还原性气体还原精铁矿而得。一般是将铁矿石装入反应器中，通入氢气或一氧化碳气体或使用固体还原剂，在低于铁矿石软化点以下的温度范围内反应，不生成铁水，也没有熔渣，仅把氧化铁中的氧脱掉，从而获得多孔性的金属铁即海绵铁。

海绵铁中金属铁含量较高，S、P 含量较低，杂质较少。电炉炼钢直接采用海绵铁代替废钢铁料，不仅可以解决钢铁料供应不足的困难，而且可以大大缩短冶炼时间，提高电炉钢的生产率。此外，以海绵铁为炉料还可以减少钢中的非金属夹杂物及氮的含量。由于海绵铁具有较强的吸水能力，因此使用前须保持干燥或以红热状态入炉。

⑤ 铁合金　铁合金用于调整钢液成分和脱除钢中杂质，常用的铁合金种类有：

a. Fe-Mn、Fe-Si、Fe-Cr、Fe-V、Fe-Ti、Fe-Mo、Fe-W 等。

b. 复合脱氧剂：Ca-Si 合金、Al-Mn-Si 合金、Mn-Si 合金、Cr-Si 合金、Ba-Ca-Si 合金、

Ba-Al-Si 合金等。

c. 纯金属：Mn，Ti（海绵 Ti），Ni，Al。

对块度的要求：加入钢包中的尺寸为 5～50mm，加入炉中的尺寸为 30～200mm。往电炉中加 Al 时，常将其化成铝饼，用铁杆穿入插入钢液。

烘烤温度：锰铁、铬铁、硅铁应不低于 800℃，烘烤时间应多于 2h；钛铁、钒铁、钨铁加热近 200℃，时间大于 1h。

(2) 非金属料

① 造渣剂

a. 石灰　　石灰是碱性炼钢方法的造渣料，主要成分为 CaO，是由石灰石煅烧而成，是脱磷、脱硫不可缺少的材料，用量比较大。其质量好坏对吹炼工艺、产品质量和炉衬寿命等产生重要影响。因此，要求石灰 CaO 含量高，SiO_2 和 S 含量低，石灰的生过烧率低，活性高，块度适中。此外，石灰还应保持清洁、干燥和新鲜。

石灰的化渣速度是炼钢过程成渣速度的关键，所以对炼钢用石灰的活度提出要求。石灰的活度也称水活度，是石灰反应能力的标志，也是衡量石灰质量的重要参数。目前常用盐酸滴定法来测量水活性，当盐酸消耗大于 300mL 时才属优质活性石灰，通常把在 1050～1150℃温度下，在回转窑或新型竖窑内熔烧的石灰，即具有高反应能力的体积密度小、气孔率高、比表面积大、晶粒细小的优质石灰叫活性石灰，也称软性石灰。活性石灰的水活性度大于 310mL，体积密度 1700～2000kg/m^3，气孔率高达 40%，比表面积为 0.05～0.03m^2/kg。使用活性石灰能减少石灰、萤石消耗量和炼钢渣量，有利于提高脱硫、脱磷效果，减少炉的热损失和对炉衬的侵蚀。

此外，石灰极易水化潮解，生成 $Ca(OH)_2$，要尽量使用新焙烧的石灰。同时对石灰的储存时间应加以限制，一般不得超过两天。

b. 萤石　　萤石的主要成分是 CaF_2，熔点约 930℃。萤石能使 CaO 和阻碍石灰溶解 $2CaO \cdot 3SiO_2$ 外壳的熔点显著降低，生成低熔点 $3CaO \cdot CaF_2 \cdot 2SiO_2$（熔点 1362℃），加速石灰溶解，迅速改善炉渣流动性。萤石助熔的特点是作用快、时间短，但大量使用萤石会增加喷溅，加剧炉衬侵蚀，并污染环境。

近年来，萤石供应不足，各钢厂从环保角度考虑，使用多种萤石代用品，如铁锰矿石，氧化铁皮，转炉烟尘，铁矾土等。

c. 白云石　　白云石的主要成分为 $CaCO_3 \cdot MgCO_3$。经焙烧可成为轻烧白云石，其主要成分为 $CaO \cdot MgO$。多年来，氧气转炉采用生白云石或轻烧白云石代替部分石灰造渣得到了广泛应用。实践证明，采用白云石造渣时可减轻炉渣对炉衬的侵蚀，提高炉衬寿命具有明显效果。溅渣护炉操作时，通过加入适量的生白云石或轻烧白云石保持渣中的 MgO 含量达到饱和或过饱和，使终渣能够做黏，出钢后达到溅渣的要求。

d. 合成造渣剂　　合成造渣剂是用石灰加入适量的氧化铁皮、萤石、氧化锰或其他氧化物等熔剂，在低温下预制成形。这种合成渣剂熔点低、碱度高、成分均匀、粒度小，且在高温下易碎裂，成渣速度快，因而改善了冶金效果，减轻了炼钢造渣负荷。高碱度烧结矿或球团矿也可作合成造渣剂使用，它们的化学成分和物理性能稳定，造渣效果良好。近年来，国内一些钢厂用转炉污泥为基料制备复合造渣剂，也取得了较好的使用效果和经济效益。

② 增碳剂　　在冶炼过程中，由于配料或装料不当以及脱碳过量等原因，有时造成钢中碳含量没有达到预期的要求，这时要向钢液中增碳。常用的增碳剂有增碳生铁、电极粉、石油集粉、木炭粉和熊炭粉。转炉冶炼中、高碳钢种时，使用含杂质很少的石油焦作为增碳剂。对顶吹转炉炼钢用增碳剂的要求是固定碳要高，灰分、挥发分和硫、磷、氮等杂质含量

要低，且干燥、干净、粒度适中。

③ 氧化剂　氧气是转炉炼钢的主要氧化剂，其纯度达到或超过 99.5%，氧气压力要稳定，并脱除水分。

铁矿石中铁的氧化物存在形式是 Fe_2O_3、Fe_3O_4 和 FeO，其氧含量分别是 30.06%、27.64% 和 22.28%，在炼钢温度下，Fe_2O_3 不稳定，在转炉中较少使用。铁矿石作为氧化剂使用要求高（全铁含量小于 56%），杂质量少，块度合适。

氧化铁皮亦称铁鳞，是钢坯加热、轧制和连铸过程中产生的氧化壳层，铁量占 70%～75%。氧化铁皮还有助于化渣和冷却作用，使用时应加热烘烤，保持干燥。

5.2.2　炼钢的基本任务

炼钢的基本任务是脱碳、脱磷、脱硫、脱氧，去除有害气体和非金属夹杂物，提高温度和调整成分。可以归纳为："四脱"（脱碳、脱氧、脱磷和脱硫），"二去"（去气和去夹杂），"二调整"（调整成分和温度）。采用的主要技术手段为供氧、造渣、升温、加脱氧剂和合金化操作。

(1) 钢中的磷

对于绝大多数钢种来说，磷是有害元素。钢中磷的含量高会引起钢的冷脆，即从高温降到 0℃ 以下，钢的塑性和冲击韧性降低，并使钢的焊接性能和冷弯性能变差。磷是降低钢的表面张力的元素，随着磷含量的增加，钢液的表面张力降低显著，从而降低了钢的抗裂性能。磷是仅次于硫在钢的连铸坯中偏析度高的元素，而且在铁固溶体中扩散速率很小，因而磷的偏析很难消除，从而严重影响钢的性能，所以脱磷是炼钢过程的重要任务之一。磷在钢中以 [Fe_3P] 或 [Fe_2P] 形式存在，但通常是以 [P] 来表达。炼钢过程的脱磷反应是在金属液与熔渣界面进行的。

鉴于磷对钢的不良影响，不同用途的钢对磷的含量有着严格的要求。如非合金钢中普通质量级钢要求 $w_{[P]} \leqslant 0.045\%$；优质级钢 $w_{[P]} \leqslant 0.035\%$；特殊质量级钢 $w_{[P]} \leqslant 0.025\%$，有的钢种甚至要求 $w_{[P]} \leqslant 0.01\%$。但有些钢种如炮弹钢、耐腐蚀钢等，则需要加入磷元素。

(2) 钢中的硫

硫对钢的性能会造成不良影响，钢中硫含量高，会使钢的热加工性能变坏，即造成钢的热脆性。硫在钢中以 FeS 的形式存在，FeS 的熔点为 1193℃，Fe 与 FeS 组成的共晶体的熔点只有 985℃。液态 Fe 与 FeS 虽然可以无限互溶，但在固溶体中的溶解度很小，仅为 0.015%～0.020%。当钢中的硫含量超过 0.020% 时，钢液在凝固过程中由于偏析使得低熔点 Fe-FeS 共晶体分布于晶界处，在 1150～1200℃ 的热加工过程中，晶界处的共晶体熔化，钢受压时造成晶界破裂，即发生"热脆"现象。

此外，硫还会明显降低钢的焊接性能，引起高温龟裂，并在金属焊缝中产生许多气孔和疏松，从而降低焊缝的强度。硫含量超过 0.06% 时，会显著恶化钢的耐蚀性。硫是连铸坯中偏析最为严重的元素。

不同钢种对硫含量有着严格的规定。非合金钢中普通质量级钢要求 $w_{[S]} \leqslant 0.045\%$，优质级钢 $w_{[S]} \leqslant 0.035\%$，特殊质量级钢 $w_{[S]} \leqslant 0.025\%$，有的钢种要求如管线钢 $w_{[S]} \leqslant 0.005\%$，甚至更低。但对有些钢种，如易切削钢，硫则作为合金元素加入，要求 $w_{[S]} = 0.08\%$～0.20%，常用于制作易加工的螺钉、螺母、纺织机零件、耐高压零件等。

(3) 钢中的氧

在吹炼过程中，由于向熔池供入了大量的氧气，这样当达到吹炼终点时，钢水中含有过量的氧，也就是说钢中实际氧含量高于平均值。如果不进行脱氧，这样在其后的出钢和浇铸过程中，随着温度的降低，钢液中的氧溶解度降低，促使碳氧反应继续进行，钢液剧烈沸腾，不仅使浇铸变得困难，而且也得不到正确凝固组织结构的连铸坯。钢中氧含量高，还会产生皮下气泡、疏松等缺陷，并加剧硫的热脆作用。在钢的凝固过程中，氧以氧化物的形式大量析出，这样会降低塑性、冲击韧性等加工性能。

钢中一般测定的是全氧，即氧化物中的氧和溶解的氧之和。使用浓差法测定的氧才是测定钢液中溶解的氧，在铸坯或钢材中取的样是全氧样。脱氧的任务包括：

① 根据具体的钢种，将钢中的氧含量降低到所需的水平，以保证钢水在凝固时能得到合理的凝固组织结构；

② 使成品钢中非金属夹杂物含量减少、分布合适、形态适宜，以保证钢的各项性能指标；

③ 得到细晶结构组织。

(4) 钢中的气体

溶解液中的气体会显著降低钢的性能，而且容易造成钢的许多缺陷。钢中气体主要是氢与氮，它们可以溶解于液态和固态纯铁以及钢中。氢在固态钢中的溶解度很小，在钢液凝固和冷却过程中，氧会与 CO、N_2 等气体一起析出，形成皮下气泡中心缩孔和疏松，造成白点和发纹。在钢的热加工过程中，钢中含有氢气的气孔会沿加工方向被拉长形成发裂，进而引起钢材的强度、塑性和冲击韧性的降低，即发生氢脆现象。在钢材的纵向断面上，呈现出圆形或椭圆形的银白色斑点称为"白点"，实质为交错的细小裂纹，它产生的主要原因是钢中的氢在小孔隙中析出的压力和钢相变时产生的组织应力的综合力超过了钢的强度。一般"白点"产生的温度低于 200℃。

钢中的氮以氮化物的形式存在，它对钢质量的影响表现出双重性，氮含量高的钢种长时间放置，将会变脆，这一现象称为老化或时效。原因是钢中氮化物的析出速度很慢，逐渐改变着钢的性能。钢中氮含量高时，在 250～450℃ 温度范围，其表面发蓝，钢的强度升高，冲击韧性降低，称为蓝脆。氮含量增加，钢的焊接性能变坏。但钢中加入适量的铝，可生成稳定的 AlN，能够抑制 Fe_4N 的生成和析出，不仅改善钢的时效性，还可以阻止奥氏体晶粒的长大。氮可以作为合金元素起到细化晶粒的作用。在冶炼铬钢、镍铬系钢或铬锰系钢等高合金钢时，加入适量的氮，能够改善塑性和高温加工性能。

(5) 钢中的非金属夹杂

钢中的非金属夹杂按来源分可以分成外来夹杂和内生夹杂。外来夹杂是指冶炼和浇铸过程中，带入钢液中的炉渣和耐火材料以及钢液被大气氧化所形成的氧化物。内生夹杂包括四个方面：脱氧时的脱氧产物；钢液温度下降时，硫、氧、氮等介质元素溶解度下降而以非金属夹杂形式出现的生成物；凝固过程中因溶解度降低、偏析而发生反应的产物；固态钢相变溶解度变化生成的产物。钢中大部分内生夹杂是在脱氧和凝固过程中产生的。

根据化学成分的不同，夹杂物可以分为：氧化物夹杂，即 FeO、MnO、SiO_2、Al_2O_3、Cr_2O_3 等简单的氧化物；$FeO \cdot 2Fe_2O_3$、$FeO \cdot 2Al_2O_3$、$MgO \cdot 2Al_2O_3$ 等尖晶石类和各种钙铝的复杂氧化物，以及 $2FeO \cdot 2SiO_2$、$2MnO \cdot 2SiO_2$、$3MnO \cdot 2Al_2O_3 \cdot 2SiO_2$ 等硅酸盐；硫化物夹杂，如 FeS、MnS、CaS 等；氮化物夹杂，如 AlN、TiN、ZrN、VN、BN 等。

按照加工性能区分，夹杂物可分为：塑性夹杂，它是在热加工时沿加工方向延伸成条带状；脆性夹杂，它是完全不具有塑性的夹杂物，如尖晶石类型夹杂物，熔点高的氮化物；点状不变性夹杂，如 SiO_2 含量超过 70% 的硅酸盐、CaS、钙的铝硅酸盐等。由于非金属夹杂对钢的性能会产生严重影响，因此在炼钢、精炼和连铸过程中，应最大限度地降低钢液中夹杂物的含量，控制其形状和尺寸。

(6) 钢的成分

为了保证钢的各种物理和化学性质，应将钢的成分调整到规定的范围之内。钢的主要成分有碳、锰、硅和铝。

① 碳：炼钢的重要任务之一就是要把熔池中的碳氧化脱除至所炼钢种的要求。从钢的性质可以看出，碳也是重要的合金元素，它可以增加钢的强度和硬度，但对韧性产生不利影响。钢中的碳决定了冶炼、轧制和热处理的温度制度。碳能显著改变钢的液态和凝固性质，如在 1600℃，$w_{[C]} \leqslant 0.8\%$ 时，每增加 0.1% 的碳，使钢的熔点降低 6.5℃，密度减少 4kg/m^3，黏度降低 0.7%，$[N]$ 的溶解度降低 0.001%，$[H]$ 的溶解度降低 $0.4cm^3/100g$。

② 锰：锰的作用是消除钢中硫的热脆倾向，改变硫化物的形态和分布以提高钢质。钢中的锰是一种非常弱的脱氧剂，在钢中的碳含量非常低、氧含量很高时，可以显示出其脱氧作用，协助脱氧，提高其脱氧能力。锰还可以略微提高钢的强度，并可以提高钢的淬透性能。它可稳定并扩大奥氏体区，常作为合金元素生成奥氏体不锈钢、耐热钢等。

③ 硅：硅是钢中最基本的脱氧剂。普通钢中含硅量在 $0.17\% \sim 0.37\%$，是冶炼镇静钢的合适成分，温度在 1450℃ 左右钢凝固时，能保证钢中与其平衡的氧量小于与碳平衡的量，从而抑制凝固过程中 CO 气泡的产生。生产沸腾钢时，$w_{[Si]}$ 为 $0.03\% \sim 0.07\%$，$w_{[Mn]}$ 为 $0.25\% \sim 0.70\%$。硅具有提高钢力学性能的作用，它还增加了钢的电阻和导磁性，是用于制作电动机、变压器、电器等硅钢零件的重要元素。硅对钢液的性质影响较大，1600℃ 纯铁中每增加 1% 的硅，碳的饱和溶解度降低 0.294%，铁的熔点降低 8℃，密度降低 $80kg/m^3$，$[N]$ 的饱和溶解度降低 0.003%，$[H]$ 降低 $1.4cm^3/100g$，钢的凝固区间增加 10℃，钢液的收缩率提高 2.05%。在生产低碳铁合金时，常用增加溶解硅的量来减少溶解的碳。

④ 铝：铝是终脱氧剂，生产镇静钢时，$w_{[Al]}$ 多在 $0.005\% \sim 0.05\%$ 范围内，通常为 $0.01\% \sim 0.03\%$。钢中铝的加入量因氧的含量而异，对高碳钢，铝应少加些，而低碳钢则应多加。铝加到钢中将与氧发生反应生成 Al_2O_3，在出钢、镇静和浇铸时生成的 Al_2O_3 大部分上浮排出，在凝固过程中大量细小分散的 Al_2O_3 还能促进形成细晶粒钢。铝是调整钢晶粒度的有效元素，它能使钢的晶粒开始长大并保持到较高的温度。

不同合金钢钢种的冶炼方法如表 5-1 所示。合金钢典型的冶炼工艺流程如图 5-1 所示。

表 5-1　不同合金钢钢种的冶炼方法

钢类	质量特点及要求	冶炼方法
碳结钢	保证常规力学性能	转炉（电炉）+吹氩 电炉+LF
碳工钢	气体敏感性强，钢锭易出现针状气孔中心裂纹，要保证硬度、耐腐蚀性及均匀性	电炉（转炉）+吹氩
合金结构钢	提高淬透性、降低气体及夹杂物含量，具有良好的力学性能	转炉、电炉+钢包吹氩 电炉+LF
轴承钢	夹杂物含量低，碳化物偏析严重	电炉+LF+VD+MC/CC 电炉+VOD/VAD 电炉+ASEA-SKF 转炉+LF+VD
不锈钢	降碳保铬，良好的焊接性、耐腐蚀性、延展性、耐高温及表面质量	电炉返回吹氧法 电炉/转炉+AOD/VOD 转炉+RH-OB 电炉+转炉（AOD）+VOD
高速钢	高硬度、热硬性、耐磨性	电炉白渣工艺 电炉+ESR/VAR

续表

钢类	质量特点及要求	冶炼方法
合金工具钢	高强度、耐磨性和一定的韧性	感应炉＋ESR 电炉＋LF
模具钢	较高的耐磨性、洁净度、组织和成分均匀	电炉＋LF(VD) 电炉＋ESR
电工硅钢	碳、硫、气体及夹杂物含量低,电磁性能好	转炉-RH 电炉＋真空处理
超级合金	要精确控制成分、组织,高纯度、高均匀性	VIM-VAR VIM＋ESR 等离子精炼

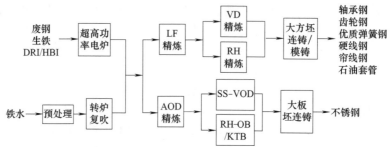

钢坯从外形上主要分为三种：板坯、方坯和矩形坯；

板坯：钢水通过连铸机连铸形成,一般铸坯宽厚比大于 3 的即称板坯,其主要用于轧制板材；

方坯：铸坯横断面四边长度基本相等的称为方坯,主要用来轧制型钢、线材；

矩形坯：截面宽、高的比值介于板坯与方坯之间；

大方坯的边长不小于 200mm；小方坯的边长小于 200mm；矩形坯的宽厚比一般为 1.3～1.5,矩形坯断面面积不小于 40000mm² 的属于大方坯。

图 5-1　合金钢典型的冶炼工艺流程

5.3　有色金属冶金

5.3.1　有色金属分类

在有色金属分类上,目前还没有统一的标准,各国分类方法不尽相同,而且在分类中某些金属的归属存在交叉的情况。按中国惯例,大体上把有色金属分为五类：重有色金属、轻金属、贵金属、稀有金属和半金属。

重有色金属简称重金属,一般指密度在 $5t/m^3$ 以上的金属,包括铜、铅、锌、锡、镍、钴、锑、汞、镉、铋十种金属。这类金属的共同特点是密度较大,都在 $6600kg/m^3$ 以上。

轻金属包括铝、镁、钙、锶、钡、钾、钠七种金属。这类金属的共同特点是密度较小,都在 $4000kg/m^3$ 以下,化学性质活泼,易与氧、卤素、水等作用。

贵金属包括金、银及铂族金属中的铂、锇、铱、钌、铑、钯八种金属。这类金属的共同特点是化学性质稳定,密度大（10000～22000kg/m³）,熔点较高（1189～3273K）。

半金属又称似金属或类金属,包括硼、硅、砷、碲。其特点是它们的电导率介于金属和非金属之间,并且都具有一种或几种同质异构体,其中一种具有金属性质,硒、硫、锗、锑、钋也具有半金属的属性,按中国惯例已划归入其他类别中。

稀有金属并不是由于它们在地壳中的含量都稀少,而是因为某些稀有金属在地壳中的富存状态比较分散，或发现较迟，或制取较困难，因而其生产和应用都较晚，在历史上给人以"稀有"的概念，遂被称为稀有金属。根据物理化学性质或其在矿物中的共生情况，稀有金属可分为五类：稀有轻金属、稀有高熔点金属、稀土金属、稀有分散金属、稀有放射性金属。

5.3.2　有色金属冶金工艺

有色金属冶炼是指从矿石、精矿、二次资源或其他物料中提取主金属伴生元素或其化合物的物理化学过程。提取方法主要有火法冶金，湿法冶金和电冶金三类。有色金属冶金方法优缺点对比如表 5-2 所示。

表 5-2　有色金属冶金方法

项目	火法冶金	湿法冶金	电冶金
优点	①高温下反应速度快,单位设备生产率和劳动生产率高;②能充分利用硫化精矿本身的能源,容易实现自热熔炼,产品单位能耗低;③硫及金属产物能很好地富集金银等贵金属	①适于处理高、低品原料,例如湿法冶金可处理铜低品位的原料;②能处理复杂矿物原料;③多金属综合回收利用效果好;④较少烟尘污染问题	①与火法冶金比较,制品纯度高;②温度升高速度快,容易控制温度;③能处理低品位矿石或复杂多金属矿;④用于对不纯有色金属的精炼
缺点	①存在高温含尘烟气污染问题,治理费用高;②难以处理低品位原料;③工作场地劳动卫生条件差	①生产能力低,设备庞大,设备费用高,单位车间面积的生产能力远低于火法冶金;②能耗大;③存在废水、废渣的污染和处理问题	①电能耗大;②效率低

一般在有色金属提取冶金过程中，常须根据原料性质和对产品的要求，采用两类或三类冶金方法相互配合，组成提取流程。通常考虑某种冶炼工艺流程及确定冶金单元过程时，总要求是：过程越少越好，工艺流程越短越好。如：铜、铅、锌、镍等重金属多采用火法-电冶金联合；轻金属多采用湿法-电冶金联合；大多数稀有金属，以湿法-火法或电冶金联合的工艺。

第6章

毛坯的生产工艺

6.1 常用的毛坯成形方法

机械零件的制造包括毛坯成形和切削加工两个阶段。毛坯成形不仅对后续的切削加工产生很大的影响，而且对零件乃至机械产品的质量、使用性能、生产周期和成本等都有影响，因此，正确选择毛坯的类型和成形方法对于机械制造具有重要意义。

机械零件常用毛坯包括铸件、锻件、轧制型材、挤压件、冲压件、焊接件、粉末冶金件和注射成型件等。常用毛坯制造方法及其特点的比较如表6-1所示。

表 6-1 常用毛坯制造方法及其特点的比较

毛坯类型 比较内容	铸件	锻件	冲压件	焊接件	轧材
成形特点	液态下成形	固态下塑性变形	固态下塑性变形	永久性连接	固态下塑性变形
对原材料工艺性要求	流动性好，收缩率低	塑性好，变形抗力小	塑性好，变形抗力小	强度高，塑性好，液态下化学稳定性好	塑性好，变形抗力小
常用材料	灰铸铁、球墨铸铁、中碳钢及铝合金、铜合金	中碳钢及合金结构钢	低碳钢及有色金属薄板	低碳钢、低合金钢、不锈钢及铝合金等	低、中碳钢，合金结构钢，铝合金、铜合金等
金属组织特征	晶粒粗大、疏松，杂质无方向性	晶粒细小致密	拉深加工后沿拉深方向形成新的流线组织，其他工序加工后原组织基本不变	焊缝区为铸造组织，熔合区和过热区有粗大晶粒	晶粒细小致密
力学性能	灰铸铁件力学性能差，球墨铸铁、可锻铸铁及铸钢件较好	比相同成分的铸钢件好	变形部分的强度、硬度提高，结构钢度好	接头的力学性能可达到或接近母材	比相同成分的铸钢件好
结构特征	形状一般不受限制，可以相当复杂	形状一般较铸件简单	结构轻巧，形状可以较复杂	尺寸、形状一般不受限制，结构较轻	形状简单，横向尺寸变化小
零件材料利用率	较低	低	较高	较高	较低
生产周期	长	自由锻短，模锻长	长	较短	短
生产成本	较低	较高	批量越大，成本越低	较高	低

续表

毛坯类型 比较内容	铸件	锻件	冲压件	焊接件	轧材
主要适用范围	灰铸铁件用于受力不大或承压为主的零件,或要求有减振、耐磨性能的零件;其他铁碳合金铸件用于承受重载或复杂载荷的零件;机架、箱体等形状复杂的零件	用于对力学性能,尤其是强度和韧性要求较高的传动件、工具、模具	用于以薄板成型的各种零件	主要用于制造各种金属结构,部分用于制造零件毛坯	形状简单的零件
应用举例	机架、床身、底座、工作台、导轨、变速箱、泵体、阀体、带轮、轴承座、曲轴、齿轮等	机床主轴、传动轴、曲轴、连杆、齿轮、凸轮、螺栓、弹簧、锻模、冲模等	汽车车身覆盖件、电器及仪器、仪表壳及零件、油箱、水箱、各种薄金属件	锅炉、压力容器、化工容器、管道、厂房构架、吊车构架、桥梁、车身、船体、飞机构件、重型机械的机架、立柱、工作台等	光轴、丝杠、螺栓、螺母、销子等

由于每种类型的毛坯都可以有多种制造方法,各类毛坯在某些方面的特征可以在一定范围内变化,因此,表中所列特点并不是绝对的,只是就一般情况比较而言。例如:①铸件中一般砂型铸件,晶粒组织粗大而疏松,但压力铸造的薄壁铸件,晶粒细小而致密;②一般铸件的力学性能差,但一些球墨铸铁的强度,尤其是屈强比(σ_s/σ_b),可以超过碳钢的锻件;③锻件是固态下成形,金属流动困难,加工余量较大,材料利用率一般较低,但精密锻造的锻件和冷挤压件,可以基本上实现零件的最终成形,材料利用率也很高;④铸件因工序多,模锻件和冲压件因模具制造复杂,一般生产周期较长,但小而简单的铸件,模锻件和冲压件的生产周期也可以很短。相反,对于一般生产周期较短的焊接,有时焊接大而复杂的焊件时,生产周期也可能很长。

6.2　毛坯的选用原则

6.2.1　满足材料的工艺性能要求

毛坯材料的选择与毛坯的选用关系密切,零件材料的工艺性能直接影响着毛坯生产方法的选择。毛坯材料选择不仅应考虑材料的性质能够适应零件的工作条件,使零件经久耐用,而且还要求材料有较好的毛坯成形工艺性和经济性。只有满足这三方面的要求时,所选择的材料才为合理材料。

(1) 保证使用性能要求

材料的使用性能要求主要是针对材料的强度、刚度、塑性、韧性、耐热性、耐磨性等性能指标要求,为保证满足这些要求,通常从零件的工作条件、失效形式和性能指标三个方面进行分析确定。

① 分析工作条件　机械零件的工作条件也称服役条件,是指零件在正常工作过程中的受力状况、工作温度、所处环境介质类型及性质。此外还应考虑在突发情况下短时过载、环境突变等因素,以确保零件的使用性能和操作者的人身安全。

② 判断失效形式　失效形式是指零件在使用过程中的过量变形、断裂和尺寸变化。零

件的失效形式决定了其所用材料应满足的主要力学性能，分析失效形式也是改进设计及制造工艺的重要手段。

对于还没有失效案例可循的零件或产品，通常还须在投产前强制进行失效试验，以获得第一手资料，从而有效地保证满足性能指标要求。

③ 选择合理材料　不同零件及材料均有其相应的性能要求与指标数据，应考虑两者的匹配情况，还应考虑获得这些数据时的实际条件，以免条件不符造成误用。

零件尺寸决定于强度条件时，对于要求保证零件尺寸的齿轮和轴类等，应选择高强度调质钢、合金钢或高强度铸铁等，常用 40、45、40Cr、30CrMnTi、35CrMnSi 等钢，或以铁代钢的 QT400-18、QT450-10、QT500-7 等球墨铸铁。

零件尺寸决定于刚度条件时，除保证零件结构有较大刚度外，还应选择高塑性及高弹性模量碳钢或合金钢，如车体、船体等。若零件尺寸决定于耐磨耐蚀条件时，则应选择强度高、自润滑性能好、耐磨损、耐腐蚀的 MC 尼龙和聚砜等材料。

若要求零件为轻质结构件，应选择密度小、强度高、耐蚀性好的铝合金或某种工程塑料，如风机轮、叶轮或飞机上的高强度零件等，但若要求零件弹性及密封性好并减振时，则应选择高弹态和优良伸缩性的橡胶材料。

橡胶能在 $-50 \sim 150 ℃$ 宽温度范围内处于高弹态，具备优良伸缩性，如 4001 耐热橡胶板或 3302-1 酚醛层压板等。但橡胶制品长期使用易老化出现变色、发黏、发脆及发硬等现象，失去原来的使用价值，在使用时应注意。

(2) 考虑工艺性能要求

工艺性要求是指所选材料能用最简易的方法制造出零件。在选材时与使用性能比较，工艺性能处于次要地位，但在某些情况下由于材料不同，制造方法则不同，例如铁不能锻打、塑性小的材料不宜冲压等。

零件尺寸和形状不同时，也要求不同的材料，如外形复杂的零件通常只能铸造，外形简单且大批量生产的小零件常常采用冲压或模锻更有利，这时工艺性能将可能成为选材考虑的主要根据。

① 非金属材料加工性考虑　高分子复合材料的成型工艺比较简单，切削加工性能较好，但其导热性差，在切削加工过程中不易散热，而易使工件温度急剧升高，以致热固性树脂变焦和热塑性材料变软。

陶瓷材料成型后，除了可用碳化硅、金刚石砂轮磨削外，几乎不能进行其他加工。

② 金属材料加工性考虑　金属材料的加工比较复杂，常用的成形方法有液态铸造成形、塑性锻压成形、液态或固态焊接成形、去除成形及改性处理。

从工艺性出发，若设计的是铸件，最好选用共晶合金。若设计的是锻件、冲压件，最好选用塑性好的合金。若设计的是焊接结构件，不应选用铸铁，最适宜的材料是低碳钢或低合金钢，而铜合金、铝合金的焊接性能稍差。

在机器制造生产中，绝大多数的机械零件均要切削加工，材料的切削加工性好坏，将直接影响产品的加工质量、生产率和生产成本。为了便于切削，一般希望钢铁材料的硬度控制在 $170 \sim 230 HBS$ 之间，若化学成分已确定，则可通过热处理改善金相组织和力学性能，达到改善切削加工性的目的。

③ 金属材料热处理性考虑　机械零件的最终使用性能，很大程度上取决于改性热处理。碳钢的淬透性差、强度较低，加热时容易过热，晶粒长大，淬火时容易变形与开裂。因此制造高强度及大截面、形状复杂的零件，需要选用合金钢。常见金属材料的工艺性能比较见表 6-2。

表 6-2　常见金属材料的工艺性能比较

典型合金	可铸性	可锻性	可焊性	可切削性
铝	优	优	一般	良至优
铜	一般至良	优	一般	一般至良
灰铸铁	优	极差	极差	良
可锻铸铁	良	差	极差	良
球墨铸铁	良	差	极差	良
镁	良至优	差	良	优
镍	一般	良	一般	一般
低碳钢、低合金钢	一般	优	良至优	一般至良
高合金钢	差	一般	差	一般
白口铸铁	良	极差	极差	极差

(3) 满足经济性要求

经济性要求是指所选材料能制出成本最低的机器。首先应采用价廉又易获得的材料，但应注意机器价格不仅取决于材价，还取决于加工费用。有时虽采用较昂贵的材料，但由于加工简便，外廓尺寸及质量减小，却能制出成本低的机器。

例如当生产个别形状不很复杂的大型机构时，采用碾轧钢材焊接结构做毛坯，比用铸铁铸成的毛坯成本低。在满足使用性能要求条件下，尽量采用价格便宜、供应充分且焊接性能好的低碳钢，如 08、10、15、20、25 钢等。

低碳钢可用作冲压件和焊接结构件，中碳钢 35、40、45、50 可用作齿轮、轴、键等零件，60 钢以上钢号可用作弹簧，低合金高强钢 09Mn2、16Mn 等可用于桥梁、车辆、容器、锅炉等。若必须采用合金调质钢、弹簧钢和工具钢，也应积极选用我国资源丰富的硅、锰、硼、钒类合金钢，如 40Cr、35CrMnSi、65Mn 和 60Si2Mn 等。

总之，从化学成分考虑，合金元素含量少的钢及铸铁成本比合金钢低，应优先选用。从加工过程考虑，"以铸代锻""以铁代钢"可使生产过程简化，降低生产成本，应综合考虑性能价格比，并尽量应用新材料。对于要求使用安全性及考虑维修在内的零件，有时选用价格较高的优质材料，会使其维修费用大为降低。

上述选材原则之间既相互影响又相互制约，三个原则的主次地位也随实际情况的变化而变化，选择材料成为一个复杂的技术经济问题，但总的原则是要综合考虑、全面衡量，拟出几个不同方案进行分析比较，才能选出适合使用的工程材料。

6.2.2　满足零件的使用要求

机械产品都是由若干零件组成的，保证零件的使用要求是保证产品使用要求的基础。因此，毛坯选择首先必须保证满足零件的使用性能要求。

零件的使用要求主要包括零件的工作条件（通常指零件的受力情况、工作环境和接触介质等）对零件结构形状和尺寸的要求，以及对零件性能的要求。

(1) 结构形状和尺寸的要求

机械零件由于使用功能的不同，其结构形状和尺寸往往差异较大，各种毛坯制造方法对零件结构形状和尺寸的适应能力也不相同。所以，选择毛坯时，应认真分析零件的结构形状和尺寸特点，选择与之相适应的毛坯制造方法。

对于结构形状复杂的中小型零件，为使毛坯形状与零件较为接近，应选择铸件毛坯，为满足结构形状复杂的要求，可根据其他方面的要求选择砂型铸造、金属型铸造或熔模铸造等；对于结构形状很复杂且轮廓尺寸不大的零件，宜选择熔模铸造。对于结构形状较为复杂，且抗冲击能力、抗疲劳强度要求较高的中小型零件，宜选择模锻件毛坯；对于那些结构形状相当复杂且轮廓尺寸又较大的大型零件，宜选择组合毛坯。

（2）力学性能的要求

对于力学性能要求较高，特别是工作时要承受冲击和交变载荷的零件，为了提高抗冲击和抗疲劳破坏的能力，一般应选择锻造毛坯，如机床、汽车的传动轴和齿轮等；对于由于其他方面原因须采用铸件，但又要求零件的金相组织致密、承载能力较强的零件，应选择能满足要求的铸造方法，如压力铸造、金属型铸造和离心铸造等。

（3）表面质量的要求

为降低生产成本，现代机械产品上的某些非配合表面有尽量不加工的趋势，即实现少、无切削加工。为保证这类表面的外观质量，对于尺寸较小的非铁金属件，宜选择金属型铸造、压力铸造或精密模锻；对于尺寸较小的钢铁件，则宜选择熔模铸造（铸钢件）或精密模锻（结构钢件）。

（4）其他方面的要求

对于具有某些特殊要求的零件，必须结合毛坯材料和生产方法来满足这些要求。例如，某些有耐压要求的套筒零件，要求零件金相组织致密，不能有气孔、砂眼等缺陷。如果零件选材为钢材，则宜选择型材（如液压油缸常采用无缝钢管）；如果零件选材为铸铁，则宜选择离心铸造（如内燃机的气缸套，其材料为 QT600-2，毛坯即为离心铸造铸件），对于在自动机床上进行加工的中小型零件，由于要求毛坯精度较高，故宜采用冷拉型材，如微型轴承的内、外圈是在自动车床上加工的，其毛坯采用冷拉圆钢。

6.2.3 满足降低生产成本的要求

毛坯的生产成本涉及因素很多。在保证零件使用要求的前提下，提高生产率，降低生产成本，是毛坯生产中的一个重要问题

（1）铸件的生产成本

影响铸件生产成本的主要因素有铸件设计、铸造方法、铸造工艺和生产管理等方面。

① 铸件设计　铸件设计主要包括材料的选择和结构尺寸的确定。铸件材料对铸件成本影响较大。各类铸造材料的相对价格如表 6-3 所示，由表中数据可知，灰铸铁的相对价格最低。因此，在保证零件使用要求的前提下，选用灰铸铁可使生产成本降低。

表 6-3　各类铸造材料的相对价格

材料类型	灰铸铁	球墨铸铁	可锻铸铁	碳钢	低锰钢	含铬钢	铝硅合金	黄铜	锡青铜
相对价格	0.6	0.8	1.0	1.0	1.2	1.4	6.0	5.0	8.0

铸件的结构形状和尺寸对成本的影响主要是通过铸件的结构工艺性来起作用的。如果铸件的结构工艺性良好，可防止铸件缺陷的产生，使废品率下降，并能使铸造工艺过程简化，从而提高生产率，使铸件的生产成本降低。

② 铸造方法　铸造方法不同，则铸造工艺、所需设备投资、生产率、铸件质量、合金的利用率及后续的切削加工费用均不同。各铸造方法的经济性如表 6-4 所示，在小批量生产的情况下砂型铸造的生产成本较低，在大批量生产的情况下，由于对生产率要求较高，而设备费用分摊到单个铸件上的数额较小，所以金属型、压力铸造等铸造方法的生产成本较低。

③ 铸造工艺　砂型铸造中，其造型工艺过程不同，则铸件生产过程中的材料消耗、工时和工模具费用的耗费都不同。各种造型方法的经济性如表 6-5 所示。由表可知，在生产批量较

小的情况下，挖砂造型、刮板造型的成本较低；在生产批量较大时，整模或分模造型、外型芯造型等的经济性较好；在大批量生产的情况下，则以机器造型单个零件的生产成本为最低。

④ 生产管理　科学的生产管理能明显降低废品率和生产过程中原材料的浪费；精简管理人员，减少非生产性成本，都可使毛坯的生产成本下降。

表 6-4　各种铸造方法的经济性比较

比较项目	砂型铸造	金属型铸造	压力铸造	离心铸造	熔模铸造
小批量生产的适应性	好	良好	不好	不好	良好
大批量生产的适应性	良好	良好	好	良好	良好
模型、铸型生产成本	低	中等	高	中等	较高
铸件的加工余量	大	较大	最小	大(内孔)	较小
切削加工费用	中等	较小	最小	较大	较小
金属利用率	较低	较高	较低	较低	较差
设备费用	较高(机器造型)	较低	较高	中等	较高
生产率(适当机械化后)	低、中	中等	高	高	中等

表 6-5　砂型铸造各种造型方法经济性的比较

比较项目	适应的生产类型	生产率	设备、模具费用
整模造型	各种类型	较高	较低
分模造型	成批、大量	较高	中
挖砂造型	单件、小批	低	低
假箱造型	成批	中	中
三箱造型	单件、小批	低	中
刮板造型	单件、小批	低	低
外型芯造型	成批	中	中
机器造型	成批、大量	高	高

(2) 锻件的生产成本

影响锻件成本的主要因素有原材料消耗、工模具费消耗、锻造方法、生产率及生产管理等方面。例如，某专业锻造厂生产 95 系列柴油机连杆及连杆盖锻件的单件成本统计中，锻件生产成本的组成为：材料费 43.8%、模具费 31.2%、燃料动力费 9.1%、生产管理费用 14.1%、工时消耗费 1.7%。

① 原材料消耗　原材料消耗在锻件成本中所占比例最大，而锻件从下料到加工成零件中间有一系列的材料损失，如下料损失、烧损、废料（冲孔芯料和飞边等）和废品损失。根据对上述连杆和连杆盖的材料利用率所作的统计（见表 6-6），说明提高材料利用率、降低原材料消耗，对锻件生产成本的降低其影响是很明显的。

表 6-6　某厂 95 系列柴油机连杆和连杆盖的材料消耗

分类	下料质量/kg	锻件质量/kg	零件质量/kg	零件材料利用率	总材料利用率
连杆	2.55	1.70	1.15	1.15/1.70=67.6%	1.15/2.55=45.1%
连杆盖	0.94	0.65	0.48	0.48/0.65=73.8%	0.48/0.94=51.1%
合计	3.49	2.35	1.63	1.63/2.35=69.4%	1.63/3.49=47.0%

材料利用率的提高，一方面可以通过降低制造过程中的下料损失、废料损失、烧损和废品损失来获得；另一方面可以通过减少锻造余块、加工余量来获得，这样既可降低材料消耗，又可以减少大量的切削加工费用。所以，精密锻造是降低锻件生产成本的主要途径之一。

② 工模具费消耗　在模锻中，模具费用在锻件成本中所占的比例仅次于原材料消耗，约占总成本的1/3。合理地设计、制造和使用模具，减少模具的成本，延长模具的使用寿

命，可明显降低锻件生产成本。

③ 锻造方法和生产率　锻造方法不同，其生产率、材料利用率和需要的设备投资规模就不同。因此，锻造方法主要通过锻件生产的工时消耗、投资规模及材料的利用率来影响锻件的生产成本。

锻造方法的选择应视其具体的生产规模而论。从降低成本的角度来说，对于单件小批量生产，自由锻是优先选用的锻造方法，以降低设备、模具的总投入；对于成批生产但批量不大时，应优先选择胎模锻，因为胎模锻具有较高的生产率且能保证一定的锻件精度，其设备、模具的投资并不太大，可以获得比较好的经济效益；对于大批量生产，则应采用高生产率、高精度的锤上模锻或其他模锻，以便提高生产率，降低材料的消耗。虽然设备、模具等方面的投资增大，但由于生产量大而分摊到单个锻件上的成本增加并不多，从而使锻件成本下降。

④ 生产管理　实行科学的生产管理，生产过程中的浪费和废品必然较少，非生产性成本较低，其生产成本也较低。

(3) 冲压件的生产成本

冲压件的生产成本主要包括材料消耗费（原材料费、外购件费用）、加工费（工人工资、设备折旧，生产管理等费用）、模具费等。

因为冲压件的生产离不开模具，不管生产批量的大小如何，冲压件的生产总成本中，模具费相差不是很大。所以，单个冲压件的生产成本受生产批量的影响极大，要降低冲压件的生产成本，主要从以下几个方面考虑。

① 节约模具费　试制和小批量生产冲压件时，降低模具费是降低生产成本的最有效途径。除工件质量要求严格必须采用正规的高价模具外，在能保证使用要求的前提下，一般都是使用工序分散、结构简单、制造周期短、价格低的简易模具。采用焊接、机械加工及钣金加工等方法制成。对于外形尺寸小的工件，采用通用模、简单模，甚至钢丝钳、剪刀等工具生产；对于外形尺寸较大的工件，可用剪床、电动工具、火焰切割等方法。

大批量生产冲压件时，采用高合金或硬质合金模具，通过提高生产率和延长模具使用寿命来减少单件的生产成本。

② 合理制订生产工艺　合理的冲压工艺能降低模具费，节约加工工时，降低材料消耗，使冲压件单件成本降低。工艺的合理化即将工序适当地集中，以减少模具数，提高生产率，降低生产成本。但是，工序的集中与分散是一个比较复杂的问题，它取决于零件的生产批量，结构形状、质量要求及工艺特点等。

在大批量生产情况下，一般应尽量将工序集中，采用复合模或连续模，但工序集中也不宜过多，一般对于复合模为2~3道工序，最多为4道工序，对于连续模可稍多一些。

③ 多个工件同时成型　生产批量较大时，采用多件同时冲压，可减少模具费，材料费和加工费。例如，将两个工件左右对称成型，不仅可以降低成本，还可使变形均匀，并改善模具的受力状况，延长模具的使用寿命。

④ 提高材料利用率、降低材料费用　冲压件生产中，工件原材料费占成本的50%左右，所以提高材料的利用率，是降低冲压件生产成本的重要措施之一，尤其对于原材料价格较高的工件更是如此。

因此，在满足零件使用要求的前提下，减少材料厚度或采用价格较低的材料；改进毛坯形状，合理排样，减小搭边，采用少废料或无废料排样；采用对称压制，多件同时成型后再切开；组合排样，利用废料；无底拉深件可先用带料或条料焊接后再成型等。

⑤ 冲压过程自动化　对于大批量生产，自动化生产对降低成本和保证安全都是十分必要的。

综上所述，要降低毛坯的生产成本，在选择毛坯时，必须认真分析零件的使用要求及所用材料的价格、结构工艺性、生产批量的大小等各方面情况。首先，应根据零件的选材和使用要求确定毛坯的类别，再根据零件的结构形状、尺寸大小和毛坯生产的结构工艺性及生产批量大小确定具体的制造方法，必要时还可按有关程序对原设计提出修改意见，以利于降低毛坯生产成本。

6.2.4　符合生产条件

为兼顾零件的使用要求和生产成本两方面的原则，在选择毛坯时还必须与本企业的具体生产条件相结合。当对外订货的价格低于本企业生产成本，且又能满足交货期要求时，应当向外订货，以降低成本。

考虑生产条件要认真分析以下三方面的情况：

① 当毛坯生产的先进技术与发展趋势，在不脱离我国国情及本厂实际的前提下，尽量采用比较先进的毛坯生产技术；

② 产品的使用性能和成本方面对毛坯生产的要求；

③ 本厂现有毛坯生产能力状况，包括生产设备、技术力量（含工程技术人员和技术工人）、厂房等方面的情况。

总之，毛坯选择应在保证毛坯质量的前提下，力求选用高效、低成本、制造周期短的毛坯生产方法。选择毛坯制造方法的顺序如表 6-7 所示。首先由设计人员提出毛坯材料和加工后要达到的质量要求。然后，再由工艺人员根据零件图、生产批量或一定时间内的数量，并综合考虑交货期限及现有可利用的设备、人员和技术水平，选定合适的毛坯制造方法，以便在保证产品质量的前提下，获得最好的经济效益。

表 6-7　选择毛坯制造方法的顺序

由前阶段决定的事项	
零件图及技术要求	材质
生产量	尺寸（外形尺寸、公差、配合、圆角）
制造允许的成本	要求热处理达到的性能
交货时间	表面粗糙度

现阶段加工工艺考虑的事项		
(1)由设计决定的因素	①材料的限制	
	②形状和尺寸的限制	大小、形状复杂程度、精度
(2)经济因素	①产量	一批平均生产量或一定时间产量
	②成本	本工艺所需成本、前后工艺的成本
	③所需时间	
(3)施工管理的限制	①利用现有可能的加工方法	利用可能的设备、人员
	②其他	
(4)无特殊的情况→考虑(2)和(3)→特别注意成本→单件生产、动力传递零件用棒料；直接加工结构件、箱体等用焊接		

(5)运用			
	毛坯生产特点举例	适合毛坯制造方法	应用的零件
①	必须用铸造的材料	铸造	铸铁滑动轴承
	不宜切削的硬材料	铸造、锻造	推土机履带板、工具
	必须用粉末冶金制造的材料	粉末冶金	硬质合金刀片、模具
②	非常小的零件（制件）	切削加工	小螺栓、插头、销
	具有形状复杂的大曲面	铸造	压缩机等壳体
	大的单片板料	焊接	大型工作机械框架
③	同类型量大零件	冲压、铸造、模锻	汽车车体、缸体、连杆
④	仅制造单件	切削、焊接	轴、齿轮、机架、框
⑤	允许从决定生产到制造时间长	冲压、铸造、模锻、压铸	汽车、家用电器、照相机大批零件
	从决定生产到制造时间短	切削、焊接	试制用的零件

6.3 常用零件的毛坯成形方法

根据毛坯的选择原则,下面分别介绍轴杆类、盘套类和箱体机架类等典型零件的毛坯成形方法。

6.3.1 轴杆类零件的毛坯成形

轴杆类零件是机械产品中支承传动件、承受载荷、传递转矩和动力的典型零件,其结构特征是轴向(纵向)尺寸远大于径向(横向)尺寸,包括各种传动轴、机床主轴、丝杠、光杠、曲轴、偏心轴、凸轮轴、齿轮轴、连杆、摇臂、螺栓、销子等,如图 6-1 所示。

轴类零件最常用的毛坯是型材和锻件,对于某些大型的、结构形状复杂的轴也可用铸件或焊接结构件。对于光滑的或有阶梯但直径相差不大的一般轴,常用型材(即热轧或冷拉圆钢)作为毛坯。对于直径相差较大的阶梯轴或要承受冲击载荷和交变应力的重要轴,均采用锻件作为毛坯。当生产批量较小时,应采用自由锻件;当生产批量较大时,应采用模锻件。对于结构形状复杂的大型轴类零件,其毛坯可采用砂型铸造件、焊接结构件或铸-焊结构毛坯。

6.3.2 盘套类零件的毛坯成形

盘套类零件是指直径尺寸较大,而长度尺寸相对较小的回转体零件(一般长度与直径之比小于1),如图 6-2 所示。属于这类零件的有各种齿轮、带轮、飞轮、联轴器、套环、轴承环、端盖及螺母、垫圈等。盘类零件由于其用途不同,所用的材料也不相同,毛坯生产方法也较多。下面主要讨论几种盘套类零件的毛坯成形问题。

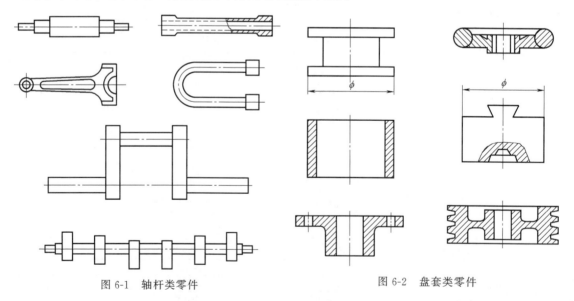

图 6-1   轴杆类零件   图 6-2   盘套类零件

(1) 圆柱齿轮

齿轮的毛坯选择取决于齿轮的选材、结构形状、尺寸大小、使用条件及生产批量等因素。对于钢制齿轮,如果尺寸较小且性能要求不高,可直接采用热轧棒料,除此之外,一般都采用锻造毛坯。生产批量较小或尺寸较大的齿轮采用自由锻造;生产批量较大的中小尺寸的齿轮采用模锻。对于直径比较大、结构比较复杂的不便于锻造的齿轮,采用铸钢毛坯或焊接组合毛坯。

例如，大批量生产的汽车变速箱齿轮，材料选用 20CrMnTi 钢。由于汽车齿轮要求能够承受较大冲击载荷，为满足结构形状和生产批量要求，其毛坯采用模锻。

(2) 带轮

带轮是通过中间挠性件（各种带）来传递运动和动力的，一般载荷比较平稳，因此，对于中小带轮多采用 HT150 制造。其毛坯一般采用砂型铸造，生产批量较小时用手工造型，生产批量较大时可采用机器造型；对于结构尺寸很大的带轮，为减轻重量可采用钢板焊接毛坯。

(3) 链轮

链轮是通过链条作为中间挠性件来传递动力和运动的，其工作过程中的载荷有一定的冲击，且链齿的磨损较快。

链轮的材料大多使用钢材，故其最常用的毛坯为锻件。单件小批生产时，采用自由锻造；生产批量较大时使用模锻；对于新产品试制或修配件，亦可使用型材；对于齿数大于 50 的从动链轮也可采用强度高于 HT150 的铸铁，其毛坯可采用砂型铸造，造型方法视生产批量决定。

6.3.3 箱体机架类零件的毛坯成形

箱体机架类零件是机器的基础件，它的加工质量将对机器的精度、性能和使用寿命产生直接影响。这类零件包括机身、齿轮箱、阀体、泵体、轴承座等，如图 6-3 所示。

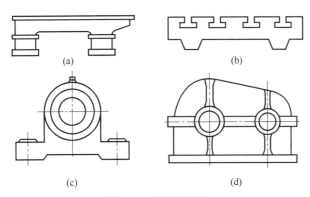

图 6-3 箱体类零件

由于箱体类零件的结构形状一般都比较复杂，且内部呈腔形，为满足减振和耐磨等方面的要求，其材料一般都采用铸铁。为达到结构形状方面的要求，最常见的毛坯是砂型铸造的铸件。在单件小批生产、新产品试制或结构尺寸很大时，也可采用钢板焊接毛坯。

第7章

钢的热处理工艺

　　钢的热处理就是将钢在固态下，通过加热、保温和冷却，以改变钢的组织，从而获得所需性能的工艺方法。由于热处理时起作用的主要因素是温度和时间，所以各种热处理都可以用温度、时间为坐标的热处理工艺曲线来表示，如图7-1所示。

　　热处理与其他加工方法（如铸造、锻压、焊接、切削加工等）不同，它只改变金属材料的组织和性能，而不以改变其形状和尺寸为目的。

　　热处理的作用日趋重要，因为现代机器制造对金属材料的性能不断提出更高的要求，如果完全依赖原材料的原始性能来满足这些要求，常常是不经济的，甚至是不可能的。热处理可提高零件的强硬度、韧性、弹性，同时，还可改善毛坯或原材料切削性能，使之易于加工。可见，热处理是改善原材料或毛坯的工艺性能，保证产品质量、延长使用寿命、挖掘材料潜力不可缺少的工艺方法。热处理在机械制造业中的应用日益广泛。据统计，在机床制造中要进行热处理的零件占 $60\%\sim70\%$；在汽车、拖拉机制造中占 $70\%\sim80\%$；在各类工具（刃具、模具、量具等）和滚动轴承制造中，100%的零件需要进行热处理。

　　热处理的工艺方法很多，常用的有如下几种，如图7-2所示。

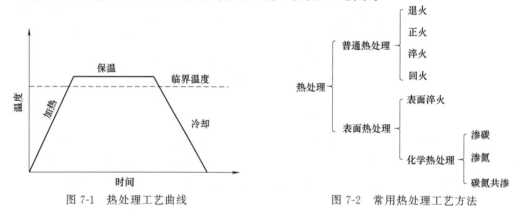

图 7-1　热处理工艺曲线　　　　　　　　图 7-2　常用热处理工艺方法

　　大多数热处理是要将钢加热到临界温度以上使原有组织转变为均匀的奥氏体后，再以不同的冷却方式转变成不同的组织，并获得所需要的性能。

7.1　钢的退火和正火

7.1.1　退火

　　退火的主要目的是使钢材软化以利于切削加工；消除内应力以防止工件变形；细化晶

粒、改善组织，为零件的最终热处理做好准备。退火主要用于铸、锻、焊毛坯或半成品零件，为预先热处理。根据钢的成分和退火目的的不同，常用的退火方法有完全退火、等温退火、球化退火、均匀化退火、去应力退火和再结晶退火等。

(1) **完全退火**

完全退火主要用于亚共析钢和合金钢的铸件、锻件及热轧型材，有时也用于焊接结构件。其目的在于细化晶粒，消除内应力与组织缺陷，降低硬度，为随后的切削加工和淬火做好组织准备。

完全退火是把钢加热到某一温度范围，保温一定时间，随炉缓慢冷却到 600℃ 以下，再出炉在空气中冷却至室温。完全退火可获得接近平衡状态的组织，过共析钢不宜采用完全退火，以避免二次渗碳体以网状形式沿奥氏体晶界析出，给切削加工和以后的热处理带来不利影响。

(2) **等温退火**

等温退火与完全退火的加热温度完全相同，只是冷却方式有差别。等温退火是以较快速度冷却到某一温度，等温一定时间使奥氏体组织转变为珠光体组织，然后空冷。对某些奥氏体比较稳定的合金钢，采用等温退火可缩短退火时间。生产中为提高生产效率，往往采用等温退火代替完全退火。

(3) **球化退火**

球化退火主要用于共析钢和过共析钢及合金钢，其目的在于使钢中的渗碳体球状化，以降低钢的硬度，改善切削加工性能，并为淬火做好组织准备。

球化退火是将钢加热到某一温度范围，保温一段时间后，随炉冷却到 600℃ 以下出炉空冷。球化退火随炉冷却通过临界温度时，冷却应足够缓慢，以使共析渗碳体球化。若钢的原始组织中有严重的渗碳体网时，应在球化退火前进行正火消除后，再进行球化退火。

(4) **均匀化退火**

均匀化退火主要用于合金钢铸锭和铸件，其目的是消除铸造中产生的枝晶偏析，使成分均匀化。

均匀化退火是将钢加热到某一温度范围，保温 10~15h，然后再随炉缓慢冷却到 350℃。再出炉冷却。均匀化退火以钢中成分能进行充分扩散而达到均匀化为目的，故均匀化退火也称扩散退火。

由于温度高、时间长，均匀化退火易使晶粒粗大，因此必须再进行一次完全退火或正火来消除过热缺陷。

(5) **去应力退火**

去应力退火又称低温退火，它主要用于消除铸件、锻件、焊接件和冷冲压件的残余应力。去应力退火是将工件缓慢加热到 500~600℃，保温一定时间，然后随炉缓慢冷却至 200℃，再出炉冷却。一些大型焊接结构件，由于体积过大，无法装炉退火，可采用火焰加热或感应加热等局部加热方法，对焊缝及热影响区进行局部去应力退火。

(6) **再结晶退火**

把冷变形金属加热到再结晶温度以上，使其发生再结晶的热处理工艺，称为再结晶退火。它主要用于消除冷变形加工产品的加工硬化，提高其塑性。也常用于作为冷变形加工过程的中间退火，恢复金属材料的塑性以便于继续加工。

7.1.2　正火

钢的正火是将钢加热到某一温度范围，保温一定时间，出炉后在空气中冷却的热处理工艺。

正火同退火相比较，正火的冷却速度更快，得到的组织比较细小，处理后材料的强度和硬度也稍高一些，并且操作简便、省时，能耗也较小，所以在可能条件下，应优先采用正火处理。正火主要有以下几个方面的应用：

① 可作为普通结构零件的最终热处理，用以消除铸件和锻件生产过程中产生的过热缺陷，细化组织，提高力学性能。

② 改善低碳钢和低碳合金钢的切削加工性能。

③ 作为中、低碳钢结构件的预先热处理，消除热加工造成的组织缺陷。

④ 代替调质处理，为后续高频感应加热表面淬火做好组织准备。

⑤ 消除过共析钢中的二次渗碳体网，为球化退火做好组织准备。

7.2　钢的淬火和回火

7.2.1　淬火

淬火是将钢加热到某一温度范围，保温后在淬火介质中快速冷却，以获得马氏体组织的热处理工艺。淬火回火是强化钢最常用的方法，通过淬火、配以不同温度的回火，可使钢获得所需的力学性能。

现以共析钢为例分析淬火时，钢的组织转变。共析钢被加热到规定温度以上后，将全部转变成奥氏体。奥氏体若在缓慢冷却条件下，将转变成铁素体和渗碳体的机械混合物——珠光体。然而，淬火时的冷却速度极快，奥氏体仅能发生 γ-Fe 向 α-Fe 的同素异晶转变，而 α-Fe 中的过饱和 C 原子在低温下却难以从晶格内扩散出去，这样就形成了 C 原子在 α-Fe 中的严重过饱和固溶体，这种严重过饱和固溶体称为马氏体，以符号 M 表示。

马氏体中的 C 原子在 α-Fe 的晶格中严重过饱和，致使晶格发生严重的畸变，增加了变形的抗力，因此马氏体通常具有高的硬度和耐磨性，但塑性和韧性很差。马氏体的实际硬度与钢的含 C 质量分数密切相关。含 C 质量分数愈高，晶格畸变加大，钢的硬度愈高，因此，要求高硬度和高耐磨性的工件多采用中、高碳钢来制造。马氏体的比容比奥氏体大，致使在形成马氏体的过程中将伴随着体积膨胀，造成淬火内应力。同时，马氏体含 C 质量分数愈高，脆性愈大，这些都使工件在淬火时容易产生裂纹或变形。为防止上述缺陷的产生，除选用适合的钢材和正确的结构外，在工艺上还应采取如下措施：

① 严格控制淬火加热温度。若淬火加热温度不足，因未能完全形成奥氏体，致使淬火后的组织中除马氏体外，还残存有少量铁素体，使钢的硬度不足。若淬火加热温度过高，因奥氏体晶粒长大，淬火后的马氏体晶粒也粗大，会增加钢的脆性，致使工件产生裂纹、变形倾向。

② 合理选择淬火介质。淬火时工件的快速冷却是依靠淬火介质来实现的。水和油是最常用的淬火介质。水的冷却能力强，使钢易于获得马氏体，但工件的淬火内应力大，易产生裂纹和变形。油的冷却能力较水低，工件不易产生裂纹和变形，但用于碳钢件淬火时难以使马氏体转变充分。通常，碳素钢应在水中淬火；合金钢则因淬透性较好，以在油中淬火为宜。

③ 正确选择淬火方法。采用适合的淬火方法也可有效地防止工件产生裂纹和变形。生产中最常用的是单介质淬火法，它是在一种淬火介质中连续冷却到室温。单介质淬火法操作简单，便于实现机械化和自动化生产，故应用最广。对于容易产生裂纹、变形的工件，有时

采用先水后油的双介质淬火法或分级淬火等其他淬火法。

7.2.2　回火

将淬火钢重新加热到某一温度范围内，保温后冷却的热处理工艺，称为回火，回火的主要目的是消除淬火内应力，以降低钢的脆性，防止产生裂纹，同时使钢获得所需的力学性能。

淬火所形成的马氏体是在快速冷却条件下被强制形成的不稳定组织，因而具有重新转变成稳定组织的自发趋势。回火时，由于被重新加热，原子活动能力加强，所以随着温度的升高，马氏体中过饱和的 C 原子将以碳化物形式析出。总的趋势是回火温度愈高，析出的碳化物愈多，钢的强度、硬度下降，而塑性、韧性升高。

根据回火温度的不同，可将钢的回火分为以下三种：

① 低温回火（150～250℃）。目的是降低淬火钢的内应力和脆性，但基本保持淬火所获得的高硬度（56～64HRC）和高的耐磨性。淬火后低温回火用途最广，主要用于工具钢的热处理，如各种刃具、模具、滚动轴承和耐磨件等。

② 中温回火（350～500℃）。目的是使钢获得高弹性，保持较高硬度（35～50HRC）和一定的韧性。中温回火主要用于各种弹簧、发条、锻模等。

③ 高温回火（500～650℃）。淬火后高温回火的热处理合称为调质处理。调质处理广泛用于承受疲劳载荷的中碳钢重要件，如连杆、曲轴、主轴、齿轮、重要螺钉等。其硬度为20～35HRC。这是由于调质处理后其渗碳体呈细粒状（细球状），与正火后的片状渗碳体组织相比，在载荷下不易产生应力集中，使钢的韧性显著提高，因此，调质处理的钢可获得强度及韧性都较好的综合力学性能。

7.3　其他热处理

(1) 表面淬火

表面淬火是为改变钢件表面的组织和性能，仅对其表面进行热处理的工艺。

表面淬火是通过快速加热，使钢的表层很快达到淬火温度，在热量来不及传到钢件心部时就立即淬火，从而使表层获得马氏体组织，而心部仍保持原始组织。表面淬火的目的是使钢件表层获得高硬度和高耐磨性，而心部仍保持原有的良好韧性，常用于机床主轴、发动机曲轴、齿轮等。

表面淬火所采用的快速加热方法有多种，如电感应、火焰、电接触、激光等，目前应用最广泛的是电感应加热法。

感应加热表面淬火法是把钢件放在一个感应线圈中，通以一定频率的交流电（有高频、中频、工频三种），使感应线圈周围产生频率相同、方向相反的感应电流，这个电流称为涡流。由于集肤效应，涡流主要集中在钢件表层。由涡流所产生的电阻热使钢件表层被迅速加热到淬火温度，随即向钢件喷水，将钢件表层淬硬。

感应电流的频率愈高，集肤效应愈强烈，故高频感应加热用途最广。高频感应加热常用的频率为 200～300kHz，此频率加热速度极快，通常只有几秒，硬层深度一般为 0.5～2mm，主要用于要求淬硬层较薄的中、小型零件。

感应加热表面淬火质量好，加热温度和淬硬层深度较易控制，易于实现机械化和自动化生产。缺点是设备昂贵、需要专门的感应线圈。因此，主要用于成批或大量生产的轴、齿轮等零件。

(2) 化学热处理

化学热处理也是为改变钢件表面的组织和性能，仅对其表面进行热处理的工艺。

化学热处理是将钢件置于适合的化学介质中加热和保温，使介质中的活性原子渗入钢件表层，以改变钢件表层的化学成分和组织，从而获得所需的力学性能或理化性能。化学热处理的种类很多，依照渗入元素的不同，有渗碳、渗氮、碳氮共渗等，以适应不同的场合，其中以渗碳应用最广。

渗碳是将钢件置于渗碳介质中加热、保温，使分解出来的活性碳原子渗入钢的表层。渗碳是采用密闭的渗碳炉，并向炉内通以气体渗碳剂（如煤油），加热到 $900 \sim 950$℃，经较长时间的保温，使钢件表层增碳。渗碳件通常采用低碳钢或低碳合金钢，渗碳后渗层深一般为 $0.5 \sim 2mm$，表层碳质量分数 w_C 将增至 1% 左右，经淬火和低温回火后，表层硬度达 $56 \sim 64$ HRC，因而耐磨；而心部因仍是低碳钢，故保持其良好的塑性和韧性。渗碳主要用于既承受强烈摩擦，又承受冲击或循环应力的钢件，如汽车变速箱齿轮、活塞销、凸轮、自行车和缝纫机的零件等。

渗氮又称氮化。将钢件置于氮化炉内加热，并通入氨气，使气分解出活性氮原子渗入钢件表层，形成氮化物（如 AlN、CrN、MoN 等），从而使钢件表层具有高硬度（相当 72 HRC）、高耐磨性、高抗疲劳性和高耐腐蚀性。渗氮时加热温度仅为 $550 \sim 570$℃，钢件变形甚小。渗氮的缺点是生产周期长，需采用专用的中碳合金钢，成本高。渗氮主要用于制造耐磨性和尺寸精度要求均高的零件，如排气阀、精密机床丝杠、齿轮等。

在钢件表面同时渗入碳原子和氮原子的过程叫氰化。它的目的是提高钢件表面层的硬度和耐磨性，同时氰化又是提高疲劳强度极限最有效的方法，特别是对中、小型零件，如齿轮、小轴最适宜。氰化还适用于碳钢和合金结构钢，也适合于高速钢等切削工具。氰化是将钢件放在熔融的氰盐溶液中加热，在加热过程中，由氰盐 [NaCl、KCl、$K_4Fe(CN)_6$] 氰化分解而形成活性的碳、氮原子，渗入钢件表面。根据加热温度不同，氰化可分为高温氰化（$900 \sim 950$℃）、中温氰化（$800 \sim 840$℃）和低温氰化。氰盐是剧毒物质，因此，要特别防止中毒。

发黑处理属于氧化处理方法。它的作用是使钢件表面生成一层层保护膜，以增强钢件表面防锈和耐腐蚀能力，同时可使钢件表面光泽美观，对淬火零件还有消除淬火应力的作用。发黑又叫煮黑，是将钢件放在很浓的碱和氧化剂的溶液（苛性钠和过氧化钠）中加热煮沸，使钢件表面生成一层黑色的 Fe_3O_4 薄膜的工艺处理过程。发黑主要用于碳素结构钢和低合金工具钢，发黑层厚度为 $0.6 \sim 0.8mm$。

第8章

机械加工方法

8.1 车削加工

车削加工是指在车床上用车刀对工件进行的切削加工，是应用最为广泛的切削加工方法之一。车削加工能完成车外圆、车端面、车螺纹等很多工作，如图 8-1 所示。

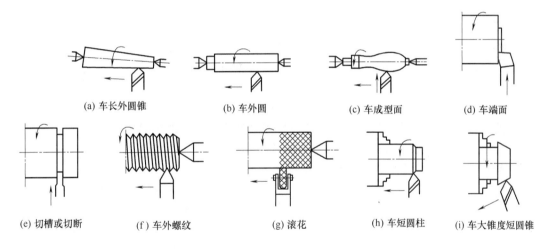

(a) 车长外圆锥   (b) 车外圆   (c) 车成型面   (d) 车端面

(e) 切槽或切断   (f) 车外螺纹   (g) 滚花   (h) 车短圆柱   (i) 车大锥度短圆锥

图 8-1   车削加工可完成的主要工作

8.1.1   普通卧式车床

(1) 卧式车床的组成

普通卧式车床的主要部件有床身、主轴箱、进给箱、溜板箱、刀架和尾座等，如图 8-2 所示。机床均用汉语拼音首字母和数字按一定规律组合进行编号，以表示机床的类型和主要规格。例如 C6132 车床编号中，C 是车字汉语拼音的首字母，读作车；6 和 1 分别为机床的组别和系别代号，表示卧式车床；32 为主参数代号，表示最大车削直径的 1/10，即最大车削直径为 320mm。

① 床身   床身是用来连接、支承车床上固定件（如主轴箱、进给箱）和移动件（如刀架）的承载体。床身上的刀架和尾座可以沿着安装在其上的两排导轨移动。床身依靠安装在其底部的床脚进行支承，床脚通过地脚螺钉固定在地基上。

② 主轴箱   主轴箱由主轴和主轴变速机构组成。主轴可以通过卡盘等卡具装夹工件，

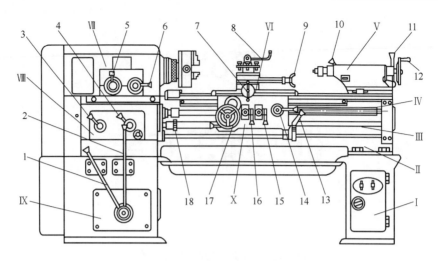

图 8-2 C6132 车床的基本组成

1,2,6—主运动变速手柄；3,4—进给运动变速手柄；5—刀架左右移动的换向手柄；7—刀架横向手动手柄；
8—方刀架锁紧手柄；9—小刀架移动手柄；10—尾座套筒锁紧手柄；11—尾座锁紧手柄；12—尾座套筒移动手轮；
13—主轴正反转及停止手柄；14—对开螺母开合手柄；15—刀架横向自动手柄；16—刀架纵向自动手柄；
17—刀架纵向手动轮；18—光杠、丝杠更换使用的离合器；
Ⅰ—床腿；Ⅱ—床身；Ⅲ—光杠；Ⅳ—丝杠；Ⅴ—尾座；Ⅵ—刀架；Ⅶ—主轴箱；Ⅷ—进给；Ⅸ—变速箱；Ⅹ—溜板箱

带动工件转动，以实现车削加工。变换主轴箱的手柄位置，可以使主轴箱得到多级转速。

③ 进给箱 进给箱是用以传递进给运动和改变进给速度的变速机构。其作用主要有两个：

一是把交换齿轮箱传递来的运动传给光杠，实现刀具的横向进给和纵向进给。

二是把变换齿轮传递来的运动，变速后传递给丝杠，以实现车削各种螺纹。

④ 溜板箱 通过溜板箱光杠带动刀架做纵向或横向进给，操作溜板箱上的手柄和按钮，可以选择机动、手动、车削螺纹及快速移动等运动方式。

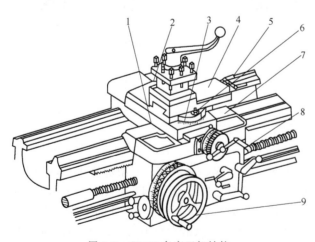

图 8-3 C6132 车床刀架结构

1—中滑板；2—方刀架；3—转盘；4—小滑板；5—小滑板手柄；
6—螺母；7—床鞍；8—中滑板手柄；9—床鞍手轮

⑤ 刀架 刀架由中、小滑板、床鞍等共同组成，主要用于安装车刀并带动车刀的横向、纵向和斜向运动，如图 8-3 所示。

刀架通常是多层结构。方刀架 2 可同时安装 4 把车刀，以供车削时选用。小滑板（小刀架）4 受其行程的限制，一般做手动短行程的纵向或斜向进给运动，用于车削圆柱面或圆锥面。转盘 3 用螺栓与中滑板（中刀架）1 紧固在一起，松开螺母 6，转盘 3 可在水平面内旋转任意角度。中滑板 1 沿床鞍 7 上面的导轨做手动或自动横向进给运动。床鞍（大刀架）7 与溜板箱连接，带动车刀沿床身导轨做手动或自动纵向移动。

⑥ 尾座 尾座用来安装顶尖，以支持较长的工件，也可安装钻头、铰刀。尾座安装在

床身导轨上，它的位置可以沿床身的导轨移动。

（2）卧式车床的传动系统

车床的运动分为主运动和进给运动。图 8-4 所示为 C6132 车床的传动示意图。

① 主运动　主运动是指由主轴变速箱传给主轴的运动，主要完成工件的旋转。电动机的转速是不变的，为 1440r/min。通过变速箱后可获得 6 种不同的转速。这 6 种转速通过带轮可直接传给主轴，也可再经主轴箱内的减速机构获得另外 6 种较低的转速。因此，C6132 车床的主轴共有 12 种不同的转速。另外，通过电动机的反转，主轴还有与正转相适应的 12 种反转转速。

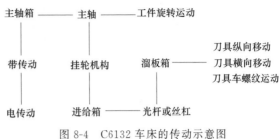

图 8-4　C6132 车床的传动示意图

② 进给运动　由进给箱来实现刀具的各项运动。车刀的进给速度与主轴的转速相配合。主轴转速一定，通过进给箱的变速机构可使光杆获得不同的转速，再通过溜板箱又能使车刀获得不同的纵向或横向进给量，也可使丝杠获得不同的转速，加工出不同螺距的螺纹。另外，调节正反走刀手柄，可获得与正转相适应的反向进给量。

（3）切削用量

在切削加工过程中的切削速度、进给量和背吃刀量，总称为切削用量。合理地选择车削时的切削用量，对提高生产率和切削质量有着密切关系。

① 切削速度 v_c　切削刃选定点相对于工件的主运动的瞬时速度，单位为 m/s。

② 进给量 f　刀具在进给运动方向上相对工件的位移量，用工件每转的位移量来表达和度量，单位为 mm/r。

③ 背吃刀量 a_p　在通过切削刃基点并垂直于工件平面的方向上测量的吃刀量，即工件待加工表面与已加工表面间的垂直距离，又称切削深度，单位为 mm。

8.1.2　工件的安装

工件切削加工以前，必须先放在机床夹具上，使其相对于机床和刀具有一个正确的位置，这个过程称为定位。工件确定了位置后，还不能进行加工，因为加工过程中所产生的各种力，如切削力、离心力等，会使工件偏离已定好的位置。为了使加工过程中工件保持正确的位置，就必须对工件进行压紧夹牢，这个过程称为夹紧。工件从定位到夹紧的整个过程，称为安装。定位和夹紧有时是同时进行的。

8.1.3　车床附件

按零件的形状、大小和加工批量的不同，安装零件的方法及所用附件也不同。在普通车床上常用的附件有三爪自定心卡盘，四爪单动卡盘，顶尖、跟刀架及中心架和芯轴等。

（1）三爪自定心卡盘

三爪自定心卡盘是车床上运用最广的通用夹具。常用的三爪自动定心卡盘规格有150mm、200mm 和 250mm 三种。三爪自定心卡盘的构造，如图 8-5 所示。使用时，用卡盘扳手转动小锥齿轮 1，可使之与其相啮合的大锥齿轮 2 随之转动，大锥齿轮 2 背面的平面螺纹就使三个卡爪 3 同时做向心或离心移动，以夹紧或松开零件。当零件直径较大时，可换上卡爪进行装夹，如图 8-5（b）所示。

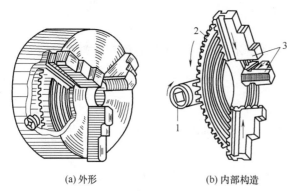

(a) 外形　　　　(b) 内部构造

图 8-5　三爪自定心卡盘构造

1—小锥齿轮；2—大锥齿轮；3—卡爪

① 用途　三爪自定心卡盘用来装夹工件，并带动工件随主轴一起旋转，实现主运动。三爪自定心卡盘能自动定心，安装工件，快捷方便，但夹紧力不如四爪单动卡盘。一般用于精度要求不高，形状规则的中小工件的安装。

② 卡盘的安装　由于三爪自定心卡盘是通过与车床主轴连为一体，所以连接盘与车床主轴、三爪自定心卡盘之间的同轴度要求很高。

③ 使用三爪自定心卡盘时的注意事项

a. 零件在卡爪间必须放正，轻轻夹紧，夹持长度至少 10mm，零件紧固后，随即取下扳手，以免开车时零件飞出，砸伤人或机床。

b. 开动机床，使主轴低速旋转，检查零件有无偏摆，若有偏摆应停车，用小锤轻敲校正，然后紧固零件。

c. 移动车刀至车削行程的左端，用手旋转卡盘，检查刀架等是否与卡盘或零件碰撞。

(2) 四爪单动卡盘

四爪单动卡盘也是常见的通用夹具，如图 8-6 (a) 所示。其四个卡爪的径向位移由四个螺杆单独调整，不能自动定心，因此在安装零件时找正时间较长，要求技术水平高。用四爪单动卡盘安装零件时卡紧力大，既适于装夹圆形零件，又可装夹方形、长方形、椭圆形、内外圆偏心零件或其他形状不规则的零件。四爪单动卡盘只适用于单件小批量生产。四爪单动卡盘安装零件时，一般采用直接找正安装和划线找正安装，分别如图 8-6 (b) 图 8-6 (c) 所示。

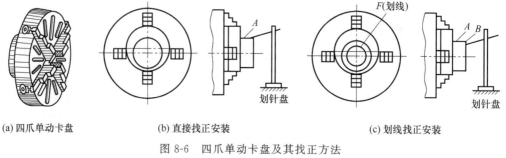

(a) 四爪单动卡盘　　　　(b) 直接找正安装　　　　(c) 划线找正安装

图 8-6　四爪单动卡盘及其找正方法

(3) 顶尖、跟刀架及中心架

在顶尖上安装轴类零件，由于两端都是锥面定位，其定位的准确度比较高，即使是多次装卸与掉头，也能保证各外圆面有较高的同轴度。当车细长轴时，由于零件本身的刚性不足，为防止零件在切削力作用下产生弯曲变形而影响加工精度，除了用顶尖安装零件外，还常用中心架或跟刀架作附加的辅助支承。

① 顶尖　常用的顶尖有死顶尖和活顶尖两种。前顶尖常采用死顶尖，后顶尖易磨损，在高速切削时常采用活顶尖。较长或加工工序较多的轴类零件，常采用两顶尖安装，如图 8-7 所示。零件装夹在前顶尖和后顶尖之间，由拨盘带动鸡心夹头（卡箍），鸡心夹头带动零件旋转。前顶尖装在主轴上，和主轴一起旋转，后顶尖装在尾座上固定不转。当不需要掉

头安装，即可在车床上保证零件的加工精度时，也可用三爪自定心卡盘代替拨盘。

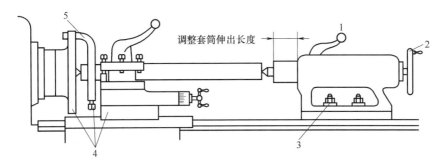

图 8-7 用双顶尖安装零件

1—锁紧套筒；2—调整零件在顶尖间的松紧度；3—将尾座固定；
4—刀架移至车削行程左侧，用手转动拨盘，检查是否碰撞；5—夹紧零件

用顶尖安装零件的步骤为：

a. 安装零件前，车两个端面，用中心钻在两端面上加工出中心孔。

b. 在零件一端安装鸡心夹头，用手稍微拧紧鸡心夹头螺钉，在零件的另一端中心孔里涂上润滑油。

c. 擦净与顶尖配合的各锥面，并检查中心孔是否平滑，再将顶尖用力装入锥孔内，调整尾座横向位置，直至前后顶尖轴线重合。将零件置于两顶尖间，视零件长短调整尾座位置，保证能让刀架移至车削行程的最右端，同时又要尽量使尾座套筒伸出最短，然后将尾座固定。

d. 转动尾座手轮，调节零件在顶尖间的松紧度，使之既能自由旋转，又无轴向松动，最后紧固尾座套筒。

e. 将刀架移至车削行程最左端，用手转动拨盘及卡箍，检查是否与刀架等碰撞。

f. 拧紧卡箍螺钉。

g. 当切削用量较大时，零件因发热而伸长，在加工过程中还须将顶尖位置及时调整。

② 中心架　中心架常用于加工阶梯轴及在长杆件端面进行钻孔、镗孔或攻螺纹。对不能通过机床主轴孔的大直径长轴进行车端面时，也经常使用中心架，如图 8-8 所示。中心架由压板螺钉紧固在车床导轨上，以互成 120°角的三个支承爪支承在零件预先加工的外圆面上进行加工，以增加零件的刚性。如果细长轴不宜加工出外圆面，可使用过渡套筒安装细长轴。加工长杆件时，须先加工一端，然后调头安装，再加工另一端。应用跟刀架或中心架时，零件被支承部位即加工过的外圆表面，要加机油润滑。零件的转速不能过高，且支承爪与零件的接触压力不能过大，以免零件与支承爪之间摩擦过热而烧坏或磨损支承。但支承爪与零件的接触压力也不能过小，以免起不到辅助支承的作用。另外，支承爪磨损后应及时调整支承爪的位置。

③ 跟刀架　跟刀架主要用于精车或半精车细长光轴类零件，如丝杠和光杠等，如图 8-9 所示。跟刀架固定在车床床鞍上，与刀架一起移动，使用时，先在零件上靠后顶尖的一端车出一小段外圆，根据它调节跟刀架的两支承，然后再车出全轴长。使用跟刀架可以抵消径向切削力，从而提高精度和表面质量。

(4) 芯轴

形状复杂或同轴度要求较高的盘套类零件，常用芯轴安装加工，以保证零件外圆与内孔的同轴度及端面与内孔轴线的垂直度要求。用芯轴安装零件时，应先对零件的孔进行精加工

（精度可达 IT8～IT7），然后以孔定位。芯轴用双顶尖安装在车床上，以加工端面和外圆。安装时，根据零件的形状、尺寸、精度要求和加工数量的不同，采用不同结构的芯轴。

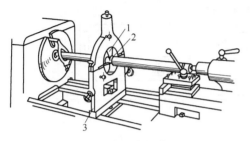

图 8-8　中心架的使用

1—可调节支承爪；2—预先车出的外圆面；3—中心架

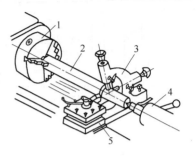

图 8-9　跟刀架的使用

1—三爪自定心卡盘；2—零件；3—跟刀架；
4—尾座；5—刀架

① 圆柱芯轴　当零件长径比小于 1 时，应使用带螺母压紧的圆柱芯轴，如图 8-10 所示。零件左端靠紧芯轴的台阶，由螺母及垫圈将零件压紧在芯轴上。为保证内外圆同心，孔与芯轴之间的配合间隙应尽可能小些，否则其定心精度将随之降低。一般情况下，当零件孔与芯轴采用 H7/h6 配合时，同轴度误差不超过 0.02～0.03mm。

② 小锥度芯轴　当零件长径比大于 1 时，可采用带有小锥度（1/5000～1/1000）的芯轴，如图 8-11 所示。零件孔与芯轴配合时，靠接触面产生弹性变形来夹紧零件。因此，切削力不能太大，以防零件在芯轴上滑动而影响正常切削。小锥度芯轴定心精度较高，可达 0.01～0.005mm，多用于磨削或精车，但没有确定的轴向定位。

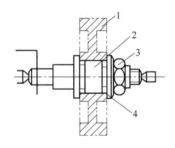

图 8-10　圆柱芯轴安装零件

1—零件；2—芯轴；3—螺母；4—垫片

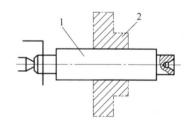

图 8-11　圆锥芯轴安装零件

1—芯轴；2—零件

③ 胀力芯轴　胀力芯轴是通过调整锥形螺杆，使芯轴一端做微量的径向扩张，以将零件孔胀紧的一种快速装拆的芯轴，适用于安装中小型零件，如图 8-12 所示。

④ 螺纹伞形芯轴　螺纹伞形芯轴，适于安装以毛坯孔为基准车削外圆的带有锥孔或阶梯孔的零件。其特点是，装拆迅速，装夹牢固，能装夹一定尺寸范围内不同孔径的零件，如图 8-13 所示。

(5) 花盘及弯板

图 8-14（a）所示为花盘外形图。花盘端面上的 T 形槽用来穿压紧螺栓，中心的内螺孔可直接安装在车床主轴上。安装时花盘端面应与主轴轴线垂直，花盘本身形状精度要求高。零件通过压板、螺栓、垫铁等固定在花盘上。花盘用于安装大、扁、形状不规则且三爪自定心卡盘和四爪单动卡盘无法装卡的大型零件，可确保所加工的平面与安装平面平行及所加工的孔或外圆的轴线与安装平面垂直。

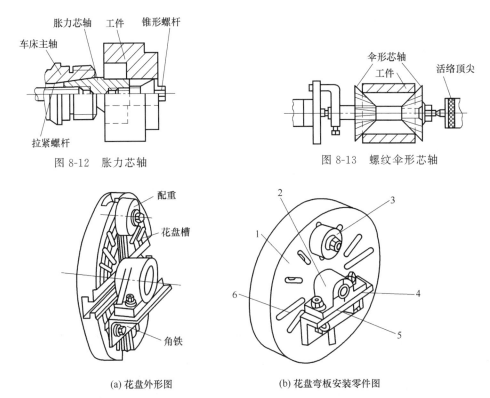

图 8-12　胀力芯轴　　　　　　图 8-13　螺纹伞形芯轴

(a) 花盘外形图　　　　　　(b) 花盘弯板安装零件图

图 8-14　用花盘或花盘弯板安装零件

1—花盘；2—工件；3—平衡铁；4—安装基面；5—弯板；6—螺钉槽

弯板多为 90°角铁，两平面上开有槽形孔，用于穿紧固螺钉。弯板用螺钉固定在花盘上，再将零件用螺钉固定在弯板上，如图 8-14（b）所示。当要求待加工的孔（或外圆）的轴线与安装平面平行或要求两孔的中心线相互垂直时，可用花盘弯板安装零件。

用花盘或花盘弯板安装零件时，应在重心偏置的对应部位加配重进行平衡，以防加工时因零件的重心偏离旋转中心而引起振动和冲击。

车刀是切削加工中最基本的切削刀具，其他种类的刀具均由车刀演变而成。车工的基本操作正是以车刀为基础进行的。

8.1.4　车刀及其刃磨

虽然车刀的种类及形状多种多样，如图 8-15 所示，但其材料、组成、角度、刃磨及安装基本相似。

(1) 车刀及其组成

车刀由若干刀面和切削刃组成，如图 8-16 所示。

① 三面

a. 前面（前刀面）A_γ　切屑流过的表面。

b. 主后面（主后刀面、后面）A_α　与工件上过渡表面相对的表面。

c. 副后面（副后刀面）A_α'　与工件上已加工表面相对的表面。

② 两刃

a. 主切削刃（主刀刃）S。前面和主后面的交线，形成工件的过渡表面，完成主要金属切削工作。

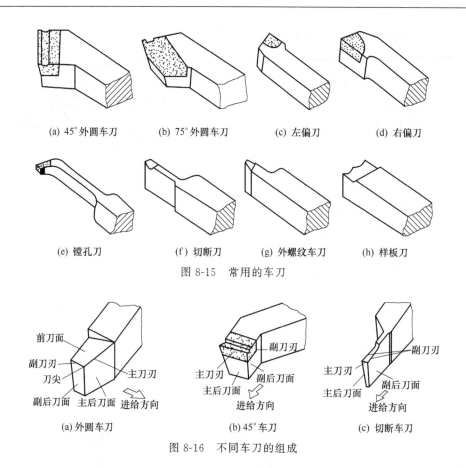

(a) 45°外圆车刀   (b) 75°外圆车刀   (c) 左偏刀   (d) 右偏刀

(e) 镗孔刀   (f) 切断刀   (g) 外螺纹车刀   (h) 样板刀

图 8-15   常用的车刀

前刀面
副刀刃
刀尖   主刀刃
副后刀面   主后刀面   进给方向
(a) 外圆车刀

副刀刃
主刀刃
主后刀面   副后刀面
进给方向
(b) 45°车刀

副刀刃
主刀刃   副后刀面
主后刀面
进给方向
(c) 切断车刀

图 8-16   不同车刀的组成

　　b. 副切削刃（副刀刃）S'。前面和副后面的交线，协同主切削刃完成金属切除工作，形成工件的已加工表面。

　　③ 一尖　刀尖（过渡刃）。主切削刃和副切削刃处的一小段切削刃，为圆弧或直线过渡刃。刀尖强度越高，散热越好。

　　(2) 刀具材料

　　常用的刀具材料有高速钢和硬质合金两大类。

　　① 高速钢　高速钢又称白钢、风钢、锋钢，是一种含有钨铬钒等元素的高碳、高合金工具钢。其切削性能和耐磨性都较好，在 600℃ 以上仍然保持高的硬度（62HRC 以上），广泛用于制作各种用途和类型的高速切削刀具，如车刀、刨刀、铣刀、拉刀、钻头等。高速钢刀具制造简单，刃磨方便，刃口锋利能承受较大的冲击力，适合加工形状不规则的工件和用于精加工的成形刀、螺纹刀等。

　　② 硬质合金　硬质合金是用钨和钛的碳化物粉末加钴作结合剂，经高压压制后再高温烧结而成。它分为两大类。一类是钨钴类硬质合金，是由碳化钨和钴组成，代号 YG。其坚韧性较好，适合加工脆性材料（如铸铁、铸铜等）或冲击性较大的工件。另一类是钨钴钛类硬质合金，是由碳化钛和钴组成，代号为 YT。其耐磨性较好，能承受较高的切削温度，适合加工塑性材料（如钢件）或其他韧性较大的塑性材料。其缺点是有脆性，不耐冲击，不宜加工脆性材料，如铸铁、铸铜。

　　硬质合金能耐高温，在 1000℃ 时仍能保持良好的切削性能，耐磨性也很好，硬度高，具有一定的使用强度。其缺点是韧性较差，性能脆，怕冲击等，可以通过刃磨合理的切削角度以及选择合理的切削用量来弥补。

（3）车刀的安装

车刀使用时必须正确安装。车刀安装的基本要求有：

① 刀尖应与车床主轴轴线等高，且与尾座顶尖对齐，刀杆应与零件的轴线垂直，其底面应平放在方刀架上。

② 刀头伸出的长度应小于刀杆厚度的 1.5～2 倍，以防切削时产生振动，影响加工质量。

③ 刀具应垫平、放正、夹牢。垫片数量不宜过多，以 1～3 片为宜，一般用两个螺钉交替锁紧车刀。

④ 锁紧方刀架。

⑤ 装好零件和刀具后，检查加工极限位置是否会干涉、碰撞。

（4）车刀的刃磨

① 砂轮的选择

a. 氧化铝砂轮。其颜色为白色或灰色，韧性好，比较锋利，适用于刃磨普通钢和高速钢。

b. 碳化硅砂轮。其颜色为绿色，硬度高，磨削性能好，但比较脆，适用于刃磨硬质合金刀具。

② 刃磨方法　车刀通常是在砂轮机上刃磨，如图 8-17 所示。

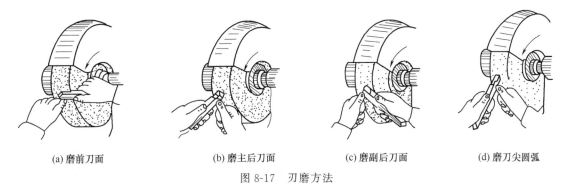

| (a) 磨前刀面 | (b) 磨主后刀面 | (c) 磨副后刀面 | (d) 磨刀尖圆弧 |

图 8-17　刃磨方法

a. 刀具粗磨时选用粒数少的粗砂轮，刀具精磨时选用粒数多的砂轮。

b. 车刀的刃磨方式分为机械刃磨和手工刃磨两种。机械刃磨效率高，质量好，操作方便。手工刃磨比较灵活，对设备要求低。

③ 磨刀时的注意事项

a. 注意安全。砂轮机必须装有防护罩，操作者要戴护目镜，磨刀时要站在砂轮侧面，头不要靠砂轮太近。

b. 磨刀时刀具应处于砂轮中心位置，并将车刀沿水平移动，以免砂轮出现凹槽。要注意移动时幅度不能过大，以防止手滑向砂轮造成事故。

c. 磨刀时刀杆要握稳，不允许使用砂轮侧面，操作完毕，立即关闭电源。

8.1.5　车削加工的基本操作

（1）车削外圆

按照从端面开始加工，然后大圆、小圆、倒角的顺序加工；先粗车，后精车。粗车外圆的操作步骤为：

① 安装工件和车刀，启动车床，使被夹持的工件旋转。

② 摇动中滑板和小滑板，使车刀刀尖将要接触工件外圆端面表面。

③ 小滑板不动，摇动中滑板使车刀向尾座方向移动。

④ 按选定的切削深度，摇动小滑板使车刀作横向进刀。

⑤ 纵向车削工件 3～5mm，摇动小滑板手柄，纵向退出车刀，停车测量工件。

⑥ 在车削到需要的长度时，停止走刀，然后停车。

(2) 车削端面

① 安装零件时，要对其外圆及端面找正。

② 安装车刀时，刀尖应对准零件中心，以免端面出现凸台，造成崩刃。

③ 端面质量要求较高时，最后一刀应由中心向外切削。

④ 车大端面时，为了车刀能准确地横向进给，应将床鞍板紧固在床身上，用小滑板调整背吃刀量。

(3) 车削台阶

① 车台阶的高度小于 5mm 时，应使车刀主切削刃垂直于零件的轴线，台阶可一次车。装刀时可用 90°尺对刀，如图 8-18（a）所示。

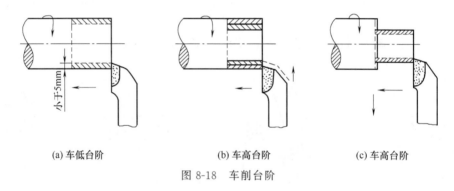

(a) 车低台阶　　　　　　　(b) 车高台阶　　　　　　　(c) 车高台阶

图 8-18　车削台阶

② 车台阶高度大于 5mm 时，应使车刀主切削刃与零件轴线约成 95°，分层纵向进给切削，如图 8-18（b）所示。最后一次纵向进给时，车刀刀尖应紧贴台阶端面横向退出，切出 90°台阶，如图 8-18（c）所示。

③ 为使台阶长度符合要求，可用钢直尺直接在零件上确定台阶位置，并用刀尖刻出痕，以此作为加工界线；也可用卡钳从钢直尺上量取尺寸，直接在零件上划出线痕。以上方法都不够准确，为此，划线痕应留出一定的余量。

(4) 切断

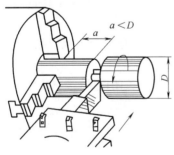

图 8-19　在卡盘上切断
a—工件的切断处距卡盘的距离，mm；
D—工件的直径，mm

① 切断一般在卡盘上进行，如图 8-19 所示。工件的切断处应距卡盘近些，避免在顶尖安装的工件上切断。

② 切断刀刀尖必须与工件中心等高，否则切断处将剩有凸台，且刀头也容易损坏，如图 8-20 所示。

③ 切断刀伸出刀架的长度不要过长，进给要缓慢均匀。将要切断时，必须放慢进给速度，以免刀头折断。

④ 两顶尖工件切断时，不能直接切到中心，以防车刀折断，工件飞出。

(5) 切槽

在工件表面上车沟槽的方法称切槽。切削 5mm 以下的窄槽，用相应宽度的切槽刀一次切出。切削时，刀尖应与

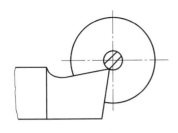 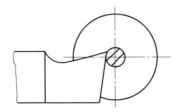

(a) 切断刀安装过低，不易切断　　　　(b) 切断刀安装过高，刀具后面顶住工件，刀头易折断

图 8-20　切断刀刀尖须与工件中心等高

工件轴线等高，而主切削刃应平行于工件。轴线切削 5mm 以上的宽槽时，可按图 8-21 所示的方法切出。

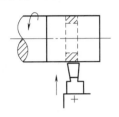 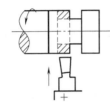 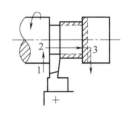

(a) 第一次横向进给　　　　(b) 第二次横向进给　　　　(c) 最后一次横向进给后，再纵向进给，精车槽底

图 8-21　切宽槽

(6) 车圆锥面

车床上作为配合表面的内外圆锥面主要有车床主轴的锥孔、尾座的套筒、钻头的锥柄等。这是因为圆锥面配合紧密，拆卸方便，而且多次拆卸仍能准确定心。车削圆锥面的方法有宽刀法、小刀架转位法、偏移尾座法和靠模法四种。

① 宽刀法　如图 8-22 所示，车刀的主切削刃与零件轴线间的夹角等于零件的半锥角 α。特点是加工迅速，能车削任意角度的内外圆锥面。但不能车削太长的圆锥面，并要求机床与零件系统有较好的刚性。

② 小刀架转位法　如图 8-23 所示，转动小刀架，使其导轨与主轴轴线成半锥角 α 后，再紧固其转盘，摇动小刀架进给手柄，车出锥面。

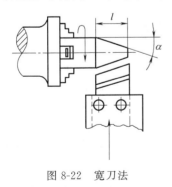

图 8-22　宽刀法

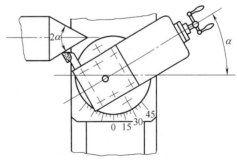

图 8-23　小刀架转位法

此法调整方便，操作简单，加工质量较好，适于车削任意角度的内外圆锥面。但受小刀架行程限制，只能手动车削长度较短的圆锥面。

③ 偏移尾座法　如图 8-24 所示，将零件置于前、后顶尖之间，调整尾座横向位置，使零件轴线与纵向走刀方向成半锥角 α。

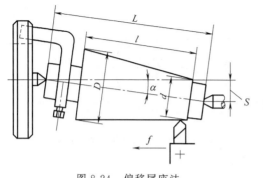

图 8-24 偏移尾座法

尾座偏移量 S 为：

$$S = L \sin \alpha \qquad (8\text{-}1)$$

当 α 很小时，尾座偏移量 S 为：

$$S = \frac{L(D-d)}{2l} \qquad (8\text{-}2)$$

式中 L——前后顶尖间距离，mm；

l——圆锥长度，mm；

D——锥面大端直径，mm；

d——锥面小端直径，mm。

为克服零件轴线偏移后中心孔与顶尖接触不良的状况，生产中可采用球形头顶尖。偏移尾座法能自动进给车削较长的圆锥面，但由于受尾座偏移量的限制，只能加工半锥角 α 小于 $8°$ 的外锥面，且精确调整尾座偏移量较费时。

④ 靠模法   如图 8-25 所示，靠模板装置的底座固定在床身的后面，底座上装有锥度靠模板，其可绕中心轴旋转到与零件轴线成半锥角 α，靠模板上装有可自由滑动的滑块。车削圆锥面时，首先，须将中滑板上的丝杠与螺母脱开，以使中滑板能自由移动。其次，为了便于调整背吃刀量，把小滑板转过 $90°$，并把中滑板与滑块用固定螺钉连接在一起。然后调整靠模板的角度，使其与零件的半锥角 α 相同。于是，当床鞍作纵向自动进给时，滑块就沿着靠模板滑动，从而使车刀的运动平行于靠模板，车出所需的圆锥面。

对于某些半锥角小于 $12°$ 的锥面较长的内外圆锥面，当其精度要求较高且批量较大时常采用靠模法。

(7) 车成形面

① 用普通车刀车成形面   如图 8-26 所示，双手操纵中、小滑板手柄，使刀尖的运动轨迹与回转成形面的母线相符。此法加工成形面需要较高的技艺，零件成形后，还需进行锉修，生产率较低。

② 用成形车刀车成形面   如图 8-27 所示，此法要求切削刃形状与零件表面相吻合，装刀时刃口要与零件轴线等高，加工精度取决于刀具。由于车刀和零件接触面积大，容易引起振动，因此，须采用小切削用量，只作横向进给，且要有良好的润滑条件。此法操作方便，生产率高，且能获得精确的表面形状。但由于受零件表面形状和尺寸的限制，且刀具制造、刃磨较困难，因此，只在成批生产较短成形面的零件时采用。

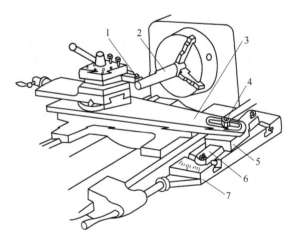

图 8-25 靠模法
1—车刀；2—零件；3—中滑板；4—固定螺钉；
5—滑块；6—靠模板；7—托架

③ 用靠模车成形面   此操作方法的原理和靠模法车削圆锥面相同。此法加工零件尺寸不受限制，可采用机动进给，生产效率较高，加工精度较高，广泛用于成批、大量生产中。

(8) 车螺纹

在车床上可加工各种不同类型的螺纹，如普通螺纹、梯形螺纹、锯齿形螺纹、矩形螺纹等。在加工时除采用的刀具形状不同外，其加工方法大致相同。现以加工普通螺纹为例进行

(a) 粗车台阶　　　　　　(b) 车成形轮廓　　　　　(c) 用样板度量

图 8-26　用普通车刀车成形面

介绍。

① 车螺纹的计算　普通螺纹各部分的名称及代号如图 8-28 所示，其各部分基本尺寸计算如下：

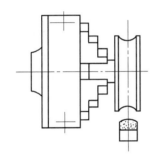

图 8-27　用成形车刀车削成形面

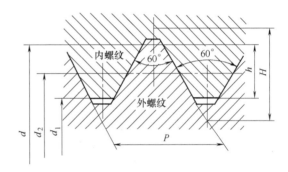

图 8-28　普通螺纹各部分名称

$$d_2 = d - 0.65P \tag{8-3}$$

$$d_1 = d - 1.08P \tag{8-4}$$

$$H = 0.866P \tag{8-5}$$

$$h = 0.54P \tag{8-6}$$

式中　d_2——螺纹中径，mm；

　　　d_1——螺纹小径，mm；

　　　d——螺纹大径（公称直径），mm；

　　　P——螺距，mm；

　　　H——理论牙高，mm；

　　　h——工作牙高，mm。

在车床上车削单头螺纹的实质就是使车刀的纵向进给量等于零件的螺距。为保证螺距的精度，应使用丝杠与开合螺母的传动来完成刀架的进给运动。更换挂轮和改变进给箱手柄位置（挂轮齿数和手柄位置可查机床上的铭牌），即可改变丝杠的转速，从而车出普通螺距的螺纹。

车螺纹要经过多次走刀才能完成，在多次走刀过程中，必须保证车刀每次都落入已切出的螺纹槽内，否则，就会发生"乱扣"现象。当丝杠的螺距 P_s 是零件螺距 P 的整数倍时，可任意打开合上开合螺母，车刀总会落入原来已切出的螺纹槽内，不会"乱扣"。若不为整数倍时，多次走刀和退刀时，均不能打开开合螺母，将发生"乱扣"。

② 螺纹车刀及安装　车刀的刀尖角度必须与螺纹牙型角（米制螺纹为 60°）相等，车刀前角等于零度。车刀刃磨时按样板刃磨，刃磨后用油石修光。安装车刀时，刀尖必须与零件

中心等高。调整时，用对刀样板对刀，保证刀尖角的等分线严格地垂直于零件的轴线。

③ 车削螺纹操作

a. 开车对刀，使车刀与零件轻微接触，记下刻度盘读数，向右退出车刀，如图8-29 (a) 所示。

b. 合上开合螺母，在零件表面上车出一条螺旋线，横向退出车刀，停车，如图8-29 (b) 所示。

c. 开反车，使车刀退到零件右端，停车，用钢直尺检查螺距是否正确，如图8-29 (c) 所示。

d. 利用刻度盘调整背吃刀量，开车切削，如图8-29 (d) 所示。

e. 刀将车至行程终止时，应做好退刀停车准备，先快速退出车刀，然后停车，开反车退回刀架，如图8-29 (e) 所示。

f. 再次横向切入，继续切削，如图8-29 (f) 所示。

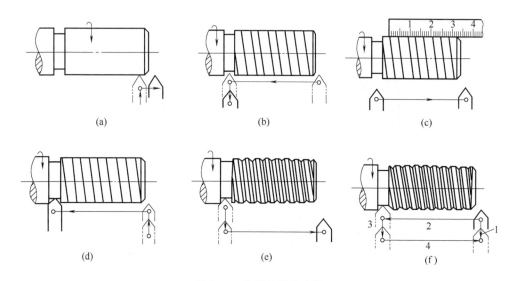

图 8-29　车螺纹操作步骤

1—进刀；2—开车切削；3—快速退出；4—开反车退回

④ 车螺纹的进刀方法

a. 直进刀法。用中滑板横向进刀，两切削刃和刀尖同时参加切削。直进刀法操作方便，能保证螺纹牙型精度，但车刀受力大，散热差，排屑难，刀尖易磨损。此法适用于车削脆性材料、小螺距螺纹或精车螺纹。

b. 斜进刀法。用中滑板横向进刀和小滑板纵向进刀相配合，使车刀基本上只有一个切削刃参加切削。车刀受力小，散热、排屑有改善，可提高生产率。但螺纹牙型的一侧表面粗糙度值较大，所以在最后一刀要留有余量，用直进法进刀修光牙型两侧。此法适用于塑性材料和大螺距螺纹的粗车。

不论采用哪种进刀方法，每次的切深量要小，而总切深度由刻度盘控制，并借助螺纹量规测量。测量外螺纹用螺纹环规，测量内螺纹用螺纹塞规。

根据螺纹中径的公差，每种量规有通规和止规（塞规一般做在一根轴上，有通端、止端）。如果通规或通端能旋入螺纹，而止规或止端不能旋入时，则说明所车的螺纹中径是合格的。螺纹精度不高或单件生产且没有合适的螺纹量规时，也可用与其相配件进行检验。

⑤ 注意事项

a. 调整中、小滑板导轨上的斜铁，保证合适的配合间隙，使刀架移动均匀、平稳。

b. 若由顶尖上取下零件测量时，不得松开卡箍。重新安装零件时，必须使卡箍与拨盘保持原来的相对位置，并且须对刀检查。

c. 若须在切削中途换刀，则应重新对刀。由于传动系统存在间隙，对刀时应先使车刀沿切削方向走一段距离，停车后再进行对刀。此时移动小滑板使车刀切削刃与螺纹槽相吻合即可。

d. 为保证每次走刀时，刀尖都能正确落在前次车削的螺纹槽内，当丝杠的螺距不是零件螺距的整数倍时，不能在车削过程中打开开合螺母，应采用正反车法。

e. 车削螺纹时，严禁用手触摸零件或用棉纱擦拭旋转的螺纹。

（9）滚花

滚花是用滚花刀挤压零件，使其表面产生塑性变形而形成花纹的一种切削加工方法。花纹一般有直纹和网纹两种，滚花刀也分直纹滚花刀和网纹滚花刀。如图 8-30 所示，滚花前应将滚花部分的直径车削得比零件所要求尺寸大些（0.15～0.8mm）；然后将滚花刀的表面与零件平行接触，且使滚花刀中心线与零件中心线等高。在滚花开始进刀时，须用

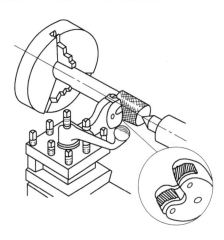

图 8-30　滚花

较大压力，待进刀有一定深度后，再纵向自动进给，这样往复滚压 1～2 次，直到滚好为止。此外，滚花时，零件转速要低，通常还须充分供给冷却液。

8.2　铣 削 加 工

铣削是在铣床上利用铣刀的旋转运动（即主运动）和工件的直线移动来完成零件加工的一种切削方法。铣削主要用来加工平面、台阶、沟槽、成形面等表面，如图 8-31 所示。

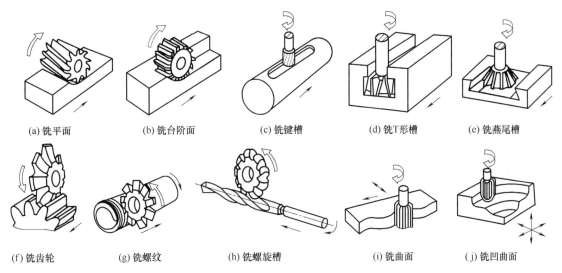

(a) 铣平面　　(b) 铣台阶面　　(c) 铣键槽　　(d) 铣T形槽　　(e) 铣燕尾槽

(f) 铣齿轮　　(g) 铣螺纹　　(h) 铣螺旋槽　　(i) 铣曲面　　(j) 铣凹曲面

图 8-31　铣削加工范围

8.2.1　铣床

如图 8-32 所示，万能工具铣床由床身、主轴、升降台、横梁、转台和工作台等部分组成。

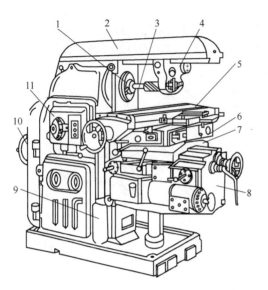

图 8-32　万能工具铣床

1—主轴；2—横梁；3—刀杆；4—吊架；5—纵向工作台；6—转台；7—横向工作台；8—升降台；9—床身；10—电动机；11—主轴变速机构

① 床身　用来连接、固定和支承铣床上的所有部件。其顶面水平导轨用来安装横梁，前侧面燕尾形导轨可使升降台上下运动。床身内装有主轴、主轴变速机构等。

② 横梁　安装在床身顶部的水平导轨上。其上可安装支架，用来支承刀杆，减少刀杆的弯曲和振动。横梁可以在床身上前后移动，调整其伸出程度。

③ 主轴　主轴会带动安装在其上的铣刀旋转。

④ 升降台　可沿床身垂直导轨上下移动来调整工作台面至铣刀的距离。升降台直接支承床鞍。

⑤ 横向工作台　可带动安装在其上的转台和工作台前后运动。

⑥ 转台　可随横向工作台移动，还可使其上的工作台在水平面顺时针和逆时针转动。转台是万能铣床的特征。

⑦ 纵向工作台　其下部丝杠带动工作台沿转台导轨纵向进给。工作台面上安装工件、夹具及一些铣床附件。

8.2.2　铣刀

铣刀是一种多刃刀具，刀齿分布在圆柱面或端面上。常用的铣刀材料为高速工具钢和硬质合金。铣刀种类很多，应用范围很广，常见的铣刀如图 8-33 所示。

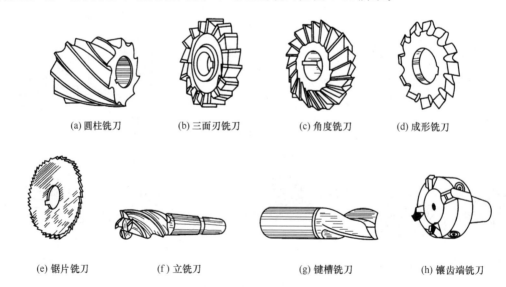

(a) 圆柱铣刀　　(b) 三面刃铣刀　　(c) 角度铣刀　　(d) 成形铣刀

(e) 锯片铣刀　　(f) 立铣刀　　(g) 键槽铣刀　　(h) 镶齿端铣刀

图 8-33　常见的铣刀

① 圆柱铣刀　圆柱铣刀一般由高速钢整体制造，主要用于铣削平面。为使铣削过程平稳，其刀刃制成螺旋齿。

② 三面刃铣刀　三面刃铣刀主要用于卧式铣床铣削台阶面和凹槽。三面刃铣刀除圆周具有主切削刃以外，两侧面也有副切削刃，从而改善两端面的切削条件，提高切削效率。

③ 锯片铣刀　刀片薄，只有圆周上有刀齿，侧面不参与切削，用于切断和加工一些较短的沟槽。

④ 立铣刀　立铣刀的圆柱面上有 3～4 个齿组成主切削刃，端面上有副切削刃。铣削时，刀具沿圆柱体径向进给，主要用于加工沟槽、小平面和台阶面。根据尾部安装方式不同，有锥柄和直柄两种。

⑤ 端铣刀　端铣刀主切削刃分布在圆柱和圆锥面上，端面切削刃为副切削刃。刀具材料为高速钢和硬质合金，主要用于铣削大平面。

8.2.3　工件的装夹

工件在开始加工前，必须在机床夹具中定位和夹紧，并在整个加工过程中始终保持在正确的位置。由于加工件种类繁多、要求不一，常需要一些附件来配合安装与加工。铣床的常用附件有分度头、平口钳、回转工作台等。

(1) 用普通平口钳装夹

用于形状规则、尺寸不大的工件的装夹，如板块类零件、盘套类零件、轴零件和小型支架等。工件的被加工面必须高出钳口，否则就要用平行垫铁垫高工件。为了能装夹得牢固，防止加工时工件松动，必须把比较平整的平面贴紧在垫铁和钳口上，如图 8-34 所示。

(2) 用可倾平口钳装夹

用于以平面定位和夹紧，有一定倾斜且切削力小的小型零件。平口钳可以从水平位置到垂直位置（0°～90°）任意调整并锁紧，带有 360°旋转的回转底座。此方法广泛用于机床上各种角度、平面、槽、孔等的加工，如图 8-35 所示。

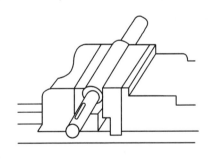

图 8-34　用普通平口钳装夹工件

图 8-35　用可倾平口钳装夹工件

(3) 用压板装夹

较大工件或某些不宜用平口钳装夹的工件，可直接用压板和螺栓将其固定在工作台上，如图 8-36 所示。此时，应按对角顺序，分几次逐渐拧紧螺母，以免工件产生变形。有时为使工件不致在加工时被移动，需在工件前端加放挡铁。

(4) 用回转工作台装夹

用于加工有分度要求的孔、槽和斜面。加工时，转动工作台，可加工圆弧面和圆弧槽等，配合三爪卡盘等附件可以铣削多面体工件。水平转台的蜗杆伸出端也可用联轴器与机床传动装置连接，以实现动力驱动，如图 8-37 所示。

(5) 用万能分度头装夹

主要用于把装夹在卡盘上的工件分成任意等份，辅助机床利用各种不同形状的刀具进行各种沟槽、齿轮、花键和刻线等的加工，如图 8-38 所示。分度头就是对加工件进行分度的机床附件，分度头的侧面有分度盘和分度手柄，分度时摇动分度手柄，通过内部的蜗杆蜗轮机构，带动分度头主轴旋转进行分度。

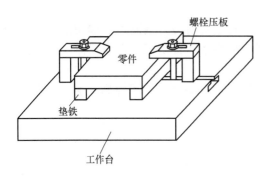

图 8-36 用压板装夹工件

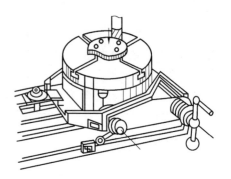

图 8-37 回转工作台装夹

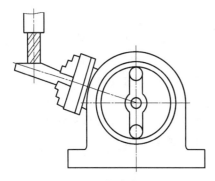

图 8-38 万能分度头装夹

8.2.4 刀具的装夹

(1) 带孔铣刀的装夹

带孔铣刀中的圆柱形铣刀、圆盘形铣刀，多采用长刀杆安装，如图 8-39 所示。刀杆一端为锥体，装入机床主轴锥孔中，由拉杆拉紧。主轴旋转运动通过主轴前端的端面键带动，刀具则套在刀杆上由刀杆上的键来带动旋转。刀具的轴向位置由套筒来定位。为了提高刀杆的刚度，应使铣刀尽可能靠近主轴或吊架。拧紧刀杆的压紧螺母时，须先上吊架，以防刀杆受力变形。

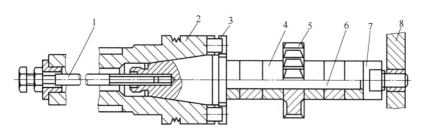

图 8-39 圆盘形铣刀的装夹

1—拉杆；2—主轴；3—端面键；4—套筒；5—铣刀；6—刀杆；7—螺母；8—吊架

带孔铣刀中的端铣刀，多采用短刀杆安装，如图 8-40 所示。

(2) 带柄铣刀的装夹

直柄铣刀一般直径不大，可直接安装在主轴锥孔内的弹簧夹头中，如图 8-41（a）所示。锥柄铣刀安装时，要选用过渡锥套，再用拉杆将铣刀及过渡锥套一起，拉紧在主轴端部的锥孔内，如图 8-41（b）所示。当铣刀锥柄尺寸和锥度与铣床主轴锥孔相符时，可直接安装，用拉杆拉紧，如图 8-41（c）所示。

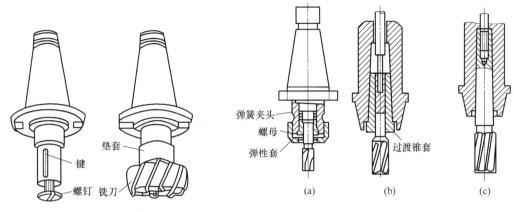

图 8-40 端铣刀的装夹

图 8-41 带柄铣刀的装夹

8.2.5 常用铣削方法

(1) 铣平面

铣削较大的平面，多采用镶硬质合金刀片的端铣刀，在立式升降台铣床或万能升降台铣床上进行，如图 8-42 所示。该方法生产率高，加工表面质量好。

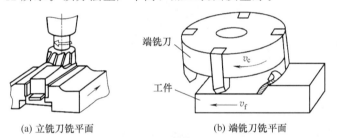

(a) 立铣刀铣平面   (b) 端铣刀铣平面

图 8-42 铣平面

铣削较小的平面，多采用螺旋齿的圆柱形铣刀，在万能升降台铣床上进行，切削过程平稳，加工表面质量好。

(2) 铣台阶面

铣台阶面，多采用三面刃铣刀，如图 8-43 (a) 所示；大直径的立铣刀，如图 8-43 (b) 所示，铣台阶面一般在立式升降台铣床上进行。用组合铣刀在万能升降台铣床上同时铣削多个台阶面，如图 8-43 (c) 所示。

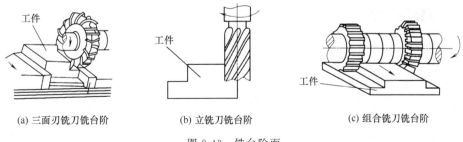

(a) 三面刃铣刀铣台阶   (b) 立铣刀铣台阶   (c) 组合铣刀铣台阶

图 8-43 铣台阶面

(3) 铣斜面

铣斜面采用的不同方法，如图 8-44 所示。

使用斜垫铁铣斜面的方法，适用于大批量的平面加工。改变斜垫铁的角度，就可以加工不同的斜面。利用分度头铣斜面的方法，适用于在一些圆柱形或特殊形状的零件上加工斜面。利用角度铣刀铣斜面的方法，适用于在立式升降台铣床或万能升降台铣床上加工较小的斜面。旋转万能铣头铣斜面也是常用的加工方法。

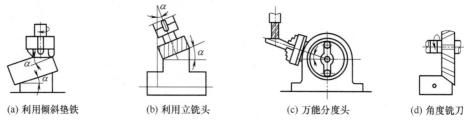

(a) 利用倾斜垫铁 (b) 利用立铣头 (c) 万能分度头 (d) 角度铣刀

图 8-44 铣斜面

（4）铣键槽

如图 8-45 所示，轴上键槽通常在铣床上加工；铣开口式键槽通常在卧式铣床上用三面刃铣刀加工；铣封闭键槽通常在立式铣床上用键槽铣刀加工。

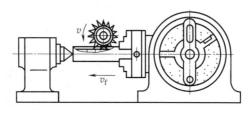

图 8-45 铣键槽

8.3 磨 削 加 工

磨削是用分布在砂轮表面的磨粒，在工件表面上切除细微切屑的过程。

8.3.1 磨削过程

每一颗磨粒相当于一把车刀，但这些刀具的形状各异，分布不规则，切削刃口也相差很大。有些在切削，有些仅在工件表面刻划出细小的沟纹，有些则起滑擦的作用。因此磨削过程的实质是切削、刻划和滑擦三种过程的综合作用。

8.3.2 磨削特点

（1）能加工硬度很高的材料

如加工淬硬的钢、硬质合金等，这是因为砂轮磨粒本身具有很高的硬度和耐热性。

（2）能获得高精度和低粗糙度的加工表面

这是由砂轮和磨床的特性决定的。磨粒圆角半径小，分布稠密且多为负前角；磨削速度高，每个磨刃切削量小；磨床刚性好，传动平稳，可做微量进给。这些保证了能做均匀的微量切削。因此磨削能经济地获得高的加工精度（IT6～IT5）和小的表面粗糙度值（$Ra\,0.8$～$0.2\mu m$）。至于高精度磨削，加工精度将更高，粗糙度更小。磨削是零件精加工的主要方法。

（3）磨削温度高

由于剧烈的摩擦，产生了大量的磨削热，使磨削区温度很高。这会使工件表面产生磨削应力和变形，甚至造成工件表面烧伤。因此，磨削时必须注入大量冷却液，以降低磨削温度。冷却液还可起排屑和润滑作用。

(4) 磨削时径向力很大

这会造成机床-砂轮-工件系统的弹性退让，使实际切深小于名义切深。因此，磨削将要完成时，应不进刀进行光磨，以消除误差。

(5) 砂轮具有"自锐性"

磨粒磨钝后，其磨削力也随之增大，致使磨粒破碎或脱落，重新露出锋利的刃口，这种特性称为"自锐性"。自锐性使磨削在一定时间内能正常进行，但超过一定工作时间后，应进行人工修整，以免磨削力增大引起振动、噪声及损伤工件的表面质量。

8.3.3 磨床结构

(1) 平面磨床 平面磨床的主要结构，如图 8-46 所示。

① 砂轮架 安装砂轮，并带动砂轮做高速旋转，砂轮架可沿滑座的燕尾导轨做手动或液动的横向间隙进给运动。

② 滑座 安装砂轮架，并带动砂轮架，沿立柱导轨做上下运动。

③ 立柱 支承滑座及砂轮架。

④ 工作台 安装工件，并由液压系统驱动做往复直线运动。

⑤ 床身 支承工作台，安装其他部件。

(2) 万能外圆磨床

万能外圆磨床的主要结构，如图 8-47 所示。

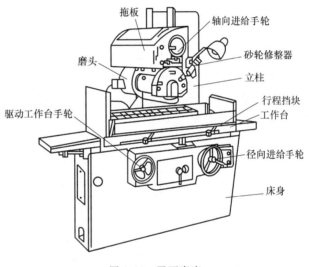

图 8-46 平面磨床

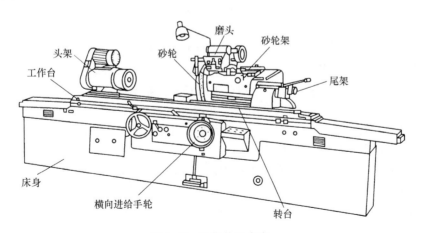

图 8-47 万能外圆磨床

① 砂轮架 安装砂轮，并带动砂轮做高速旋转，砂轮架安装在床身的横向导轨上并可沿其做横向进给运动。

②　头架　安装工件，并带动工件做旋转运动。

③　尾架　支承工件，可沿床身导轨滑动。

④　工作台　安装头架和尾架，并由液压系统驱动做往复直线运动。

⑤　床身　支承工作台，安装其他部件。

⑥　磨头　由单独电动机带动，可绕砂轮支架旋转，使用时翻下，不用时翻到砂轮架上方。

8.3.4　磨削加工的基本操作

(1)　磨外圆

用砂轮切掉切屑的过程称为磨削，它是精加工外圆面的主要方法。磨削一般作为外圆车削后的精加工工序，对精确的毛坯（如精密模锻件）也可不经车削直接进行磨削。

磨削时由于砂轮的磨粒粗细不同，采用的磨削用量不同，磨削后的外圆面精度和表面粗糙度也不同，因此磨削可分为粗磨、精磨和细磨等。粗磨精度为 IT8～IT7，表面粗糙度 Ra 值为 $1.6\sim0.8\mu m$，精磨精度可达 IT6，Ra 值为 $0.4\sim0.2\mu m$，细磨精度可达 IT5，Ra 值为 $0.2\sim0.1\mu m$，如采用镜面磨削，Ra 值可达 $0.008\mu m$，精度也更高。

外圆磨削可在外圆磨床、万能外圆磨床或无心磨床上进行，根据定位方式的不同，分为中心磨削法和无心磨削法两种。

①　中心磨削法　中心磨削法是在外圆磨床上以工件的两顶尖孔定位进行外圆磨削。根据进给方式的不同，可分为如下三种：

a. 纵向进给磨削法。这是应用最广的一种方法，适用于工件需要磨削部分较长而砂轮宽度较窄的情况。如图 8-48 所示，工件装在机床的前、后顶尖上，工件旋转（圆周进给），并和工作台一起作纵向往复运动（纵向进给）。工件每往复一次，砂轮横向进给（磨削深度）一次。每次的磨削深度很小，经多次横向进给磨去全部磨削余量。因其径向磨削力较大，磨床、工件等都有弹性变形，所以在最后几次纵向进给中砂轮不做横向进给。此时由于弹性变

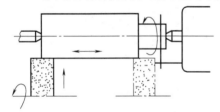

图 8-48　纵向进给磨削法

形的恢复，可以继续进行切削，直到火花基本消失为止，这就消除了弹性变形对加工精度的影响。

纵向进给磨削法能获得较高的精度和较低的表面粗糙度。由于走刀次数多，故生产率较低。但应用范围较广，用同一个砂轮可以磨削不同长度的外圆面，也可以磨削锥度不大的外圆锥体。广泛用于单件小批量生产，特别适于细长轴的精磨。

b. 横向进给磨削法，也称切入磨削法。如图 8-49（a）所示，砂轮的宽度要比工件需要磨削的长度大（一般大 5～10mm），磨削时工件不做纵向进给运动。当工件旋转时，砂轮作慢速的横向进给，直到磨去全部磨削余量。

横向进给磨削法由于采用了宽砂轮连续横向进给，磨削效率高，但由于砂轮与工件接触面大，磨削力大，发热量多，磨削温度高，工件易发生变形和烧伤；径向切削力大，工件易产生弯曲变形；由于无纵向进给，工件表面的磨削痕迹较为明显，砂轮的修整质量及砂轮的磨钝情况，均直接影响工件的尺寸精度和形状精度。所以横向进给磨削法适用于成批大量生产中，加工精度较低、刚性较好的工件。

若对砂轮进行成形修整，还可以同时磨削在同一个工件上的几个表面或磨削形状较为复杂的工件，分别如图 8-49（b）、（c）所示。

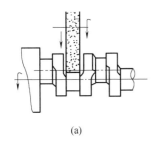
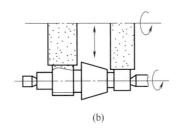
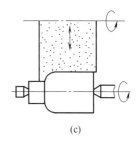

(a)　　　　　　　　　(b)　　　　　　　　　(c)

图 8-49　横向进给磨削法

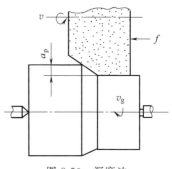

图 8-50　深磨法

　　c. 深磨法。如图 8-50 所示，工件的运动与纵向进给磨削法相同，但在一次走刀中磨去全部余量，因此砂轮不须做横向进给运动，磨削深度可达 0.1～0.35mm。纵向进给量较小，一般 $f = 1 \sim 2$mm/r，约为纵向进给磨削法的 15%。

　　② 无心磨削法　无心磨削法是一种高生产率的精加工方法，精度可达 IT7～IT5，表面粗糙度值为 $Ra1.6 \sim 0.8\mu$m，适用于成批、大量生产。在汽车发动机制造中，如活塞销、活塞、机油泵轴、气门、气门挺柱等都可在无心外圆磨床上磨削外圆。磨削时，工件用被磨削的外圆本身定位。无心外圆磨削的工作原理，如图 8-51 所示。工件置于砂轮和导轮之间的托板上，砂轮和导轮同方向旋转，但砂轮的旋转速度比导轮高。导轮一般是用橡胶结合剂制成的，所以导轮和工件之间的摩擦力大于砂轮和工件之间的摩擦力，工件由导轮带动旋转。这样，在砂轮和工件之间就产生相对运动，砂轮从工件表面切下切屑。

　　由于工件与导轮间有相对滑动，工件的实际旋转圆周速度比导轮的圆周速度低 1%～3%。为了保证工件获得正圆形，在磨削时，工件的轴线应略高于砂轮和导轮的中心连线。

　　无心磨削有两种方法：

　　a. 贯穿（纵向进给）磨削法。导轮轴线与磨轮轴线交叉而形成一个不大的倾斜角 α（一般为 1°～3°），并将导轮修整为双曲线回转体的形状，这样可使工件得到旋转速度 v_g 和纵向进给速度 v_z。设导轮的旋转速度为 v_d，由图 8-51 可以看出，工件的纵向进给速度可由下式求出：

$$v_z = \lambda v_d \sin\alpha$$

式中　λ——工件相对于导轮的滑动系数，为 0.97～0.99。

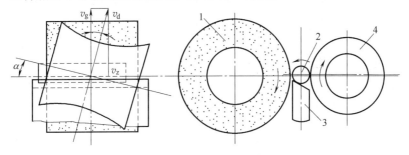

图 8-51　无心磨削法的工作原理
1—砂轮；2—工件；3—托板；4—导轮

调节导轮倾斜角可以改变工件的旋转速度和纵向进给速度。

不带台阶的工件（如活塞、活塞销等）可用此法磨削。工件从一端送进，经过加工后从另一端出来，磨削工作是连续进行的。如果装有自动送料装置，磨削过程可以实现自动化。

b. 切入（横向进给）磨削法。带有台肩、凸端或阶梯的工件（如气门、气门挺柱等）

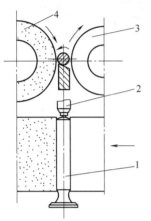

图 8-52　切入（横向进给）磨削法
1—工件；2—挡块；
3—导轮；4—砂轮

不能通过砂轮磨削，需要采用切入（横向进给）磨削法，如图 8-52 所示。采用切入磨削法时，导轮、工作台、工件与挡块一起向砂轮做横向进给，到达最终位置时，停留片刻，以便把工件磨光。磨削结束，导轮后退，工件则由推杆推出。砂轮的宽度应大于工件需磨削表面的长度。导轮的轴线与砂轮的轴线平行，或交叉而形成一个很小的角度（0.5°～1°），以使工件紧靠挡块，用作工件的轴向定位。

若将砂轮修整成具有一定的形状，则可以磨削外形较复杂的零件，例如具有圆柱与圆锥组合表面的零件和成形零件等。此法能磨削的表面长度取决于砂轮的宽度，大型无心磨床可达650mm。但此法不能连续磨削，生产率较贯穿磨削法低，零件的送料也难以自动化。

总之，无心磨削法生产率很高，由于直接以磨削表面定位而无须在工件上预钻出中心孔，可以减少工序，特别对不允许留有顶尖孔的零件，如活塞、气门、气门挺杆等就更为合适；机床操作很简单，实现工序自动化和工序间的运输自动化也较容易。无心磨削的缺点是：磨削前工件的形状误差会影响工件的加工精度；同时很难保证加工表面与工件上其他表面的位置精度（如垂直度、同轴度等）；当轴上有断续表面如键槽和花键时，因导轮无法使这种零件旋转，也不能磨削。

③ 先进磨削方法　随着科学技术的发展，各种新型磨料不断涌现，磨床的制造技术日益提高。目前，磨削正朝高精度、小粗糙度磨削（如超精和镜面磨削）及高效磨削（包括高速磨削、强力磨削等）发展。

高精度、小粗糙度磨削的出现，可代替研磨加工，这样可节省工时和减轻劳动强度；高效磨削的出现，提高了生产率，特别是强力磨削，它可将铸、锻件毛坯直接磨成合乎要求的零件，使粗、精加工工序合并在一个工序中完成，使生产率得到很大提高。

(2) 磨孔

① 磨孔的方法　磨孔是精加工孔的一种方法。磨孔的精度可达 IT7，表面粗糙度值为 $Ra1.6\sim0.4\mu m$。磨孔可在内圆磨床或万能外圆磨床上进行。磨削时砂轮高速旋转为主运动，工件装在卡盘中做低速转动为圆周进给运动，其旋转方向与砂轮旋转方向相反。同时砂轮还做往复直线运动，如图 8-53 所示。切深运动是由砂轮沿径向移动来实现的。

在内圆磨床上，除了能磨孔外，还可以在一次装夹中同时磨出孔内的端面，从而保证孔与端面的垂直度和端面圆跳动公差的要求，在万能外圆磨床上，除孔及端面外，还可在一次装夹中磨出外圆。

② 磨孔的特点　与铰孔相比，磨孔的适应性较广。可以用同一砂轮磨削一定范围直径的孔（包括非标准孔径的孔），既可磨削非淬硬的钢件和铸铁件，也可磨削淬硬

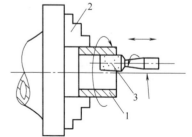

图 8-53　孔磨削示意图
1—工件；2—卡盘；3—砂轮

的钢件, 还可纠正轴线歪斜及偏移的孔。但磨孔的生产率比铰孔低, 且不适于磨削有色金属, 小孔和深孔也难以磨削。

与外圆磨削比较, 内圆磨削的表面粗糙度值较大, 生产率较低。其原因是:

a. 砂轮直径受到工件孔径的限制, 即使砂轮转速已很高 (达 20000r/min), 砂轮的圆周速度也很难达到外圆磨削时的 $35\sim50m/s$。

b. 砂轮轴直径小, 悬伸长, 刚性差, 容易造成弯曲变形与振动。

c. 砂轮直径小, 磨损快, 易堵塞, 需要经常修整和更换。

内圆磨削与外圆磨削相比, 虽然有以上缺点, 但磨孔的适应性好, 在单件、小批生产中应用很广, 特别是对淬硬的孔、盲孔、大直径的孔 (采用行星磨削) 及断续表面的孔 (如花键孔), 内圆磨削是主要的精加工方法。

(3) 磨平面

平面磨削一般是在铣、刨削的基础上进行的精加工, 如图 8-54 所示。磨削后平面的尺寸精度可达 IT6～IT5, 表面粗糙度 Ra 可达 $0.8\sim0.2\mu m$。此外, 平面磨削还可用作粗加工带有硬皮的工件。如粗加工连杆大、小头的两端面。

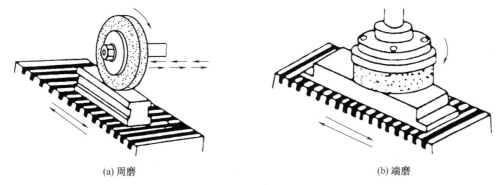

(a) 周磨 　　　　　　　　　　　　　　　(b) 端磨

图 8-54　磨平面

① 磨平面的方法　平面磨削的方法有周磨和端磨两种。

a. 周磨。周磨是用砂轮的圆周进行磨削, 如图 8-54 (a), 常在卧式平面磨床上进行。由于砂轮和工件的接触面小, 发热少, 排屑和冷却条件好, 故能获得高的精度和 Ra 值较小的表面粗糙度, 常用于各种批量生产中, 对中、小件进行精加工。特别适宜加工两个平行面具有较高平行度要求的零件。

b. 端磨。如图 8-54 (b) 所示, 端磨用砂轮的端面进行磨削, 常用立式平面磨床加工。由于砂轮和工件的接触面较大, 发热量大, 散热和冷却条件差; 砂轮端面沿径向各点圆周速度不等, 砂轮的磨损不均匀, 故磨削精度较低。但是, 用这种磨削方法时, 砂轮刚性好, 因而可采用较大的磨削用量, 故生产率高, 常用于大批量生产中, 代替刨削和铣削进行粗加工。

② 平面磨削的特点　与外圆磨削和内圆磨削相比, 平面磨削的工件运动较少, 平面磨床的结构较简单。另外, 绝大多数需要进行平面磨削的零件, 已预加工出一个与待磨平面平行的基准面, 使零件能可靠地夹紧在磨床的磁力工作台上, 故机床-砂轮-工件系统的刚性好。因此, 加工质量和生产率比外圆磨削和内圆磨削都高。加工小型零件时, 为提高生产率, 可同时磨削多件。

(4) 磨齿

磨齿是用砂轮在磨齿机上加工高精度齿轮齿形的精加工方法, 它可加工淬硬或未淬硬的轮齿。与剃齿和珩齿相比较，磨齿的最大优点在于，它能纠正轮齿预加工的各项误差，所以磨齿精度比剃齿和珩齿都高，精度一般可达 6～4 级。最高为 3 级，齿面粗糙度值可达 $Ra0.8～0.2\mu m$。

按加工原理，磨齿可分为展成法和成形法两种，如图 8-55 所示。

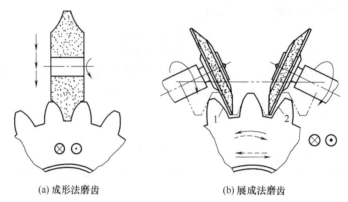

(a) 成形法磨齿   (b) 展成法磨齿

图 8-55　磨齿方法

① 成形法磨齿　如图 8-55（a）所示，须将砂轮修整成与工件齿槽相吻合的渐开线齿形，然后对已经切削过的齿槽进行磨削。这种方法生产率高，但砂轮修整较复杂，加工精度较低，一般为 6～5 级。

② 展成法磨齿　展成法磨齿是根据齿轮和齿条啮合原理进行的。砂轮工作面被修整成假想齿条的一个侧面或两个侧面。磨齿时，假想齿条静止不动，被磨齿轮的分度圆沿假想齿条的节线作往复的纯滚动。

利用该原理进行磨齿的方法很多，图 8-55（b）所示为一种常用的双碟形砂轮磨齿法。

展成法磨齿生产率低于成形法磨齿，但精度较高，可达 6～4 级，表面粗糙度值在 $Ra0.4\mu m$ 以下。另外，展成法磨齿需要专门设备，生产成本很高；成形法磨齿可在花键磨床或工具磨床上进行，生产成本较低。

8.4　钳　工　加　工

钳工在机械制造行业中具有重要的位置，其适用范围广泛，尤其在机械装备装配、维修中具有重要地位。

8.4.1　钳工定义、特点及作用

(1) 定义

钳工是用手持工具、刃具，按图纸要求对毛坯件、半成品件进行切削加工，把加工的零件按设计要求组装，完成组件、部件、整机，经调试后生产出合格的产品，是机械制造中的重要工种之一。

(2) 特点

钳工灵活、方便，不受方向及位置的限制。钳工在机械制造及机械维修中有着特殊的、不可取代的作用。钳工操作的劳动强度大，对工人技术水平要求较高。

(3) 应用

① 毛坯划线、零件的互配和维修，机械经过组装后试车调整。

② 精密量具、研磨、修整、调整、装配。

③ 设备使用过程中出现故障，零件磨损，需要钳工去排除，更换零件，长期使用的机械设备维修，以恢复精度。

8.4.2　钳工基本操作划分

① 辅助性操作　即划线，根据图样在毛坯或半成品工件上划出加工界线的操作。

② 切削性操作　即錾削、锯削、锉削、钻孔、扩孔、锪孔、铰孔、攻丝、套丝、刮削、研磨等。

③ 装配性操作　即装配，将零件或部件按图样技术要求，组装成机器的工艺过程。

④ 维修性操作　即维修，对机械，设备进行维修、检查等。

8.4.3　钳工设备

(1) 钳工工作台

用于安装台虎钳，放置工具和工件等，如图 8-56 所示。

(2) 台虎钳

用来夹持工件，有固定式和回转式两种结构类型，分别如图 8-57（a）、（b）所示。

(3) 钻床

钻床主要用来对工件进行各类圆孔类的加工。常用的有台式钻床，如图 8-58 所示，主要用于加工小型零件上的孔，最大加工直径为 13mm。此外，还有立式钻床（图 8-59）和摇臂钻床（图 8-60）等其他钻床。

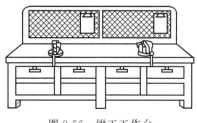

图 8-56　钳工工作台

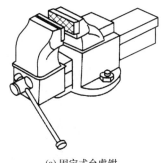
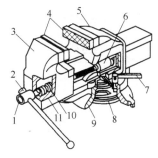

(a) 固定式台虎钳　　　　(b) 回转式台虎钳

图 8-57　台虎钳

1—丝杠；2—手柄；3—活动钳身；4—钳口；5—固定钳身；6—螺母；7—固定螺钉；8—夹紧盘；
9—底座；10—挡圈；11—弹簧

(4) 砂轮机

如图 8-61 所示，砂轮机分为台式砂轮机和立式砂轮机。主要用来刃磨钻头、錾子等刀具，或其他工具等，也可对小零件进行磨削、去毛刺及清理等操作。

(5) 手持电动工具

手持电动工具是指便携式电动工具，可直接用手操作，无需其他辅助装置。钳工常用的手持电动工具包括手电钻、角磨机和磨具电磨等。

① 手电钻　手电钻主要用于不便在固定式钻床上加工的金属、塑料、木材等材料的孔加工。加工孔的直径在 ϕ12mm 以下，如图 8-62 所示。

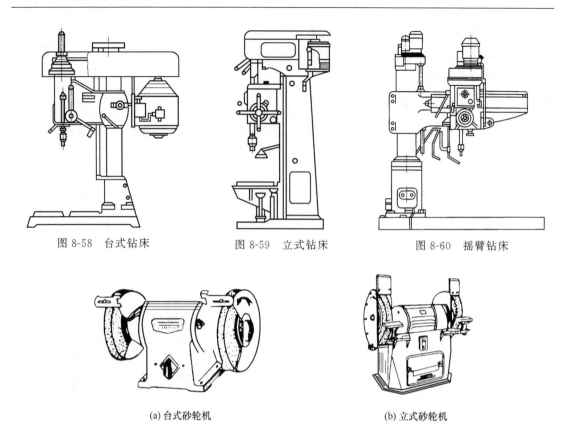

图 8-58　台式钻床　　　　　图 8-59　立式钻床　　　　　图 8-60　摇臂钻床

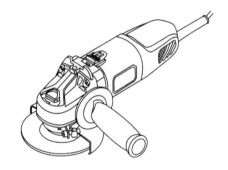

(a) 台式砂轮机　　　　　　　　　　　　(b) 立式砂轮机

图 8-61　砂轮机

图 8-62　手电钻　　　　　　　　　　　图 8-63　角磨机

② 角磨机　角磨机主要用于切割、修磨及清理工件的飞边、毛刺等工作。替换专用的工作头，可完成打磨、抛光等工作，如图 8-63 所示。

③ 磨具电磨　磨具电磨是利用造型特殊的磨头对一些不易在专用设备上加工的复杂表面进行磨削加工的电工工具，如图 8-64 所示。

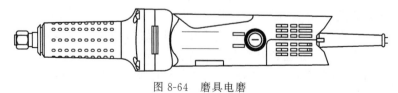

图 8-64　磨具电磨

8.4.4　钳工基本操作

(1) 划线

划线是在毛坯或工件上，用划线工具划出待加工部位的轮廓线或作为基准的点、线。

① 划线的作用

a. 划出清晰的界线，作为工件安装和加工的依据。

b. 检查毛坯的形状和尺寸是否合乎要求，剔出不合格的毛坯。

c. 合理分配表面加工余量和确定孔的加工位置。

② 划线的种类

a. 平面划线。在工件的一个平面上划线，如图 8-65 (a) 所示。

b. 立体划线。在工件的三维方向上划线，如图 8-65 (b) 所示。

③ 划线工具

a. 划线平板。经过精刨和刮削加工的铸铁平板，其上表面是划线的基准面，如图 8-66 所示。

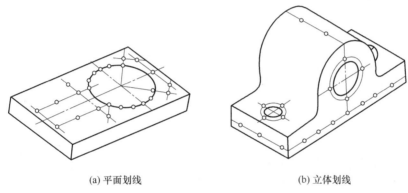

(a) 平面划线　　　　　　　(b) 立体划线

图 8-65　划线的种类

b. 方箱。用于划线时夹持较小的工件。方箱的各相邻表面均互相垂直，通过在平板上翻转方箱，可以在工件表面上划出相互垂直的线来，如图 8-67 所示。

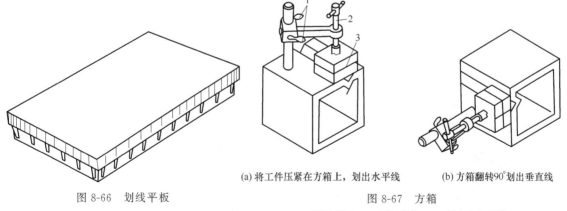

图 8-66　划线平板

(a) 将工件压紧在方箱上，划出水平线　　(b) 方箱翻转90°划出垂直线

图 8-67　方箱

1—紧固手柄；2—压紧螺栓；3—划出的水平线

c. 直角尺。直角尺分为扁直尺和宽座直尺两类，如图 8-68 所示。

d. 划针。划针是在工件上划线的工具。划针尖端须淬硬，其正确用法如图 8-69 所示。

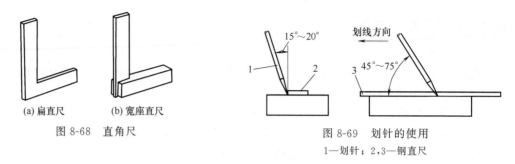

图 8-68　直角尺

图 8-69　划针的使用
1—划针；2,3—钢直尺

e. 游标高度尺。游标高度尺是立体划线的主要工具，作为精密量具，主要用于半成品上已加工面的划线。

f. 划规。划规是圆规式划线工具。其用于划圆或量取尺寸，如图 8-70 所示。

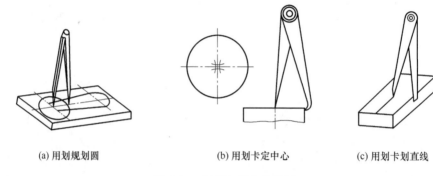

(a) 用划规划圆　　　　(b) 用划卡定中心　　　　(c) 用划卡划直线

图 8-70　划规与划卡的使用

g. 样冲。样冲是在工件上打出样冲眼的工具。打出样冲眼就可固定工件上已划的线条。样冲的用法如图 8-71 所示。

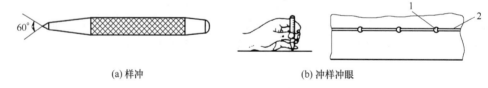

(a) 样冲　　　　　　　　　(b) 冲样冲眼

图 8-71　在线段上冲样冲眼
1—样冲眼；2—线段

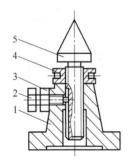

图 8-72　千斤顶
1—底座；2—螺钉；3—锁紧
螺母；4—螺母；5—螺杆

h. 千斤顶。千斤顶用于平板上支承较大或不规则的工件，其高度可以调整，以便找正工件。其结构如图 8-72 所示。

i. V 形铁。V 形铁用于支承圆柱形工件，使工件轴线与平板平行，如图 8-73 所示。

j. C 形夹。C 形夹用于划线时夹紧工件。由 C 形支架和螺杆两部分组成，如图 8-74 所示。

④ 划线过程

a. 准备工作。按图样检查毛坯；清理铸件上的浇道、冒口及黏在表面上的型砂；清理锻件上的飞边及氧化皮；清理半成品上的毛刺、油污；在划线部位涂色；找孔的中心。

b. 选择基准。划线时，以工件上某一个或几个线（或面）

为依据，划出另外的尺寸线，这种作为划线依据的面或线就称为划线基准。一般选重要的中心线或某些已加工过的表面作为划线基准。常用的划线基准有三种。

• 以两个互相垂直的平面为基准，如图 8-75（a）所示。划线前，先加工好两个基准边，并成直角，然后以这两个边为基准划出其他线。

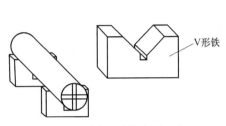

图 8-73 用 V 形铁支承工件

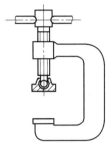

图 8-74 C 形夹

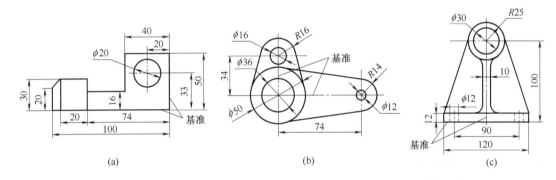

| (a) | (b) | (c) |

图 8-75 常用的划线基准

• 以一个平面与一条中心线为基准，如图 8-75（b）所示。划线前，先将底面加工好，然后划出中心线，再划出其他加工线。

• 以两个相互垂直的中心线为基准，如图 8-75（c）所示。划线时，将工件放在平台上，先根据毛坯轮廓划出两条中心线，然后再根据中心线划出其他的线。

c. 工件的定位。选用适当的工具支承工件，使其有关表面处于合适的位置。一般工件定位采用三点支撑，如图 8-76（a）所示；用已加工过的平面作基准的工件定位，可将其置于平板上，如图 8-76（b）所示；圆柱形工件定位宜用 V 形铁等工具。

d. 划线。划线分为平面划线和立体划线两种。平面划线的方法与机械制图

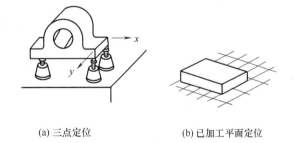

(a) 三点定位　　(b) 已加工平面定位

图 8-76 工件定位

相似，所不同的只是在金属毛坯上直接作图，故此不再叙述。

下面以轴承座的立体划线为例，说明其划线过程，如图 8-77 所示。

• 分析图 8-77（a）所示图样，找出加工面的位置，即底面、$\phi50$ 内孔、两个 $\phi13$ 内孔及两个侧面。其中内孔为最重要部位，划线基准应选在其中心。

• 清理毛坯，检查毛坯是否合格。在须划线的部位涂上涂料，用铅块或木块塞孔，并

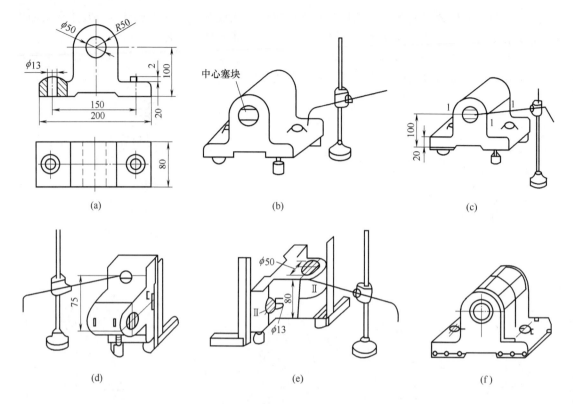

图 8-77　轴承座的划线过程

用三个千斤顶支承工件。

- 根据孔中心及上平面调节千斤顶，使工件水平，如图 8-77（b）所示。
- 划底面加工线和打孔的水平中心线，如图 8-77（c）所示。
- 转 90°，用 90°角尺找正，划打孔的垂直中心线和螺钉孔中心，如图 8-77（d）所示。
- 再翻 90°，用 90°角尺两个方向找正，划螺钉孔另一方向的中心线和大端面加工线，如图 8-77（e）所示。
- 打样冲眼，如图 8-77（f）所示。

（2）錾削

錾削是用锤子锤击錾子对金属材料进行切削加工的钳工工作。

① 手锤的握法

a. 紧握法。用右手五指紧握锤柄，大拇指合在食指上，虎口对准锤头方向，木柄尾端露出 15mm～30mm，在挥锤和锤击过程中五指始终紧握。

b. 松握法。只用大拇指和食指始终握紧锤柄。在挥锤时，小拇指、无名指、中指依次放松；锤击时，又以相反的次序收拢握紧。这种握法的优点是不易疲劳，且锤击力大。

② 錾子的握法

a. 正握法。手心向下，用中指、无名指握住錾子，小拇指自然合拢，食指和大拇指做自然伸直地松靠，錾子头部伸出约 20mm，如图 8-78（a）所示。

b. 反握法。手心向上，手指自然捏住錾子，手掌悬空，如图 8-78（b）所示。

③ 站立姿势　操作时的站立位置，如图 8-79 所示。身体与台虎钳中心线大致成 45°角，且略向前倾。左脚跨前半步，膝盖处稍有弯曲，保持自然，右脚要站稳伸直，不要过于用力。

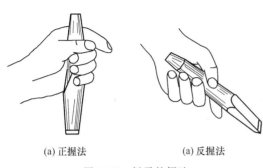

(a) 正握法　　　　(a) 反握法

图 8-78　錾子的握法

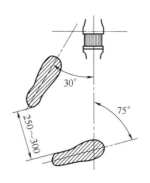

图 8-79　錾削时的站立位置

④ 锤击要领

a. 挥锤。肘收臂提，举锤过肩；手腕后弓，三指微松；锤面朝天，稍停瞬间。

b. 锤击。目视錾刃，臂肘齐下；收紧三指，手腕加劲；锤錾一线，锤肘弧形；左脚着力，右腿伸直。

c. 要求。稳：速度节奏 40 次/min；准：命中率高；狠：锤击有力。

⑤ 錾切板料　如图 8-80 所示，錾切小而薄的板料可先将其夹在台虎钳上，使錾切线与钳口平齐，用扁錾对着板料成 45°左右，沿钳口自右向左进行錾切。

面积较大且较厚（4mm 以上）板料的錾切，可在铁砧上从一面錾开，如图 8-81 所示。

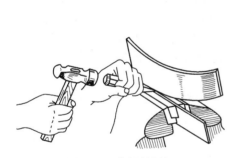

图 8-80　薄板料錾切

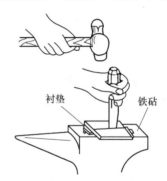

图 8-81　在铁砧上錾切

錾切轮廓较复杂且厚的工件，为避免变形，应在轮廓周围钻出密集的孔，然后切断，如图 8-82 所示。

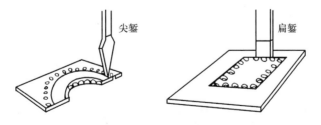

图 8-82　弯曲部分的錾切

(3) 锯削

锯削是用锯对材料或工件进行切断或切槽的加工方法，其加工种类如图 8-83 所示。手锯由锯弓和锯条两部分组成。

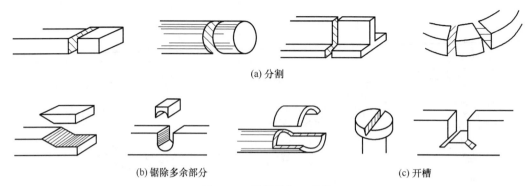

(a) 分割

(b) 锯除多余部分　　　　　　　　　　　　　　(c) 开槽

图 8-83　锯削的加工种类

① 锯弓　锯弓是用来夹持和拉紧锯条的工具，分为可调式和固定式两种锯弓，如图 8-84 所示。可调式锯弓可以安装不同长度的锯条，固定式锯弓只能安装一种长度的锯条。

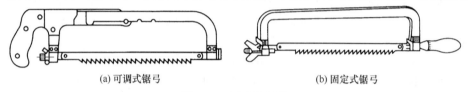

(a) 可调式锯弓　　　　　　　　　　　　(b) 固定式锯弓

图 8-84　锯弓的种类

② 锯条　锯条通常由碳素工具钢制成，并经淬火处理。常用锯条长度为 300mm，宽为 12mm，厚为 0.8mm。锯条的切削部分由许多锯齿组成，锯齿按照一定规律左右错开，在切削过程中形成锯路，避免卡锯和减小摩擦。锯条按齿距大小的不同，可分为粗齿、中齿及细齿。粗齿锯条齿距为 1.8mm，适用于锯软材料或厚的工件；中齿锯条齿距为 1.4mm，适用于锯普通钢、铸铁及中等厚度的工件；细齿锯条齿距为 1.2mm，适用于锯硬材料或薄的工件。

③ 操作方法

a. 锯条的安装。手锯在前推时才起作用，因此锯条安装应使齿尖的方向朝前，如图 8-85 所示。

锯条的松紧要适当。若过紧，锯条会失去弹性，容易折断；若过松，锯条易扭曲，也易折断，且锯缝易歪斜。一般松紧程度以两手指旋紧螺母为适宜。

b. 手锯的握持和锯切姿势。锯切时，手锯的握持方法及锯切动作，如图 8-86 所示。右手满握锯柄，左手轻扶锯弓前端，锯切站立位置与图 8-79 相同。锯切运动一般采用小幅度的上下摆动式运动，即手锯推进时，身体略向前倾，双手随着压向手锯的同时，左手上翘，右手下压；回程时右手上抬，左手自然跟回。

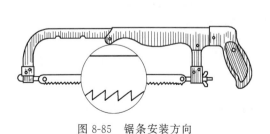

图 8-85　锯条安装方向

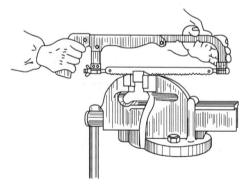

图 8-86　手锯的握法及锯切动作

　　c. 起锯。起锯过程如图 8-87 所示。起锯时，应用左手大拇指靠住锯条，右手稳推手柄，起锯角度稍小于 15°，锯弓往复速度应慢，行程要短，压力要小，锯条平面与工件表面要垂直，锯出切口后，锯弓逐渐改为水平方向。

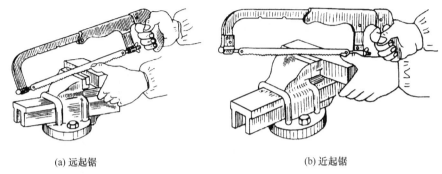

(a) 远起锯　　　　　　　　　　　　　　(b) 近起锯

图 8-87　起锯

（4）锉削

　　锉削是用锉刀对工件表面进行切削加工的操作。

　　① 锉刀　锉刀各部分名称，如图 8-88 所示。锉刀的材料主要为碳素工具钢，如 T13A、T12A 或 T12，刀具成形后经淬火硬化，其切削部分硬度为 $62 \sim 67$HRC。锉刀规格以工作部分的长度表示，常用的有 100mm、150mm、200mm 和 300mm 等多种规格。

　　按齿纹密度（以锉刀齿纹的齿距大小表示）不同，锉刀可分为四种：粗齿锉、中齿锉、细齿锉、油光锉。一般用粗齿锉进行粗加工及加工有色金属；用中齿锉进行粗锉后的加工，如锉钢、铸铁等材料；用细齿锉来锉光表面或锉硬材料；用油光锉进行修光表面工作。

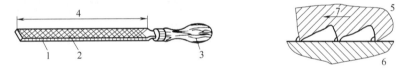

图 8-88　锉刀各部分的名称

1—锉边；2—锉面；3—锉柄；4—工作部分；5—锉刀；6—工件；7—切削方向

　　按截面形状，锉刀可分为平锉、半圆锉、方锉、三角锉和圆锉等，其中以平锉用得最多。锉刀形状及用途，如图 8-89 所示。

　　② 锉削方法

　　a. 平面的锉削方法。锉平面可采用交叉锉法、顺向锉法或推锉法，如图 8-90 所示。交叉锉法一般用于加工余量较大的情况；顺向锉法一般用于最后的锉平或锉光；推锉法一般用于锉削狭长平面。当用顺向锉法推进受阻碍、加工余量较小，又仅要求提高工件表面的完整程度和修正尺寸时，也常采用推锉法。

　　平面的直线度、平面度及两平面间的垂直度可用刀口形直尺和 90°角尺等用透光法来检查。检查方法，如图 8-91 所示。

　　b. 曲面的锉削方法。锉削外圆弧面，一般用锉刀顺着圆弧锉的方法，如图 8-92（a）所示，锉刀在作前进运动的同时绕工件圆弧中心摆动。当加工余量较大时，可先用锉刀横着沿圆弧面锉的方法去除余量，如图 8-92（b）所示，再顺着圆弧精锉。

　　锉削内圆弧面时，应使用圆锉或半圆锉，并使其完成前进运动、左右移动、绕锉刀中心线转动三个动作，如图 8-92（c）所示。

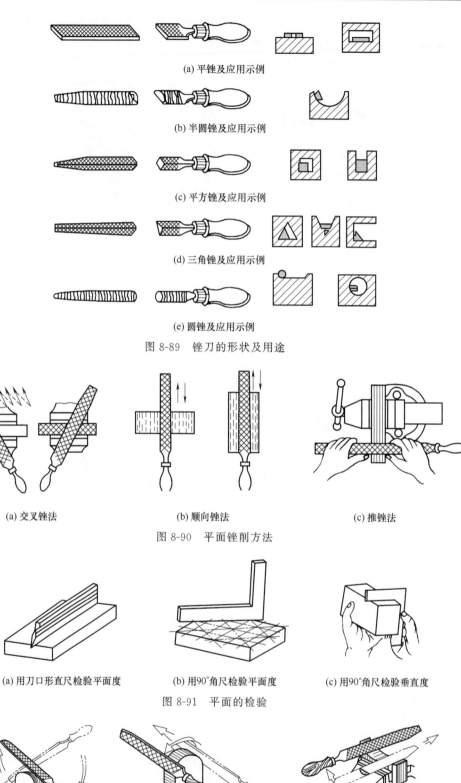

(a) 平锉及应用示例

(b) 半圆锉及应用示例

(c) 平方锉及应用示例

(d) 三角锉及应用示例

(e) 圆锉及应用示例

图 8-89　锉刀的形状及用途

(a) 交叉锉法　　　　　　(b) 顺向锉法　　　　　　(c) 推锉法

图 8-90　平面锉削方法

(a) 用刀口形直尺检验平面度　　　(b) 用90°角尺检验平面度　　　(c) 用90°角尺检验垂直度

图 8-91　平面的检验

(a) 顺着外圆弧面锉　　　　(b) 横着沿外圆弧面锉　　　　(c) 锉内圆弧面

图 8-92　曲面的锉削方法

曲面形体的轮廓检查，可用曲面样板通过塞尺或用透光法进行。

c. 锉削注意事项

- 铸件及锻件的硬皮、黏砂等，须先用砂轮磨去或錾去，然后再锉削。
- 工件须牢固地夹持在台虎钳钳口的中间，且加工部位略高于钳口。夹紧已加工表面时，须在钳口与工件间垫铜或铝制垫片。
- 锉刀必须装柄使用。
- 严禁用手摸刚锉过的表面，以防止再锉时打滑；锉刀不能沾水，以防锈蚀；防止锉刀沾油，否则使用时易打滑。
- 锉面被堵塞后，应用钢丝刷顺着锉纹方向刷去锉屑。
- 锉削速度不可太快，一般约 40 次/min，否则易打滑。
- 不能用嘴吹切屑，以防飞进眼睛。

(5) 螺纹加工

螺纹加工分为攻螺纹和套螺纹两种加工方法。攻螺纹是用丝锥在孔壁上加工内螺纹的操作；套螺纹是用板牙在圆杆上加工外螺纹的操作。

① 攻螺纹　攻螺纹用的工具包括丝锥和铰杠，如图 8-93（a）所示。常用的 M6～M24 丝锥由两支合成一套的，分别称为头锥和二锥。头锥锥角较小，约 7°，切削部分 5～7 个螺距，约到第八牙才是全牙；二锥锥角较大，约 20°，约三、四牙后即为全牙。攻通孔头锥能一次完成，攻不通孔时，需两支交替使用。M6 以下及 M24 以上的丝锥由头锥、二锥和三锥三支丝锥组成一套，依次使用。

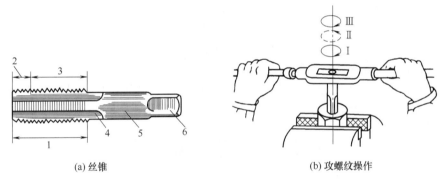

(a) 丝锥　　　　　　　　　　(b) 攻螺纹操作

图 8-93　丝锥与攻螺纹操作

1—工作部分；2—切削部分；3—校准部分；4—槽；5—柄；6—方头

Ⅰ—顺转 1～2 转；Ⅱ—倒转 1/4 转；Ⅲ—再继续顺转

由于攻螺纹时，丝锥有挤压金属的作用，使螺纹牙顶端要凸起一部分，因此，攻螺纹前的底孔直径要大于螺纹的小径，而其值可查表或用下面的经验公式通过计算获得：

a. 对于脆性材料，如铸铁、青铜等

$$d_0 = D - (1.05 \sim 1.1)P \tag{8-7}$$

式中　d_0——钻头直径，mm；

　　　D——内螺纹大径，mm；

　　　P——螺距，mm。

b. 对于塑性材料，如钢、黄铜等

$$d_0 = D - P \tag{8-8}$$

攻螺纹的操作方法，如图 8-93（b）所示。

② 套螺纹　套螺纹用的工具包括板牙和板牙架，如图 8-94（a）所示。板牙有整体式（固定式）和开缝式（可调式）两种。开缝式板牙螺纹的直径可在 0.1～0.25mm 范围内调整。

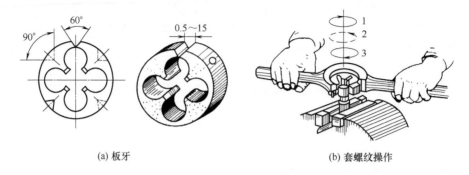

(a) 板牙　　　　　　　　　(b) 套螺纹操作

图 8-94　板牙与套螺纹操作

套螺纹前，应将圆杆端部倒成小于 60° 的锥面，以利于板牙套入。圆杆直径 d_0 可查表或由式（8-9）计算：

$$D_0 = D - 0.13P \tag{8-9}$$

式中　d_0——圆杆直径，mm；

　　　D——外螺纹大径，mm；

　　　P——螺距，mm。

套螺纹的操作方法，如图 8-94（b）所示。

③ 废品及其产生原因　攻螺纹及套螺纹时易出现废品与产生的原因有：

a. 螺纹牙型不完整。产生的原因是孔太大、杆太小。

b. 螺纹被破坏。产生的原因是加工过程中未加润滑剂，定位不正，刃钝，板牙松动，切屑堵塞，丝锥、板牙未及时倒转等。

c. 丝锥断在孔内。产生的原因是孔太小；丝锥未及时倒转；攻入时螺纹攻歪斜或强行纠正；用力过猛，疏忽大意。

8.5　数控机床加工

数控机床是一种自动化程度高、结构复杂且价格较高的先进加工设备。与普通机床相比，数控机床具有加工精度高、加工灵活、通用性强、生产率高和质量稳定等优点，特别适合加工多品种、小批量生产中形状复杂的零件，在机械制造中有着至关重要的地位。

8.5.1　教学用小型数控机床及其操作面板

8.5.1.1　数控机床基本结构

采用的设备为天津三英新技术发展有限公司开发的小型教学用数控机床，具备数控机床基本功能，小巧灵活，操作简便安全。

图 8-95 所示为实验用小型教学用数控铣床。图 8-96 所示为实习用小型教学用数控车床的基本结构。

8.5.1.2　机床坐标系

(1) 机床坐标系的定义

在数控机床上加工零件，机床的动作是由数控系统发出的指令来控制的。为了确定刀架的运动方向和移动距离，就要在机床上建立一个坐标系，这个坐标系称为机床坐标系，它是一个标准坐标系。

（2）机床坐标系的确定

在确定机床坐标系的方向时规定，永远假定刀具相对于静止的工件运动。

数控机床的坐标系采用符合右手定则的笛卡儿坐标系。

数控机床各坐标轴及其正方向的确定原则是：

① 先确定 Z 轴　以平行于机床主轴的刀具运动坐标为 Z 轴，Z 轴正方向是使刀具远离工件的方向。如立式铣床，主轴箱的上、下或主轴本身

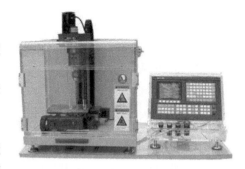

图 8-95　小型教学用数控铣床

的上、下即可定为 Z 轴，且是向上为正。若主轴不能上、下动作，则工作台的上、下便为 Z 轴，此时工作台向下运动的方向定为正向。

② 再确定 X 轴　X 轴为水平方向且垂直于 Z 轴并平行于工件的装夹面。对于立铣或立式加工中心，工作台往左（刀具相对向右）移动为 X 正向。对于卧铣或卧式加工中心，工作台往右（刀具相对向左）移动为 X 正向。对于数控车床，视刀架前后放置方式不同，其 X 正向亦不相同，但都是由轴心沿径向朝外的，如图 8-97 所示。

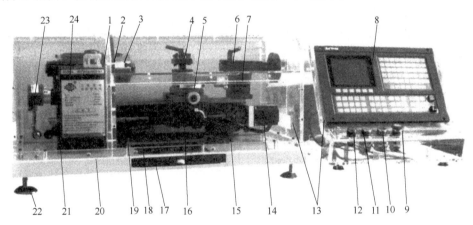

图 8-96　小型教学用数控车床结构

1—主轴箱；2—主轴法兰；3—三爪自定心卡盘；4—电动刀架；5—床鞍滑板；6—尾座体；7—尾座固定螺母；
8—控制系统；9—急停按钮；10—驱动电源关闭；11—驱动电源打开；12—指示灯；13—车床及系统罩壳；
14—步进电动机；15—长丝杠轴承支架；16—溜板箱；17—接屑盘；18—床身及导轨；19—丝杠；
20—机床底盘；21—传动齿轮；22—支承底角；23—编码器；24—电气控制箱

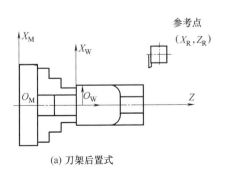

(a) 刀架后置式

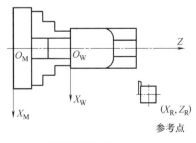

(b) 刀架前置式

图 8-97　车床坐标系统

③ 最后确定 Y 轴　在确定了 X 轴、Z 轴的正方向后，即可按右手定则定出 Y 轴正方向。对于立铣或立式加工中心，工作台往前（刀具相对向后）为 Y 正向。对于卧铣或卧式加工中心，工作台往前（刀具相对向后）为 Y 正向。

8.5.1.3　机床原点与参考点

(1) 机床原点

机床原点，又称为机床零点，是机床上设置的一个固定点，即机床坐标系的原点。它在机床装配、调试时就已调整好，一般情况下不允许用户更改。

机床原点又是数控机床进行加工或位移的基准点。对于车床原点，部分车床将其设在卡盘中心处，部分车床将其设在刀架位移的正向极限位置。

(2) 机床参考点

对于大多数数控机床，开机第一步总是进行返回机床参考点操作。开机回参考点的目的是建立机床坐标系，并确定机床坐标系原点。该坐标系一经建立，只要机床不断电，将永远保持不变，并且不能通过编程对其进行修改。

机床参考点是数控机床上一个特殊位置的点，该点通常位于机床正向极限点处，也有厂家将个别轴设在负向极限附近。机床参考点与机床原点的距离由系统参数设定，其值可以为零。为零时表示机床参考点与机床原点重合；如果其值不为零，则机床开机回零后显示的机床坐标值即系统参数中设定的距离值。

很多机床都将参考点和机床原点设为同一点，所以回参考点也叫"回零"。

数控车床和铣床坐标原点与参考点关系，如图 8-98 所示。

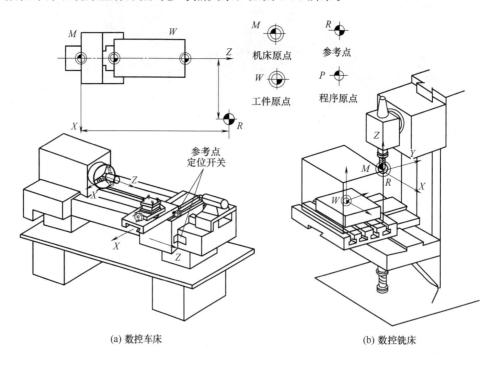

(a) 数控车床　　(b) 数控铣床

图 8-98　机床坐标原点与参考点

8.5.1.4　数控机床操作面板

数控系统控制面板，如图 8-99 所示。

(1) 工作方式选择按键

数控系统按照工作方式键对操作机床的动作进行分类。在选定的工作方式下，只能做相

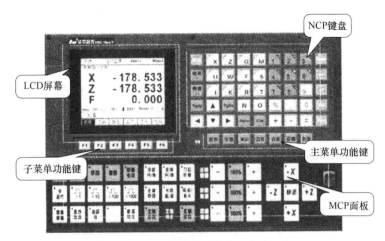

图 8-99 华中数控教学铣床、车床面板

应的操作。例如在"手动"工作方式下,只能做手动移动各轴、手动换刀等工作,不能做连续自动及其他的工件加工。各工作方式的工作范围为:

① 自动 自动连续加工工件,模拟校验加工程序,在 MDI 模式下运行指令。

② 手动 手动换刀、移动各轴,手动松紧卡爪、主轴正反转等工作。

③ 增量 可用于步进和手摇,默认为步进方式。按下此键,置工作方式为手摇,再次按下此键,置工作方式为步进;用于定量移动车床坐标轴,移动距离由倍率调整(当倍率为"×1"时,定量移动距离为 $1\mu m$,可控制车床精确定位,但不连续)。

④ 单段 按下循环启动,程序走一个程序段就停下来;再按下循环启动,可控制程序再走一个程序段。

⑤ 回参考点 可手动返回参考点,建立机床坐标系(机床开机后应先进行回参考点操作)。

(2)机床操作按键

图 8-100 所示为数控机床操作面板,各个功能键功能介绍如下。

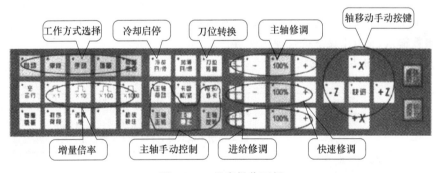

图 8-100 机床操作面板

① 循环启动 "自动""单段"工作方式下有效。按下该键后,机床可进行自动加工或模拟加工(注意自动加工前应正确对刀)。

② 进给保持 加工过程中,按下该键后,刀具相对于工件的进给运动停止;再按下"循环启动"键后,继续运行下面的进给运动。

③ 主轴正转 手动/手摇/单步方式下,按下此键,主轴电动机以机床参数设定的速度正向转动启动,但在反转的过程中,该键无效。

④ 主轴反转　手动/手摇/单步方式下，按下此键，主轴电动机以机床参数设定的速度反向转动启动，但在正转的过程中，该键无效。

⑤ 主轴停止　手动/手摇/单步方式下，按下此键，主轴停止转动，机床正在作进给运动时，该键无效。

⑥ 程序跳段　如程序中使用了跳段符号"/"，当按下该键后，程序运行到有该符号标定的程序段，即跳过（不执行）该段程序；解除该键，则跳动功能无效。

⑦ 刀位转换　按下该键，系统将所选刀具换到工作位上。"手动""增量"和"手摇"工作方式下该键有效。

⑧ 伺服使能　使伺服系统有效或无效。

⑨ 选择停　如果程序中使用了 M01 辅助指令，当按下该键后，程序运行到该指令即停止；再按"循环启动"键，继续运行；解除该键，则 M01 功能无效。

⑩ 空运行　在"自动"方式下，按下该键后，车床以系统最大快移速度运行程序。

⑪ 冷却启停　手动/手摇/单步方式下，按下此键，打开冷却开关，同带自锁的按钮，进行开—关—切换（默认为关）。

⑫ 润滑开停　手动/手摇/单步方式下，按下此键，打开润滑开关，同带自锁的按钮，进行开—关—开切换（默认为关）。

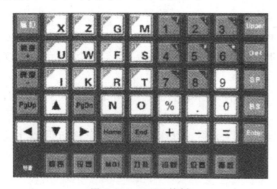

图 8-101　NCP 按键

⑬ +X、+Z、-X、-Z　手动、增量和回零工作方式下有效，确定车床移动的轴和方向。通过该类按键，可手动控制刀具或工作台移动。移动速度由系统最大加工速度和进给速度修调按键确定。

⑭ 快进　同时按下轴方向键和"快进"键时，以系统设定的最大移动速度移动。

(3) NCP 键盘

如图 8-101 所示，NCP 键盘包括标准化的字母键、数字键、编辑操作键和亮度调节键等 45 个按键，其中大部分按键具有上档键功能。当 Upper 键有效（指示灯亮）时，有效的是上档键功能。NCP 键盘用于零件程序的编制、参数输入、MDI 及系统管理操作等。

部分 NCP 按键的功能，见表 8-1。

表 8-1　部分 NCP 按键的功能

序号	图标	功能
1	复位	使所有轴停止运动，所有辅助功能输出无效，车床停止运动，系统呈初始上电状态，清除系统报警信息，加工程序复位
2	亮度+　亮度-	调节显示屏亮度
3	Upper	上档键有效
4	Del	删除当前字符
5	SP	光标向后移并空一格

续表

序号	图标	功能
6	BS	光标向前移并删除前边字符
7	PgDn PgUp	向后翻页或向前翻页
8	▲ ◀ ▼ ▶	移动光标
9	Enter	确认当前操作

(4) 主菜单功能键

如图 8-102 所示，主菜单功能键主要用于选择主功能的操作。

图 8-102　主菜单功能键

(5) 子菜单功能键

子菜单功能键位于液晶显示屏的下方，如图 8-103 所示。

图 8-103　子菜单功能键

用户通过子菜单功能键 Fl～F6 来选择系统相应主菜单下的子功能。系统菜单采用层次结构，按下一个主菜单键后，数控装置会显示该功能下的子操作界面，通过按下子菜单键来执行显示的操作。用户应根据操作需要及菜单的提示，操作对应的功能软键。

(6) 数控系统 MDI 功能键

① 输入 MDI 指令　将工作方式设为自动或单段。MDI 输入的最小单位是一个有效指令字。因此，输入一个 MDI 运行指令段有两种方法：一种方法是一次输入，即一次输入多个指令字信息。另一种方法是多次输入，即每次输入一个指令字信息。

在输入命令时，可在命令行看见输入的内容，按 ENTER 键之前，若发现输入错误，可用 Del、BS、→、←键进行编辑。

例如，要输入"G00 X50 Z100"MDI 运行指令段，可以用以下两种方法输入指令：

a. 直接输入"G00 X50 Z100"，并按 ENTER 键，屏幕上 G、X、Z 的值将分别变为 00、50、100。

b. 先输入"G00"，按 ENTER 键确认，屏幕将显示大字符"G00"；再输入"X50"，并按 ENTER 键确认，再输入"Z100"，并按 ENTER 键确认，屏幕依次显示大字符"X50""Z100"。

② 运行 MDI 指令段　在输入完一个 MDI 指令段后，按一下操作面板上的"循环启动"键，系统即开始运行所输入的 MDI 指令。如果输入的 MDI 指令信息不完整或存在语法错误，系统会提示相应的错误信息，此时不能运行 MDI 指令。

③ 修改某一字段值　在运行 MDI 指令段前，如果要修改输入的某一指令字，可直接在

命令行上输入相应的指令字符及数值。例如：在输入"X100"，并按 ENTER 键后，希望 X 值变为 109，可在命令行上输入"X109"，并按 ENTER 键。

④ 清除当前输入的所有尺寸字数据　在输入 MDI 数据后，按 F2"清除"键，可清除当前输入的所有尺寸字数据（其他指令字依然有效），显示窗口内 X、Z、I、K、R 等字符后面的数据全部消失。此时可重新输入新的数据。

⑤ 停止当前正在运行的 MDI 指令　在系统正在运行 MDI 指令时，按 F1"停止"键，可停止 MDI 指令段的运行。

(7) LCD 屏幕中软键功能

软件操作界面，如图 8-104 所示，系统界面各区域内容如下：

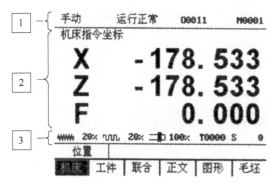

图 8-104　软件操作界面

① 当前加工方式、系统运行状态

a. 工作方式。根据机床控制面板上相应按键的状态，系统工作方式可在自动、单段、手动、增量、回零、急停、复位等之间切换。

b. 运行状态。系统包括"运行正常""报警"及"提示"三种运行状态。

c. 运行程序索引。当前选择的程序名和当前程序段行号。

② 坐标系和显示值　坐标系可在机床坐标系、工件坐标系、相对坐标系之间切换，显示值可在指令位置、实际位置、剩余进给、补偿值之间切换。

③ 进给修调、快速修调、主轴修调、当前刀的刀号及刀偏、主轴速度。

(8) 软件菜单结构

数控系统共有七个主菜单功能键，如图 8-102 所示。每个主菜单下最多有 F1～F6 六个相应的子菜单功能键，如图 8-103 所示，每个功能包括不同的操作。菜单采用层次结构，即在主菜单下选择一个菜单项后，数控装置会显示该功能下的子菜单，用户可根据该子菜单的内容选择所需的操作，如图 8-105 所示。

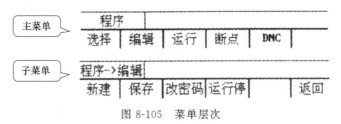

图 8-105　菜单层次

8.5.2　教学用小型数控机床的手动操作

(1) 小型数控机床开关机与手动回参考点操作

① 上电开机操作步骤

a. 检查车床状态是否正常。

b. 检查电源电压是否符合要求。

c. 机床上电。

d. 数控装置上电。

e. 检查面板上的指示灯是否正常。

接通数控装置电源后，系统软件自动运行，进入"位置"主菜单。如图 8-104 所示为系统上电后的软件操作界面，工作方式为"手动"。

② 复位键　使所有轴停止运动，所有辅助功能输出无效，车床停止运动，系统呈初始上电状态，清除系统报警信息，加工程序复位。

③ 返回机床参考点　控制机床运动的前提是建立机床坐标系，为此系统接通电源，复位后，首先应进行机床各轴的回参考点操作。方法如下：

a. 按一下控制面板上"回参考点"按键。

b. 选择移动＋X、＋Y、＋Z（回零方式为正向回零）中的一个，机床沿着所选择的轴方向移动。CRT 上的相应轴坐标变为"0.000"，如图 8-106 所示。所有轴回参考点后，即建立了机床坐标系（车床只有 X、Z 轴）。

④ 急停　机床运行过程中，在危险或紧急情况下，按下"急停"按钮，数控系统即进入急停状态，伺服进给及主轴运转立即停止工作（控制柜内的进给驱动电源被切断）。松开"急停"按钮，数控车床进入复位状态。

注意：在上电和关机之前，应按下"急停"按钮，以减少设备的电冲击。

⑤ 超程解除　在伺服轴行程的两端各有一个极限开关，作用是防止伺服机构碰撞而损坏。每当伺服机构碰到伺服极限开关时，就会出现超程。当某轴出现超程时，系统视其情况为紧急停止，要退出超程状态时，可进行如下操作：

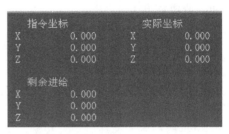

图 8-106　CRT 界面上的显示值

a. 直接按复位键，使系统复位。

b. 在手动方式下，向相反方向移动该轴。

⑥ 关机

a. 断开伺服电源。

b. 断开数控电源。

c. 断开机床电源。

(2) 运行控制

① 启动自动运行　系统调入零件加工程序，经检验无误后，可正式启动运行：

a. 按一下机床控制面板上的"自动"按键（指示灯亮），进入程序自动运行方式；

b. 按一下机床控制面板上的"循环启动"按键（指示灯亮），机床自动运行调入的零件加工程序。

② 暂停运行　在程序运行的过程中，需要暂停运行时，可按下述步骤操作：

a. 在程序运行的任何时刻、任何位置，按一下机床控制面板上的"进给保持"按键（指示灯亮），系统处于进给保持状态；

b. 再按一下机床控制面板上的"循环启动"按键（指示灯亮），机床又开始运行调入的零件加工程序。

③ 终止程序运行　在程序运行的过程中，需要终止运行时，可按下述步骤操作：

a. 在程序运行的任何位置，按一下机床操作面板上的"进给保持"按键（指示灯亮），系统处于进给保持状态。

b. 按下机床控制面板上的"手动"键，将机床 M、S 功能关掉。

c. 如要退出系统，可按"急停"键，终止程序运行。

d. 如果要中止当前程序的运行，又不退出系统，可按下"程序"键，再依次按下 F2（编辑）、F4"运行停""Y"或 ENTER 键，即可中止程序。

④ 从任意行执行　在自动运行暂停状态下，除了能从暂停处重新启动程序继续运行外，还可控制程序从任意行执行。

先按下机床控制面板上的"进给保持"按键（指示灯亮），选择程序后，按"程序"下的 F3"运行"，再按下 F3"任意行"，系统提示输入要开始运行的行号，输入行号后，按下"循环启动"按键，系统从当前程序输入行开始运行。

⑤ 空运行　在自动或单段方式下，按下机床控制面板上的"空运行"按键（指示灯亮），车床处于空运行状态。程序中编制的进给速度被忽略，坐标轴以最大快移速度移动。空运行不做实际切削，目的在于确认切削路径及程序。在实际切削时，应关闭此功能，否则可能会造成危险。

注意：此功能对螺纹切削无效。

⑥ 单段运行　按下机床控制面板上的"单段"按键（指示灯亮），系统处于单段运行方式，程序控制将逐段执行。

a. 按下机床控制面板上的"循环启动"按键，运行一程序段，机床运动轴减速停止，刀具、主轴电动机停止运行。

b. 再按一下"循环启动"按键，又执行下一程序段，执行完又再次停止。

⑦ 运行时干预

a. 进给速度修调　在自动或单段方式下，当 F 代码编程的进给速度偏高或偏低时，可按下进给修调按钮，修调程序中编制的进给速度，修调范围为 $0 \sim 150\%$。

b. 快速移动修调　在自动或单段方式下，可用转动快速修调按钮，修调 G00 快速移动时系统参数"最高快移速度"设置的速度。转一格，快速修调倍率递增或递减 10%。

⑧ 主轴修调　在自动或单段方式下，当 S 代码编程的主轴速度偏高或偏低时，可用三个主轴修调按键，修调程序中编制的主轴速度（攻螺纹指令除外）。

按下"主轴 100%"按键（指示灯亮），主轴修调倍率被置为 100%。按一下主轴修调"＋"按键，主轴修调倍率递增 10%。按一下主轴修调"－"按键（指示灯亮），主轴修调倍率递减 10%，修调范围为 $10\% \sim 150\%$。

机械齿轮换挡时，主轴速度不能修调。

(3) 工件坐标系的设置

① 工件坐标系的建立　机床坐标系的建立保证了刀具在机床上的正确运动。为了便于尺寸计算与检查，加工程序的坐标原点一般都尽量与零件图样的尺寸基准一致。这种针对某一工件，并根据零件图样建立的坐标系，称为工件坐标系，又称编程坐标系。

② 工件坐标系原点　工件坐标系原点即为编程原点。车床一般选择工件右端面与轴线交点为编程原点。

③ 坐标系的设置方法　该步骤常用来在试切对刀时，分别对 X、Y、Z 轴建立工件坐标系。按下主菜单"设置"功能键，按下子菜单功能键 F1，可以设置自动坐标系 G54 $\sim$ G59。以车床为例，输入格式"X10 Z10"或"Z10 X10"，两者的功能相同，均为把 X 轴坐标值设为 10，Z 轴坐标值设为 10，系统显示，如图 8-107 所示。按下 PgDn 键，还可以设置"当前工件坐标系"和"当前相对值零点"，输入方法相同。输入后，按"ENTER"键确认，新的坐标值立刻生效，并在屏幕上显示出来。在按"ENTER"键之前，若发现输入错误，可用 Del、BS、→、←键进行编辑。

其他坐标系的设置，请参考上述操作方法。

（4）数控机床常用刀具的对刀过程

数控程序一般按工件坐标系编程，对刀的过程就是建立工件坐标系与机床坐标系之间关系的过程。

下面分别具体说明车床及铣床对刀的方法，这里主要介绍试切法对刀。其中将工件上表面中心点（铣床）、工件右端面中心点（车床）设为工件坐标系原点。

将工件上其他点设为工件坐标系原点的对刀方法类似。

手动		运行正常	0001	N0001
自动坐标系 G54			机床实际位置	
X	0.000		4.027	
Z	0.000		279.688	

设置	坐标值：x10z10			
G54-59	相对零	浮动零	PLC	系统

图 8-107　坐标系的设置

① 数控车床常用刀具对刀

a. 1 号刀（外圆刀）对刀

• Z 向对刀。手动方式下，将刀具移至工件附近，主轴转动，试切一次工件的端面。原方向退刀后，选择主菜单功能键"刀补"，选择"长度"，输入"0"，按"ENTER"键，如图 8-108 所示。

• X 向对刀。试切一次工件的外圆，如图 8-109 所示，原方向退刀后主轴停止→测量已加工表面→选择直径→输入测量值，按"ENTER"键，对刀完毕。

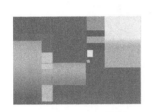 

图 8-108　外圆刀 Z 向对刀图

图 8-109　外圆刀 X 向对刀图

b. 2 号刀（车断刀）对刀

• Z 向对刀。将刀具移至工件附近，将车断刀左刀尖靠近工件端面，X 向退刀后，选择主菜单功能键"刀补"，选择"长度"，输入"0"，按"ENTER"键。

• X 向对刀。试切一次工件的外圆，原方向退刀后主轴停止→测量已加工表面→选择直径→输入测量值，按"ENTER"键，对刀完毕。

c. 3 号、4 号刀对刀　对刀方式同 2 号刀对刀。

注意：试切工件外圆后，未输入试切直径时，不得移动 X 轴。试切工件端面后，未输入试切长度时，不得移动 Z 轴。试切直径和试切长度都需输入、确认。打开刀偏表，试切长度和试切直径均显示为"0.000"，即使实际的试切长度或试切直径也为零，仍然必须手动输入"0.000"，按"ENTER"键确认。

② 数控铣床对刀

a. X 向对刀。主轴转动，手动模式下，移动工件或刀具，让刀具接近工件右侧 2mm 以上，转为点动方式，使刀具刚好接触到工件右侧（观察，听切削声音、看切痕、看切屑，只要出现其中一种情况即表示刀具接触到工件），保持工件和刀具不动，如图 8-110 所示。点击设置主菜单功能键，进入手动建立 G54 工件坐标系界面，选中 X 轴，点击"位置""测量""记录I"，系统自动记录当前机床坐标值I。Z 轴抬刀，移动 X 坐标轴，同样的方法试切工件左侧面，保持工件和刀具不动，点击"记录II"，系统自动记录当前机床坐标值II。点击"分中"，系统自动计算 $X=(X\mathrm{I}+X\mathrm{II})/2$，并将计算结果设定为 G54 X 轴零点位置。

图 8-110   数控铣床 X 向对刀

b. Y 向对刀。Y 方向对刀采用 X 向对刀同样的方法，得到工件中心的 Y 坐标。

c. Z 向对刀。Z 轴利用刀具端面直接与工件上表面接触（注意刀具特别是立铣刀时最好在工件边缘下刀，刀的端面接触工件表面的面积小于半圆，尽量不要使立铣刀的中心孔在工件表面下刀），使刀具端面恰好碰到工件上表面，如图 8-111 所示。点击"位置""测量"，系统自动记录 Z 值，即为 G54 Z 轴零点位置。

通过对刀得到的坐标值（X，Y，Z）或（X，Z）（车床），即为工件坐标系原点在机床坐标系中的坐标值。

图 8-111   数控铣床 Z 向对刀

8.5.3   常用数控加工指令及含义

8.5.3.1   数控加工

数控加工是指在数控机床上自动加工零件的工作过程。数控加工的实质是，数控机床按照事先编制好的加工程序并通过数字控制过程，自动对零件进行加工。

数控加工过程主要包括分析图样、工件的定位与装夹、刀具的选择与安装、编制数控加工程序、试切削或试运行、数控切削加工、工件的验收与质量误差分析等内容。

8.5.3.2   数控编程规则

(1) 小数点编程

数控编程时，数字单位以米制为例，分为两种：一种以毫米为单位；另一种以脉冲当量为单位。现在大多数机床常用的脉冲当量为 0.001mm。

对于数字的输入，有些系统（如华中系统）可以省略小数点，而大部分系统（如FAUNC 系统）不可以省略小数点。对于不可以省略小数点的编程系统，数字以毫米（英制为英寸，角度为度）为输入单位，而当不用小数点输入时，则以机床的最小输入作为输入单位。

(2) 米制、英制编程

坐标功能字是使用米制还是英制，多数系统用准备功能字来选择，华中系统采用 G21/G20 来进行米制、英制的切换。其中 G21 表示米制，G20 表示英制。

如 G20 G01 X10 表示刀具向 X 轴正向移动 30in；G21 G01 X10 表示刀具向轴正向移

动 30mm。

米制和英制对旋转轴无效，旋转轴的单位总是度（deg）。

（3）绝对坐标（G90）与增量坐标（G91）

指令格式：G90 X..... Y...... Z......

G91 X...... Y...... Z......

说明：

① G90 绝对编程，每个编程坐标轴上的编程值是相对程序原点的。绝对编程时，用 G90 指令后面的 X、Y、Z 表示 X 轴、Y 轴、Z 轴的坐标值。

② G91 增量编程，每个编程坐标轴上的编程值是相对于前一个位置而言的，该值等于沿坐标轴移动的有效距离。增量编程时，用 U、W（车床）或 G91 后面的 X、Y、Z（铣床）表示 X 轴、Y 轴、Z 轴的增量值。其中，表示增量的字符 U、W 不能用于循环指令 G80、G81、G82、G71、G72、G73、G76 程序段中，但可以用于定义精加工轮廓的程序中。

【例 8-1】 对图 8-112 所示的直线段 AB 编程。

【解】

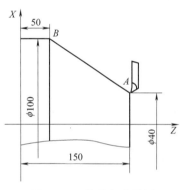

图 8-112 编程方式示例

绝对编程：

G90 G01 X100.0 Z50.0

增量编程：

G91 G01 X60.0 Z−100.0

在 FANUC 系统的机床中用 X、Z 表示绝对编程，用 U、W 表示相对编程，允许在同一程序段中混合使用绝对编程和相对编程方法。如图 8-112 直线 AB，其编程可用：

绝对编程：

G01 X100.0 Z50.0

相对编程：

G01 U60.0 W−100.0

混用编程：

G01 X100.0 W−100.0 或 G01 U60.0 Z50.0

这种编程方法不需要在程序段前用 G90 或 G91 来指定。

（4）直径编程与半径编程

当地址 X 后所跟的坐标值是直径时，称直径编程。如上述直线 AB 的编程例子。

当地址 X 后所跟的坐标值是半径时，称半径编程。则上述应写为 G90 G01 X50.0 Z50.0。

注：

① 直径或半径编程方式可在机床控制系统中用参数来指定。

② 无论是直径编程还是半径编程，圆弧插补时 R、I 和 K 的值均以半径值计量。

8.5.3.3 常用编程指令格式及含义

数控程序是若干个程序段的集合，每个程序段独占一行。每个程序段由若干个字组成，每个字由地址和跟随其后的数字组成，地址是一个英文字母。一个程序段中各个字的位置没有限制，但是，长期以来，表 8-2 的排列方式已经成为大家都认可的方式。

在一个程序段中间如果有多个相同地址的字出现，或者同组的 G 功能，取最后一个有效。

表 8-2   程序段中字母的含义

字母	N	G	X、Y、Z	F	S	T	M	LF
含义	行号	准备功能	位置代码	进给速度	主轴转速	刀具号	辅助功能	行结束

（1）行号

程序的行号，可以不要，但是若有行号，在编辑时会方便些。行号可以不连续，行号最大为 9999，超过 9999 后，再从 1 开始。

选择跳过符号"/"，只能置于一程序的起始位置。如果有这个符号，并且机床操作面板上"选择跳过"打开，本条程序不执行。这个符号多用在调试程序，如在开冷却液的程序前加上这个符号，在调试程序时可以使这条程序无效，而正式加工时使其有效。

（2）准备功能

地址"G"和数字组成的字表示准备功能，也称为 G 功能。G 功能根据其功能分为若干个组，在同一条程序段中，如果出现多个同组的 G 功能，那么取最后一个有效。

G 功能分为模态与非模态两类。一个模态 G 功能被指令后，直到同组的另一个 G 功能被指令才无效。而非模态的 G 功能仅在其被指令的程序段中有效。如：

N10 G01 X250 Y300

N11 G04 X100

N12 G01 Z-120

N13 X380 Y400

在 N12 这条程序中出现了"G01"功能，由于这个功能是模态的，所以尽管在 N13 这条程序中没有"G01"，但是其作用还是存在的。常用的 G 功能指令，见表 8-3。

表 8-3   常用 G 功能指令

代码	组	意义	代码	组	意义	代码	组	意义
* G00		快速点定位	* G40		刀补取消	G73		车闭环复合循环
G01		直线插补	G41	07	左刀补	G76		车螺纹复合循环
G02		顺圆插补	G42		右刀补	G90		车外圆固定循环
G03		逆圆插补	G92	00	局部坐标系设置	G94		车端面固定循环
G33		螺纹切削	G54		零点	G92		车螺纹固定循环
G04	00	暂停延时	G59		偏置	G90		绝对坐标编程
G70		英制单位	G65	00	简单宏调用	G91		增量坐标编程
* G71		公制单位	G66		宏指令调用	G92	00	工件坐标系指定
G74		回参考点	G67		宏调用取消	* G94		每分钟进给方式
G75	06	回固定点	G71		车外圆复合循环	G95		每转进给方式
G26		参考点返回	G72		车端面复合循环			

注：1. 表内 00 组为非模态指令，只在本程序段内有效。其他组为模态指令，一次指定后持续有效，直到被本组其他代码所取代。

2. 标有 * 的 G 代码为数控系统通电启动后的默认状态。

（3）辅助功能

地址"M"和两位数字组成的字表示辅助功能，也称为 M 指令。其格式 M 后可跟 2 位数，如 M02。

非模态 M 功能（当段有效代码），只在书写了该代码的程序段中有效。

模态 M 功能（续效代码），一组可相互注销的 M 功能。这些功能在被同一组的另一个功能注销前一直有效。常用 M 指令功能见表 8-4。

（4）主轴转速

地址 S 后跟几位数字，单位 r/min。

表 8-4 常用 M 指令功能

代码	模态	功能说明	代码	模态	功能说明
M03	模态	主轴正转启动	M00	非模态	程序停止
M04	模态	主轴反转启动	M01	非模态	选择停止
M05	模态	主轴停止转动	M02	非模态	程序结束
M07	模态	切削液打开(铣)	M30	非模态	程序结束,返回程序起点
M08	模态	切削液打开(车)	M98	非模态	调用子程序
M09	模态	切削液关	M99	非模态	子程序结束

格式：Sxxxx

（5）进给功能

地址 F 后跟四位数字，单位 mm/min。

格式：Fxxxx

尺寸字地址：X，Y，Z，I，J，K，R。

数值范围：＋999999.999mm～－999999.999mm。

（6）刀具号

格式：Txx 或 TxDx。

其中 Txx 为 FANUC 系统的格式。T 后第一个 x 为刀具号，第二个 x 为刀补的地址。

TxDx 为西门子系统的格式。T 后的 x 为刀具号，D 后的 x 为刀补的地址。

8.5.3.4 基本编程指令及用法

（1）数控车床基本编程指令

① G00、G01——点、线控制

格式：G90 （G91） G00 X…… Z……

　　　　G90 （G91） G01 X…… Z…… F……

G00 用于快速点定位，G01 用于直线插补加工。

【例 8-2】 如图 8-113 所示，从 A 到 B 的直线段 AB 编程。

【解】

绝对编程：

G90 G00 Xxb Zzb

G90 G01 Xxb Zzb Ff

增量编程：

G91 G00 X （xb－xa） Z （zb－za）

G91 G01 X （xb－xa） Z （zb－za） Ff

说明：

a. G00 时，X、Z 轴分别以该轴的快进速度向目标点移动，行走路线通常为折线。图 8-113 所示的 AB 段，G00 时，刀具先以 X、Z

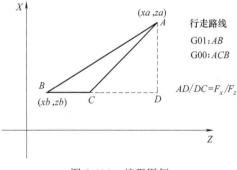

图 8-113 编程图例

的合成速度方向移到 C 点，然后再由余下行程的某轴单独地快速移动到 B 点。

b. G00 时，轴的移动速度不能由 F 代码来指定，只受快速修调倍率的影响。一般情况下，G00 代码段只能用于工件外部的空程行走，不能用于切削行程中。

c. G01 时，刀具以 F 指令的进给速度由 A 向 B 进行切削运动，并且控制装置还需要进行插补运算，合理地分配各轴的移动速度，以保证其合成运动方向与直线重合。G01 时的实际进给速度等于 F 指令速度与进给速度修调倍率的乘积。

② G02、G03——圆弧控制

G02 X(U)......Z(W)......R......(I......K......)F......

G03 X(U)......Z(W)......R......(I......K......)F......

【例 8-3】 如图 8-114 所示，从 A 到 B 的弧 AB 和从 B 到 C 的弧 BC 编程。

【解】

弧 AB 的编程：

绝对编程

G02 Xxb Zzb Rr1 Ff 或 G02 Xxb Zzb I(x1−xa)/2 K(z1−za)Ff

增量编程

G02 U(xb−xa)　 W(zb−za)　 Rr1 Ff 或 G02 U(xb−xa)　 W(zb−za)　 I(x1−xa)/2 K(z1−za)　 Ff

弧 BC 的编程：

绝对编程

G03 Xxb Zzc Rr2 Ff 或 G03 Xxb Zzc I(x2−xb)/2 K(z2−zb)　 Ff

增量编程

G03 U(xc−xb)　 W(zc−zb)　 Rr2 Ff 或 G03 U(xc−xb)　 W(zc−zb)　 I(x2−xb)/2 K(z2−zb)　 Ff

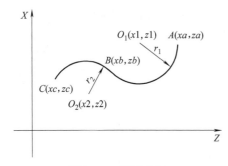

图 8-114　圆弧控制

说明：

a. G02、G03 时，刀具相对工件以 F 指令的进给速度从当前点向终点进行插补加工，G02 为顺时针方向圆弧插补，G03 为逆时针方向圆弧插补。

b. 圆弧半径编程时，当加工圆弧段所对的圆心角为 0°～180° 时，R 取正值；当圆心角为 180°～360° 时，R 取负值。同一程序段中，I、K、R 同时指令时，R 优先，I、K 无效。

c. X、Z 同时省略时，表示起点和终点重合。若用 I、K 指令圆心，相当于指令了 360° 的弧；若用 R 编程时，则表示指令为 0° 的弧。

G02（G03）　I——整圆；G02（G03）　R——不动。

d. 无论用绝对还是用相对编程方式，I、K 都为圆心相对于圆弧起点的坐标增量，为零时可省略。也有的机床厂家指令 I、K 为起点相对于圆心的坐标增量。

e. 圆弧插补 G02/G03 的判断。在加工平面内，根据其插补时的旋转方向（顺时针或逆时针）来区分，如图 8-115 所示。加工平面为观察者迎着 Y 轴的指向所面对的平面（从 Y 轴正方向向负方向看，关键是判断 Y 轴方向）。

（2）数控铣床基本编程指令

① G00——点的控制

格式：G00 X......Y......Z......

说明：

绝对编程时，快速定位终点在工件坐标系中的坐标；增量编程时，快速定位终点相对于起点的位移量。F 为合成进给速度。

② G01——线的控制

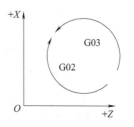

(a) 后置刀架，X 轴朝上

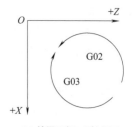

(b) 前置刀架，X 轴朝下

图 8-115　圆弧插补 G02/G03 的判断

格式：G01 X⋯⋯ Y⋯⋯ Z⋯⋯ A⋯⋯ F⋯⋯

说明：

X，Y，Z，A——线性进给终点；F——合成进给速度。

③ G02、G03——圆弧控制

XY 平面内的圆弧：

$$G17 \begin{Bmatrix} G02 \\ G03 \end{Bmatrix} X⋯⋯ Y⋯⋯ \begin{Bmatrix} R⋯⋯ \\ I⋯⋯ \quad J⋯⋯ \end{Bmatrix}$$

ZX 平面的圆弧：

$$G18 \begin{Bmatrix} G02 \\ G03 \end{Bmatrix} X⋯⋯ Z⋯⋯ \begin{Bmatrix} R⋯⋯ \\ I⋯⋯ \quad K⋯⋯ \end{Bmatrix}$$

YZ 平面的圆弧：

$$G19 \begin{Bmatrix} G02 \\ G03 \end{Bmatrix} X⋯⋯ Z⋯⋯ \begin{Bmatrix} R⋯⋯ \\ J⋯⋯ \quad K⋯⋯ \end{Bmatrix}$$

说明：

X，Y，Z——圆弧终点；I，J，K——圆心相对于圆弧起点的偏移量；R——圆弧半径（当圆弧圆心角小于 180°时 R 为正值，否则 R 为负值）；F——被编程的两个轴的合成进给速度。

（3）简单编程示例（车削）

以 FANUC 系统为例，精车如图 8-116 所示的零件。

该零件车削的整体程序由程序头、程序主干及程序尾组成。

一般情况下，程序头包括程序番号、建立工件坐标系、启动主轴、开启切削液、从起刀点快进到工件要加工的部位附近等准备工作，如表 8-5 示例程序里前部带下划线的程序段。程序主干则是由具体的车削轮廓的各程序段组成，有必要的话可含子程序调用。程序尾包括快速返回起刀点、关主轴和切削液、程序结束停机等，如表 8-5 示例程序里后部带下划线的程序段。

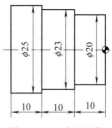

图 8-116　编程示例

8.5.3.5　程序开始与程序结束

针对不同的数控系统，其数控加工程序的程序开始和程序结束是相对固定的，因此程序开始和程序结束可以编写成相对固定的格式。

表 8-5　示例程序

FANUC 系统加工程序		
O0002		
G99 S500 M3	让主轴以 500r/min 正转	
T21	调用刀具，建立工件坐标系	程序头
G00 X100.0 Z200.0	刀具快速定位到起刀点（换刀点）	
X20.0　Z2.0	刀具快速移动接近毛坯的右端	
G01 Z0.0　F0.1	工进到工件端面 $F0.1$mm/r	
Z−10.0	工进车外圆 $\phi20$	
X23.0		
Z−20.0	工进车外圆 $\phi23$	程序主干
X25.0		
Z−30.0	工进车外圆 $\phi25$	
X27.0	刀具离开工件	
G00 X100.0 Z200.0	退刀至起刀点	
M05	主轴停转	程序尾
M30	程序结束	

如：O0001

G94 C40 G21　　　　（mm/min，取消刀具补偿，米制输入制式）

G28 X15Z30　　　　 （回参考点，为换刀做准备）

T0101　　　　　　　 （换刀并导入该刀刀补）

M03 S800　　　　　 （主轴正转，转速为 800r/min）

…

…

…

G28 X15Z30　　　　 （返回参考点）

M05　　　　　　　　 （主轴停止）

M30　　　　　　　　 （程序结束并复位）

8.5.3.6　数控程序的录入和调取

(1) 数控程序的输入

① 按功能键区的 "MDI" 功能按键或者将功能旋钮旋至 "MDI" 功能位置，切换到机床 MDI 界面。

② 在菜单行上部的提示输入行上将出现光标，在光标处输入想要执行的 MDI 程序段，此时可左右移动光标以修改程序。

如输入：G90 G01 X20.0 Z－20.0 F200

　　　　G91 G01 U20.0 W－20.0 F0.2

③ 按功能键区的 "自动" 键选择为自动运行方式。

④ 按 "循环启动" 键，则所输入的程序将立即运行。

⑤ 在运行过程中，按 "循环停止" 键，则刀具将停止运动，但主轴并不停转，此时再按 "循环启动" 键即可继续运行程序。

(2) 数控程序的调用

① 要想调入已编写好的程序，西门子系统中在程序管理界面下移动光标选择已编好的程序，FANUC 系统中在程序编辑界面下输入程序名，按向下光标键调出程序。

② 当用上述方法调入某程序，并对好刀后，即可按 "循环启动" 键开始自动运行。如中途想暂停运行，可按机床面板上的 "进给保持" 键，则 X、Z 轴方向的进给将暂时停止，直至再按 "循环启动" 时便可继续执行（此时主轴并不停转，若要主轴停，应按 "主轴停转" 键，但按循环启动前必须先按 "主轴正转" 键，启动主轴）。若想彻底中断程序的继续运行，可按操作面板上的 "循环停止" 键中止自动运行。

需要注意的是，程序中尽量避免写入系统不能识别的指令，应牢记，程序格式的基本组成是一个字母后跟一些数字，不允许出现连续两个字母，或缺少字母的连续两组数字。特别强调的是，字母 "O" 和数字 "0" 不能写混。

8.5.4　数控机床相关要求及操作规程

(1) 数控机床安全操作规程

数控机床操作者应养成文明操作的良好习惯和严谨的工作作风，具有良好的职业素质、责任心，重视数控机床的操作注意事项，严格遵守数控机床安全操作规程，做到安全操作、文明操作。

① 严格按机床和系统的使用说明书正确、合理地操作机床。

② 数控机床的开机、关机顺序，一定要按照机床说明书的规定操作。

③ 主轴启动开始切削之前，一定要关好防护罩门。程序正常运行中，严禁开启防护罩门。

④ 在每次电源接通后，必须先完成各轴的返回参考点操作，然后再进入其他运行方式，以确保各轴坐标的正确性。

⑤ 加工程序必须经过严格校验，方可进行操作运行。

⑥ 手动对刀时，注意选择合适的进给速度。手动换刀时，刀架距工件要有足够的转位距离，以免发生碰撞。

⑦ 加工过程中一定要提高警惕，将手放在"急停"（红色）按钮上。若出现紧急情况，如工件跳动、打抖、声音异常等，可按下"急停"按钮，停车处理，以确保人身和设备安全。

⑧ 机床发生事故，操作者要注意保留现场，并向相关人员如实说明事故发生前后的情况，以利于分析问题，查找事故原因。

⑨ 不得随意更改数控系统内部制造厂设定的参数。

(2) 数控机床安全操作注意事项

① 不允许戴手套操作数控机床，也不允许扎领带。

② 不要在数控机床周围放置障碍物，工作空间应足够大。

③ 某项工作如需要两个人或多人共同完成时，应注意相互沟通，以保证动作协调一致。

④ 数控机床开始预热前，应首先认真检查润滑系统工作是否正常。如数控机床长时间未使用，可先用手动方式使用油泵向各润滑点供油。

⑤ 注意检查卡盘夹紧工件的力矩是否合理，必须确认工件夹紧。

⑥ 禁止用手接触刀尖和铁屑，铁屑要用毛刷或钩子来清理。

⑦ 禁止用手或其他任何方式接触正在旋转的主轴、工件及其他运动部位。

⑧ 不允许在主轴旋转时进行刀具的安装、拆卸。

⑨ 及时清理加工切下的铁屑。

(3) 数控机床工作的中断

在加工过程中需要停机时，可以从进给保持开关或复位键中选一个最方便的进行操作。

① 进给保持开关　该开关在数控机床自动运行时有效。按下该开关，机床各滑板的进给运动停止，但主轴及 M 功能的执行不受影响。

② 复位键　不论在何种方式下，该开关均有效。按下该开关，NC 单元立即进入终止状态，所有功能均被终止。

(4) 工作完成后的注意事项

① 清除铁屑，打扫数控机床，使机床和工作环境均保持清洁状态。

② 检查润滑油、冷却液的状态，根据情况及时报告添加或更换。

③ 依次关掉机床操作面板上的电源开关和总电源开关。

第9章

机械加工工艺规程设计

9.1 机械加工质量及其控制

机器零件的质量影响机器的使用性能和寿命。影响机器产品质量的因素包括零件的材料、毛坯的制造方法、零件的热处理、零件的机械加工及零件间的装配等。机器产品的质量不仅决定于技术，也与企业管理状况有关。大多数零件是通过机械加工获得的，机械加工质量是影响机器使用性能和寿命的一个重要因素。

9.1.1 机械加工质量的概念

零件的机械加工质量包括加工精度和表面质量两个方面。

(1) 加工精度

由于种种原因，机械加工后所获得的零件各表面的尺寸、形状以及各表面间的相互位置不可能绝对准确，总会存在一定的误差，这就是加工误差。零件经过机械加工后，各表面的实际尺寸，实际形状和实际相互位置与其理想值的接近程度称为加工精度。实际值愈接近理想值，则加工精度愈高，即加工误差愈小。

零件的加工精度包括三方面的内容：

① 尺寸精度 指零件的直径、长度和表面间距离等尺寸的实际值和理想值的接近程度。

② 形状精度 指零件表面或线的实际形状和理想形状的接近程度，国家标准中规定用直线度、平面度、圆度、圆柱度、线轮廓度和面轮廓度等作为评定形状精度的项目。

③ 位置精度 指零件表面或线的实际位置和理想位置的接近程度，国家标准中用平行度、垂直度、同轴度、对称度、位置度、圆跳动和全跳动等作为评定位置精度的项目。

零件的尺寸精度与调整、测量有关，也与刀具的制造和磨损等有关。零件的形状主要依靠刀具和工件相对成形运动来获得，所以形状精度取决于成形运动的精度，有时也取决于刀刃的形状误差（用成形刀具加工的表面）。零件的位置精度则受机床精度以及工件装夹方法等的影响。

以上三者之间是有联系的。形状误差应限制在位置公差之内，而位置误差又应限制在尺寸公差之内。当尺寸精度要求高时，相应的位置精度、形状精度也要求高，但形状精度要求高时，相应的位置精度和尺寸精度有时不一定要求高，这要根据零件的功能要求来确定。

一般情况，零件的加工精度要求越高，其加工成本就越高。通常把某种加工方法，在正常条件下（采用符合质量标准的设备、工艺装备和标准技术等级的工人，不延长加工时间）所能保证的加工精度，称为加工经济精度。

（2）表面质量

表面质量是指机械加工后零件表面层的状况，包括表面几何形状和表面层物理、力学性能两方面内容：

① 表面几何形状误差　加工表面几何形状误差按相邻两波峰或两波谷之间的距离（即波距）的大小区分为表面粗糙度和表面波度。

a. 表面粗糙度。表面粗糙度指已加工表面波距在 1mm 以下的微观几何形状误差，如图 9-1 所示中的 H_1（H_1 表示表面粗糙度的高度）。表面粗糙度是由于加工过程中的残留面积、塑性变形、积屑瘤、鳞刺以及工艺系统的高频振动等原因造成的。

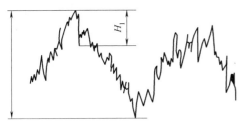

图 9-1　表面粗糙度与表面波度

b. 表面波度。表面波度指已加工表面波距为 $1\sim10mm$ 的几何形状误差，是介于宏观几何形状误差（简称形状误差）与微观几何形状误差（即表面粗糙度）之间的周期性几何形状误差，如图 9-1 所示的 H_1（H_1 表示波度的高度）。波度主要是由于加工过程中工艺系统的低频振动造成的。

② 表面层物理、力学性能的变化　机械加工过程中，在切削力和切削热的作用下，零件表面层产生很大的塑性变形，表面层的物理、力学性能的变化主要指以下几个方面。

a. 表面层的加工变形硬化。

b. 表面层的残余应力。

c. 表面层的金相组织变化。

（3）获得规定加工精度的方法

在机械加工中，获得规定的尺寸精度所采用的操作方法有四种。

① 试切法　如图 9-2 所示。在普通车床上加工轴类工件时，为了按精度要求车出直径为 d 和长度为 L 的一段，可先在轴端试切直径几次，每次试切后，度量一下直径，直至达到规定的精度要求，再做纵向的自动或手动走刀。尺寸 L 也用同样的方法来保证。在加工第二个工件时，重复上述步骤。这种方法称为试切法。由于必须多次停车度量尺寸，所以需要很多时间，而且加工后的精度在很大程度上取决于操作人员的技术水平，特别是度量技术方面。这种方法适用于单件，小批生产。若能恰当地使用刻度盘，也可用于成批生产。

② 调整法　在一批工件加工前，按一定要求调整刀具与机床，夹具的相对位置和相互运动关系。调整刀具可用试切法或用对刀块、标准样件等来进行。工件的正确安装位置由夹具来保证。

图 9-3 是用调整法加工连杆大、小头的一个端面的情况。该工序要求保证尺寸 $A\pm\delta_A$。在加工前用试切法调整机床，使铣刀与夹具定位元件的距离 L 等于 $A\pm\delta_A$。这样对连杆进行铣削就能保证两端面的距离为 $A\pm\delta_A$。刀具磨损以后，应对机床或刀具重新调整。为了减少机床的调整次数，延长在一次调整中铣刀的使用时间，应使 L 尺寸接近下限 $A-\delta_A$。

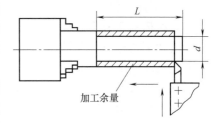

加工余量

图 9-2　试切法加工

这种方法的特点是能自动保证一批工件的加工精度，大大缩短加工所需的辅助时间，所以生产率高。但加工精度在很大程度上取决于调整的精度。对操作人员的技术水平要求一般，但要有技术熟练的调整工。此法广泛应用于各类半自动机床，自动机床和自动线上，适

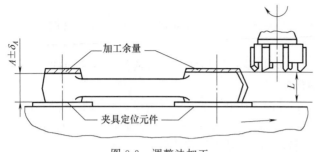

图 9-3　调整法加工

③ 定尺寸刀具法　采用具有一定尺寸与形状的刀具进行加工，工件的尺寸与形状直接由刀具来保证。例如用钻头、铰刀、拉刀等进行孔加工及用丝锥或板牙加工螺纹等。这种方法的加工精度决定于刀具的制造精度、刃磨情况、切削用量等。优点是生产率高，但刀具制造较为复杂。这种方法常用于孔、螺纹孔、成形表面等的加工。

④ 自动控制法　这种获得规定的加工精度方法是用度量装置、进给装置和控制系统组成一个自动加工的循环过程，使加工过程中度量、切削、补偿调整等一系列工作自动完成。在工件达到要求的尺寸时，机床自动退刀停止加工。

工件的形状精度，主要由机床精度或刀具精度来保证。工件的位置精度，主要由机床精度，夹具精度和工件安装精度来保证。

为了满足工件的尺寸、形状及位置精度要求，必须分析研究加工过程中影响精度的工艺因素。

9.1.2　影响加工精度的主要工艺因素

机械加工时，一般工件装在夹具中，夹具装在机床上，工件的表面由刀具切削来形成，而切削所需的运动由机床来实现。工件装在夹具上可能产生定位误差；夹具装在机床上可能产生安装误差；因对刀（导向）元件的位置不准确，将产生对刀误差；因机床的精度、刀具的精度、工艺系统的弹性变形和热变形，以及残余应力等原因将引起其他加工误差。所有这些误差都会反映到被加工零件上，所以机械加工后的零件，在尺寸、形状、位置等方面总存在一定的误差，而不可能绝对准确。根据零件的工作需要，可将误差控制在一定的允许范围内。

本节只讨论产生加工误差的其他主要工艺因素。

9.1.2.1　工艺系统几何误差

工艺系统是指由机床、夹具、工件和刀具构成的弹性系统。工艺系统几何误差是机床、刀具、夹具等的制造误差和磨损。

(1) 机床的几何误差

金属切削机床与其他机器一样，其零、部件是按一定精度要求制成的。机床的制造误差，必然反映到该机床加工出来的工件上来。此外，在长期的生产中，机床的主要运动零件磨损，其精度逐渐降低，加工工件的精度也会进一步降低。各类机床的几何精度在国家标准和机床的出厂说明书中都有规定。对于一般的机床说来，对加工精度影响最大的是导轨和主轴的误差。

① 导轨误差

a. 导轨的直线度。导轨在水平面内的直线度误差将直接反映在工件的直径上（指车、磨内外圆等而言，对刨、铣、钻加工就可能不是这样）。若在导轨全长内车削长轴时，还可能成倍地反映到工件的直径上。

导轨在垂直面内的直线度误差对工件精度影响很小，因为车刀刀尖引起的位移是沿工件外圆的切线方向变化。所以在车削和磨削时，不管刀尖或砂轮沿工件切线方向的位移是由什么误差因素引起的，一般都可忽略不计，而应注意径向位移所引起的加工误差。

b. 导轨的扭曲。导轨的扭曲将引起车刀刀尖的偏移，如图 9-4 所示。设导轨的扭曲量为 Δ，车床中心高为 H，导轨宽度为 B，工件半径的变化为 δ，则工件直径的变化 Δd 可近似地估计为：

$$\Delta d = 2\delta = \frac{2\Delta H}{B}$$

导轨的扭曲将引起工件直径在长度上的变化而产生形状误差，类似锥度误差。为了减少导轨几何误差对加工精度的影响，首先要保证导轨的制造精度。必须指出，床身安装不当也会引起较大的导轨误差。此外，在长期使用中导轨过分磨损也会降低导轨精度。因此，使用中应定期检查导轨的直线度和扭曲，并及时地调整和维修，在使用过程中更要细心维护，注意润滑，遵守操作规程。

② 主轴回转误差　主轴回转误差是指主轴各瞬间的实际回转轴线相对其平均回转轴线的变动量。可分为径向跳动和轴向窜动。

a. 主轴的径向跳动。主轴的径向跳动会影响加工表面的圆度。引起主轴径向跳动的原因，主要是主轴颈和轴承不圆，其次是轴承间隙。

车床类的主轴若用滑动轴承，工件装夹在卡盘上加工时，切削力 F 基本上是固定在一个方向的，因而主轴颈总是压向轴承表面上一固定的地方，如图 9-5（a）所示，这时主轴颈的圆度就反映到工件上来，故这类机床主轴颈的圆度公差一般都很严格。轴承孔的圆度对加工精度却没有直接的影响。

在镗床上镗孔时，切削力的方向随着镗刀的旋转而变化，只有主轴颈上的一条母线（实际上是一段小圆弧面）在切削力的作用下依次与主轴承孔圆周上各部分接触，这时主轴承孔的圆度就反映到所镗的孔上。如图 9-5（b）所示，而主轴颈的圆度对加工精度则没有直接的影响。

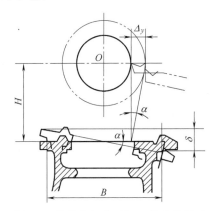

图 9-4　导轨的扭曲对加工精度的影响

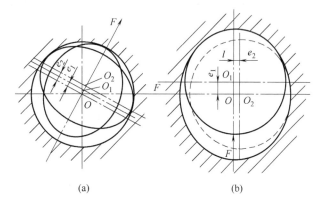

(a)　　　　　　　　(b)

图 9-5　主轴颈和主轴承孔的圆度对
工件几何形状误差的影响

当支承主轴的轴承是滚动轴承时，其回转的精度主要取决于滚动轴承内环滚道的圆度。影响内环滚道圆度的因素是内环滚道加工后的圆度和装配以后内环变形产生的圆度。长期使用引起的不均匀磨损也是影响内环滚道圆度的因素。

在车床主轴前端有一个安装前顶尖的锥孔，由于制造误差，它的轴心线与主轴颈的轴心线存在同轴度误差，所以，当主轴回转时，安装在锥孔中的前顶尖便产生径向跳动。这样会使加工表面对顶尖孔轴线产生同轴度误差。因此，必须提高主轴锥孔轴心线与主轴回转轴心线的同轴度。

b. 主轴的轴向窜动。产生轴向窜动的主要原因是主轴轴肩端面和轴承承载端面对主轴回转轴心线有垂直度误差。在车床上车端面时轴向窜动会使端面与外圆柱面产生垂直度误差，车螺纹时会使被加工螺纹的导程产生周期性误差。

c. 导轨与主轴回转轴线的平行度误差。导轨与主轴旋转轴线在水平面内的平行度误差，将导致车出来的内、外回转表面具有双曲线回转体的外形。但双曲线回转体的外形误差数值甚小，可以忽略不计。

(2) 刀具的几何形状误差

用定尺寸刀具，如钻头、铰刀、丝锥、切槽刀等加工时，由于加工面的尺寸直接由刀具尺寸来决定，故刀具的制造精度和磨损情况将直接影响工件的尺寸精度。

用成形刀具，如成形车刀、成形铣刀、成形砂轮等加工时，刀具的几何形状直接决定被加工表面的形状，故刀具刃口形状的制造精度和磨损情况将直接影响工件的形状精度。某些用展成法加工的刀具，如齿轮滚刀、插齿刀、花键滚刀等，虽然刀具形状与加工表面形状并不完全相同，但两者间有一定的关系，故也属于成形刀具。

不仅刀具的磨损会引起刀具尺寸变化而使加工件尺寸改变，而且切削刃变钝也会使切削力增大，引起工艺系统弹性变形量增大，从而使加工件尺寸进一步变化。因此，刀具的磨损是影响加工精度的一个重要方面。

9.1.2.2 工艺系统的受力变形

(1) 工艺系统的刚度及其对加工精度的影响

机械加工工艺系统在切削力、夹紧力、惯性力、重力、传动力等的作用下，会产生相应的变形，从而破坏了刀具和工件之间的正确的相对位置，因而造成加工误差。

工艺系统受力变形通常是弹性变形。一般情况下，工艺系统抵抗弹性变形的能力越强，则加工精度越高。工艺系统抵抗变形的能力，用刚度 k 来描述。所谓工艺系统刚度，是指垂直作用于工件加工表面（加工误差敏感方向亦即法向）的径向切削分力 F_y（单位为 N）与工艺系统在该方向上的变形 y（单位为 mm）之间的比值，即：

$$k = \frac{F_y}{y} \quad （单位为 \ N/mm）\tag{9-1}$$

工艺系统在切削加工过程中，其各组成环节机床、夹具、刀具和工件，都将分别产生变形 y_{jc}、y_{jj}、y_d、y_g，使刀具和工件的相对位置发生变化。工艺系统在某一处的法向总变形 y 是各个组成环节在同一处的法向变形的叠加，即：

$$y = y_{jc} + y_{jj} + y_d + y_g \tag{9-2}$$

机床刚度、夹具刚度、刀具刚度、工件刚度可分别表示为：

$$k_{jc} = \frac{F_y}{y_{jc}}; \quad k_{jj} = \frac{F_y}{y_{jj}}; \quad k_d = \frac{F_y}{y_d}; \quad k_g = \frac{F_y}{y_g}$$

且有

$$\frac{1}{k} = \frac{1}{k_{jc}} + \frac{1}{k_{jj}} + \frac{1}{k_d} + \frac{1}{k_g} \tag{9-3}$$

工艺系统刚度对加工精度的影响主要有以下几种情况：

① 由于工艺系统刚度变化引起的误差 现以车削外圆为例说明。

a. 机床刚度对加工精度的影响。假定工件短而粗，同时车刀悬伸长度很短，即工件和刀具的刚度很大，其受力变形比机床的变形小到可以忽略不计。也就是说，工艺系统刚度 k 主要取决于机床刚度 k_{jc}。

当刀具切削到工件的任意位置 C 点时，如图 9-6 所示，则工艺系统的总变形 y 为：

设作用在主轴箱和尾座上的力分别为 F_A、F_B，求得：

$$y = y_x + y_{刀架} = F_y \left[\frac{1}{k_{刀架}} + \frac{1}{k_主} \left(\frac{l-x}{l} \right)^2 + \frac{1}{k_尾} \left(\frac{x}{l} \right)^2 \right]$$
$$(9\text{-}4)$$

$$k = \frac{F_y}{y} = 1 \Big/ \left[\frac{1}{k_{刀架}} + \frac{1}{k_主} \left(\frac{l-x}{l} \right)^2 + \frac{1}{k_尾} \left(\frac{x}{l} \right)^2 \right]$$
$$(9\text{-}5)$$

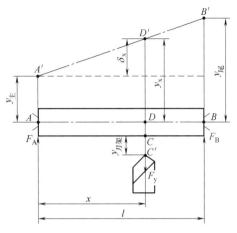

图 9-6　车削外圆时工艺系统
受力变形对加工精度的影响

若 $k_主$、$k_尾$、$k_{刀架}$ 已知（或实验测得），则可通过式（9-5）算得刀具在任意位置 x 处工艺系统的刚度 k。

可以证明，当主轴箱刚度与尾座刚度相等时，工艺系统刚度在工件全长上的差别最小，工件在轴截面内几何形状误差最小。

式（9-4）说明，工艺系统的变形 y 是 x 的函数。随着车刀位置（即切削力位置）的变化，工艺系统的变形也是变化的。变形大的地方，从工件上切去较少的金属层；变形小的地方，切去较多的金属层，因此加工出来的工件呈两端粗、中间细的鞍形，其轴截面的形状如

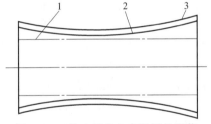

图 9-7　工件在顶尖上车削后的形状
1—机床不变形的理想情况；2—考虑机床床头箱、尾座变形的情况；3—包括考虑刀架变形在内的情况

图 9-7 所示。工件全长上的几何形状误差（圆柱度误差）为其最大半径与最小半径之差。

b. 工件刚度对加工精度的影响。工件的刚度可近似地用材料力学中的公式计算，这时假定机床及刀具刚度很大，不产生变形。现以车床上常见的加工情况为例进行说明。

当工件在两顶尖间进行加工时，这种装夹方式近似于一根梁自由支承在两个支点上，在切削分力 F_y 的作用下，如工件是一根光轴，则工件最大挠曲发生在工件中间位置，在工作行程中，车刀所切下的切屑厚度将不相等，在工件中点处，即挠曲最大的地方切屑最薄，而两端切屑最厚，最后加工出的零件形状如图 9-8 所示。

当工件在卡盘中进行加工时，这种装夹方式近似悬臂梁，如工件是光轴，则最大挠曲发生在切削力作用于工件末端时，加工后的零件形状如图 9-9 所示。这种装夹方式一般用于长径比不大的工件。

当工件装在卡盘上并用后顶尖支承时，这种装夹方式属静不定系统，加工后的零件形状如图 9-10 所示。

对于各种装夹方式，工件的刚度都与工件的长度有关，工件的刚度在全长上也是一个变

图 9-8　在车床顶尖间加工

图 9-9　在车床卡盘上加工

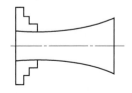

图 9-10　前端夹在卡盘上后端用顶尖支承

值。加工细长轴（如凸轮轴、曲轴）时，常采用中心架以减小工件的挠曲变形。

② 由于切削力大小变化引起的误差　在加工过程中，由于工件的加工余量发生变化、工件材质不均等因素引起的切削力大小变化，使工艺系统变形发生变化，从而产生加工误差。

若毛坯 A 有椭圆形状误差，如图 9-11 所示。让刀具调整到图上双点画线位置，由图可知，在毛坯椭圆长轴方向上的切削深度为 a_{p1}，短轴方向上的切削深度为 a_{p2}。由于切削深度不同，切削力大小不同，工艺系统产生的让刀变形也不同，对应于 a_{p1} 的让刀为 y_1，对应于 a_{p2} 产生的让刀为 y_2，故加工出来的工件 B 仍然存在椭圆形状误差。由于毛坯存在圆度误差 $\Delta_{\text{毛}} = a_{p1} - a_{p2}$，因而引起了工件的圆度误差 $\Delta_{\text{工}} = y_1 - y_2$，且 $\Delta_{\text{毛}}$ 愈大，$\Delta_{\text{工}}$ 也愈大，这种现象称为加工过程中的毛坯误差复映现象。$\Delta_{\text{工}}$ 与 $\Delta_{\text{毛}}$ 的比值 ε，称为误差复映系数，它是误差复映程度的度量。

尺寸误差（包括尺寸分散）和形位误差都存在复映现象。如果我们知道了某加工工序的复映系数，就可以通过测量毛坯的误差值来估算加工后工件的误差值。

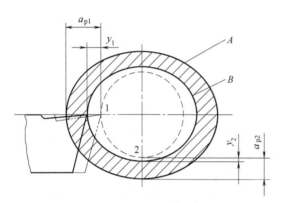

图 9-11　毛坯形状误差的复映
A—毛坯外形；B—工件外形

一般说 ε 是个小于 1 的数，且工艺系统刚度 k 愈大，ε 就愈小，毛坯误差复映到工件上的部分就愈小。也就是说工序对误差具有修正能力。工件经多道工序或多次走刀加工之后，工件的误差就会减小到工件公差所许可的范围内。

③ 由于夹紧变形引起的误差　工件在装夹过程中，如果工件刚度较低或夹紧力的方向和施力点选择不当，将引起工件变形，造成相应的加工误差。

图 9-12 所示为薄壁环装夹在三爪卡盘上镗孔时，夹紧后毛坯孔产生弹性变形，如图 9-12（a）所示；镗孔加工后孔成为圆形，如图 9-12（b）所示。松开三爪卡盘后，由于工件孔壁的弹性恢复，使已镗成圆形的孔又变成了三角棱圆形孔，如图 9-12（c）所示。为了减小此类误差，可用一开口环夹紧薄壁环，如图 9-12（d）所示。由于夹紧力在薄壁环内均匀分布，故可减小加工误差。

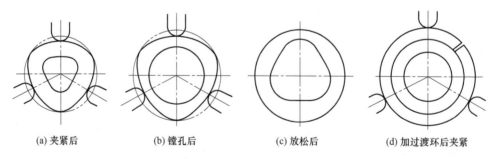

(a) 夹紧后　　(b) 镗孔后　　(c) 放松后　　(d) 加过渡环后夹紧

图 9-12　夹紧力引起的加工误差

④ 其他作用力的影响　除上述因素外，重力、惯性力、传动力等也会使工艺系统的变形发生变化，引起加工误差。

（2）减小工艺系统受力变形的主要途径

由工艺系统刚度的表达式（9-1）不难看出，若要减小工艺系统变形。就应提高工艺系统刚度，减小切削力并压缩它们的变动幅值。

① 提高工艺系统刚度

a. 提高工件和刀具的刚度。在钻孔加工和镗孔加工中，刀具刚度相对较弱，常用钻套或镗套提高刀具刚度；车削细长轴时工件刚度相对较弱，可设置中心架或跟刀架提高工件刚度；铣削杆叉类工件时在工件刚度薄弱处宜设置辅助支承等。

b. 提高机床刚度。提高配合面的接触刚度，可以大幅度地提高机床刚度；合理设计机床零部件，增大机床零部件的刚度，并防止因个别零件刚度较差而使整个机床刚度下降；合理地调整机床，保持有关部位（如主轴轴承）适当的预紧和合理的间隙等。

c. 采用合理的装夹方式和加工方式。在卧式铣床上铣图 9-13 所示零件的平面，图 9-13（b）所示铣削方式的工艺系统刚度显然要比图 9-13（a）所示铣削方式高。

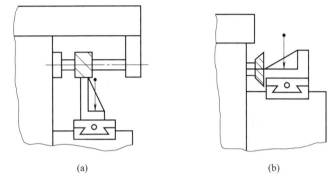

(a)　　　　　　　　　(b)

图 9-13　改变加工和装夹方式提高工艺系统刚度

② 减小切削力及其变化　合理地选择刀具材料，增大前角和主偏角，对工件材料进行合理的热处理以改善材料的加工性能等，都可使切削力减小。

切削力的变化将导致工艺系统发生变化，使工件产生形位误差。使一批加工工件的加工余量和加工材料性能尽量保持均匀不变，就能使切削力的变动幅度控制在某一许可范围内。

9.1.2.3　工艺系统受热变形引起的误差

工艺系统热变形对加工精度的影响比较大，特别是在精密加工和大件加工中，由热变形所引起的加工误差有时可占工件总误差的 $40\%\sim70\%$。

引起工艺系统受热变形的热源主要有切削热，摩擦热和能量损耗，以及周围环境的外界热源和阳光辐射热等。

切削热是被加工材料塑性变形以及刀具、工件和切屑之间的摩擦功转变成的热量。由于热传导，它主要对工件和刀具有较大的影响。

摩擦热和能量损耗是机床中各运动副（如齿轮副、轴承副、导轨副等）相对运动所生摩擦热和因动力源（如电动机、液压系统等）工作时的能量损耗所生热。这类热对机床的影响较大。

（1）工件热变形对加工精度的影响

工件在机械加工中所产生的热变形，主要是由切削热引起的。

在切削过程中，工件的热变形有两种情况。一种是均匀受热，例如车外圆时，外圆表面多次走刀或多刀切削以后，工件外圆均匀受热，仅对工件的尺寸精度有影响，而对形状精度影响很小。另一种是不均匀受热，例如磨削平面时，工件的一面受热，尺寸和形状精度都有变化，如图 9-14 所示。当磨削普通车床导轨面时，磨削热使上表面温度急剧增高，引起床身上、下表面温度分布不均匀，产生上凸的变形。如果床身上、下表面的温度差为 2.4℃，因此而产生的上凸变形可达 0.02mm。在加工时，因导轨面向上凸出的部分磨去了较多的金

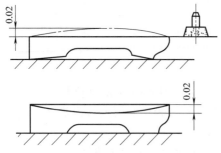

图 9-14　磨削热引起的导轨面变形

属，冷却以后导轨面产生的形状误差为下凹 0.02mm。为了避免磨削时导轨面的热变形，有时不得不降低切削用量，甚至中途停车，待冷却后再加工，因此影响生产率。

工件的热变形在精加工中影响很大，特别是对细而长精度要求又高的工件更为突出。

工件的热变形对粗加工的加工精度影响是不大的。但在高生产率工序集中的场合下，却会给紧接着的精加工带来很大的麻烦。

减少工件热变形对加工精度影响的主要措施有：

① 在切削区域采用充分的冷却液。

② 提高切削速度或走刀量（如高速切削和高速磨削），使传入工件的热量减少。

③ 刀具或砂轮勿过分磨钝就进行刃磨和修正，以减少切削热。

④ 使工件在切削过程中有伸缩的自由，如车丝杆时采用弹簧后顶尖等。

⑤ 对复杂的工件，其粗、半精及精加工应分开进行，避免上工序的余热带到下工序去。

（2）刀具热变形对加工精度的影响

传到刀具上的热主要是切削热。车削时，在没有冷却液的情况下，传到刀具上的切削热约为 10%～40%，高速切削时，只占 1%～2%。即使如此，但由于刀具体积小，所以刀面上的温度还是比较高，高速钢车刀的工作表面温度可达 700～850℃。在一般情况下，刀具受热的伸长量达到 0.03～0.05mm。刀具伸长会影响加工精度，车刀的刀头受热后伸长，工件被加工的直径就随之减少。对于加工中、小零件来说，一般只影响尺寸精度。总的来说，刀具能够迅速达到热平衡，刀具的磨损又能与刀具的受热伸长进行部分地补偿，故刀具热变形对加工质量的影响并不显著。

解决刀具热变形和受热伸长的主要措施是使用充分的冷却液，其次是减小车刀的伸出长度，加大刀杆断面积及加大硬质合金刀片的厚度等。

（3）机床热变形对加工精度的影响

由于机床热源分布的不均匀、机床结构的复杂性以及机床工作条件的变化很大等原因，机床各个部件的温升是不相同的，甚至同一个零件的各个部分的温升也有差异，这就破坏了机床原有的相互位置关系。

不同类型的机床，其主要热源各不相同，热变形对加工精度的影响也不相同。

车床、铣床、钻床、镗床等机床的主要热源是主轴箱。如图 9-15 所示，车床，主轴箱的温升将使主轴升高；由于主轴前轴承的发热量大于后轴承的发热量，主轴前端将比后端高；由于主轴箱的热量传给床身，床身导轨亦将不均匀地向上抬起。

牛头刨床、龙门刨床、立式车床等机床的工作台与床身导轨间的摩擦热是主要热源。图 9-16（a）所示为牛头刨床滑枕截面图。因往复主运动摩擦而产生的热，使得滑枕两端上翘，如图 9-16（b）所示，从而影响工件的加工精度。此外，这类机床在加工时所产生的灼热的切屑若落在工作台上，也会使机床产生热变形。

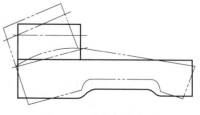

图 9-15　车床的热变形

各种磨床通常都有液压传动系统和高速回转的磨头，并且使用大量的冷却液，它们都是磨床的主要热源。图 9-17 所示外圆磨床上砂轮架 5

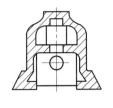
(a) 原滑枕截面图

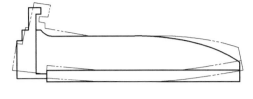
(b) 原滑枕热变形示意图

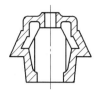
(c) 滑枕热对称结构

图 9-16　牛头刨床滑枕热变形及结构改进示意图

的主轴轴承发热严重，将使砂轮架主轴轴线升高并使砂轮架以螺母 6 为支点向工件 3 方向趋近；因床身内腔所储液压油发热，将使装夹工件 3 的主轴箱主轴轴线升高并以导轨 2 为支点向远离砂轮 4 的方向移动。

对于精密机床来说，还要特别注意外部热源对加工精度的影响。

（4）减小工艺系统热变形的主要途径

① 减少发热和隔热　尽量将热源从机床内部分离出去。如电动机、液压系统、油箱、变速箱等产生热源的部件，只要有可能，就应把它们从主机中分离出去。

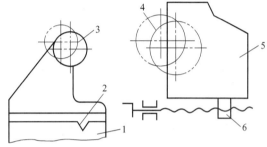

图 9-17　外圆磨床的热变形示意图
1—床身；2—导轨；3—工件；4—砂轮；
5—砂轮架；6—螺母

对不能分离出去的热源，一方面从结构设计上采取措施，改善摩擦条件，减少热量的发生，例如采用静压轴承、空气轴承等，在润滑方面可采用低黏度的润滑油、锂基油脂或油雾润滑等。另一方面也可从结构设计上采取隔热措施，再用风扇将热量排到机床外。

② 改善散热条件　采用风扇、散热片、循环润滑冷却系统等散热措施，可将大量热量排放到工艺系统之外，以减小热变形误差。也可对加工中心等贵重、精密机床，采用冷冻机对冷却润滑液进行强制冷却，效果明显。

③ 改进机床结构　如将牛头刨床滑枕的原结构图 9-16（a），改为图 9-16（c）所示导轨面居中的热对称结构，可使滑枕的翘曲变形下降。

④ 均衡温度场　对机床受热不对称的主要部件，采用风扇将温度较高一侧的热量通过导气软管导向另一侧，使机床主要部件受热趋于对称。

⑤ 加快温度场的平衡　为了尽快使机床进入热平衡状态，可在加工工件前使机床作高速空运转，当机床在较短时间内达到热平衡之后，再将机床速度转换成工作速度进行加工。还可以在机床的适当部位设置附加的"控制热源"，在机床开动初期的预热阶段，人为地利用附加的"控制热源"给机床供热，促使其更快地达到热平衡状态。

⑥ 控制环境温度　精密加工机床应尽量减小外部热源的影响，避免日光照射，布置取暖设备时要避免使机床受热不均。精密加工、精密计量和精密装配都应在恒温条件下进行。

9.1.2.4　内应力重新分布引起的误差

没有外力作用而存在于零件内部的应力，称为内应力。内应力总是拉伸应力和压缩应力并存而处于平衡状态，但这种平衡状态是不稳定的。当外界条件发生变化，如温度改变或工件被切除一层金属，则原来的内应力平衡状态遭到破坏，内应力就要重新分布，因而工件产生变形，以在新的基础上达到新的平衡状态。

(1) 工件内应力的产生

① 热加工过程中内应力的产生　在铸造、锻造、焊接或热处理等热加工工艺中，工件在冷却时会因温度降低而使金属收缩。工件各个部分的冷却速度和收缩程度不一致时，在工件内部就会产生内应力。此外，有时也会因金属材料的金相组织发生变化，从而带来体积的变化（如钢的奥氏体在冷却时转变为马氏体而引起体积增加），各处组织转变的迟、早不同，在工件内部产生内应力。

② 工件在切削加工和冷压加工中内应力的产生　切削加工产生的内应力分两个部分。一部分是由于切去一层金属，破坏了工件原有的应力平衡，使应力重新分布和再平衡。另一部分是切削时，局部表面层在高温、高压下由于不均匀塑性变形而产生内应力。冷压加工的内应力，也是在外力作用下由于不均匀塑性变形而引起的。

具有内应力的工件，其内应力的平衡是不稳定的，它随时都会随着外界条件的变动而发生变化。例如铸件毛坯存放在露天，昼夜温度的变化使内应力在很长时期内持续地重新分布并逐渐减小。工件也相应地逐渐变形，开始时，内应力的重新分布和变形较强烈，其后逐渐缓慢。有时甚至在机器工作过程中，由于内应力继续重新分布（机械作用和热作用的影响），零件仍继续变形，从而影响机器的使用。因此，比较精密的零件都应注意消除内应力至一定程度。

(2) 减小内应力变形误差的途径

① 改进零件结构　在设计零件时，尽量做到壁厚均匀，结构对称，以减少内应力的产生。

② 增设消除内应力的热处理工序　铸件、锻件、焊接件在进入机械加工之前，应进行退火、回火等热处理，加速内应力变形的进程；对箱体、床身、主轴等重要零件，在机械加工工艺中需适当安排时效处理工序。

③ 合理安排工艺过程　粗加工和精加工宜分阶段进行，使工件在粗加工后有一定的时间来松弛内应力。

9.1.2.5 其他原因

(1) 原理误差

用近似的加工方法，近似的传动比和近似形状的刀具进行加工时，都会产生加工误差，这属于原理误差，亦称为理论误差或方法误差。滚切渐开线齿轮就是近似加工方法的实例，由于滚刀的齿数是有限的，所以滚切的渐开线不是理想的光滑渐开线，只是多条趋近于该曲线的折线。不仅滚切法是近似的加工方法，滚刀也是近似形状的刀具，所以也会引起加工误差。

又如车螺纹时，如果螺距具有几位小数，在选择挂轮时，因为挂轮的齿数是固定的，所以往往只能得到近似的螺距。

应当指出，当包括原理误差在内的加工误差总和不超过规定的工序公差时，就可以采用近似的加工方法。近似的方法往往比理论上精确的方法简单，它有利于简化机床结构，降低刀具成本和提高生产率。

(2) 测量误差

测量误差是指工件实际尺寸与量具表示出的尺寸之间的差值。加工一般精度的零件时，测量误差可占工件公差的 $1/5 \sim 1/10$，而加工精密零件时，测量误差可占工件公差的 $1/3$ 左右。

测量误差产生的原因是计量器具本身精度的影响，温度的影响，人的主观原因等。

(3) 调整误差

切削加工时，要获得规定的尺寸就必须对机床、刀具和夹具进行调整。在单件、小批生产中,普遍用试切法调整;而在成批、大量生产中,则常用调整法。显然,试切法不可避免会产生误差,而调整法中,对刀有误差、电器行程开关的挡块、行程控制阀等的精度和灵敏度都影响调整的准确。因此,不论哪种调整法,想获得绝对准确的规定尺寸是不可能的,这就产生了调整误差。

9.1.3 机械加工表面质量

9.1.3.1 表面质量对产品使用性能的影响

(1) 表面质量对零件耐磨性的影响

零件的耐磨性主要与摩擦副的材料和润滑条件有关,但在这些条件已定的前提下,表面质量就起着决定性作用。当两个表面接触时,实际上只是两个表面的凸峰顶部接触,而且一个表面的凸峰可能伸入到另一表面的凹谷中,形成犬牙交错。当零件受到正压力时,两表面的实际接触部分就产生很大的压强。两表面相对运动时,实际接触的凸峰处发生弹性变形、塑性变形及剪切等现象,产生摩擦阻力,并引起表面的磨损。表面越粗糙,实际接触面积越小,凸峰处的压强就越大,相对运动时的摩擦阻力相应增大,磨损也就越严重。但也不是表面粗糙度值越小,摩擦阻力就越小、耐磨性就越好。表面粗糙度值过小不利于润滑油的存储,易使接触表面间形成半干摩擦甚至干摩擦,表面粗糙度值太小还会增加零件接触表面之间的吸引力,一旦润滑条件恶化,紧密接触的两表面便会发生分子黏合现象而咬合起来,这都会使摩擦阻力增加,并加速磨损。在一定条件下,一副摩擦表面通常有一个最佳表面粗糙度的配对关系。

表面粗糙度的轮廓形状及加工纹路方向也对零件表面的摩擦磨损有显著的影响,这是因为它们能影响接触表面的实际接触面积和润滑油的存留情况。

一定程度的加工硬化能减少摩擦表面接触部分处的弹性和塑性变形,使表面的耐磨性有所提高;硬化过度时,磨损会加剧,甚至产生裂纹、剥落,耐磨性反而下降。所以,加工硬化也应控制在一定的范围内。

表面层的金相组织变化会改变材料原来的硬度,从而影响零件表面的耐磨性。

(2) 对零件配合质量的影响

对于间隙配合的表面,其表面粗糙度值越大,相对运动时的磨损越大,这会使配合间隙迅速增大,从而改变原有配合性质,影响间隙配合的稳定性。

对于过盈配合的表面,在将轴压入孔内时,配合表面的部分凸峰会被挤平,使实际过盈量减小。表面粗糙度值越大,过盈量减小越多,这将影响过盈配合的可靠性。

因此,有配合要求的表面一般都要求较小的表面粗糙度值,配合精度越高,配合表面的粗糙度值应该越小。

(3) 对零件疲劳强度的影响

在交变载荷作用下,零件表面微观不平的凹谷处容易产生应力集中,当应力超过材料的疲劳极限时,就会产生和发展疲劳裂纹,造成疲劳损坏。实验表明,对于承受交变载荷的零件,减小其容易产生应力集中部位(如圆角、沟槽处)的表面粗糙度值可以明显提高零件的疲劳强度。

表面层一定程度的加工硬化可以阻碍疲劳裂纹的产生和已有裂纹的扩展,因而能提高疲劳强度,但加工硬化程度过高时,常产生大量显微裂纹而降低疲劳强度。

表面层的残余应力对疲劳强度有较大的影响。残余压应力可以部分抵消工作载荷引起的拉应力,延缓疲劳裂纹的产生和扩展,因而提高零件的疲劳强度;残余拉应力则使已加工表面容易产生裂纹而降低疲劳强度。实验表明,零件表面层的残余应力不相同时,其疲劳强度可能相差数倍至数十倍。

（4）对零件抗腐蚀性能的影响

当零件在有腐蚀性介质的环境中工作时，腐蚀性介质容易吸附和积聚在粗糙表面的凹谷处，并通过微细裂纹向内渗透。表面越粗糙，凹谷越深、越尖锐，尤其是当表面有裂纹时，腐蚀作用就越强烈。因此，减小加工表面的粗糙度值，控制加工硬化和残余应力，可以提高零件的抗腐蚀性能。

（5）其他影响

表面质量对零件的使用性能还有其他方面的影响。例如：对于液压油缸和滑阀，较大的表面粗糙度值会影响密封性；对于滑动零件，恰当的表面粗糙度值能提高运动灵活性，减少发热和功率损失；残余应力会使加工好的零件因应力重新分布而在使用过程中逐渐变形，从而影响其尺寸和形状精度。

总之，提高加工表面质量，对保证零件的使用性能、提高零件的寿命是很重要的。

9.1.3.2　影响加工表面质量的工艺因素

（1）影响加工表面粗糙度的工艺因素

机械加工时，表面粗糙度形成的原因，大致归纳为两个方面：一是刀刃与工件相对运动轨迹所形成的表面粗糙度，是几何因素；二是和被加工材料性质及切削机理有关的因素，是物理因素。

① 切削加工后的表面粗糙度　影响表面粗糙度的几何因素，主要决定于刀具相对工件作进给运动时，在加工表面留下的切削层残留面积的高度。残留面积高度越大，表面越粗糙。减小进给量，增大刀尖圆弧半径，或减小主偏角及副偏角可以降低残留面积高度，从而减小表面粗糙度值。

考虑到刀具刃口表面粗糙度在工件表面上的"复映"效果，还应该提高刀具刃磨质量。

影响表面粗糙度的物理因素主要包括积屑瘤、鳞刺、金属材料的塑性变形等。

从物理因素方面考虑，要减小表面粗糙度主要应避免产生积屑瘤和鳞刺，减少加工时的塑性变形，通常采取的措施是选用合适的切削速度和改善被加工材料的性质。

在低、中切削速度下，切削塑性材料时容易产生积屑瘤和鳞刺，提高切削速度可以使积屑瘤和鳞刺减小甚至消失，并且还可减小工件材料的塑性变形，从而可以减小表面粗糙度值。

工件材料性质中，对表面粗糙度影响最大的是材料的塑性和金相组织。材料的塑性越大，积屑瘤和鳞刺越易生成和长大，表面粗糙度值越大；对于同样的材料，晶粒组织越是粗大，加工后的表面粗糙度值也越大。因此，为了减小表面粗糙度值，常在切削加工前对工件进行调质处理，以提高材料的硬度，降低塑性，并得到均匀细密的晶粒组织。

此外，合理选用冷却润滑液可以减小切削过程中工件材料的变形和摩擦，并抑制积屑瘤和鳞刺的生成，是减小表面粗糙度值的有效措施。

② 磨削加工后的表面粗糙度　磨削加工是用砂轮表面的大量磨粒作为刀具的一种切削加工，磨削后的表面是由这些磨粒所产生的细密刻痕所组成。由于通过工件表面单位面积的磨粒数较多，所以，磨削加工容易获得较小的表面粗糙度值。

根据理论分析和试验结果，影响磨削表面粗糙度的主要工艺因素有：

a. 砂轮的粒度。砂轮的粒度越细，则砂轮表面单位面积上的磨粒数越多，磨削表面上的刻痕越细密均匀，表面粗糙度值就越小。粗粒度砂轮如果经过精细修整而使磨粒得到良好等高性的微刃，也能加工出表面粗糙度值很小的表面。

b. 砂轮的修整。砂轮修整的目的是使砂轮具有正确的几何形状和锐利的微刃。用单颗粒金刚石笔修整砂轮相当于在砂轮表面车出一道螺纹，修整导程和修整深度越小，则砂轮表面粗糙度值越小，磨粒微刃等高性越好，磨出的工件表面粗糙度值也越小。金刚石笔的锋锐性和正确安装对砂轮修整质量也有明显影响。

c. 砂轮速度与工件速度。砂轮速度与工件速度的比值增大，则工件表面单位面积上的刻痕增多，每颗磨粒的负荷减小；当磨削速度大于工件材料塑性变形的传播速度时，材料来不及变形，因而可使由塑性变形造成的隆起现象减轻。这都使磨削表面粗糙度值得以减小。

选择砂轮速度和工件速度时，应避免砂轮转速为工件转速的整数倍，这样，不致因磨粒重复磨削工件表面上的同一点而增大表面粗糙度值。

d. 磨削深度。减小磨削深度将减轻工件材料的塑性变形，从而减小表面粗糙度值，但同时降低了生产率。为了提高生产率而又保证较小的表面粗糙度值，在磨削过程中通常先采用较大的磨削深度，然后采用较小的磨削深度，最后进行数次名义磨削深度为零的"无火花"光磨。

另外，工件材料的性质、冷却润滑液的选用等对磨削表面粗糙度也有明显的影响。

(2) 影响表面层物理、力学性能的工艺因素

机械加工过程中，在切削力和切削热的作用下，工件表面一定深度的表面层材料沿晶面产生剪切滑移，晶格严重扭曲、晶粒拉长并纤维化，甚至金相组织也可能发生变化，因此，这层材料的物理、力学性能不同于基体材料，这就是变质层。变质层的特征常用加工表面的加工硬化、残余应力和烧伤来描述。

① 加工表面的加工硬化　工件已加工表面层的硬度常常高于基体材料的硬度，这一现象称为加工硬化。

切削和磨削过程中，由于切削力的作用，工件表层金属产生了很大的塑性变形，晶格扭曲，晶粒拉长、破碎，阻碍了金属进一步的变形，使材料强化，硬度提高；同时，切削（磨削）温度将使材料弱化，更高的温度将引起相变。已加工表面的硬度变化就是这种强化、弱化和相变作用的综合结果。当塑性变形引起的强化起主导作用时，已加工表面就硬化；当切削温度引起的弱化起主导作用时，已加工表面就软化；当相变起主导作用时，则由相变的具体情况而定，例如在磨削淬火钢时，如果发生退火，则表面硬度降低，但在充分冷却的条件下，却可能引起二次淬火而使表面硬度提高。

切削过程中往往是塑性变形起主导作用，因此，加工硬化现象比较明显。刀具几何参数、切削条件和工件材料都在不同的程度上影响着加工硬化。一般说来，凡是增大变形和摩擦的因素都将加剧硬化现象，凡有利于弱化的因素都会减轻硬化现象。

增大刀具前角和减小刀刃钝圆半径都将减轻已加工表面层的塑性变形，因而能减轻加工硬化现象。

切削速度增加时，塑性变形减轻，塑性变形区缩小；同时，切削速度增加时，切削温度升高，有利于弱化过程的进行，所以，硬化层深度和硬化程度随着切削速度的增加（在不致引起相变的范围内）而减小。增加进给量将使切削力和塑性变形区范围增大，从而使硬化层深度和硬化程度增大。此外，良好的冷却润滑条件可以使加工硬化现象减轻。

工件材料的塑性越大，则加工硬化越严重。就碳素结构钢而言，含碳量越低，则塑性越大，硬化现象越严重。

磨削温度比切削温度高得多，因此，在磨削过程中，弱化或金相组织的变化常常起着重要的甚至是主导的作用，这使得磨削加工表面变质层的硬度变化规律较为复杂。当磨削温度显著地超过钢的回火温度但仍低于相变温度时，表面层出现回火组织（索氏体或屈氏体），硬度降低；当钢件表面温度超过相变温度时，就会形成奥氏体，随后被工件深层较冷的基体淬硬而得到马氏体硬层，稍内一层因温度较低，形成硬度较低的回火组织。

在某些情况下，表面层硬度的提高可以增加零件的耐磨性和疲劳强度，但切削或磨削加工所引起的加工硬化常常伴随着大量显微裂纹（尤其是当硬化较严重时），反而会降低零件的疲劳强度和耐磨性，因此，一般总是希望减轻加工硬化。

② 加工表面残余应力　残余应力是指在没有外力的情况下零件上存留的应力。此处仅讨论零件加工表面层的残余应力。残余应力分为残余拉应力和残余压应力，表面残余拉应力容易使表面产生微裂纹，从而降低零件的耐磨性、疲劳强度和耐腐蚀性；适当的表面残余压应力则可以提高零件的疲劳强度和耐磨性，所以，在加工过程中，总是设法减轻残余应力，或者使表面产生残余压应力。

产生表面残余应力的原因主要有以下几个方面。

a. 冷塑性变形。在切削或磨削过程中，加工表面受到刀具或砂轮磨粒后刀面的挤压和摩擦，产生拉伸塑性变形，此时里层金属处于弹性变形状态；切削过后，里层金属趋于弹性恢复，但受到已产生塑性变形的表层金属的牵制，从而在表层产生残余压应力，里层产生残余拉应力。

b. 热塑性变形。切削或磨削过程中，表层的温度比里层高，故表层的热膨胀较为严重，这将受到里层金属的阻碍，从而产生热应力，当热应力超过材料的屈服极限时，表层金属产生压缩塑性变形；加工后零件冷却至室温时，表层金属体积的收缩又受到里层金属的牵制，因而使表层金属产生残余拉应力，里层产生残余压应力。

c. 相变引起的体积变化。切削或磨削时，若表层温度高于材料的相变温度，则会发生相变。由于不同的金相组织有不同的密度，表层金属的相变造成了体积的变化，这种变化受到基体金属的限制，就会产生残余应力。相变使表层金属的体积膨胀时，表层产生残余压应力，反之则产生残余拉应力。

已加工表面层内呈现的残余应力是以上几方面影响的综合结果，在不同的加工条件下，残余应力的大小、符号及分布规律可能有明显的差别。切削加工时起主要作用的往往是冷塑性变形，表面层常产生残余压应力；磨削加工时，通常热塑性变形或相变引起的体积变化是产生残余应力的主要因素，所以表面层常存有残余拉应力。

影响残余应力的工艺因素比较复杂，总的说来，凡能减小塑性变形和降低切削（磨削）温度的因素都能使已加工表面的残余应力减小。磨削过程中引起高的残余应力的因素是：低的工件速度、硬而钝的砂轮、干磨或用水溶性乳化液磨削、高的切入进给量和高的砂轮表面速度。控制残余应力的主要方法是选用适当的冷却润滑液，因为有效的润滑能减少工件与砂轮接触区的热输入。

当残余拉应力超过材料的拉伸强度极限时，工件表面就会产生裂纹。裂纹是磨削过程中常见的缺陷，研究结果表明，磨削裂纹总是与表面烧伤或接近烧伤相联系。

磨削裂纹的产生与工件材料及热处理规范有很大关系。磨削含碳量低于 $0.6\% \sim 0.7\%$ 的钢材时，几乎不产生裂纹，而磨削接近共析成分的高碳钢时，则容易产生裂纹。淬火钢晶界脆弱，渗碳、渗氮钢在较高温度下易于在表面层晶界面上析出脆性碳化物与氮化物，因面磨削时都容易产生裂纹。

减少磨削裂纹的途径之一是改善磨削前的热处理规范，以减少晶界上的淬火变形。另外，因为磨削裂纹来源于加工表面层的残余拉应力，所以凡是能减小或消除磨削前和磨削过程中残余拉应力的措施，均可防止或减少磨削裂纹的产生。

(3) 磨削烧伤

磨削加工过程中，当磨削表面局部区域的温度超过工件材料的相变温度时，材料的金相组织会发生变化，加工表层的硬度也随之变化，并产生表面残余应力，甚至出现微细裂纹，这就是磨削烧伤现象。

发生磨削烧伤时，工件表面呈现出不同的氧化膜颜色，烧伤层深度增加时，氧化膜颜色依次为浅黄、黄、褐紫、青等。一般用观察加工表面烧伤颜色的方法来判断烧伤的严重程度，但表面没有烧伤色却并不等于表面层没有发生烧伤。例如，过大的磨削用量可能造成较深的烧伤层，在以后的无进给光磨中，可以磨去工件表面的烧伤色，但却并未磨去烧伤层。

磨削烧伤大大降低了零件的使用性能和寿命，甚至使零件根本不能使用，因此，必须设法避免烧伤现象。发生磨削烧伤的原因是磨削温度过高，因此避免和减轻烧伤现象的措施是减少热量的产生和加速热量的散失。减小磨削深度是一个较为有效的措施，其次可以选用较软的砂轮，以使磨粒脱落较快，还可设法减小砂轮与工件的接触面积和接触时间，也可以采用大气孔砂轮或表面开槽的砂轮，把冷却液渗透进磨削区等等。

9.2　零件的工艺分析及毛坯的选择

产品从原材料加工到成品一般要经过多道工序才能完成。对金属制品，虽然可以采用少切削或无切削加工等新工艺直接从原料制成成品，但目前大多数制品仍然通过铸造、锻造、冲压或焊接等加工方法先制成毛坯，再经切削等加工制成。因此，零件毛坯的选择是否合理，不仅影响到每个零件乃至整部机械的制造质量和使用性能，而且对零件的制造工艺过程、生产周期和成本也有很大的影响。表 9-1 列出了常用毛坯生产方法的比较，可供选择毛坯时参考。

表 9-1　常用毛坯生产方法选择比较

比较内容	铸造	锻造	冲压	焊接
成形特点	液态凝固成形	固态下塑性变形		永久性连接
对原材料工艺性能要求	流动性好,收缩率低	塑性好,变形抗力小		强度高,塑性好,液态下化学稳定性好
常用毛坯材料	灰铸铁、中碳铸钢及铝合金、铜合金	中碳钢和合金结构钢	低碳钢及有色金属薄板	低碳钢、低合金结构钢、不锈钢及铝合金
毛坯组织特征	晶粒粗大、疏松,杂质排列无方向性	晶粒细小、致密,杂质呈纤维方向排列	组织细密,可产生纤维组织	焊缝区为铸态组织,融合区和过热区有粗大晶粒
毛坯性能特征	铸铁件力学性能差,但减振性和耐磨性好;铸钢件力学性能好	比相同成分的铸钢件力学性能好	材料强度、硬度提高,结构刚度好	接头的力学性能可达到或接近母材
毛坯精度和表面质量	砂型铸造精度低、表面粗糙;特种铸造表面粗糙度较小	自由锻锻件精度较低,表面粗糙;模锻件精度中等,表面质量较好	精度高,表面质量好	精度较低,接头处表面粗糙
适宜的形状	形状不受限,可相当复杂,尤其是内腔形状	自由锻简单,模锻可较复杂	可较复杂	不受限
适宜的尺寸与重量	砂型铸造不受限	自由锻不受限,模锻件小于 150kg	不受限	不受限
材料利用率	高	自由锻低,模锻中等	较高	较高
生产周期	较长	自由锻短,模锻长	长	短
生产成本	低	较高	低	较高
生产率	低	自由锻低,模锻较高	高	低、中
适宜的生产批量	单件、成批	自由锻单件、小批,模锻成批、大量	大批量	单件、成批

续表

比较内容	铸造	锻造	冲压	焊接
适用范围	铸铁件用于受力不大，或承压为主的零件；铸钢件用于承受重载而形状复杂的大、中型零件	用于承受重载、动载或复杂载荷的重要零件，以及强度高、耐冲击耐疲劳且形状较简单的重要零件	用于以薄板料成型的各种零件的大批量生产	用于制造金属结构件、组合件和零件的修补

毛坯是形状和尺寸与成品接近，且通常比成品大出加工量的待加工件。毛坯一般要经过切削加工、热处理或其他加工处理后才能达到设计所要求的最终形状、尺寸、表面质量及性能指标。

9.2.1　毛坯的分类

(1) 按用途分类

毛坯可分为结构毛坯件、工具毛坯件及其他毛坯件。

① 结构毛坯件　结构毛坯件包括机器结构中的机械零件毛坯件（例如齿轮、轴、箱体等）和工程结构毛坯件（例如梁、柱、杆等）。

② 工具毛坯件　工具毛坯件包括刃具、模具、量具等毛坯件。

③ 其他毛坯件　其他毛坯件包括日常制品、艺术制品等毛坯件。

(2) 按加工方法分类

毛坯可分为铸件、锻件、冲压件、焊接件等。

9.2.2　毛坯选择的内容

主要指毛坯材料的选用及毛坯加工方法的选择。

(1) 毛坯材料的选用

毛坯材料一般多选用金属材料，例如铸铁、碳钢、合金钢、有色金属、粉末冶金材料。也有的选用非金属材料作毛坯材料，例如工程塑料、复合材料等。

(2) 毛坯加工方法的选择

通常采用铸造、锻造、冲压、粉末冶金、挤压、轧制、焊接、黏结等方法。在每种加工方法的大类中还可细分为若干小类，例如铸造可分为砂型铸造和特种铸造。

9.2.3　毛坯选择的基本原则

毛坯应依据零件的结构类型、使用性能、生产批量和生产条件进行选择。选择时，必须遵循以下基本原则：

(1) 保证零件的使用性能

① 不同结构的零件毛坯生产方法的选用　不同的零件具有不同的结构、形状与尺寸，应选择与各自零件相适应的生产方法。通常情况下，重量超过100kg的毛坯，采用砂型铸造、自由锻造或拼焊等毛坯制造方法。砂型铸造生产的毛坯不受尺寸和形状的限制。自由锻造生产的毛坯比较简单。重量超过1.5t的锻件需用水压机进行锻造。拼焊的大型毛坯可用厚钢板、铸钢件或锻件作为毛坯组件，再通过焊接而成为毛坯。小型毛坯的生产方法较多，应根据其具体的形状选用适当的生产方法，选用时可参考表9-2。

② 不同内在质量的零件毛坯生产方法的选用　一般来说，铸件的力学性能低于同材质的锻件。因此，对于受力复杂或在高速重载下工作的零件常选用锻件。焊接结构由于主要使

表 9-2　各类毛坯比较

毛坯种类	加工方法	最大质量 /kg	最小壁厚 /mm	精度等级 IT	毛坯尺寸 公差/mm	表面粗糙度 /μm
铸件	砂型铸造	无限制	3.2	14～16	1～8	100～25
	金属型铸造	100	1.5	12～14	0.1～0.5	12.5～6.3
	压力铸造	10～16	锌 0.5 其他合金 1	11～13	0.05～0.15	3.2～0.8
	熔模铸造	5	0.7	11～14	0.05～0.2	12.5～1.6
	离心铸造	200	3～5	15～16	1～8	12.5
锻件	自由锻造	无限制	—	14～16	1.5～10	—
	锤上模锻	100	2.5	12～14	0.4～2.5	12.5
	卧式锻造 机上模锻	100	2.5	12～14	0.4～2.5	
	精密模锻	100	1.5	高于 10	0.05～0.1	3.2～0.8
挤压件	冷挤压	小型零件		6～7	0.02～0.05	1.6～0.8
冲压件	冷冲压	尺寸可很大	0.08～0.13	9～12	0.05～0.5	1.6～0.8
焊接件	气焊	无限制	1	14～16	1～8	—
	手弧焊		2			
	电渣焊		40			
	压焊		3			

用轧材或配合使用锻件/铸钢件装配焊成，故其内在质量也比较高。

③ 不同条件下工作的零件毛坯生产方法的选用　零件的工作条件不同，对其性能要求亦不相同，相应的毛坯材料及生产方法必须满足这些要求。例如，由于灰铸铁的抗振性能好，机床床身和动力机械的缸体常选用灰铸铁，并选用铸造方法生产，即可满足其使用性能与工艺性能要求。但是对轧钢机机架来说，由于其受力较大而且比较复杂，为了防止变形，要求结构刚度和紧度较高，故常采用铸钢件。

(2) 满足材料的工艺性能要求

毛坯的工艺性能良好有三个方面要求：一是所选毛坯的加工方法能把毛坯制造出来；二是能容易地制造出来；三是所生产的毛坯能保证质量。第二点对批量生产的情况相对就更为重要。

工艺性能与毛坯的加工方法相联系，毛坯选择什么加工方法，则相应希望选择的毛坯材料具有适应该方法所要求的工艺性能。主要有以下几种：

① 铸造性能　铸造性能指铸造时的流动性、收缩率、偏析、缩孔、气孔等缺陷倾向。例如灰铸铁铸造性好于球墨铸铁而更优于铸钢。

② 锻压性能　锻压性能是指锻压时的塑性、变形抗力、可加工温度范围、抗氧化性、热脆倾向、冷裂倾向等。例如就锻压性能而论，低碳钢优于高碳钢，碳素钢优于合金钢，低合金钢优于高合金钢。

③ 焊接性能　焊接性能包括接合性能及使用性能。前者指一定工艺条件下，所获得优质接头的能力，常用抗裂性及接头性能下降程度来衡量。后者指接头所具有的性能在使用条件下安全运行的能力。低碳钢、低合金结构钢焊接性优于中、高碳钢，及中、高合金钢。铝合金、铜合金及铸铁焊接性差。

毛坯的材料选用与加工方法选择应同时考虑，一般而言，选择材料与加工方法是互为依赖、相互影响的。什么样的加工方法必须配合选择什么样的材料，反之什么样的材料，必定选择相对应的加工方法。例如选择灰铸铁材料，必须采用铸造方法。而选择锻压加工必须配合选用可锻性好的钢材或非铁合金，而不会去选铸铁，否则无法制出毛坯。表 9-3 给出了材料与毛坯生产方法的关系，表中"△"表示各种材料适宜或可以采用的毛坯生产方法。

表 9-3　材料与毛坯生产方法的关系

材料	砂型铸造	金属型铸造	压力铸造	熔模铸造	锻造	冷冲压	粉末冶金	焊接
低碳钢	△	—	—	△	△	△	△	△
中碳钢	△	—	—	△	△	△	—	△
高碳钢	△	—	—	△	△	—	△	△
灰铸铁	△	△	—	—	—	—	—	△
铝合金	△	△	△	△	△	△	—	△
铜合金	△	△	△	△	△	△	△	△
不锈钢	△	—	—	△	△	△	—	△
工具钢和模具钢	△	—	—	△	△	—	△	△
塑料	—	—	—	—	—	—	—	△
橡胶	—	—	—	—	—	—	—	—

(3) 降低制造成本

零件的制造成本包括所消耗的材料费用、燃料和动力费用、工资、设备和工艺装备的折旧费和维修费、废品损失费以及其他辅助费用等。在选择毛坯的类型及生产方法时，通常是在满足零件使用性要求和工艺性要求的前提下，对几个可供选择的方案从经济上进行分析比较，从中选择总成本较低的方案。

① 尽量选用生产过程简单、生产率高、生产周期短、能耗与材耗少、投资小的毛坯加工方法，既降低了成本，又保证了质量。

② 毛坯的加工批量决定了加工的机械化、自动化程度。批量越大，越有利于这一程度的提高。

毛坯的生产成本与批量的大小关系极大。当零件的批量很大时，应采用高生产率的毛坯生产方法，如冲压、模锻、注塑成型以及压力铸造等。这样虽然模具费用高、设备复杂，但批量越大，单件产品分摊的模具费用就越少，成本就相应下降。当零件的批量小时，则应采用自由锻造、砂型铸造等毛坯生产方法。

分析毛坯生产方法的经济性时，不能单纯考虑毛坯的生产成本，还应比较毛坯的材料利用率和后续的机械加工成本，从而选用零件总制造成本最低的最佳毛坯生产方法。这就要求在选择毛坯的生产方法时，必须密切注意毛坯制造技术的发展状况，大力采用新技术、新工艺。

目前，多种少切削、无切削的毛坯生产方法已经得到广泛应用。它们既能节约大量金属材料，又能大大降低机械加工费用，从而使生产成本显著下降。

(4) 符合生产条件

所选的毛坯加工方法是否在本企业生产的工厂、车间、小组实际可行。毛坯的加工应符合本单位的设备条件，包括车间面积、炉子的容量、天车的吨位、设备的功能及先进性等；还应和实际的技术水平和现有的加工工艺状况相吻合，尽量选用先进设备、新型材料、先进的加工工艺方法，尽可能向少切削、无切削加工方向发展。当本单位无法解决或生产不合算时要考虑外协加工或外购毛坯，以降低成本。

以上四项原则是相互联系的，应在保证毛坯质量要求的前提下，力求选用高效、低成本、制造周期短的毛坯生产方法。

9.2.4　零件的结构分析及毛坯选择

(1) 零件的结构类型

零件从不同角度考虑可以有不同的分类，但在选择毛坯时往往几种类型须同时或交叉考虑。

① 按形状分类

a. 轴杆类零件。

b. 盘套类零件。

c. 箱架类零件。

② 按尺寸及质量分类

a. 小型或轻型零件。

b. 中型或一般零件。

c. 大型或重型零件。

③ 按复杂程度分类

a. 简单零件。

b. 比较复杂零件。

c. 复杂零件。

④ 按受力状况分类

a. 受力较小或不重要零件。

b. 受力中等或一般零件。

c. 受力大的或重要的零件。

(2) 轴杆件的分析与毛坯选择

如图 9-18 所示，根据轴杆件连接形状可分为实心轴、空心轴、直轴和弯轴、同心轴和偏心轴以及管件杆等。一般转轴承受弯矩、转矩。芯轴只承受弯矩，不传递转矩。传动轴主要用于传递转矩，不承受或只承受很小的弯矩。综合分析它们的工作条件，一般分别承受弯、扭、拉、压等多种应力，并多为循环应力，有时有冲击应力。在局部轴颈、滑动表面承受摩擦，会产生各种断裂、磨损及塑性变形等失效。因此对结构类轴杆件通常要求整体有优良的综合力学性能，交变载荷大时要求有高的抗疲劳性能。局部要求高硬度、高耐磨性。对工具类轴杆件，如拉刀、长刀、长量具等，一般要求高耐磨、高硬度和一定的韧性及足够的强度。轴杆件的选材见表 9-4。

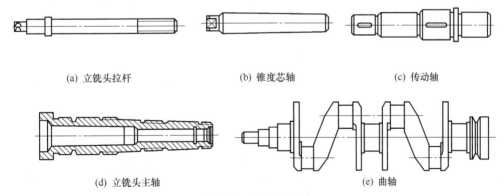

(a) 立铣头拉杆　　　　(b) 锥度芯轴　　　　(c) 传动轴

(d) 立铣头主轴　　　　　　　　(e) 曲轴

图 9-18　轴杆类零件

小尺寸的轴杆，断面直径差异不大可用圆钢型材作为毛坯。一般的轴都采用锻件作为毛坯，异形断面或有弯曲轴线的轴（例如凸轮轴、曲轴等）可采用锻件或球铁铸件。对大型、重型或复杂轴类（例如水压机主柱等），可采用锻焊或铸焊方法制造毛坯。

(3) 盘套件的分析与毛坯选择

如图 9-19 所示，盘套类工件类别很多，除模具等工具类盘套件选用硬度和耐磨性高、强韧性适当的碳钢和合金钢外，一般盘套件均为结构零件，要求具有一定的强韧性，而局部耐磨性要求高，因此多选用中碳或低碳的碳素钢或合金结构钢。要求较低的可用铸铁，特殊的可选用非铁合金材料。

表 9-4　轴杆件的选材

项目	1	2	3	4	5	6	7
工作条件	不重要、受力不大的轴	一般轴	高速、高精度、耐磨、变形小、工作稳定的轴	重载、磨损大、冲击大的轴	重型轴、重要或关键轴、特殊轴	曲轴	工具类轴杆件
选材	Q255 Q275 Q295	30、40、45、50 较大截面用 40Cr、45MnB	38CrMoAlA（氮化）9Mn2V、GCr15、CrWMn	渗碳钢15、20Cr、20CrMnTi	34CrMoA 34CrNi3M 40CrNi	45 钢球墨铸铁	碳素工具钢、低合金工具钢、高合金工具钢

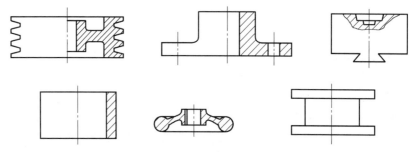

图 9-19　盘套类零件

盘套件中应用最多的是齿轮零件，工作时齿部承受交变弯曲应力及冲击力，而齿面承受接触应力和摩擦力。易发生接触疲劳、磨损、折断和局部变形失效。要求心部有足够高的强度和韧性，齿部有高的弯曲疲劳强度、接触疲劳强度。齿面有高的硬度和耐磨性。齿轮的选材，见表 9-5。不同加工方法的毛坯齿轮，如图 9-20 所示。

齿轮毛坯的加工方法可根据具体条件进行选择。

① 轧材毛坯　制造形状简单、尺寸不大的齿轮，大批生产可用热轧齿轮。

② 锻钢毛坯　力学性能较好、流线状分布的纤维组织有良好的承载能力，为机器中大部分齿轮所采用。

表 9-5　齿轮的选材

项目	1	2	3	4
工作条件	受力不大、要求不高的齿轮	运转平稳、负载中等、精度较高的齿轮（例如机床齿轮）	重载、磨损大、冲击大、速度不太高的齿轮（例如汽车、拖拉机齿轮）	高速、高精度、小冲击的齿轮（例如仪表类齿轮）
选材	Q255、Q275、35、45	40、45、40Cr、35SiMo、45SiMn、35SiMnMoV（正火或调质＋表面淬火）	15、20、20Cr、20CrMnTi 等（渗碳或碳氮共渗）	38CrMoAlA（渗氮）

③ 铸钢毛坯　应用于大直径、形状复杂、强度要求较高的齿轮。

④ 铸铁毛坯　用于受力不大、无冲击、低速（＜6m/s）齿轮。铸铁中石墨有利于润滑，铸造性能好，形状可复杂，容易加工。

对其他盘套件，例如带轮、飞轮、手轮等受力不大的工件或单纯受压工件可采用灰铸铁件，单件少量生产可用低碳钢焊接件。法兰、套环、垫圈等工件根据受力、形状及批量可分

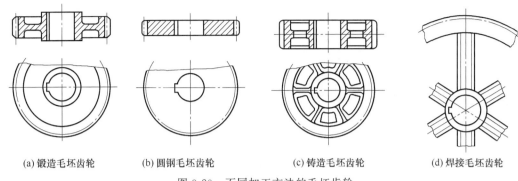

(a) 锻造毛坯齿轮　　　(b) 圆钢毛坯齿轮　　　(c) 铸造毛坯齿轮　　　(d) 焊接毛坯齿轮

图 9-20　不同加工方法的毛坯齿轮

别选用铸铁件、锻钢件或圆钢毛坯，甚至直接用钢板下料。

各种模具毛坯因工作条件的差异而选材不同，冷作模具多采用碳素工具钢及高碳合金钢；热作模具一般选用中碳合金钢；塑料模具多用中碳碳素结构钢或合金结构钢经调质后切削制成。形状简单的也可采用低碳钢冷压成型后渗碳处理，要求耐磨的塑料模选用高碳钢制模。模具毛坯大多数用锻件，锻造可细化碳化物而提高性能。也有用冷压成型制成毛坯。

(4) 箱架件的分析与毛坯选择

如图 9-21 所示，箱架类工件一般作结构零件。整体性能要求强韧性较好，但具体受力状况有很大差异，例如床身、底座等基础零件以承压为主，有时也有拉、弯等应力联合作用，或有冲击，要求有好的刚度和减振性。其台面、导轨等有相对滑动部分，要求较好的耐磨性。对于箱体件因受力不大，要求有较好的刚度和密封性。

箱架件多用铸铁件、铸铁优良的铸造性能适合箱架件复杂形状的制造，并有耐磨、减振作用。对受力复杂或受较大冲击载荷的工件可采用铸钢件。单件、短周期可选焊接件。

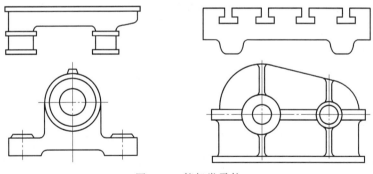

图 9-21　箱架类零件

9.2.5　汽车零件的毛坯选择

一辆汽车由上万个零部件组装而成，而上万个零部件又是由各种不同的材料制成。以我国中型载货汽车用材为例，钢铁约占 64%，铸铁约占 21%，有色金属约占 1%，非金属材料约占 14%。

汽车主要由发动机、底盘、车身和电气系统四部分组成。图 9-22 所示的是汽车主要零件的系统结构图。表 9-6 和表 9-7 分别为汽车发动机、底盘及车身主要零件的毛坯选择实例。

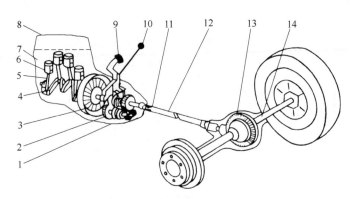

图 9-22   汽车发动机及传动系统示意图

1—变速箱；2—变速齿轮；3—离合器；4—曲轴；5—连杆；6—活塞；7—缸体；8—气缸盖；9—离合器踏板；
10—变速手柄；11—万向节；12—传动轴；13—后桥齿轮；14—半轴

9.2.6   零件热处理的技术条件和工序位置

在制造汽车零件过程中，除了进行各种冷热加工外，还要穿插进行热处理。正确分析和理解热处理的技术条件，合理安排零件加工工艺路线中的热处理工序，对于改善金属材料的切削加工性能，保证零件的质量，满足使用性能要求，都具有重要的意义。

9.2.6.1   热处理的工序位置

根据热处理的目的和工序位置的不同，热处理可分为预备热处理和最终热处理两类。

(1) 预备热处理的工序位置

预备热处理包括退火、正火、调质等。其工序位置一般安排在毛坯生产之后，切削加工之前；或粗加工之后，精加工之前。

表 9-6   汽车发动机主要零件的毛坯选择实例

代表性零件	性能要求	主要失效形式	毛坯加工方法	常用材料	热处理及其他
缸体、缸盖、飞轮、正时齿轮	刚度、强度、尺寸稳定性	裂缝、孔壁磨损、翘曲变形	铸造	HT200	不处理或去应力退火
			铸造	ZL105	淬火+时效
缸套、排气门座等	耐磨性、耐热性	过量磨损	铸造	合金铸铁	如高磷($w_P > 0.5\%$)或高硼铸铁缸套($w_B \geqslant 0.06\%$)、铌铸铁缸套
曲轴等	刚度、强度、耐磨性、疲劳抗力	过量磨损、断裂	铸造	QT500-7	表面淬火、圆角滚压、渗氮
			锻造	45	调质+局部表面淬火
活塞销等	强度、冲击韧性、耐磨性	磨损、变形、断齿	拉拔型材	20、20Cr、20CrMnTi、12Cr2Ni4、20Mn2TiB	渗碳+淬火+低温回火
连杆、连杆螺栓等	强度、疲劳抗力、冲击韧性	过量变形、裂缝、断裂	锻造	45、40Cr、40MnB	调质、探伤，连杆螺栓也可用 50MnVB 冷镦
各种轴承和轴瓦	疲劳抗力、耐磨性	磨损、剥落、烧蚀、破裂	锻压	轴承钢、轴瓦材料	一般外购
排气门	耐热性、耐磨性	起沟槽、尺寸变宽、氧化烧蚀	锻压	耐热气阀钢、4Cr8Si2、6Mn20Al、15MoVNb、4Cr10Si2Mo	淬火+回火

续表

代表性零件	性能要求	主要失效形式	毛坯加工方法	常用材料	热处理及其他
气门弹簧	疲劳抗力	变形、弹力不足、断裂	拉拔、卷簧（压力加工）	65Mn、5CrVA	淬火＋中温回火
活塞	耐热、强度	烧蚀、变形、开裂	铸造	ZL108、ZL111	淬火及时效
支架、盖、挡板等	强度、刚度	变形	冲压、焊接	Q235、08、20、16Mn	—

① 退火、正火的工序位置　通常退火、正火都安排在毛坯生产之后，切削加工之前，以消除前一工序所造成的诸如内应力、晶粒粗大、组织与成分不均匀等缺陷，改善切削加工性，并为最终热处理做组织准备。如 40Cr 钢制造的气缸盖螺栓，在热加工后和切削加工以前，应进行一次退火或正火处理。对精密零件，为了消除切削加工的残余应力，在切削加工工序之间还应安排去应力退火。

② 调质处理的工序位置　调质一般安排在粗加工之后，精加工或半精加工之前。其目的是获得良好的综合力学性能，或为以后的表面淬火及易变形的精密零件的整体淬火作组织准备。

表 9-7　汽车底盘和车身主要零件的材料、毛坯选择实例

代表性零件	性能要求	主要失效形式	毛坯加工方法	常用材料	热处理及其他
纵梁、横梁、传动轴、保险杠、钢圈等	强度、刚度、韧性	弯曲、扭斜、铆钉松动、断裂	冲压	09SiV、09SiCr、20、16Mn、10Ti、13MnTi	—
前桥（前轴）、转向节臂（羊角）、半轴等	强度、韧性、疲劳抗力	弯曲、变形、扭曲变形、断裂	模锻	45、40MnB、40Cr	调质处理，圆角滚压，无损探伤，检验
变速箱齿轮、后桥齿轮	强度、耐磨性、接触疲劳抗力及断裂抗力	麻点、剥落、齿面过量磨损、变形、断齿	锻造	20CrMnTi、20Mn2TiB、12Cr2Ni4	渗碳（深度大于0.8mm）、淬火＋回火，表面硬度58～62HRC
变速器壳、离合器壳	刚度、尺寸稳定性、一定强度	裂缝、轴承孔磨损	铸造	HT200	去应力退火
后桥壳等	刚度、尺寸稳定性、一定强度	弯曲、断裂	铸造	KTH350-10、QT400-15	还可用优质钢板冲压后焊成或铸钢铸成
钢板弹簧等	耐疲劳、冲击和腐蚀	折断、弹性减退、弯度减小	冲压	65Mn、55Si2Mn、50CrMn、55SiMnVB	淬火、中温回火、喷水强化
驾驶室、车厢罩等	刚度、尺寸稳定性	变形、开裂	冲压、焊接	08、20	冲压成型
分离泵、油塞、油管	耐磨性、强度	磨损、开裂	铸造、拉拔	铝合金、紫铜	—

(2) 最终热处理的工序位置

最终热处理包括淬火、回火、表面热处理等。零件经最终热处理后就获得所需的使用性能。因零件表面的硬度较高，除进行磨削加工外，一般不能再进行其他的切削加工，所以最终热处理均安排在半精加工之后。

在实际生产中，灰铸铁件、铸钢件和某些钢轧件、钢锻件因工作要求性能不高，在铸造、锻造后经退火、正火或调质后就能满足使用性能，往往不再进行其他热处理，此时这些热处理就成了最终热处理。

9.2.6.2 零件热处理的技术条件及标注

需要热处理的零件，设计者应根据零件的性能要求，在图样上标明零件所用材料的牌号，并应注明热处理的技术条件，以供热处理生产和检验时使用。

热处理技术条件的内容包括零件最终的热处理方法、热处理后应达到的力学性能指标等。零件热处理后应达到的力学性能指标一般仅需标注出硬度值。但对于某些力学性能要求较高的重要零件，例如动力机械中的曲轴、连杆、齿轮等关键零件，还应标注出强度、塑性、韧性指标，有的还应给出对显微组织的要求。对于渗碳件，还应标注出渗碳淬火、回火后表面和心部的硬度、渗碳的部位（全部或局部）、渗碳层深度等。对于表面淬火零件，在图样上应标注出淬硬层的硬度、深度与淬硬部位，有的还应给出对显微组织及限制变形的要求，如轴淬火后的弯曲度、孔的变形量等。

在图样上标注热处理的技术条件时，可用文字对热处理条件加以简要说明，也可用GB/T 12603—2005规定的热处理工艺分类及代号表示。热处理技术条件一般标注在零件图标题栏上方的技术要求中，如图9-23所示。在标注硬度值时应有一个波动范围：一般布氏硬度范围在30～40，洛氏硬度范围在5左右，例如正火210～240HBS、淬火回火40～50HRC。

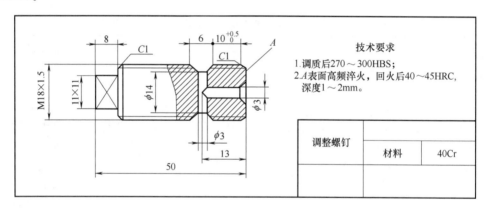

(a) 局部热理时的标注图例

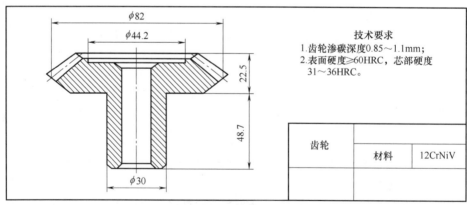

(b) 整体热处理时的标注图例

图 9-23　热处理技术条件的标注示例

9.2.7 典型零件材料和毛坯的选择及加工工艺分析

机械零件按照形状特征和用途的不同，主要分为轴杆类零件、盘套类零件和箱架类零件三类。它们在机械上的重要程度、工作条件不同，对性能的要求也不同。因此，正确选择零件的材料种类和牌号、毛坯类型和毛坯加工方法，合理安排零件的加工工艺路线，具有重要意义。

（1）轴杆类零件

轴杆类零件一般是回转体零件，其结构特点是轴向（纵向）尺寸远大于径向（横向）尺寸。轴杆类零件包括各种传动轴、机床主轴、丝杠、光杠、曲轴、偏心轴、凸轮轴、齿轮轴、连杆、拨叉、锤杆、摇臂以及螺栓、销子等，如图 9-24 所示。

轴是机械上最重要的零件之一，一切回转运动的零件，如齿轮、凸轮等都装在轴上，所以，轴主要起传递运动和转矩的作用。下面以图 9-25 所示的曲轴为例进行分析。

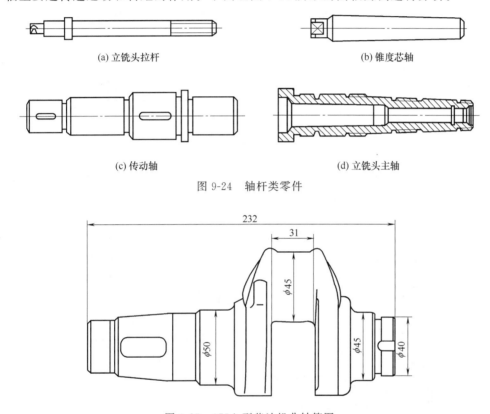

(a) 立铣头拉杆　　　　　　　　　　　　　(b) 锥度芯轴

(c) 传动轴　　　　　　　　　　　　　(d) 立铣头主轴

图 9-24　轴杆类零件

图 9-25　175A 型柴油机曲轴简图

① **工作条件**　175 型柴油机为单缸四冲程柴油机，气缸直径为 75mm，转速为 2200～2600r/min，功率为 4.4kW。由于功率不大，因此曲轴所承受的弯曲、扭转、冲击等载荷也不大。

② **性能要求**　由于该曲轴在滑动轴承中工作，故要求轴颈部位有较高的硬度及耐磨性。一般性能要求是抗拉强度 $R_m \geqslant 750$MPa，整体硬度在 240～260HBS，轴颈表面硬度 $\geqslant$625HV，断后伸长率 $A \geqslant 2\%$，冲击韧性 $a_k \geqslant 150$kJ/m^2。

③ **材料选择**　曲轴材料主要有优质中碳钢、中碳合金钢、铸钢、球墨铸铁、珠光体可锻铸铁以及合金铸铁等。根据上述曲轴的工作条件和性能要求，该曲轴材料可选用 QT700-2。

④ **毛坯选择**　根据上述曲轴的工作条件、性能要求以及选用的材料，应选铸造毛坯为宜。当然，该曲轴也可选用 45、45Cr 钢通过模锻制造，从而适应批量生产的要求。

⑤ **加工工艺路线**　生产中，该曲轴的加工工艺路线一般为：铸造→正火→去应力退

火→切削加工→轴颈气体渗氮。

其中正火为预备热处理，去应力退火、气体渗氮属于最终热处理。它们的作用分别是：

a. 正火。正火主要是为了消除毛坯的铸造应力，以及获得细珠光体组织，以满足强度要求。

b. 去应力退火。去应力退火主要是为了消除正火时产生的内应力。

c. 气体渗氮。气体渗氮的主要目的是保证不改变组织及加工精度的前提下提高轴颈表面的硬度和耐磨性。

(2) 盘套类零件

盘套类零件一般是指径向尺寸大于轴向尺寸或两个方向尺寸相差不大的回转体零件。属于这一类的零件有各种齿轮、带轮、飞轮、模具、联轴器、套环、轴承环以及螺母、垫等，如图 9-26 所示。

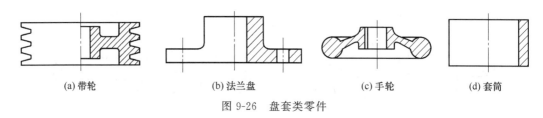

(a) 带轮　　　　　(b) 法兰盘　　　　　(c) 手轮　　　　　(d) 套筒

图 9-26　盘套类零件

由于这类零件在机械中的使用要求和工作条件有很大差异，因此所用材料和毛坯各不相同。下面以汽车齿轮为例进行分析。

汽车齿轮主要分装在变速箱和差速器中。在变速箱中，通过齿轮改变发动机、曲轴和主轴齿轮的速比；在差速器中，通过齿轮增加转矩，并调节左右轮的转速。全部发动机的动力均通过齿轮传给车轴，推动汽车运行。图 9-27 所示的是某载货汽车变速器齿轮的简图。

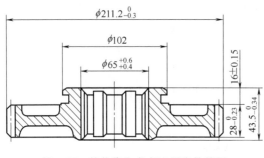

图 9-27　某载货汽车变速器齿轮简图

① 工作条件　该齿轮的工作条件比机床齿轮恶劣。工作过程中，承受着较高的载荷，齿面受到很大的交变或脉动接触应力及摩擦力，齿根受到很大的交变或脉动弯曲应力，尤其是在汽车启动、爬坡行驶时，还受到变动的大载荷和强烈的冲击。

② 性能要求　根据上述工作条件，要求齿轮表面有较高的耐磨性和疲劳强度，心部保持较高的强度与韧性，要求根部抗拉强度 $R_m > 1000MPa$，冲击韧性 $a_k > 60J/cm^2$，齿面硬度 58～64HRC，心部硬度 30～45HRC。

③ 材料选择　根据上述齿轮的工作条件和性能要求，确定该齿轮材料为 20Cr 或 20CrMnTi。

④ 毛坯选择　该齿轮形状比较复杂，性能要求也高，故不宜采用圆钢毛坯，而应采用模锻制造毛坯，以使材料纤维合理分布，提高力学性能。单件小批生产时，也可用自由锻生产毛坯。

⑤ 加工工艺路线　生产中，该齿轮的加工工艺路线一般为：下料→锻造→正火→粗加工、半精加工（内孔及端面留余量）→渗碳（内孔防渗）＋淬火＋低温回火→喷丸→推拉花键孔→磨端面→磨齿→最终检验。

其中正火为预备热处理，淬火、回火属于最终热处理。它们的作用分别是：

　　a. 正火。正火主要是为了消除毛坯的锻造应力，获得良好的切削加工性能，均匀组织、细化晶粒，为以后的热处理作组织准备。

　　b. 渗碳。渗碳是为了提高轮齿表面的碳含量，以保证淬火后得到高硬度和良好耐磨性的高碳马氏体组织。

　　c. 淬火、回火。其目的是使轮齿表面有高硬度，同时使心部获得足够的强度和韧性。由于 20CrMnTi 是细晶粒合金渗碳钢，故可在渗碳后经预冷直接淬火，也可采用等温淬火以减小齿轮的变形。

　　工艺路线中的喷丸处理，不仅可以清除齿轮表面的氧化皮，而且是一项可使齿面形成压应力、提高其疲劳强度的强化工序。

　　其他汽车齿轮的选材及热处理工艺，见表 9-8。

表 9-8　汽车齿轮的选材及热处理工艺

齿轮类型	常用钢种	热处理	
		主要工序	技术条件
汽车变速箱和分动箱齿轮	20CrMo、20CrMnTi	渗碳	层深：$m_n^{①}$<3mm 时，0.6～1mm；3mm<m_n<5mm 时，0.9～1.3mm；m_n>5mm 时，1.1～1.5mm。齿面硬度：58～64HRC 心部硬度：m_n≤5mm 时，32～45HRC；m_n>5mm 时，29～45HRC
	40Cr	（浅层）碳氮共渗	层深：>0.2mm 表面硬度：51～61HRC
汽车驱动桥主动和从动圆柱齿轮	20CrMo、20CrMnTi	渗碳	渗层深度按图纸要求，硬度要求同"汽车变速箱和分动箱齿轮"的渗碳工序
汽车驱动桥主动和从动圆锥齿轮	20CrMo、20CrMnTi	渗碳	层深：$m_s^{②}$<5mm 时，0.9～1.3mm；5mm<m_n<8mm 时，1～1.4mm；m_s>8mm 时，1.2～1.6mm。齿面硬度：58～64HRC 心部硬度：m_s≤8mm 时，32～45HRC；m_s>8mm 时，29～45HRC
汽车驱动桥差速器行星与半轴齿轮	20CrMo、20CrMnTi、20CrMnMo	渗碳	同"汽车变速箱和分动箱齿轮"的渗碳工序
汽车发动机凸轮轴齿轮	HT150、HT200	—	170～229HBS
汽车曲轴正时齿轮	35、40、45、40Cr	正火	149～179HBS
		调质	207～241HBS
汽车启动机齿轮	15Cr、20Cr、20CrMo、15CrMnMo、20CrMnTi	渗碳	层深：0.7～1.1mm 齿面硬度：58～63HRC 心部硬度：33～43HRC
汽车里程表齿轮	Q215、20	（浅层）碳氮共渗	层深：0.2～0.35mm

① m_n——法向模数；
② m_s——端面模数。

(3) 箱架类零件

　　箱架类零件一般结构复杂，有不规则的外形和内腔，且壁厚不均，如图 9-28 所示。这类零件包括各种机械设备的机身、底座、支架、横梁、工作台，以及齿轮箱、轴承座、阀体、泵体等。重量从几千克至数十吨不等，工作条件也相差很大。

　　箱架类零件的整体性能要求强韧性较好，但具体受力状况有很大差异。一般的基础零件如机身、底座等，以承压为主，要求有较好的刚度和减振性；有些机械的机身、支架往往同时承受压、拉和弯曲应力的联合作用，或者还受冲击载荷。箱架类零件一般受力不大，但要求有良好的刚度和密封性。

　　鉴于箱架类零件的结构特点和使用要求，通常都以铸件为毛坯，且以铸造性能良好、价格便宜，并有良好耐压、耐磨和减振性能的铸铁为主；受力复杂或受较大冲击载荷的零件，则采用铸钢件；受力不大，要求自重轻或要求导热良好，则采用铸造铝合金件；受力很小，要求自重轻等，可考虑选用工程塑料件。在单件生产或工期要求紧迫的情况下，或受力较大，形状简单，尺寸较大，也可采用焊接件。

　　如选用铸钢件，为了消除粗大的晶粒组织、偏析及铸造应力，对铸钢件应进行完全退火或正火；对铸铁件一般要进行去应力退火或时效处理；对铝合金铸件，应根据成分不同，进行退火或淬火时效处理。

　　下面以图 9-29 所示的双级圆柱齿轮减速箱箱体为例进行分析。

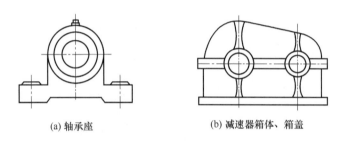

(a) 轴承座　　　　　　　　　　(b) 减速器箱体、箱盖

图 9-28　箱架类零件

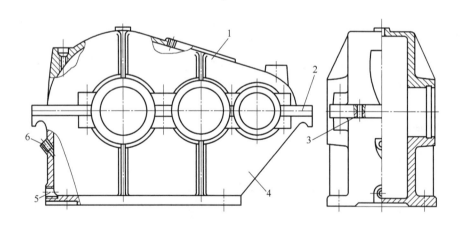

图 9-29　双级圆柱齿轮减速箱箱体结构简图
1—盖；2—对合面；3—定位销孔；4—底座；5—出油孔；6—油面指示器孔

　　① 工作条件　由图可以看出，其上有三对精度较高的轴承孔，形状复杂。
　　② 性能要求　该箱体要求有较好的刚度、减振性和密封性，轴承孔承受载荷较大。
　　③ 材料选择　根据上述箱体的工作条件和性能要求，确定该箱体的材料为 HT250。
　　④ 毛坯选择　采用砂型铸造，铸造后应进行去应力退火。单件生产也可用焊接件。
　　⑤ 加工工艺路线　生产中，该箱体的加工工艺路线一般为：铸造毛坯→去应力退火→划线→切削加工。

其中去应力退火是为了消除铸造内应力，稳定尺寸，减少箱体在加工和使用过程中的变形。

9.3 工艺路线的制订

工艺路线的制订是制订工艺规程中最为关键的一步，包括采用哪些加工方法来保证各表面的技术要求，哪些表面作为定位基准，工序集中与分散的程度，各个表面的加工顺序等。

保证加工质量是制订工艺规程时应该考虑的一个基本问题。表面精度要达到要求，主要是正确选用加工方法，而定位、装夹的影响较小。各表面之间的位置精度，则与定位基准，加工顺序及夹具的精度有很大的关系。

9.3.1 表面加工方法的选择

任何零件都是由一些表面组合而成的，各个表面的形状和加工要求不同，加工方法也就不同。主要表面的加工过程，基本上可以决定整个零件加工过程的轮廓。不同加工方法所能达到的经济加工精度和生产率是不同的。加工方法的选择，实质上是谋求质量、产量和经济性之间的矛盾获得较好的解决，包括采用新工艺。

选择表面加工方案的一般规律是：

(1) **所选最终加工方法的经济精度及表面粗糙度要与加工表面的精度和表面粗糙度的要求相适应**

所选择的最终加工方法的经济精度和粗糙度必须可靠地保证加工要求。根据有关资料或工厂生产经验，可提出几个方案进行分析比较，选择一合理方案。例如，加工一直径为 $\phi 35\text{H}7\text{mm}$、表面粗糙度值为 $Ra0.8\mu m$ 的孔，可有三种加工方案：

① 钻孔→扩孔→粗铰→精铰。

② 钻孔→拉孔。

③ 钻孔→粗镗→半精镗→精镗。

可以根据零件的结构特点和产量等条件，决定采用哪一种方案。各种常用加工方法所能达到的经济精度和表面粗糙度参见第3章。

(2) **加工方法要与生产类型相适应**

选择加工方法要考虑生产率和经济性，不同的方案，生产率是不同的。应用的设备和刀具不相同，经济效果也不一样。选择加工方案时，除保证质量外，还要符合产量和良好的经济效益。

上述三种方案中，第二种方案的生产率最高，而第三种方案的最低。

拉孔要有专用拉床和拉刀，产量小则在经济上不合适。如果加工多种零件时能够综合应用拉床，在中、小批生产中应用拉孔，经济效果还是好的。镗孔可以说是加工大直径孔的唯一方法，根据生产批量的不同，可以分别采用通用镗床或专用镗床。

(3) **所选加工方法要能保证加工表面的几何形状精度和表面相互位置精度要求**

选择加工方法时，除要考虑精度和粗糙度的要求外，还应满足表面形状、位置精度、力学性能等各方面的技术要求，应进行综合分析。

加工方法应与工件的结构形状和大小相适应。形状不规则的工件不能采用无心磨削。小工件（如喷油器的针阀）的外圆不能采用超精加工。

在位置精度方面，例如，孔与端面的垂直度及孔与外圆表面的同轴度要求较高，可在车床上采取一次安装，利用工件回转，以车、镗的方法把几个表面一次加工好。表面的位置精度要求，有些加工方法（如拉削、无心磨、珩磨、超精加工、研磨等）是不能保证的。

在要求提高表面耐磨性及疲劳强度的情况下，可对表面进行强化，如滚压、胀孔、喷丸处理等。

(4) 加工方法要与零件材料的可加工性相适应

不同力学性能的材料，应采用不同的加工方法。硬度很低而韧性很大的金属材料如有色金属材料不宜采用磨削方法加工，因为磨屑易堵塞砂轮的工作表面，故宜采用切削方法加工。而硬度和强度都很高的材料（如经过淬火的钢材、耐热钢等）不宜采用金属刃具切削加工，最好采用磨削方法加工。

(5) 加工方法要与本厂现有生产条件相适应

选择加工方法，不能脱离本厂现有设备状况和工人的技术水平。既要充分利用现有设备，也要注意不断地对原有设备和工艺进行技术改造，挖掘企业潜力。

9.3.2 定位基准的选择

在制订工艺规程时，正确选择定位基准，对保证零件技术要求、合理安排加工顺序有着至关重要的影响。定位基准有精基准与粗基准之分，在选择定位基准时先根据零件的加工要求选择精基准，然后再考虑选用哪一组表面作为粗基准才能把精基准加工出来。

(1) 精基准的选择

选择的精基准应有利于保证加工精度并使安装及加工方便。选择精基准的原则如下：

① "基准重合" 原则 尽可能选设计基准或工序基准作为定位基准，这样可以避免因基准不重合而引起的定位误差。

如果工件的加工是最终工序，则这时是定位基准与设计基准重合；如是中间工序，则加工尺寸是工序图上标注的工序尺寸，即加工时应直接保证的，这时应尽可能选用工序基准作为定位基准。这样可以使工序的加工允差最大，因为可避免基准不重合而引起的定位误差。

例如图 9-30 所示的箱体件，最终精镗孔时应以底面Ⅲ为定位基准，因底面Ⅲ是设计基准，这样就能直接保证尺寸 $A\pm\delta_A$ 及孔轴线对底面的平行度要求。

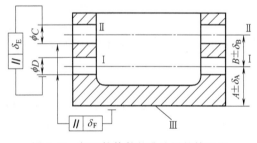

图 9-30 加工箱体件的孔选用的精基准

关于孔Ⅱ的加工，从零件图来看，其设计基准是孔Ⅰ，两孔之间有尺寸和平行度的要求。由于以孔Ⅰ为定位基准来加工孔Ⅱ较为困难，还是以底面Ⅲ为定位基准为宜。尽管这样，加工孔Ⅱ时其定位基准与设计基准不重合，但这是在同一次安装中加工孔Ⅰ及孔Ⅱ，两孔之间的位置尺寸和平行度是由镗模精度来直接保证，从而不会受基准不重合误差的影响。

② "基准统一" 原则 如果工件以某一组精基准定位，而能较方便地加工其余各表面，则应尽量在多数工序中应用同一组基准来定位，这就是 "基准统一" 原则，也称 "基准不变" 原则。

"基准统一" 原则的主要优点是：

① 简化工艺过程，并使各工序所需夹具的设计和制造能够统一和简化，从而加速了生产准备工作和降低了成本。

② 基准统一有可能在一次安装中加工更多的表面。在产量较大的情况下，采用工序集

中，用先进加工方法或高效率设备同时加工各表面，从而可大大提高生产率。并且在一次安装中加工出来的各表面之间的位置精度也容易保证，因为这取决于机床本身的精度和加工误差，而与定位误差无关。

如轴类零件，采用顶尖孔作统一基准加工各外圆表面，这样可以保证各表面之间较高的同轴度；机床床头箱多采用底面和导轨面为统一基准加工各轴孔、前端面和侧面；一般箱体形零件采用一大平面和两个距离较远的孔作为精基准；圆盘和齿轮零件常用一端面和短孔为精基准完成各种加工工序；活塞常用底端面和内止口（工艺孔）作为精基准以便完成活塞的多种加工。图 9-31 所示的汽车发动机的机体，在加工机体上的主轴承座孔、凸轮轴座孔、气缸孔及座孔端面时，就是采用底面 A 及底面上相距较远的两个工艺孔为精基准作为统一基准，这样就能保证这些加工表面的相互位置关系。

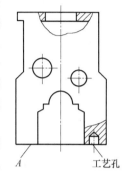

图 9-31　柴油机机体

在采用"基准统一"原则时，并不排斥个别工序采用其他基准，如有些表面用统一基准加工并不方便，同时也有其他基准可以利用时。还有一种情况是统一基准与加工表面的设计基准不重合，用统一基准加工所产生的误差会影响到位置精度不能达到要求时，就必须改用相应的设计基准作为定位基准。

③ "互为基准"原则　当两个表面相互位置精度要求很高，并且它们自身的尺寸与形状精度都要求很高时，可以采取互为精基准的原则，反复多次进行精加工。如连杆大、小头孔的精加工就互为基准反复加工。这样不仅符合基准重合原则，也在互为基准的反复加工过程中，基准的精度越来越高，最后可保证达到很高的位置精度。

④ "自为基准"原则　在有些精加工或光整加工工序中，要求加工余量小而均匀，在加工时就尽量选择加工面本身作为基准，即"自为基准"原则，而该表面与其他表面之间的位置精度则由前面的工序予以保证。

例如磨削床身导轨面时，总是以导轨面本身为基准来找正。常用的方法是在磨头上装百分表来找正工件，或者观察火花来找正工件，如图 9-32。又如可用无心磨削方法磨活塞销以及用浮动铰刀铰孔等。

⑤ 选择定位基准应注意定位和装夹方便、夹具结构简单及加工方便等。如果根据上述基准重合原则选用设计基准作为定位基准，结果会使定位和装夹不方便，并且夹具的结构也很复杂，这时就要选定位基准，尽管这样会增加由于基准不重合而产生的误差。

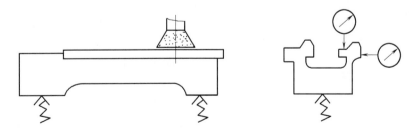

图 9-32　床身导轨面自为基准

如果工件几个加工面之间有位置精度要求，应该首先加工面积较大、较适于作为精基准的表面，然后以该表面为精基准，加工其他表面。因为大表面的定位误差较小，并且便于装夹。

当零件的结构没有面积较大而定位性能好的表面适合作为精基准时，可加设专门作为定位基准（辅助基准）用的表面，如曲轴、凸轮轴两端的顶尖孔、机体和连杆的工艺凸台等。

值得指出的是，上述几条选择精基准的原则，有时是相互矛盾的。在使用这些原则时，要具体情况具体分析，从保证主要技术要求为出发点，合理使用这些原则。

(2) 粗基准的选择

在选择粗基准时，考虑的重点是如何保证各加工表面有足够的余量，使不加工表面的尺寸、位置符合图纸要求。选择粗基准要注意下列的原则：

① 如果在工件上必须首先保证某重要表面的加工余量均匀，则应当选择该表面作为粗基准。

小而均匀的余量，对于保证表面层的耐磨性有重要的作用。例如，单体铸造的活塞环外表面和车床床身导轨面，要求硬度高而均匀。在加工时希望这些表面仅去除较小而均匀的余量，以便耐磨。以车床床身导轨面为例，加工时先以床身导轨面为粗基准，加工床腿的底平面，然后以床腿的底平面为精基准，再加工导轨面。

② 在没有要求保证重要表面加工余量均匀的情况下，若工件上每个表面都要加工，则应选择其中加工余量最小的毛坯面作为粗基准，这就不致由于余量不够而造成废品。

例如铸造和锻造的轴套，常是孔的加工余量大而外圆表面的加工余量较小，这时就以外圆表面为粗基准加工内孔。

③ 在没有要求保证重要表面加工余量均匀的情况下，若零件有的表面不需要加工时，则应以不加工表面中与加工表面的位置精度要求较高的不加工表面作为粗基准。若工件上既需保证某重要表面加工余量均匀，又要求保证不加工表面与加工表面的位置精度，则仍应该按本项原则处理。

套类零件，尤其是薄壁的套类零件，一般都有壁厚均匀的要求。活塞属于薄壁套筒零件，必须保证壁厚均匀。如图 9-33 所示，在活塞加工的第一工序中，加工作为以后工序所用的辅助精基准 E、F 面，可选用 A、B 面或 C、D 面作为粗基准。但这两种选择对以后加工出来的活塞裙部和环带处壁厚以及顶部壁厚有不同的影响。以对壁厚的影响为例，选用 C、D 面作为粗基准时，加工出来的内止口 E 与毛坯外圆 C 是同轴线的；其后用 E 面定位来加工外圆及环槽，则与毛坯面 A 不同轴线。因此出现壁厚不均匀的情况。假如选用 A、B 面作为粗基准，这种情况就不会出现，则壁厚便均匀了。

有些零件，保证不加工面与加工面之间的位置精度是为了在装配时与相邻零件之间有足够的装配间隙，避免相碰，因此也要选择不加工面作为粗基准。

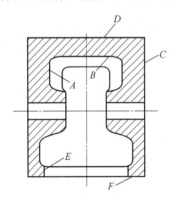

图 9-33 活塞加工的第一工序
A，B—毛坯面（不加工面）；
C，D—毛坯面（以后要加
工的面）；E，F—本工
序加工面

④ 选择粗基准应考虑定位和装夹方便、夹具结构简单及加工方便等。在图 9-33 所示的活塞加工的例子中，如果活塞材料是铝合金，毛坯用金属型铸造，则精度较高，其内壁对外圆面的同轴度误差较小。如毛坯确能保证壁厚均匀的要求，则应着重从定位和装夹方便、夹具结构简单及加工方便等方面来考虑粗基准的选择。可不用内圆面作为粗基准，而直接利用外圆面为粗基准，采用三爪卡盘自动定心夹紧是很方便的。如果毛坯不能保证壁厚的均匀性，仍要以内圆面作为粗基准。

⑤ 在一般情况下，同一个尺寸方向上的粗基准只使用一次，应尽量避免重复使用。

作为粗基准的毛坯表面误差较大，若在两次安装中重复使用（例如某一表面的粗、精加工两个工序中都使用同一粗基准），则不能保证工件与刀具的相对位置在两个工序中都一致，因而影响加工精度。

但是，当毛坯是精密铸件或精密锻件时，毛坯精度较高，而加工精度要求不高，夹具又相同或类似，这种情况下可以重复使用某一粗基准。总之，粗基准尽量避免重复使用，在保证规定的加工精度的前提下，可以灵活处理。

⑥ 应选择比较平整光洁的表面作为粗基准。浇冒口所在的铸件表面、铸造分型面及有锻造飞边的分模面等，最好不用作粗基准，否则一定要修平，以免产生过大的定位误差，并且能保证毛坯夹紧牢靠，这对于高速切削和强力切削情况更为重要。

由以上可知，粗基准的选择是与毛坯的情况紧密相关的，粗基准选择不当有时可能会引起质量问题，必须对毛坯的制造方法及误差情况进行一定的了解和分析。

9.3.3　加工阶段的划分

在制订工艺路线时，往往把加工要求较高的主要表面的工艺过程划分为粗加工、半精加工、精加工等加工阶段。粗加工是用来高效率地切除加工表面上总余量的大部分；半精加工是为要求较高表面的精加工作好准备；精加工是为了达到规定的精度和粗糙度。对于精度和粗糙度要求很高的表面，甚至还有光整加工（精细加工）工序。

划分加工阶段的原因是：

（1）保证加工质量

首先说明粗加工的情况。粗加工所切去的加工余量较多，切削力很大，工件需要的夹紧力也大，因此工艺系统的受力变形很大。另外，粗加工时产生的热量也会引起工件的热变形，这些变形引起的误差较大。同时，由于粗加工在工件表面切去的金属较多，破坏了工件内部存在的内应力平衡状态，致使内应力重新分布，这将引起工件变形，并需要一定时间才能稳定。此外，加工余量大和不均匀也就不可避免地要产生振动。所有这些原因都使粗加工不可能得到较高的精度和较小的粗糙度。划分加工阶段可使精加工在变形较小的情况下进行，容易保证质量。精加工可用较高精度的表面作为定位基准，从而减少安装误差。此外，粗糙度小的表面放在最后加工，可避免这些表面在加工过程中碰伤。应当注意，有些零件由于粗加工时产生热量较大，是不能立即进行精加工的。

（2）获得较高的生产率

粗加工切去表面金属较多，容易发现毛坯内部存在的缺陷（如铸件的砂眼、气孔等），应报废可避免继续加工，不致浪费更多的工时。粗加工的切削用量大，到精加工时仅须切除较小的加工余量，因而减少了工时。

（3）降低加工成本

粗加工可选择刚性好、功率大、精度低的机床，价格便宜，而且使用寿命较长。精度高的精加工机床则可在较低的负荷下工作，精度可以得到保证，使用寿命也可延长。此外，随着生产率的提高，加工成本有所降低。

（4）便于安排热处理、检验等工序

一些特别重要的箱体件等，往往在粗加工后进行人工时效处理，以避免内应力重新分布对加工精度的影响。淬火工序安排在精加工（磨削）阶段以前进行。中间检验一般是安排在各加工阶段结束或关键工序的前后。

把粗、精加工分开的原则既适用于某一个表面的加工过程，也基本适用于整个工件的工艺路线。

应当指出，上述加工阶段的划分并不是绝对的。在某些情况下，例如零件加工精度要求不高，或者生产批量较小，又受设备条件的限制，可以把粗、精加工安排在一起进行。有时为了满足机床负荷率的要求，例如在组合机床上加工箱体零件，也把粗、精加工合并进行。此外，当加工重型零件时，由于安装、运输费时又困难，常不划分加工阶段，在一台机床上完成其某些表面的粗、精加工；或在粗加工后松开夹紧，消除夹紧变形，然后再用较小的夹紧力重新夹紧，进行精加工，以利于保证加工质量。但是对于精度要求高的重型零件，仍要划分加工阶段，并插入人工时效处理等。因此需要按照具体情况来决定。

9.3.4　加工顺序的安排

加工工序排列是否恰当，不但涉及零件的生产率和成本，而且也影响加工质量。

（1）切削加工顺序的安排

① 先加工基准表面，后加工功能表面　一般情况下，先加工平面，后加工内孔等表面。零件上的功能表面一般都是有加工要求的工作表面，只有以具有一定精度的基准表面定位才能保证达到加工表面的要求，所以在每次粗、精加工工作表面之前，应事先相应地粗、精加工基准表面。例如轴类件，总是首先加工端面和顶尖孔；箱体件先加工定位用平面及其上的定位用工艺孔；盘套类件则先把孔加工好。

具有平面轮廓尺寸较大的零件，以平面定位比较稳定可靠，常用平面作为主要精基准，因此就应先加工平面，后加工内孔等其他表面。

② 先加工主要表面，后加工次要表面　零件上的装配基面和主要工作表面等主要表面应先安排加工，而一些次要表面（如键槽、螺孔等）由于其加工面小，又和主要表面有相互位置的要求，一般都应安排在主要表面达到一定精度之后，例如半精加工之后，但又应在最后精加工之前加工。

③ 先安排粗加工工序，后安排精加工工序。

④ 加工顺序要便于零件进行加工，有助于提高生产率。

大型零件在机床上安装比较麻烦，通常希望能在一次安装中尽量多加工一些表面，以减少零件的搬运和装夹。如果机床是按类型排列，为了减少零件的往返运输，可将同类工序排在一起，例如开始时全部为车削工序，然后全部为铣工序。

（2）热处理工序的安排

① 对改善金属组织和加工性能的热处理工序，如退火、正火等，一般应安排在机械加工之前。

② 对提高零件表面硬度的热处理工序，如淬火、氮化处理等，一般应安排在工艺过程的后部，最终加工以前进行。去毛刺工序应安排在淬火工序以前，因毛刺若淬硬后就难以去掉。

③ 有些热处理工序，如人工时效处理等，能减少加工后的内应力，应安排在粗加工以后，精加工以前进行。对于高精度的零件，则应安排多次时效工序，并且最好是将工件存放一段时间进行自然时效后，再进行粗加工，然后进行人工时效。

（3）校正工件工序的安排

工件经过热处理会产生变形，在加工过程中，工件的内应力重新分布也会引起变形。因此，在粗加工、半精加工或热处理工序以后，某些刚度不足的工件常要进行校正。例如，多缸发动机曲轴在加工过程中就包括了多次校正工序。

（4）检验工序的安排

① 粗加工阶段结束之后。

② 在工件转到另一个车间（如热处理车间）加工前后。

③ 花费工时多的工序和重要工序的前后。

④ 零件全部加工结束之后。

（5）表面强化工序的安排

滚压、胀孔、喷丸处理等，一般安排在精加工后进行。

（6）磁力探伤工序的安排

一般安排在精加工的前后，检查零件（如曲轴、气缸套等）的细微裂纹和其他缺陷。

（7）平衡（包括动平衡和静平衡）工序的安排

对高速旋转工件，不平衡超差时要去除一些重量，以达到平衡，如曲轴、飞轮、叶片机转子等。一般安排在精加工的前后。

（8）其他工序的安排

如表面处理（法兰电镀等）工序，常安排在工艺过程的末尾；划线工序（例如在小批量生产下，加工砂型铸造毛坯时），常安排在粗加工前；去除上工序加工中的毛刺的工序，以及清洗、试水压及其他工序，可根据零件的特点和要求等安排在工艺过程的适当位置。

9.3.5　工序的集中程度的确定

在安排工序时，还应考虑工序中所包含的加工内容的多少。在每道工序中所安排的加工内容多，则一个零件的加工只集中在少数几道工序里完成，这时工艺路线短、工序少，称为工序集中。在每道工序中所安排的加工内容少，则一个零件的加工分散在很多工序里完成，这时工艺路线长、工序多，称为工序分散。前者说明工序集中程度高，后者说明工序集中程度低。

（1）工序集中的特点

① 减少装夹次数，便于保证各表面之间的位置公差　工件在一次装夹中加工多个表面，其表面间位置误差也就小，位置误差只决定于机床或机床夹具的精度。而分散加工时，表面的位置误差还决定于工件在每次定位时的定位精度。

② 便于采用高生产率的机床　在成批生产时，工序集中适于采用六角车床、多刀车床、卧式或立式多轴车床、多轴钻、镗和铣等组合机床、多轴齿轮加工机床、滚插联合机床等进行加工，大大地提高了生产率。

③ 有利于生产组织和计划工作　由于工序集中了，减少了工序数量、设备数量、操作工人人数和生产面积，因而简化了生产计划工作。

（2）工序过分集中带来的问题

机械加工的主要发展方向是工序集中，但过分集中会带来下列问题：

① 机床结构复杂，同时工作的刀具数量增多，降低了机床工作的可靠性、增加了机床停车、换刀时间，因而会影响生产率。

② 设备过于复杂，调整和维护都不方便。往往由于工件刚性不足和热变形等原因影响加工精度。

工序分散的特点与工序集中相反。由于工序简单，所用的机床设备和工艺装备也比较简单，调整方便，调整时间也短。对操作工人技术水平的要求可以低些。产品变动时生产准备工作量少，生产技术准备周期短。但机床设备数量多，生产周期长，占地面积也大。

因此，在制订工艺过程时，恰当地决定工序集中与分散程度，不仅是复杂而且也是较为困难的。决定时应针对具体问题，具体分析。例如箱体零件各面上有尺寸及位置公差严格的若干个孔（一般称为孔系），不仅精加工集中在一台机床上，而且粗加工最好也集中在一台机床上进行，这样可以使精加工时余量分布均匀，有利于保证孔距尺寸及位置公差。对于批量大、尺寸小、结构形状简单的零件，一般常采用工序分散。

9.4   提高机械加工劳动生产率的途径

9.4.1   时间定额

时间定额是在一定的技术、组织条件下制订出来的完成单件产品（如一个零件）或某项工作（如一个工序）所需的时间。时间定额是安排生产计划、核算产品成本的重要依据之一，也是新建或扩建工厂（或车间）时决定设备和人员数目的重要依据。时间定额必须正确制订，应该具有平均先进水平，过高或过低的定额都不利于促进生产。时间定额还应随着生产水平的发展而及时修订。

完成零件一个工序的时间定额，称为单件时间定额，它包括下列组成部分：

(1) **基本时间 T_j**

基本时间是直接改变生产对象（零件或单件产品）的形状、尺寸、表面质量或各个零件相互位置与相互关系等所耗费的时间。对于切削加工来说，则是切去金属层所耗费的时间（包括刀具的切入或切出时间在内），亦称机动时间。该时间可根据加工精度、走刀次数及切削用量等进行计算。各种加工方法的计算公式在有关手册或资料中可以查到。

(2) **辅助时间 T_f**

辅助时间是在每个工序中为实现工艺过程所必须进行的辅助动作所耗费的时间，包括装卸工件，开停机床，改变切削用量，测量工件，试切，进刀和退刀等辅助动作所耗费的时间。

基本时间和辅助时间的总和称为操作时间。

(3) **工作地点服务时间 T_{fw}**

工作地点服务时间包括更换磨钝了的刀具、加工时进行刀具小调整和修整刀具（如修整砂轮或用油石磨光刀刃）等等所耗费的时间，以及在工作班开始时分配工具和了解工艺文件、结束时收拾工具、清除切屑、润滑和擦机床等所耗费的时间。一般按操作时间的 2%～7%来计算。

(4) **休息时间 T_x**

休息时间是照顾工人休息和自然需要所耗费的时间。一般按操作时间的 2%来计算。

所以单件时间可用下式表示：

$$T_d = T_j + T_f + T_{fw} + T_x$$

在成批生产中，还需要考虑准备终结时间，即每当加工一批零件开始和终止时，需要一定的时间做下列工作：熟悉工艺文件、领取毛坯材料、领取和安装刀具和夹具、调整机床和其他工艺装备等；终止时需要拆下和归还工艺装备，发送成品等。这些工作所耗费的时间称为准备终结时间 T_z。若一批零件的数量为 n，则分摊到每个零件的准备终结时间为 T_z/n。将这些时间加到单件时间上去，即为单件核算时间，以 T_h 表示。

$$T_h = T_d + \frac{T_z}{n}$$

大量生产中，每个工作地点只做一个固定工序，所以在单件核算时间中不计算准备终结时间。

9.4.2　提高劳动生产率的工艺途径

劳动生产率是指一个工人在单位劳动时间内制造出的合格产品数目。它也可以用完成某一工作所需的劳动时间，即时间定额来衡量。劳动生产率是衡量生产效率的综合性技术经济指标，它表示了一个工人在单位时间内为社会创造财富的价值。提高劳动生产率绝不单是一个工艺问题，还涉及其他一系列的工作，如产品的结构设计、生产组织和生产管理等。提高劳动生产率必须处理好加工质量、生产率和经济性三者的关系。要在保证质量的前提下提高生产率，在提高生产率的同时必须注意经济效益，此外还必须注意减轻工人的劳动强度，改善劳动条件等。

在此仅讨论与提高机械加工生产率有关的一些工艺途径。

缩减时间定额就可提高劳动生产率。在大批、大量生产中，基本时间所占比重较大，而在单件、小批量生产中，辅助时间和准备终结时间所占比重则较大，应着重缩减占时间定额较大的那部分时间。

(1) 缩减基本时间

在车削中，提高切削速度、增加进给量、减少加工余量、增加切深、缩短刀具的工作行程等，都可减少基本时间，故高速切削和强力切削是提高劳动生产率的重要发展方向之一。例如采用陶瓷刀具时，切削速度可达 500m/min。我国成都工具研究所研制了以氧化铝为基体加入碳化钛热压烧结而成的新陶瓷材料，生产率可提高 6 倍以上，刀具耐用度可提高几倍到十几倍。

磨床的发展趋势是采用高速和强力磨削，以提高金属切除率。

减少切削行程长度也可以缩减基本时间。用多轴机床和多刀多刃加工方法，或用宽砂轮作切入磨削等，均可减少切削行程长度。

(2) 缩减辅助时间

随着基本时间的减少，辅助时间在单件时间中所占的比重就越来越高，所以，必须考虑缩减辅助时间。

① 直接缩减辅助时间　采用先进夹具、各种快速换刀、自动换刀装置等。如在车床、铣床上，目前广泛采用耐磨性好的不重磨硬质合金刀片，可以大大减少更换刀具的时间。

② 使辅助时间与基本时间重合　采用两工位或多工位的加工方法，使装卸工件的辅助时间和基本时间重合起来；采用两个相同夹具交替工作；采用连续进给法，装卸工件时，机床不需要停顿；采用主动检验或数字显示式自动度量装置，能在加工过程中度量工件的实际尺寸等。

(3) 同时缩减基本时间和辅助时间

① 多件加工。

② 采用多刀多刃加工及成形切削。

③ 采用各种类型的半自动机床、自动机床、多工位机床、组合机床、自动线等。

(4) 缩减准备终结时间

① 夹具和刀具调整通用化，即加工两种或两种以上零件时，夹具和刀具不需要再调整或者只需经过少许调整工作。此时，要求被加工零件的结构形状、技术要求等都比较接近。

② 采用可换刀架或刀夹。

③ 采用刀具的微调机构和对刀的辅助工具，以缩减刀具的调整时间。

④ 采用准备终结时间极少的先进加工设备。如液压仿形刀架、插销板式程序控制和数控机床等，它们所需的准备终结时间很短，可以灵活改变加工对象。

9.5　工艺方案的比较与技术经济分析

在制订零件的机械加工工艺过程时，通常可有几种不同的方案来实现。有些方案具有很高的生产率，但设备和工夹具的投资较大，另一些方案则投资较少，但生产率较低，因此，不同的方案有不同的经济效果。为了选取在给定生产条件下最经济合理的方案，对不同的工艺方案进行技术经济分析是具有重要意义的。在此不作深入讨论。

在单件、小批量生产下，由于零件生产纲领很小，采用高生产率的设备和工夹具投资大，设备负荷很低，零件的单件工艺成本很高，经济上不合算。在大批、大量生产下，由于零件生产纲领很大，单件工艺成本已相应地较低，此时就需要采用高生产率的工艺方案，以降低成本，获得好的经济效果。

9.6　数控加工工艺

9.6.1　基本概念

(1) 机械加工工艺

机械加工工艺是对各种机械的加工方法与过程的总称。

(2) 生产过程

机器或机械设备是由许多零、部件装配而成的，它的生产过程是一个复杂过程。首先，要把各种原材料，如生铁和钢材等，在铸造、锻压等车间制成零件的毛坯；然后送到机械加工、热处理等车间进行切削加工和处理，制成零件，再把各种零、部件送到装配车间装配成一台机械设备；最后经过磨合、调整、试验等，达到规定的性能指标后正式出厂。上述与原材料（或半成品）改变为成品直接有关的过程是生产的主要过程。此外，还必须有生产的辅助过程，即与由原材料（半成品）改变为成品间接有关的过程，如原材料（半成品）的运输、保存和供应，生产工具的制造、管理和准备，设备的维修等。综上所述，由原材料到成品之间各个相互联系的劳动过程的总和称为生产过程。

(3) 工艺过程

在生产过程中，直接改变生产对象的形状、尺寸、相对位置和性质等，使其成为成品或半成品的过程，称为工艺过程。包括铸造、锻造、焊接、冲压、机械加工、热处理、表面处理和装配工艺过程等。

(4) 机械加工工艺过程

机械加工工艺过程是利用机械加工的方法，使毛坯逐步改变形状和尺寸而成为合格零件的全部过程（此外，还包括改变材料物理性能的工艺过程，如滚压加工、挤压加工等使用机械方法的表面强化工艺）。机械加工工艺过程在机械设备生产中占有较大的比重及重要的位置，其中绝大部分是在机械加工车间中，应用金属切削机床进行加工。

机械加工工艺过程是由按一定顺序排列的一系列工序组成的。毛坯依次通过各道工序，逐渐变成所需要的零件。每一工序又可分为若干个安装、工位、工步及走刀。

① 工序　零件的机械加工工艺过程一般是由一系列按一定顺序排列的工序组成的。之所以要划分为若干工序，一方面由于零件具有许多不同形状和不同精度等级的表面，而这些表面（或同一表面）的加工往往不是一台机床所能完成的，另一方面，划分工序有利于生产组织，可以提高生产率和降低成本。

所谓工序,是指一个或一组工人,在一个工作地(机械设备)上对同一个或同时对几个工件所连续完成的那一部分工艺过程。可见,工作地、工人、零件和连续作业是构成工序的四个要素,其中任一要素的变更即构成新的工序。连续作业是指在该工序内的全部工作要不间断地接连完成。一个工序包括的内容可能很复杂,也可能很简单;可能自动化程度很高,也可能只是简单的手工操作,例如去毛刺等。但只要改变了机床(或工作地点),就是改变了工序。如加工图 9-34 所示的阶梯轴,在不同生产类型下的工序,分别见表 9-9 和表 9-10。

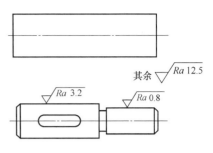

图 9-34 阶梯轴及毛坯

表 9-9 阶梯轴单件生产的工艺过程

工序号	工序名称	设备
1	车端面,打中心孔,车外圆,切退刀槽,倒角	车床
2	铣键槽	铣床
3	磨外圆,去毛刺	磨床

表 9-10 阶梯轴大批、大量生产的工艺过程

工序号	工序名称	设备	工序号	工序名称	设备
1	铣端面,打中心孔	铣端面和打中心孔机床	4	铣键槽	铣床
2	粗车外圆	车床	5	磨外圆	磨床
3	粗车外圆,倒角,切退刀槽	车床	6	去毛刺	钳工台

工件是按工序由一台机床送到另一台机床顺序地进行加工。工序是工艺过程的基本组成部分,是生产计划管理、经济核算的基本单元,也是计算设备负荷、确定生产人员数量、技术等级以及工具数量等的依据。

② 安装 安装是指工件(或装配单元)经一次装夹后所完成的工序中的那一部分工序。安装可看成是一个辅助工步,而装夹是指定位与夹紧的操作过程。

在一个工序内可以包括一次或几次安装。

应该注意,在每一个工序中,安装次数应尽量减少。以免影响加工精度和增加辅助时间。

③ 工位 在有些情况下,在一个工序中,工件在加工过程中须多次改变位置,以便进行不同的加工。因此,为了完成一定的工序部分,一次装夹工件后,工件(或装配单元)与夹具或设备的可动部分一起相对刀具或设备的固定部分所占据的每一个位置称为工位。工位是用来区分复杂工序的不同工作位置的。

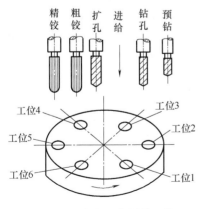

图 9-35 在六工位回转工作台式组合机床上进行加工

一个工序可包括几个工位。例如,在组合机床上加工 IT7 公差等级的孔,通常是在六工位回转工作台上加工,如图 9-35 所示。每个工位安装一个工件,与各工位相对应的钻、扩、铰等刀具则安装在多轴头上,定时完成进给和退刀运动。因此,除第一工位用来装卸工件以外,同时有五个工件被加工。对一个工件来说,在一个工位上加工完毕后,工作台转位,再进行

下一个工位的加工，这样经过六个工位（回转一圈）以后，加工完成。六个工位的工作依次是安装、预钻孔、钻孔、扩孔、粗铰及精铰。

由此可见，采用多工位加工可以减少工件的安装次数，从而减少多次安装带来的加工误差，并可以提高生产率。

④ 工步　有时在一个工序中，还可包括几个工步。

工步是指一次安装中，在工件的加工表面、切削刀具和切削用量中的转速与进给量不变的情况下所连续完成的那一部分工序。因此，上述所列举的三个要素中，只要有一个发生变化，就认为是另一工步。如图 9-36 所示，在车床上用同一把车刀以相同的主轴转速和刀具进给量顺次车削外圆Ⅰ及外圆Ⅱ，是在两个工步完成加工的。有时在零件的机械加工中，为提高生产率，常采用多刀同时加工几个表面，也是一个工步，称为复合工步。如图 9-37 所示为在多刀半自动车床上用多把车刀同时车削外圆、端面及空刀槽示意图，它是一个复合工步。

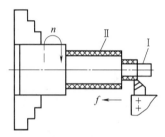

图 9-36　分两个工步分别车削阶梯轴外圆

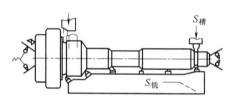

图 9-37　复合工步——多刀车削汽车某一轴

更换刀具等工作，称为辅助工步。它是由人和（或）设备连续完成的一部分工序，该部分工序不改变工件的形状、尺寸和表面粗糙度，但它是完成工序所必需的。

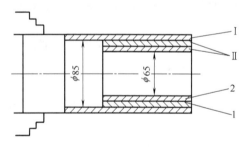

图 9-38　以棒料制造阶梯轴

Ⅰ—第一工步（在 φ85mm）；Ⅱ—第二工步（在 φ65mm）；
1—第二工步第一次走刀；2—第二工步第二次走刀

⑤ 走刀　在一个工步中，有时因所需切去的金属层很厚而不能一次切完，则需分成几次进行切削，这时每次切削就称为一次走刀，如图 9-38 所示用棒料制造阶梯轴时，第二工步中包括了两次走刀。

由此可见，工位、工步、走刀都是为了说明一个复杂工序中各种工作的顺序而提出的。

一个零件从毛坯到加工为成品所采取的机械加工工艺过程，根据产量及生产条件等因素的不同，会是不同的；工序的划分及每一个工序所包含的内容也是不同的。

(5) 生产纲领

生产纲领是指企业在计划期内应当生产的产品产量和进度计划。

生产纲领中应计入备品和废品的数量。产品的生产纲领确定后，就可根据各零件在产品中的数量，供维修用的备品率和在整个加工过程中允许的总废品率来确定零件的生产纲领。在成批生产中，当零件的生产纲领确定后，就要根据车间具体情况按一定期限分批投产。一次投入或产出的同一产品（或零件）的数量，称为生产批量。

零件在计划期为一年中的生产纲领 N 可按下式计算：

$$N = Qn(1+a\%)(1+b\%)$$

式中　N——零件的年生产纲领，件；

　　Q——产品的年生产纲领，台；

　　n——每台产品中所含零件的数量，件/台；

　$a\%$——备品的百分率；

　$b\%$——废品的百分率。

(6) 生产类型

生产类型是指企业（或车间、工段、班组、工作地）生产专业化程度的分类，一般分为大量生产、成批生产和单件生产三种类型。

① 大量生产　大量生产是指在机床上长期地进行某种固定的工序。例如汽车、拖拉机、轴承、缝纫机、自行车的制造，通常是以大量生产的方式进行的。

② 成批生产　成批生产是在一年中分批地生产相同的零件，生产呈周期性的重复。每批生产相同零件的数量，即生产批量的大小要根据具体生产条件来决定。根据产品结构特点、生产纲领和批量等，成批生产又可分为大批、中批和小批生产。大批生产的工艺特征与大量生产相似，而小批生产与单件生产的工艺特征相似。通用机床（一般的车床、铣床、刨床、钻床、磨床）的制造往往属于这种生产类型。

③ 单件生产　单件生产是指单个或少数几个地生产不同结构、尺寸的产品，很少重复。例如，重型机器、大型船舶制造及新产品试制等常属于这种生产类型。

在计算出零件的生产纲领以后，可参考表 9-11 所提出的规范，确定相应的生产类型。生产类型确定以后，就可确定相应的生产组织形式，即在大量生产时采用自动线、在成批生产时采用流水线、在单件小批生产时采用机群式的生产组织形式。

表 9-11　各种生产类型的生产纲领及工艺特点　　　　　　件

生产类型纲领及特点		单件生产	批量生产			大量生产
			小批	中批	大批	
产品类型	重型机械	<5	5～100	100～300	300～1000	>1000
	中型机械	<20	20～200	200～500	500～5000	>5000
	轻型机械	<100	100～500	500～5000	5000～50000	>50000
工艺特点	毛坯特点	自由锻造，木模手工造型，毛坯精度低，余量大		部分采用模锻，金属模造型，毛坯精度及余量中等		广泛采用模锻，机器造型等高效方法，毛坯精度高，余量小
	机床设备及机床布置	通用机床按机群式排列，部分采用数控机床及柔性制造单元		通用机床及部分专用机床及高效自动机床，机床按零件类别分工段排列		广泛采用自动机床、专用机床，采用自动线或专用机床流水线排列
	夹具及尺寸保证	通用夹具，标准附件或组合夹具，划线试切保证尺寸		通用夹具，专用或成组夹具，定程法保证尺寸		高效专用夹具，定程及自动测量控制尺寸
	刀具、量具	通用刀具，标准量具		专用或标准刀具、量具		专用刀具、量具，自动测量
	零件的互换性	配对制造，互换性低，多采用钳工修配		多数互换，部分试配或修配		全部互换，高精度偶件采用分组装配，配磨
	工艺文件的要求	编制简单的工艺过程卡片		编制详细的工艺规程及关键工序的工序卡片		编制详细的工艺规程，工序卡片，调整卡片
	生产率	用传统加工方法，生产率低，用数控机床可提高生产率		中等		高
	成本	较高		中等		低
	发展趋势	采用成组工艺，数控机床，加工中心及柔性制造单元		采用成组工艺，用柔性制造系统或柔性自动线		用计算机控制的自动化制造系统、车间或无人工厂，实现自适应控制

从生产组织形式的有利点出发，希望提高生产纲领。为此，可按照零件的相似原理对零件进行相似性分析，再按照零件的相似程度将相似零件划分为零件组，从而扩大零件组的生

产纲领，即按成组工艺组织生产。

另一方面，由于市场情况的变动，国际竞争的激烈，要求零件更新换代频繁，生产柔性加大，于是出现了一种多品种小批量的生产类型。这种生产类型将逐渐成为企业的一种主要生产类型，即使生产纲领很大的大量生产类型，也常需要分批地变换产品形式，而构成了多品种小批量生产类型。为适应这种生产类型，数控加工方法、柔性制造系统、计算机集成制造系统等现代化的生产方式获得了迅速发展。

9.6.2　数控加工工艺概述

数控加工工艺是采用数控机床加工零件时所运用各种方法和技术手段的总和，应用于整个数控加工工艺过程。

(1) 数控加工工艺的特点

① 数控加工工艺的内容十分具体、详细。数控加工时，各工步的划分与安排，刀具的选择，走刀路线的确定和切削用量等，必须事先设计与安排。

② 数控加工工艺必须严密、精确。由于数控机床是通过严格按照加工程序运动来加工工件的，它无法根据工件的变化自动调整，其自适应性很差，因此在数控加工工艺设计时必须周密考虑加工过程的每一细节，如：粗加工的第一刀切削量的大小、下刀的进给率、小于刀具半径的内圆弧面切削、钻孔及攻螺纹的排屑问题等，同时在数学处理、计算和编程时，要力求准确。实践表明：数控加工的失误主要是由于工艺不周和计算与编程的粗心产生的。

③ 制订数控加工工艺要进行零件图形的数学处理和编程尺寸设定值的计算。

④ 考虑进给速度对零件形状精度的影响。

⑤ 强调刀具选择的重要性。

⑥ 数控加工工艺的工序相对集中，工序内容比普通机床加工的工序内容复杂。

⑦ 数控加工程序的编写、校验与修改是数控加工工艺的一项特殊内容。

(2) 数控加工工艺设计主要内容

① 选择并确定零件的数控加工内容。

② 零件图纸的数控工艺性分析，明确加工内容和技术要求。

③ 数控加工的加工工艺路线设计。

④ 数控加工的工序设计，选择刀具、夹具及切削用量。

⑤ 处理特殊的工艺问题，如对刀点、换刀点确定，加工路线确定，刀具补偿，分配加工误差等。

⑥ 数控加工技术文件的编写。

9.6.3　数控加工工艺内容的选择

当选择并决定某个零件进行数控加工后，并不等于要把它所有的加工内容都由数控来完成，而可能只是其中的一部分内容进行数控加工。

(1) 适于数控加工的内容

选定数控加工工艺内容的出发点是解决加工难题，提高生产效率和经济效益。在选择时一般需考虑如下几个方面：

① 通用机床无法加工的内容作为优先选择的内容。

② 通用机床难加工，质量也难以保证的内容应作为重点选择内容。

③ 通用机床加工效率低，手工操作劳动强度大的内容，可在数控机床存在富余能力的

基础上进行选择。

一般来说，上述这些可加工内容采用数控加工后，在产品质量、生产率与综合经济效益等方面都会得到明显提高。

（2）不适于数控加工的内容

相比之下，下列一些内容则不宜选择采用数控加工。

① 需要通过较长时间占机调整的加工内容，如以毛坯的粗基准定位来加工第一个精基准的工序等。

② 必须按专用工装协调加工的孔及其他内容。主要是采集编程用的数据有困难，协调效果也不一定理想，有"费力不讨好"之感。

③ 按某些特定的制造依据（如样板、样件、模胎等）加工的型面轮廓。取数据难，易与检验依据发生矛盾，增加编程难度。

④ 不能在一次安装中完成的其他零星部位，采用数控加工很麻烦，效果不明显，可安排通用机床补加工。

此外在选择和决定加工内容时，也要考虑生产批量、生产周期和工序间周转情况等。总之，要尽量做到合理，达到多、快、好、省的目的。要防止将数控机床降格为通用机床使用。

9.6.4　数控加工工艺性分析

（1）审查与分析零件图纸中的尺寸标注是否适合数控加工的特点

最适合数控加工的尺寸标注方法是以同一基准标注或坐标标注。便于编程和尺寸间的协调，在保持设计、工艺、检验基准与编程原点设置的一致性方面带来很大方便。

由于数控加工精度重复定位精度都很高，不会因产生较大的积累误差而破坏使用特性，因此改动局部的分散式标注为同一基准标注或坐标式标注是完全可行的。

（2）审查与分析零件图纸中构成轮廓的几何要素是否充分以及能否加工

① 直线与圆弧、圆弧与圆弧的连接状态是相切还是相交，以及能否成立。

② 零件轮廓表面能否构建或加工出来。

③ 轮廓表面所给条件是否便于数学处理与计算等。

（3）审查与分析定位基准的可靠性

数控加工特别强调定位加工，尤其是正反两面都采用数控加工的零件，以同一基准定位十分必要，否则很难保证两次定位安装加工后两个面上的轮廓位置及尺寸协调。因此，最好采用零件上的孔或专门设置工艺结构作为定位基准。

（4）分析零件的材料及热处理状态，确定工件的变形情况，并制订解决工艺措施

对图纸的工艺性分析与审查，一般是在零件图纸的设计和毛坯设计以后进行的，当要求根据数控加工工艺的特点，对图纸或毛坯进行较大的更改是比较困难的，所以一定要把重点放在零件图纸或毛坯图纸初步设计与设计定型之间的工艺性审查与分析上。编程人员不但要积极参与审查和仔细地工作，还要与设计人员密切合作，并尽力说服他们在不损害零件使用特性的许可范围内，更多地满足数控加工工艺的各种要求。

9.6.5　加工方法选择及加工方案的确定

（1）机床的选用

在数控机床上加工零件一般有以下两种情况：

① 有零件图样和毛坯，要选择适合加工该零件的数控机床。

② 已经有了数控机床要选择适合该机床加工的零件。

无论是哪种情况，考虑的因素主要有毛坯的材料和类型、零件轮廓形状的复杂程度、尺寸大小、加工精度、零件数量、热处理要求等。

数控机床的选用要满足以下要求：

① 保证加工零件的技术要求，能够加工出合格的工件。

② 有利于提高生产率。

③ 可以降低生产成本。

(2) 加工方法的选择

加工方法的选择原则是保证加工表面的精度和表面粗糙度的要求。由于获得同一级精度及表面粗糙度的加工方法一般有许多，因而在实际选择时，要结合零件的形状、尺寸大小和热处理要求等全面来考虑。

① 外圆表面的加工方法主要包括车削和磨削等。

② 内孔表面的加工方法主要包括钻、扩、铰、锤、拉、磨孔以及光整加工等。

③ 平面的加工方法主要包括铣、刨、车（端面）、磨及拉削等。

④ 平面轮廓的加工方法主要包括数控铣削、数控线切割及数控磨削等。

数控铣削加工适用于除淬火钢以外的各种金属；数控线切割可用于各种金属的加工。数控磨削适用于除有色金属以外的各种金属。

对曲率半径较小的内轮廓，宜采用线切割；淬火后再加工的钢件，宜采用线切割；零件切削层深度很大的工件，可考虑采用线切割。

⑤ 曲面轮廓的加工方法主要是数控铣削，多采用球状铣刀，以行切法加工。根据曲面形状、刀具形状以及精度要求等，通常采用二轴半联动或三轴联动。对精度和表面粗糙度要求高的曲面，当采用三轴联动的行切法加工不能满足要求时，可用模具铣刀，采用四坐标或五坐标联动加工。

表面加工方法的选择，除了考虑加工质量、零件的结构形状和尺寸、零件的材料和硬度，以及生产类型外，还要考虑加工的经济性。在选择加工方法时，应根据工件的精度要求选择与经济精度相适应的加工方法。

9.6.6　数控加工工艺路线的设计

数控加工工艺路线设计仅仅是零件加工工艺过程中的数控加工部分，一般均穿插在零件加工的整个过程中。因此，在设计数控加工工艺路线时，一定要考虑周全，使之与整个工艺路线协调吻合。

在数控工艺路线设计中主要应注意以下问题：

(1) 工序的划分

在数控机床上加工零件，工序应比较集中，在一次装夹中应尽可能完成大部分工序。首先应根据零件图样，考虑被加工零件是否可以在一台数控机床上完成整个零件的加工工作。若不能，则应选择哪一部分零件表面需用数控机床加工，即对零件进行工序划分。

一般工序划分有以下几种方式：

① 按所用刀具划分工序　即以同一把刀具完成的那一部分工艺过程为一道工具。其目的是减少安装次数，提高加工精度；减少换刀次数，缩短辅助时间，提高加工效率。适合于加工工件的待加工表面较多，机床连续工作时间过长，如在一个工作班内不能完成，加工程序的编制和检查难度较大等情况。

② 按安装次数划分工序　即以一次安装完成的那一部分工艺过程为一道工序。适合于

加工内容不多的工件,加工完成后就能达到待检状态。

③ 以粗加工、精加工划分工序　即粗加工中完成的那一部分工艺过程为一道工序,精加工中完成的那一部分工艺过程为一道工序。

适合于加工变形大,需要粗加工和精加工分开的零件,如薄壁件或毛坯为铸件和锻件,也适用于需要穿插热处理的零件。

④ 以加工部位划分工序　即完成相同型面的那一部分工艺过程为一道工序。适合于加工表面多而复杂的零件,此时,可按其结构特点(如内形、外形、曲面和平面)将加工划分为几个部分。

(2) 工步的划分

工步的划分主要从加工精度和效率两方面考虑。在一个工序内往往采用不同的刀具和切削用量,对不同表面进行加工。为了便于分析和描述复杂的工序,在工序内又细分为工步。以加工中心为例说明工步划分的原则。

① 同一表面按粗加工、半精加工、精加工依次完成,整个加工表面按先粗后精分开进行。

② 对于既有铣面又有镗孔的零件,可先铣面后镗孔,以提高孔的加工精度。这是因为铣削时切削力较大,工件易发生变形,先铣面后镗孔,使其有一段时间的恢复,可减少由变形而引起的对孔精度的影响。

③ 某些机床的工作台回转时间比换刀时间短,可采用按刀具划分工步,以减少换刀次数,提高加工效率。

总之,工序与工步的划分要根据零件的结构特点、技术要求等情况综合考虑。

(3) 加工顺序的安排

加工顺序的安排应根据零件的结构和毛坯状态,定位安装与夹紧的要求来考虑,重点是不能破坏工件的刚性。其原则是:

① 上道工序的加工不能影响下道工序的定位与夹紧,中间穿插有通用机床加工工序的也要综合考虑。

② 先进行内形、内腔的加工,再进行外形的加工。

③ 以相同定位、夹紧方式或同一刀具加工的工序,最好连续进行,以减少重复定位次数、换刀次数与挪动压板次数。

④ 在同一安装中进行的多道工序,应先安排对工件刚性破坏较小的工序。

(4) 数控加工工序与普通工序的衔接

数控加工工序前后一般都穿插有其他普通工序,如衔接得不好就容易产生矛盾。因此,在熟悉整个加工工艺内容的同时,要清楚数控加工工序与普通加工工序各自的技术要求。如要不要留加工余量,留多少;定位面与孔的精度要求及形位公差;对校形工序的技术要求;毛坯的热处理状态等。

这样做的目的是使各工序达到相互满足加工需要,且质量目标及技术要求明确,交接验收有依据。

关于手续问题,如果在同一车间,可由编程人员与主管该零件的工艺员协商确定,在制订工序工艺文件中互相会签,共同负责;如不是同一车间,则应使用交接状态表进行规定,共同会签,然后反映在工艺规程中。

9.6.7　数控加工工序的设计

数控加工工序设计的主要任务是将本工序的加工内容、切削用量、工装、刀具、定位夹紧方式及刀具运动轨迹等具体确定下来，为程序编制做好充分准备。

(1) 确定走刀路线和安排加工顺序

走刀路线是刀具刀位点在整个加工工序中的运动轨迹，它不但包含了工步的内容，也反映了工步的顺序。走刀路线是编写程序的依据之一。确定走刀路线时，应注意：

① 寻求最短路径，以减少空刀时间，提高加工效率。如加工图 9-39（a）所示零件上的孔系。如图 9-39（b）所示的走刀路线为先加工完外圈孔后，再加工内圈孔。若改用图 9-39（c）所示的走刀路线，可节省定位时间近一倍。

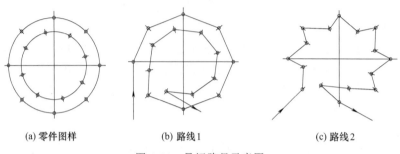

(a) 零件图样　　　　　　(b) 路线1　　　　　　(c) 路线2

图 9-39　最短路径示意图

② 最终轮廓一次走刀完成。为保证加工精度和粗糙度要求，应安排粗精加工，精加工轮廓应在一次走刀中连续加工出来。

如图 9-40（a）所示为用行切方式加工内腔的走刀路线。这种走刀能切除内腔中的全部余量，不留死角，不伤轮廓。但行切法将在两次走刀的起点和终点间留下残留高度，而达不到要求的表面粗糙度。若采用图 9-40（b）所示的走刀路线，即先用行切法，最后沿周向环切一刀，以光整轮廓表面，就能获得较好的效果。图 9-40（c）也是一种较好的走刀路线方式。

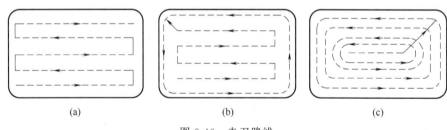

(a)　　　　　　(b)　　　　　　(c)

图 9-40　走刀路线

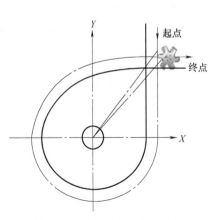

图 9-41　刀具切入、切出路线

③ 选择切入、切出方向。考虑刀具的切入（进刀）、切出（退刀）路线时，刀具的切出或切入点应在沿零件轮廓的切线上，以保证工件轮廓光滑；应避免在工件轮廓面上垂直进刀、退刀而划伤工件表面；尽量减少在轮廓加工切削过程中的暂停，以免留下刀痕，如图 9-41 所示。

④ 选择对加工变形小的走刀路线。对横截面积小的细长零件或薄板类零件，应采用分几次走到加工到最后尺寸，或对称去除余量法安排走刀路线。安排工步时，应先安排对工件刚性破坏较小的工步。

⑤ 使数值计算简单，以减少编程运算量。

（2）**确定定位和夹紧方案**

在确定定位和夹紧方案时，应注意：

① 尽可能做到设计基准、工艺基准与编程计算基准的统一。

② 尽量将工序集中，尽可能在一次装夹后能加工出全部待加工表面，以减少装夹次数，提高形位精度。

③ 避免采用占机人工调整时间长的装夹方案。

④ 夹紧力的作用点应落在工件刚性较好的部位。

（3）**对刀点、工序起点、换刀点**

① 对刀点　对刀点就是刀具相对工件运动的起点，也称程序起点。其作用是确定编程原点在工件上的位置，因此其位置必须与工件的定位基准有固定尺寸关联。

对刀点往往就选择在零件的加工原点，其选择原则是：

a. 所选的对刀点应便于数学处理和程序编制。

b. 对刀点应选择在容易找正、便于确定零件加工原点的位置。

c. 对刀点应选在加工时检测方便、可靠的位置。

d. 对刀点的选择应有利用提高加工精度。

对刀点的选择应使工件装夹方便。

② 工序起点　工序起点是指某工步走刀路线的起点。

工序起点合理与否，直接影响本工步走刀路线的长短。

工步走刀路线结束时，一般应回到工序起点，也可直接移动到下一工步工序起点或返回对刀点。

③ 换刀点　换刀点是指加工中心在加工过程中自动换刀时刀具所处的位置。

为防止换刀时刀具和工件或夹具相撞，一般换刀点设在工件的外边或机床上某一固定位置。

（4）**夹具的选用**

① 基本要求

a. 夹具应能保证在机床上定向安装，以保证零件安装方位与机床坐标系及编程坐标系的方向一致，还要求协调零件定位面与机床之间保持一定的坐标尺寸联系。

b. 夹具应尽可能敞开，夹紧元件与加工面间应有一定的安全距离，且夹紧元件因尽可能低。

c. 夹具的刚性与稳定性要好，在加工过程中尽量不要更换夹紧点。

② 选用原则

a. 批量很小时，尽量采用组合夹具，可调式夹具及其他通用夹具。

b. 小批量或成批生产时，可考虑专用夹具，但应力求简单。

c. 批量较大时，可采用气功、液动夹具或多工位夹具。

（5）**刀具的选择**

刀具的选择是数控加工工艺中的重要内容之一，不仅影响机床的加工效率，而且直接影响加工质量。编程时通常考虑机床的加工能力、工序内容和工件材料等因素。其基本要求是：

① 刚性好　可采用大切削用量，以提高生产效率。另外当加工余量很不均匀时，可基本不用调整切削用量，或不需要采用分层切削。

② 耐用度要高　可避免因刀具磨损而影响加工精度，以及换刀操作。

③ 几何参数合理、排屑性能好。

(6) 切削用量

切削用量主要包括切削深度、切削速度和进给量。对于不同的加工方法，需要选择不同的切削用量，并编入相应的程序单中。合理选择切削用量的原则是：

① 粗加工时，一般以提高生产率为主，但也要考虑经济性和加工成本。

② 半精加工和精加工时，应在保证加工质量的前提下，兼顾切削效率、经济性和加工成本。

具体数值应根据工件材料、热处理状态、表面粗糙度以及刀具材料等确定，确定时应努力寻求切削速度、切削深度和进给量相互适应的最佳参数。也可根据刀具厂商提供的推荐值选用并试切、调整。

在选择进给速度时，还要注意零件加工中的特殊因素。如在轮廓加工中，当零件轮廓有

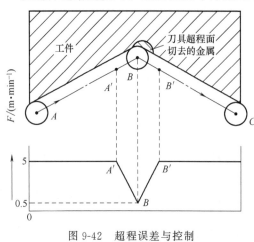

图 9-42   超程误差与控制

拐角时，刀具易产生"超程"现象，从而导致加工误差，如图 9-42 所示。解决的办法是，在编程时，在接近拐角前适当降低进给速度，如图 9-42 中 A'—B 所示位置；过拐角后再逐渐增加进给速度，如图 9-42 中 B—B' 所示位置。

但这一问题在目前的数控系统中并不明显，原因是现在的数控系统一般都具有在工件拐角处自动进行加减速处理的能力，只有在较老的数控系统中，才须考虑该问题。另外还可以通过机床上的速度倍率旋钮进行适当修正。

9.7   计算机辅助工艺设计

计算机辅助工艺设计（Computer Aided Process Planning，CAPP），是应用计算机快速处理信息功能及应用具有各种决策功能的软件来自动生成工艺文件的过程。采用 CAPP 不仅可以克服传统工艺设计的许多缺点，而且可以适应当前日趋自动化的现代制造环节的需要，为实现计算机集成制造提供了必要的技术基础。

9.7.1   CAPP 的基本原理

计算机辅助工艺设计的过程是：

① 将零件的特征信息以代码或数据的形式存入计算机，并建立起零件信息的数据库。

② 把工艺人员编制工艺的经验、工艺知识和逻辑思想以工艺决策规则的形式输入计算机，建立起工艺决策规则库（工艺知识库）。

③ 把制造资源、工艺参数以适当的形式输入计算机，建立起制造资源和工艺参数库。

④ 通过程序设计充分利用计算机的计算、逻辑分析判断、存储以及编辑查询等功能来自动生成工艺规程。

这就是 CAPP 的基本原理。

计算机辅助工艺设计是应用计算机来自动生成工艺规程，而 CAPP 系统是自动生成工艺规程的软件，它能在读取零件加工信息后自动生成和输出工艺规程。CAPP 系统内零件信息、工艺知识、逻辑判断推理规则等都是人工设计好后存入计算机的，因此，计算机只能按 CAPP 系统规定方法生成工艺规程，而不能创造新的工艺方法和加工参数。一旦有新的工艺

方法和加工参数出现，就必须修改 CAPP 系统中的相关部分，以适应新的加工制造环境。

CAPP 系统一般由若干成型模块组成，如输入输出模块、工艺规程设计模块、工序决策模块、工步决策模块、控制模块、动态仿真模块等。视系统的规模大小和完善程度而存在一定的差异。

9.7.2　CAPP 系统的设计方法

根据 CAPP 系统的工作原理，可以将其分为派生式 CAPP 系统、创成式 CAPP 系统和智能式 CAPP 系统三大类型。

(1) 派生式 CAPP 系统

派生式系统的基本原理是利用零件的相似性，即对于一个相似的零件组，可以采用一个公共的制造方法，即具有相似性的标准工艺。当为一个新零件设计工艺规程时，从计算机中检索出标准工艺文件，然后经过一定的编辑和修改就可以得到该零件的工艺规程。由此得到"派生"这个名称。其工作原理框图，如图 9-43 所示。

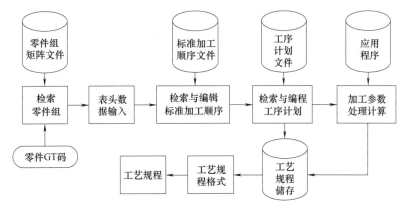

图 9-43　派生式 CAPP 系统工作原理框图

派生式系统的开发设计一般包括以下步骤：

① 选择或开发零件分类编码系统　零件的分类编码是按照一定的规则选用流行的数字代码，对零件各有关特征进行描述和识别，这些编码规则称为零件编码法则。

工程零件图能详尽地描述一个产品或零件的全部信息和数据，为制造者提供待加工零件的全部工艺决策信息。但是，在采用计算机来对这些信息处理时，计算机无法识别，成组技术中提供的零件编码系统就是适用于这个目的的一种工具。通过编码系统对零件进行分类编码，其目的是将零件图上的信息代码化，把零件的属性转化成计算机能识别和处理的代码，使计算机能够了解零件的技术要求。

在建立适合具体企业的零件编码系统时，零件编码系统应满足的具体要求包括建立编码系统的目标和使用部门（设计、工艺和管理等）；分类编码系统应包括企业所有产品零件的各有关特征，描述的信息尽可能全面；所描述的信息应具有一定的永久性和扩充性，以适应产品更新换代和生产条件的改变，以及企业的发展；每个代码的含义应保证唯一性；分类编码系统的结构尽量简单，便于使用。目前国内外采用的分类编码系统有几十种，以下介绍两种常用的分类编码系统。

可选择比较成熟的通用编码系统，如奥匹茨（Opitz）、JLBM-1 分类编码系统等。也可以开发一个新的分类编码系统，以满足本企业产品特点的需要。

a. 奥匹茨（Opitz）零件分类编码系统。奥匹茨零件分类编码系统是 20 世纪 60 年由德国阿亨工业大学奥匹茨教授领导的机床与生产工程实验室开发的，得到了德国机床制造商协会的支持。它一共有 9 位代码组成，前五位是形状代码（也称主码），后四位是辅助代码（也称副码）。每一个码位内存 10 个特征码（0～9），分别表示 10 种零件特征。图 9-44 是奥匹茨系统的基本结构示意图。因篇幅所限，有关码位更详尽的规定和编码术语的定义说明请参阅有关文献。

奥匹茨系统的特点是功能多、码位少，系统结构简单灵活，使用方便，因此应用较广。但该系统对零件的描述比较粗略，尤其对零件工艺特征的描述很不够，很多国家和企业在它的基础上又发展和建立了自己的编码系统。

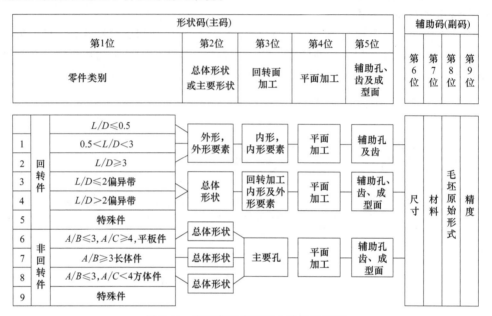

图 9-44　奥匹茨系统的基本结构示意图

b. JLBM-1 分类编码系统。JLBM-1 分类编码系统是我国机械工业部门为在机械制造中推行成组技术而开发的，如图 9-45 所示。该系统主要针对中等和中等以上规模的多品种中、小批量生产的机械加工企业，力求能满足机械行业中各种不同产品零件的分类之用，是一个适用于机械制造企业在设计、工艺、制造和生产管理部门应用成组技术的多用途分类编码系统。该系统采用主、辅分段的混合式结构，用 15 个码位表示，每个码位包含 10 个特征项。该系统的 1、2 码位表示零件的名称类别，它采用零件的功能和名称作为标志，以矩阵表的形式表示出来，不仅容量大，也便于设计部门检索。3～9 码位是形状及加工码，分别表示回转体零件和非回转体零件的外部形状、内部形状、平面、孔及其加工与辅助加工的种类。10～15 码位是辅助码，表示零件的材料、毛坯、热处理、主要尺寸和精度的特征。

② 对现有的零件进行编码。

③ 划分零件组，建立零件组特征矩阵　采用成组技术中零件分组的方法，将工艺过程相似的零件归并成一个零件组，再将同组零件的编码进行复合即可得到零件组特征矩阵。

④ 编制零件组标准工艺规程　采用成组技术中编制成组工艺的方法，为每一个零件组编制一份标准工艺规程。

⑤ 建立工艺数据库或数据文件　把标准工艺规程和工艺设计中的有关数据、技术资料和技术规范存入数据库或数据文件。

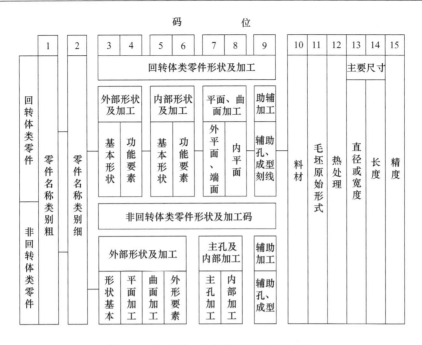

图 9-45　JLBM-1 分类编码系统基本结构

⑥ 系统软件设计和调试　确定系统的总体结构；确定零件信息的输入方式；确定对标准工艺规程的检索、筛选和编辑等方法；确定工艺文件的输出形式；设计系统主程序和各种功能子程序，经调试和运行，确保无误后，可交付使用。

目前常用的派生式 CAPP 系统主要有 CAM- Ⅰ 系统、TOJICAP 系统、MLPLAN 系统和 MULTICAPP 系统等。

(2) 创成式 CAPP 系统

创成式系统带有包含在软件中的工艺规程设计用的全部决策逻辑和规则，拥有工艺规程设计所需要的全部信息。创成式系统理论上是一个完备而易于使用的系统。但目前为止，由于工艺规程设计的复杂性，还没有一个创成式系统能包含所有的工艺规程设计决策逻辑，也没有一个系统能完全自动化。该系统具有通过决策逻辑、专家系统、制造数据库自动生成新零件的工艺规程，运行时一般不需要人的技术性干预；适应范围广，回转体和非回转体零件的工艺规程设计都能胜任，具有较高的柔性；便于和 CAD、CAM 系统的集成等特点。创成式系统工作原理框图，如图 9-46 所示。

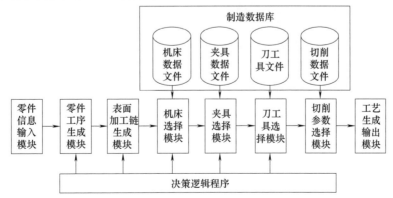

图 9-46　创成式 CAPP 系统工作原理框图

创成式系统的开发设计一般包括以下步骤：

① 零件表面加工方法的选择   机器零件的形状多种多样，同一种表面可以用多种方法进行加工，而每一种加工方法所能达到的加工精度和粗糙度，以及生产率和加工成本又是各不相同的，因此选择加工方法时要考虑的因素很多，用函数的形式概括表示如下：

$$P = f(Bf, D, T, Sf, M, Q, C_p, M_c)$$

式中 P——所选择的加工方法；

Bf——零件表面形状；

D——尺寸；

T——公差及精度；

Sf——表面粗糙度；

M——工件材料；

Q——生产批量；

C_p——生产费用；

M_c——可使用的机床设备。

这个公式仅仅是个定性公式，包含的因素未必全面，但它可以为决策逻辑的设计提供方便。

② 工艺路线的安排   加工路线的安排，即各加工工序的划分和先后顺序的确定，是工艺过程设计中的重要环节，要考虑的因素很多，用函数的形式概括表示如下：

$$S = f(P, Bf, D, T, Sf, M_c, T_y, Q, C_p)$$

式中 S——零件的工艺路线；

P——所选择的加工方法；

Bf——零件表面形状；

D——尺寸；

T——公差及精度；

Sf——表面粗糙度；

M_c——使用机床设备的集合；

T_y——工艺因素；

Q——生产批量；

C_p——生产费用。

尽管应考虑的因素可以概括成上述表达式，但要总结出通用的决策模型还是很困难的，只能按具体的生产环境和特定的设计对象设计相应的决策模型。

③ 工序设计   工序设计的内容包括：

a. 加工机床的选择；

b. 工艺装备，如刀具、夹具和量具等；

c. 工步内容和次序的安排；

d. 加工余量的确定；

e. 工序尺寸的计算及公差的确定；

f. 切削用量的确定；

g. 时间定额的计算；

h. 工序图的生成和绘制；

i. 加工费用的估算；

j. 工艺文件的编辑和输出。

在开发具体的创成式 CAPP 系统时，工序设计的内容可根据实际的需要，包括上述内容。

常见的创成式系统有 APPAS 系统、AUTAP 系统、CPPP 系统等。

(3) 智能式 CAPP 系统

智能式 CAPP 系统是采用智能思维决策，以知识和知识的应用为特征的 CAPP 专家系统。专家系统是一个智能系统，内部具有大量专家水平的领域知识和经验，利用人类专家的知识和推理方法来解决现实世界中的复杂问题。

专家系统一般由知识库、推理机、解释部分、知识获取和动态链接库五部分组成，如图 9-47 所示。

① 知识库　知识库是专家系统的核心部分之一，用于存储从专家那里得到的关于某个领域的权威性知识。知识是决定一个专家系统的性能是否优越的主要因素。

② 推理机　推理机是专家系统的第二个主要组成部分，它具有进行推理的能力，即能够根据知识推导出结论，而不是简单地去搜索现成的答案。推理机是一组程序，采用一定的推理策略根据用户输入的数据，选择知识库中的知识进行推理，解决用户提出的问题。

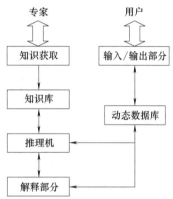

图 9-47　专家系统的基本组成

③ 解释部分　解释部分是一组程序，负责对推理给出必要的解释，让用户了解推理过程，向系统学习和维护系统提供方便，使用户容易接受和信任系统。

④ 知识获取　知识获取是从领域专家、工程技术人员、书籍、资料等处收集所要解决问题的专门知识，把求解问题的知识经过传递、教授等方式变为专家系统拥有的知识。

⑤ 动态链接库　用于存储用户输入的数据和推理过程中得到的各种中间信息。

目前常用的专家系统有 EXCAPP 系统、GARI 系统和 TOM 系统等。

第10章

超高速和超精密加工技术

10.1 超高速加工技术

超高速加工技术是指采用超硬材料的刀具和磨具，利用高速、高精度、高自动化和高柔性的制造设备，以提高切削速度来达到提高材料切除率、加工精度和加工质量的先进加工技术。其显著标志是使被加工塑性金属材料在切除过程中的剪切滑移速度达到或超过某一阈值，开始趋向最佳切除条件，使得切除被加工材料所消耗的能量、切削力、工件表面温度、刀具和磨具磨损、加工表面质量等均明显优于传统切削速度下的指标，而加工效率则大大高于传统切削速度下的加工效率。

由于不同的工件材料、不同的加工方式有着不同的切削速度范围，因而很难就超高速加工的切削速度范围给定一个确切的数值。目前，对于各种不同加工工艺和不同加工材料，超高速加工的切削速度范围，分别见表 10-1 和表 10-2。

表 10-1 不同加工工艺的切削速度范围

加工工艺	切削速度范围/(m/min)	加工工艺	切削速度范围/(m/min)
车削	700～7000	铰削	20～500
铣削	300～6000	锯削	50～500
钻削	200～1100	磨削	5000～10000
拉削	30～75		

表 10-2 各种材料的切削速度范围

加工材料	切削速度范围/(m/min)	加工材料	切削速度范围/(m/min)
铝合金	2000～7500	耐热合金	＞500
铜合金	900～5000	钛合金	150～1000
钢	600～3000	纤维增强塑料	2000～9000
铸铁	800～3000		

超高速加工的切削速度不仅是一个技术指标，而且是一个经济指标。也就是说，它不仅仅是一个技术上可实现的切削速度，而且必须是一个可由此获得较大经济效益的高切削速度。没有经济效益的高切削速度是没有工程意义的。目前定位的经济效益指标是在保证加工精度和加工质量的前提下，将通常切削速度加工的时间减少 90%，同时将加工费用减小50%，以此衡量高切削速度的合理性。

10.1.1 超高速加工的原理

超高速加工的理论研究可追溯到 20 世纪 30 年代。1931 年德国切削物理学家萨洛蒙

(Carl Salomon) 根据著名的"萨洛蒙曲线"，如图 10-1 所示，提出了超高速切削的理论。超高速切削概念示意图，如图 10-2 所示。萨洛蒙指出：在常规的切削速度范围内，如图 10-2 中的 A 区，切削温度随切削速度的增大而升高；但是，当切削速度增大到某一数值 V_ε 之后，切削速度再增加，切削温度反而降低；V_ε 值与工件材料的种类有关；对每种工件材料，存在一个速度范围，在这个速度范围内，如图 10-2 中的 B 区，由于切削温度太高，任何刀具都无法承受，切削加工不可能进行，这个速度范围被称为"死谷"（dead valley）。由于受当时试验条件的限制，这一理论未能严格区分切削温度和工件温度的界限，但是他的思想给后来的研究者提供了一个非常重要的启示，那就是如能越过这个"死谷"而在超高速区进行加工，如图 10-2 中的 C 区，则有可能用现有刀具进行超高速切削，以大幅度减少切削加工时，并成功地提高机床的生产率。Salomon 超高速切削理论的最大贡献在于，创造性地预言了超越 Taylor 切削方程式的非切削工作区域的存在，被后人誉为"高速加工之父"。

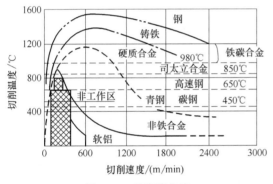

图 10-1　萨洛蒙曲线

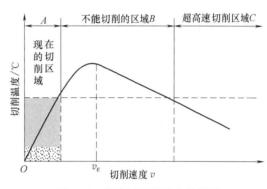

图 10-2　超高速切削概念示意图

现在大多数研究者认为：在超高速切削铸铁、钢及难加工材料时，即使在很大的切削速度范围内也不存在这样的"死谷"，刀具寿命总是随切削速度的增加而降低；而在硬质合金刀具超高速铣削钢材时，尽管随切削速度的提高，切削温度随之升高，刀具磨损逐渐加剧，刀具寿命 T 继续下降，且 T-v 规律仍遵循 Taylor 方程，但在较高的切削速度段，Taylor 方程中的 m 值大于较低速度段的 m 值，这意味着在较高速度段刀具寿命 T 随 v 提高而下降的速率减缓。这一结论对于高速切削技术的实际应用有重要意义。

10.1.2　超高速加工技术的优越性

(1) 超高速切削加工的优越性

高速切削加工技术与常规切削加工相比，在提高生产率，降低生产成本，减少热变形和切削力以及实现高精度、高质量零件加工等方面具有明显优势。

① 加工效率高　高速切削加工比常规切削加工的切削速度高 5～10 倍，进给速度随切削速度的提高也可相应提高 5～10 倍。这样，单位时间材料切除率可提高 3～6 倍，因而零件加工时间通常可缩减到原来的 1/3，从而提高了加工效率和设备利用率，缩短生产周期。

② 切削力小　与常规切削加工相比，高速切削加工切削力至少可降低 30%，这对于加工刚度较差的零件，如细长轴、薄壁件等，可减少加工变形，提高零件加工精度。同时，采用高速切削，单位功率材料切除率可提高 40% 以上，有利于延长刀具使用寿命，通常刀具寿命可提高约 70%。

③ 热变形小　高速切削加工过程极为迅速，95%以上的切削热来不及传给工件，而被切屑迅速带走，零件不会由于温升导致弯翘或膨胀变形。因而，高速切削特别适合于加工容易发生热变形的零件。

④ 加工精度高、加工质量好　由于高速切削加工的切削力和切削热影响小，使刀具和工件的变形小，保持了尺寸的精确性。另外，由于切屑被飞快地切离工件，切削力和切削热影响小，从而使工件表面的残余应力小，达到较好的表面质量。

⑤ 加工过程稳定　高速旋转刀具切削加工时的激振频率高，已远远超出"机床-工件-刀具"系统的固有频率范围，不会造成工艺系统振动，使加工过程平稳，有利于提高加工精度和表面质量。

⑥ 良好的技术经济效益　采用高速切削加工能取得较好的技术经济效益，如缩短加工时间，提高生产率；可加工刚度差的零件；零件加工精度高、表面质量好；提高了刀具寿命和机床利用率；节省了换刀辅助时间和刀具刃磨费用等。

(2) 超高速磨削加工的优越性

超高速磨削的试验研究预示，采用磨削速度为1000m/s（超过被加工材料的塑性变形应力波速度）的超高速磨削会获得非凡的效益。尽管受到现有设备的限制，但是可以明确超高速磨削与以往的磨削技术相比具有如下突出优越性：

① 可以大幅度提高磨削效率　在磨削力不变的情况下，200m/s超高速磨削的金属切除率比80m/s磨削的金属切除率提高150%，而340m/s时比180m/s时的金属切除率提高200%。尤其是采用超高速快进给的高效深磨技术，金属切除率极高，工件可由毛坯一次最终加工成形，磨削时间仅为粗加工（车、镜）时间的5%~20%。

② 磨削力小，零件加工精度高　当磨削效率相同时，200m/s时的磨削力仅为80m/s时的50%。但在相同的单颗磨粒切深条件下，磨削速度对磨削力影响极小。

③ 可以获得低的表面粗糙度值　当其他条件相同时，33m/s、100m/s和200m/s速度下，磨削表面粗糙度 Ra 值分别为2.0μm、1.4μm、1.1μm。对高达1000m/s超高速磨削效果的计算机模拟研究表明，当磨削速度由20m/s提高至1000m/s时，表面粗糙度值将降低至原来的1/4。另外，在超高速条件下，获得的表面粗糙度受切削刃密度、进给速度及光磨次数的影响较小。

④ 可大幅度延长砂轮寿命，有助于实现磨削加工的自动化　在磨削力不变的条件下，以200m/s磨削时砂轮寿命比以80m/s磨削时提高1倍，而在磨削效率不变的条件下砂轮寿命可提高7.8倍。砂轮使用寿命与磨削速度成对数关系增长，使用金刚石砂轮磨削氮化硅陶瓷时，磨削速度由30m/s提高至160m/s，砂轮磨削比由900提高至5100。

⑤ 可以改善加工表面完整性　超高速磨削可以越过容易产生磨削烧伤的区域，在大磨削用量下磨削时反而不产生磨削烧伤。

10.1.3　超高速切削机床

(1) 超高速切削的主轴系统

在超高速运转的条件下，传统的齿轮变速和带传动方式已不能适应要求，代之以宽调速交流变频电动机来实现数控机床主轴的变速，从而使机床主传动的机械结构大为简化，形成一种新型的功能部件——主轴单元。在超高速数控机床中，几乎无一例外地采用了主轴电动机与机床主轴合二为一的结构形式，称为"电主轴"。这样，电动机的转子就是机床的主轴，机床主轴单元的壳体就是电动机座，从而实现了变频电动机与机床主轴的一体化。由于它取消了从主电动机到机床主轴之间的一切中间传动环节，把主传动链的长度缩短为零。我们称这种新型的驱动与传动方式为"零传动"。这种方式减少了高精密齿轮等关键零件，消除了齿轮的传动误差，同时，简化了机床设计中的一些关键性的工作，如简化了机床外形设计，容易实现高速加工中快速换刀时的主轴定位等。

超高速主轴单元是超高速加工机床中最关键的基础部件，其包括主轴动力源、主轴、轴承和机架四个主要部分。这四个部分构成一个动力学性能和稳定性良好的系统。现代的电主轴是一种智能型功能部件，可以进行系列化、专业化生产。主轴单元形成独立的单元而成为功能部件以方便地配置到多种加工设备上，而且越来越多地采用电主轴类型。国外高速主轴单元的发展较快，中等规格的加工中心的主轴转速已普遍达到 10000r/min，甚至更高。

超高速磨削主要采用大功率超高速电主轴。高速电主轴惯性转矩小，振动噪声小，高速性能好，可缩短加减速时间，但它有很多技术难点，比如如何减小电动机发热以及如何散热等，其制造难度所带来的经济负担也是相当大的。目前的高速磨削试验可实现 500m/s 的线速度，超高速磨头可在 250000r/min 高速下稳定工作。

(2) 超高速轴承技术

超高速主轴系统的核心是高速精密轴承。因滚动轴承有很多优点，故目前国外多数高速磨床采用的是滚动轴承，但钢球轴承不可取。为提高其极限转速，主要采取如下措施：

① 提高制造精度等级，但这样会使轴承价格成倍增长；

② 合理选择材料，陶瓷球轴承具有质量小、热胀系数小、硬度高、耐高温、超高温时尺寸稳定、耐腐蚀、弹性模量比钢高、非磁性等优点；

③ 改进轴承结构，德国 FAG 轴承公司开发了 HS70 和 HS719 系列的新型高速主轴轴承，它将球直径缩小至 70%，增加了球数，从而提高了轴承结构的刚性。

日本东北大学庄司研究室开发的 CNC 超高速平面磨床，使用陶瓷球轴承，主轴转速为 30000r/min。日本东芝机械公司在 ASV40 加工中心上，采用了改进的气浮轴承，在大功率下实现 30000r/min 的主轴转速。日本 Koyoseikok 公司、德国 Kapp 公司曾经成功地在其高速磨床上使用了磁力轴承。磁力轴承的传动功耗小，轴承维护成本低，不需复杂的密封，但轴承本身成本太高，控制系统复杂。德国 Kapp 公司采用的磁悬浮轴承砂轮主轴，转速达至 100000r/min，德国 GMN 公司的磁浮轴承主轴单元的转速最高达 100000r/min 以上。此外，液体动静压混合轴承也已逐渐应用于高效磨床。

(3) 超高速切削机床的进给系统

超高速切削进给系统是超高速加工机床的重要组成部分，是评价超高速机床性能的重要指标之一，是维持超高速切削中刀具正常工作的必要条件。超高速切削在提高主轴速度的同时必须提高进给速度，并且要求进给运动能在瞬时达到高速和瞬时准停等。否则，不但无法发挥超高速切削的优势，而且会使刀具处于恶劣的工作条件下，还会因为进给系统的跟踪误差影响加工精度。在复杂曲面的高速切削中，当进给速度增加 1 倍时，加速度增加 4 倍才能保证轮廓的加工精度要求。这就要求超高速切削机床的进给系统不仅要能达到很高的进给速度，还要求进给系统具有大的加速度以及高刚度、快响应、高定位精度等。

上述要求对传统的"旋转伺服电动机＋滚珠丝杠"构成的直线运动进给方式提出了挑战。在滚珠丝杠传动中，由于电动机轴到工作台之间存在联轴器、丝杠、螺母及其支架、轴承及其支架等一系列中间环节，因而在运动中就不可避免地存在弹性变形、摩擦磨损和反向间隙等，造成进给运动的滞后和其他非线性误差。此外，整个系统的惯性质量较大，势必影响系统对运动指令的快速响应等一系列动态性能。当机床工作台行程较长时，滚珠丝杠的长度必须相应加长，细而长的丝杠不仅难于制造，而且会成为这类进给系统的刚性薄弱环节，在力和热的作用下容易产生变形，使机床很难达到高的加工精度。

为解决上述难题，一种崭新的传动方式应运而生。这就是由直线电动机驱动的进给系统，它取消了从电动机轴到工作台之间的一切中间传动环节，把机床进给传动链的长度缩短为零，因此这种传动方式被称作"直接驱动"，国内也有人称之为"零驱动"。表 10-3 中将滚珠丝杠传动和直线电动机直接驱动的性能进行了对比，直线电动机这种零驱动的优点主要体现在：

① 惯性小，加速度高，可达 1～10g；速度高，可达 60～150m/min，易于高速精定位。

② 无中间传动环节，不存在反向间隙和摩擦磨损等问题，精度高、可靠性好，使用寿命长。

③ 刚性好，动态特性好。

④ 行程长度不受限制，并且在一个行程全长内可以安装使用多个工作台。

表 10-3　滚珠丝杠传动和直线电动机直接驱动的性能对比

性能参数	滚珠丝杠	直线电动机	性能参数	滚珠丝杠	直线电动机
最高速度/(m/s)	0.5～1	10	静刚度/(N/μm)	90～180	70～210
最高加速度/g	0.5～1	2～10	动刚度/(N/μm)	90～180	160～210
最大推力/N	>20000	9000	建立时间/ms	100	10～20
行程长度/m	5	不受限制	可靠性/h	6000～10000	50000
精度	微米级	亚微米级			

10.1.4　超高速切削的刀具技术

切削刀具材料的迅速发展是超高速切削得以实施的工艺基础。超高速切削加工要求刀具材料与被加工材料的化学亲和力要小，并且具有优异的力学性能、热稳定性、抗冲击性和耐磨性。目前适合于超高速切削的刀具主要有涂层刀具、金属陶瓷刀具、陶瓷刀具、立方氮化硼刀具、聚晶金刚石（PCD）刀具等。特别是聚晶金刚石刀具和聚晶立方氮化硼刀具（PCBN）的发展推动了超高速切削走向更广泛的应用领域。

10.2　超精密加工技术

超精密加工就是在超精密机床设备上，利用零件与刀具之间产生的具有严格约束的相对运动，对材料进行微细切削，以获得极高形状精度和表面质量的加工过程。就目前的发展水平，一般认为超精密加工的加工精度应高于 0.1μm、表面粗糙度 Ra 值应小于 0.025μm，因此，超精密加工又称为亚微米级加工。超精密加工正在向纳米级加工工艺发展。

10.2.1　超精密加工的特征

通常按照加工精度划分，可将机械加工分为一般加工、精密加工和超精密加工。由于技术的不断发展，划分的界限将随着历史进程而逐渐向前推移，过去的精密加工对于今天来说已经是普通加工了。因此，精密和超精密是相对的，在不同的时期有不同的界定。

超精密加工包括超精密切削（车削、铣削）、超精密磨削、超精密研磨。每一种超精密加工方法都应针对不同零件的精度要求而选择，其所获得的尺寸精度、形状精度和表面粗糙度是普通精密加工无法达到的。

超精密切削加工主要是指利用金刚石刀具对工件进行车削或铣削加工，主要用于加工精度要求很高的有色金属材料及其合金，以及光学玻璃、石材和碳素纤维等非金属材料零件，

表面粗糙度 Ra 值可达 $0.005\mu m$。

超精密磨削是利用磨具上均匀性好，细粒度的磨粒对零件表面进行摩擦、耕犁及切削的过程。主要用于加工硬度较高的金属以及玻璃、陶瓷等非金属硬脆材料。当前的超精密磨削技术能加工出圆度为 $0.01\mu m$，尺寸精度为 $0.1\mu m$，表面粗糙度 Ra 值为 $0.002\mu m$ 的圆柱形零件。

超精密研磨包括机械研磨、化学机械研磨、浮动研磨和弹性发射加工等。主要用于加工高表面质量与低面型精度的集成电路芯片和各种光学平面等。超精密研磨加工出的球面度达 $0.025\mu m$。利用弹性发射加工技术，加工精度可达 $0.1\mu m$，表面粗糙度 Ra 值可达 $0.5nm$。

超精密研磨的关键条件是几乎无振动的研磨运动、高形状精度的研磨工具、精密的温度控制、洁净的环境以及细小而均匀的研磨剂。

10.2.2　超精密加工的设备

超精密机床是超精密加工的基础。它要求具有高静刚度、高动刚度和高稳定性的机床结构。为此，广泛采用高精度空气静压轴承支承主轴系统，其主轴回转精度在 $0.1\mu m$ 以下。导轨是超精密机床的直线性基准，在超精密机床上，广泛采用的是空气静压导轨或液体静压导轨支承进给系统的结构模式，液体静压导轨与空气静压导轨的直线性非常稳定，可达 $0.02\mu m/100mm$。

超精密机床要实现超微量切削，必须配有微量移动工作台，实现微进给和刀具的微量调整，以保证零件尺寸精度。其微进给驱动系统分辨率在亚微米级和纳米级，广泛采用压电陶瓷作为微量进给的驱动元件。微量进给装置有机械式微量进给装置、弹性变形式微量进给装置、热变形式微量进给装置、电致伸缩微量进给装置、磁致伸缩微量进给装置及流体膜变形微量进给装置等。

超精密机床还配有高精度的定位机构，采用双频激光干涉仪，其定位精度在 $0.1\mu m$ 以下。

图 10-3 所示为美国最具代表性的大型金刚石切削机床。该车床是美国加利福尼亚大

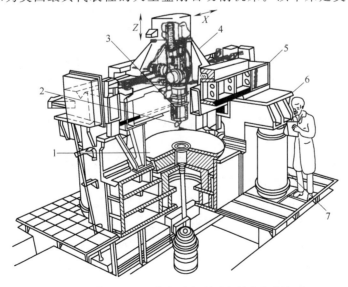

图 10-3　美国 LLNL 的大型金刚石超精密切削机床

1—主轴；2—高速刀具伺服系统；3—刀具轴；4—X 轴滑板；5—上部机架；6—主机架；7—气动支架

学的国家实验室 LLNL 和空军 Wright 航空研究所等单位合作，于 1984 年研制成功的。它采用双立柱立式车床结构，六角刀盘驱动，多重光路激光干涉测长进给反馈，分辨率为 7nm，定位误差为 $0.0025\mu m$，能加工直径 1625mm、长 508mm、质量 1360kg 的大型金属反射镜等光学零件。加工件的圆度和平面度误差达到 $0.013\mu m$，表面粗糙度 Ra 值达 $0.0042\mu m$。

10.2.3　超精密切削加工的刀具

在超精密切削加工中，通常进行微量切削，即均匀地切除极薄的金属层，其最小背吃刀量小于零件的加工精度。因此，超精密切削刀具必须具备超微量切削特征。超精密切削中所使用的刀具，一般是天然单晶金刚石刀具，它是目前进行超精密切削加工的主要刀具。超精密切削加工的最小背吃刀量是其加工水平的重要标志，影响最小背吃刀量的主要因素是刀具的锋利程度，影响刀具锋利程度的刀具参数是切削刃的钝圆半径。目前，国外金刚石刀具刃口钝圆半径已经达到纳米级水平，可以实现背吃刀量为纳米级的连续稳定切削。我国生产的金刚石刀具切削刃钝圆半径可以达到 $0.1\mu m$，可以进行背吃刀量 $0.1\mu m$ 以下的加工。

在超精密切削加工时，为了获得超光滑加工表面，往往不采用主切削刃和副切削刃相交为一点的尖锐刀尖，这样的刀尖很容易崩裂和磨损，而且会在加工表面上留下加工痕迹，使表面粗糙度值增加。由于超精密切削加工的表面粗糙度值要求一般为 $0.01\mu m$ 左右，所以刀具通常要制成不产生走刀痕迹的形状，在主切削刃和副切削刃之间具有过渡刃，对加工表面起修光作用，如图 10-4 所示。

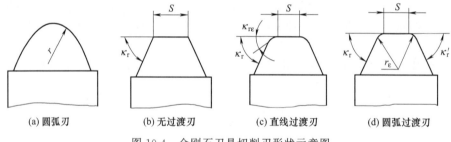

(a) 圆弧刃　　　　(b) 无过渡刃　　　　(c) 直线过渡刃　　　　(d) 圆弧过渡刃

图 10-4　金刚石刀具切削刃形状示意图

当参与切削的切削刃与工件轴线平行，且切削刃与工件接触长度大于所选用的进给量时，理论上不会在已加工表面形成残留面积，这时能够获得理想的超光滑加工表面。但直线刃金刚石刀具在使用时也明显存在不足之处。

第一，为使切削刃与工件轴线平行，直线刃金刚石刀具对刀时需要花费较长时间精心调整；

第二，直线刃金刚石刀具切削刃与工件接触长度相对较大时，加工时易产生切削振动，从而间接增大已加工表面的表面粗糙度值。

鉴于上述情况，在实际超精密切削加工时，通常采用圆弧刃金刚石车刀，在任何条件下刀具切削刃都能以一段圆弧与工件直接接触，具有安装、调整和对刀比较方便的特点。当圆弧刃金刚石刀具刀尖圆弧半径较大，主偏角和副偏角都很小时，在已加工表面形成的理论残留面积非常小，其切削状况与直线刃刀具近似，却同时兼有直线刃金刚石刀具所不具备的优点，如安装、调整和对刀方便等。

金刚石车刀的前角 γ_{o} 一般为 $0°$，后角 α_{o} 一般选择 $5°\sim8°$，$\kappa_{r}=45°$，如图 10-5 所示。

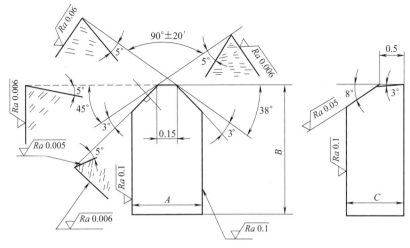

图 10-5 金刚石车刀切削部分示意图

10. 3 微细加工技术

20 世纪 80 年代诞生的纳米科学技术标志着人类改造自然的能力已延伸到原子、分子水平，标志着人类科学技术已进入一个新的时代，即纳米科学技术时代，也标志着人类即将从"毫米文明""微米文明"迈向"纳米文明"时代。纳米科学技术的发展将推动信息、材料、能源、环境、生物、农业、国防等领域的技术创新，将在精密机械工程、材料科学、微电子技术、计算机技术、光学、化工、生物和生命技术以及生态农业等方面产生新的突破。

纳米（Nanometer）技术是在纳米尺度范畴内对原子、分子等进行操纵和加工的技术。其主要内容包括纳米级精度和表面形貌的测量；纳米级表层物理、化学、力学性能的检测；纳米级精度的加工和纳米级表层的加工，即原子和分子的去除、搬迁和重组；纳米材料；纳米级微传感器和控制技术；微型和超微型机械；微型和超微型机电系统和其他综合系统；纳米生物学等。

纳米技术是科技发展的一个新兴领域，它不仅仅是将加工和测量精度从微米级提高到纳米级的问题；而是人类对自然的认识和改造方面，从宏观领域进入到物理的微观领域，深入了一个新的层次，即从微米层深入到分子、原子级的纳米层次。在深入到纳米层次时，所面临的绝不是几何上的"相似缩小"的问题，而是一系列新的现象和新的规律。在纳米层次上，也就是原子尺寸级别的层次上，一些宏观的物理量，如弹性模量、密度、温度等已要求重新定义，在工程科学中的欧几里得几何、牛顿力学、宏观热力学和电磁学都已不能正确描述纳米级的工程现象和规律，而量子效应、物质的波动特性和微观涨落等已是不可忽略的，甚至成为主导的因素。

10. 3. 1 纳米加工的物理实质

纳米材料的物理、化学性质既不同于微观的原子和分子，也不同于宏观物体，纳米介于宏观世界与微观世界之间。当常态物质被加工到极其微细的纳米尺度时，会出现特异的表面效应、体积效应、量子尺寸效应和宏观隧道效应等，其光学、热学、电学、磁学、力学、化学等性质也就相应地发生十分显著的变化。因此，纳米级加工的物理实质和传统的切削、磨削加工有很大不同，一些传统的切削、磨削方法和规律已不能用在纳米级加工领域。

欲得到1nm的加工精度，加工的最小单位必然在亚微米级。由于原子间的距离为0.1～0.3nm，实际上纳米级加工已达到了加工精度的极限。纳米级加工中试件表面的一个个原子或分子成为直接的加工对象，因此纳米级加工的物理实质就是要切断原子间的结合，实现原子或分子的去除。各种物质是以共价键、金属键、离子键或分子结构的形式结合而成的，要切断原子或分子的结合，就要研究材料原子间结合的能量密度。切断原子间结合所需的能量，必然要求超过该物质的原子间结合能，因此需要的能量密度很大。表10-4中是几种材料的原子间结合能量密度。在机械加工中，工具材料的原子间结合能必须大于被加工材料的原子间结合能。

表 10-4   不同材料的原子间结合能量密度

材料	结合能量密度/(J/cm^3)	备注	材料	结合能量密度/(J/cm^3)	备注
Fe	2600	拉伸	SiC	7.5×10^5	拉伸
SiO_2	500	剪切	B_4C	2.09×10^6	拉伸
Al	334	剪切	CBN	2.26×10^8	拉伸
Al_2O_3	6.2×10^5	拉伸	金刚石	$1.02 \times 10^7 \sim 5.64 \times 10^8$	晶体各向异性

在纳米级加工中需要切断原子间结合，故需要很大的能量密度为$10^5 \sim 10^6 J/cm^3$。传统的切削、磨削加工消耗的能量密度较小，实际上是利用原子、分子或晶体间连接处的缺陷进行加工的。用传统切削、磨削加工方法进行纳米级加工，要切断原子间的结合是相当困难的。因此直接利用光子、电子、离子等基本能子的加工，必然是纳米级加工的主要方向和主要方法。但纳米级加工要求达到极高的精度，使用基本能子进行加工，如何进行有效的控制以达到原子级的去除，是实现原子级加工的关键。近年来纳米级加工有了很大突破。例如，用电子束光刻加工超大规模集成电路时，已实现$0.1\mu m$线宽的加工；离子刻蚀已实现微米级和纳米级表层材料的去除；扫描隧道显微技术已实现单个原子的去除、搬迁、增添和原子的重组。纳米加工技术现在已成为现实的、有广阔发展前景的全新加工领域。

10.3.2   纳米级加工精度

纳米级加工精度包含纳米级尺寸精度、纳米级几何形状精度及纳米级表面质量。对不同的加工对象，这三方面各有所侧重。

(1) 纳米级尺寸精度

① 较大尺寸的绝对精度很难达到纳米级   零件材料的稳定性、内应力、本身质量造成的变形等内部因素和环境的温度变化、气压变化、测量误差等都将产生尺寸误差。因此，现在的长度基准不采用标准尺为基准，而采用光速和时间作为长度基准。1m长的使用基准尺，其精度要达到绝对长度误差$0.1\mu m$已经非常不易了。

② 较大尺寸的相对精度或重复精度达到纳米级   这在某些超精密加工中会遇到，例如，某些高精度孔和轴的配合，某些精密机械零件的个别关键尺寸，超大规模集成电路制造过程中要求的重复定位精度等，现在使用激光干涉测量法和X射线干涉测量法都可以达到λ级的测量分辨率和重复精度，可以保证这部分加工精度的要求。

③ 微小尺寸加工达到纳米级精度   这是精密机械、微型机械和超微型机械中遇到的问题，无论是加工或测量都需要继续研究发展。

(2) 纳米级几何形状精度

这在精密加工中经常遇到，例如，精密轴和孔的圆度和圆柱度；精密球（如陀螺球、计量用标准球）的圆度；制造集成电路用的单晶硅基片的平面度；光学、激光、X射线的透镜和反射镜、要求非常高的平面度或是要求非常严格的曲面形状。因为这些精密零件的几何形状直接影响它的工作性能和工作效果。

（3）纳米级表面质量

表面质量不仅仅指它的表面粗糙度，而且包含其内在的表层的物理状态。例如，制造大规模集成电路的单晶硅基片，不仅要求很高的平面度、很小的表面粗糙度值和无划伤，而且要求无表面变质层或极小的变质层、元表面残留应力、无组织缺陷。高精度反射镜的表面粗糙度、变质层会影响其反射效率。微型机械和超微型机械的零件对其表面质量也有极严格的要求。

10.3.3　纳米加工中的 LIGA 技术

LIGA（德语 Lithographie Galvanoformung und Abformung）技术是 20 世纪 80 年代中期由德国 W. Ehrfeld 教授等人发明的，是将 X 射线的深度光刻与电铸相结合，实现高深宽比的微细构造的微细加工技术，简称光刻电铸。它是最新发展的深度光刻、电铸成形和注塑成型的复合微细加工技术，被认为是一种三维立体微细加工的最有前景的新加工技术，将对微型机械的发展起到很大的促进作用。

采用 LIGA 技术可以制作各种各样的微器件和微装置，工件材料可以是金属或合金、陶瓷、聚合物和玻璃等，可以制作最大高度为 $1000\mu m$，横向尺寸为 $0.5\mu m$ 以上，高宽比大于 200 的立体微结构，加工精度可达 $0.1\mu m$。刻出的图形侧壁陡峭、表面光滑，加工出的微器件和微装置可以大批量复制生产、成本低。

采用 LIGA 技术已研制成功或正在研制的产品有微传感器、微电动机、微执行器、微机械零件、集成光学和微光学元件、真空电子元件、微型医疗器机械和装置、流体技术微元件、纳米技术元件及系统等。LIGA 产品涉及的尖端科技领域和产业部门极为广泛，其技术经济的重要性和市场前景，以及社会、经济效益显而易见。

目前在 LIGA 工艺中有加入牺牲层的方法，使获得的微型器件中有部分可以脱离母体而能移动或转动，这在制造微型电动机或其他驱动器时很重要。还有人研究控制光刻时的照射深度，即使用部分透光的掩膜，使曝光时同一块光刻胶在不同处曝光深度不同，从而获得的光刻模型可以有不同的高度，用这方法可以得到真正的三维立体微型器件。

10.3.4　原子级加工技术

扫描隧道显微镜 STM（Scanning Tunneling Microscope，STM）发明初期是用于测量试件表面纳米级的形貌，不久又发明了原子力显微镜。在这些显微探针检测技术的使用中发现，可以通过显微探针操纵试件表面的单个原子，实现单个原子和分子的搬迁、去除、增添和原子排列重组，实现极限的精加工，即原子级的精密加工。

当显微镜的探针对准试件表面某个原子并非常接近时，试件上的该原子受到两方面的力。一方面是探针尖端原子对该原子间作用力，另一方面是试件其他原子对该原子间结合力。如探针尖端原子和该原子的距离小到某个极小距离时，探针针尖可以带动该原子跟随针尖移动而又不脱离试件表面，即实现了试件表面的原子搬迁。

在显微镜探针针尖对准试件表面某原子时，再加上电偏压或加脉冲电压，使该原子成为离子而被电场蒸发，达到去除原子形成空位。实验证明，无论正脉冲或负脉冲均可抽出单个的 Si 原子，这说明 Si 原子既可以正离子，也可以负离子的形式被电场蒸发。在有脉冲电压情况下，也可从针尖上发射原子，达到增添原子填补空位的目的。

第11章

孔轴配合公差

　　机械零件精度取决于该零件的尺寸精度、几何精度以及表面粗糙度轮廓精度等。它们是根据零件在机器中的使用要求确定的。为了满足使用要求，保证零件的互换性，我国发布了一系列与孔、轴尺寸精度有直接联系的孔、轴公差与配合方面的国家标准：GB/T 1800.1—2020《产品几何技术规范（GPS）线性尺寸公差 ISO 代号体系　第 1 部分：公差、偏差和配合的基础》、GB/T 1800.2—2020《产品几何技术规范（GPS）线性尺寸公差 ISO 代号体系　第 2 部分：标准公差带代号和孔、轴的极限偏差表》、GB/T 1804—2000《一般公差　未注公差的线性和角度尺寸的公差》。

11.1　极限与配合的基本术语与定义

11.1.1　孔和轴

　　(1) 孔
　　孔通常是指零件的圆柱形内表面，也包括其他非圆柱形内表面（由两平行平面或切面形成的包容面），如键槽、凹槽的宽度表面，如图 11-1 所示。
　　(2) 轴
　　轴通常是指圆柱形外表面，也包括非圆柱形外表面（由两平行平面或切面形成的被包容面），如平键的宽度表面、凸肩的厚度表面，如图 11-1 所示。

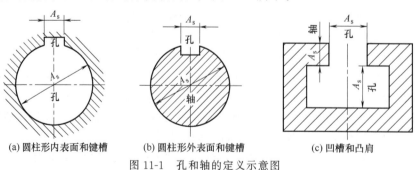

(a) 圆柱形内表面和键槽　　(b) 圆柱形外表面和键槽　　(c) 凹槽和凸肩

图 11-1　孔和轴的定义示意图

11.1.2　尺寸的术语及定义

　　(1) 线性尺寸
　　尺寸通常分为线性尺寸和角度尺寸两类。线性尺寸（简称尺寸）是指两点之间的距离，如直径、半径、宽度、高度、深度、厚度及中心距等。

按照 GB/T 4458.4—2003《机械制图 尺寸注法》的规定，图样上的尺寸以毫米（mm）为单位时，不需标注计量单位的符号或名称。

（2）公称尺寸

公称尺寸是指设计确定的尺寸，用符号 D 表示。它是根据零件的强度、刚度等的计算和结构设计确定的，并应化整，尽量采用标准尺寸，可查阅 GB/T 2822—2005《标准尺寸》。

（3）极限尺寸

极限尺寸是指一个孔或轴允许的尺寸的两个极端值，如图 11-2。这两个极端值中，允许的最大尺寸称为上极限尺寸（最大极限尺寸），孔和轴的上极限尺寸分别用符号 D_{max} 和 d_{max} 表示；允许的最小尺寸称为下极限尺寸（最小极限尺寸），孔和轴的下限尺寸分别用符号 D_{min} 和 d_{min} 表示。

（4）实际尺寸

实际尺寸是指零件加工后通过测量获得的某一孔、轴的尺寸（两相对点之间的距离，用两点法测量）。孔和轴的实际尺寸分别用 D_a 和 d_a 表示。由于存在测量误差，测量获得的实际尺寸并

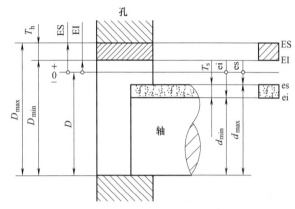

图 11-2　公称尺寸、极限尺寸和极限偏差、尺寸公差

非真实尺寸，而是近似于真实尺寸的尺寸。由于零件表面加工后存在的形状误差，因此零件同一表面不同部位的实际尺寸往往是不同的。

公称尺寸和极限尺寸是设计时给定的，实际尺寸应限制在极限尺寸范围内，也可达到极限尺寸。孔和轴实际尺寸的合格条件如下：

$$D_{min} \leqslant D_a \leqslant D_{max}$$
$$d_{min} \leqslant d_a \leqslant d_{max}$$

11.1.3　偏差和公差的术语及定义

（1）尺寸偏差

尺寸偏差（简称偏差）是指某一尺寸（极限尺寸、实际尺寸）减其公称尺寸所得的代数差。极限尺寸和实际尺寸皆可能大于、小于或等于公称尺寸，所以该代数差可能是正值、负值或零。偏差值除零外，其前面必须冠以正号或符号。

偏差分为极限偏差和实际偏差。

极限偏差是指极限尺寸减其公称尺寸所得的代数差（如图 11-2）。上极限尺寸减其公称尺寸所得的代数差称为上极限偏差（简称上偏差）。孔和轴的上偏差分别用符号 ES 和 es 表示。用公式表示如下：

$$ES = D_{max} - D; \quad es = d_{max} - d \tag{11-1}$$

下极限尺寸减其公称尺寸所得的代数差称为下极限偏差（简称下偏差）。孔和轴的下偏差分别用符号 EI 和 ei 表示。用公式表示如下：

$$EI = D_{min} - D; \quad ei = d_{min} - d \tag{11-2}$$

在图样上，上、下偏差标注在公称尺寸的右侧。

实际偏差是指实际尺寸减其公称尺寸所得的代数差。孔和轴的实际偏差分别用符号 E_a 和 e_a 表示。用公式表示：

$$E_a=D_a-D; \quad e_a=d_a-d \tag{11-3}$$

实际偏差应限制在极限偏差范围内，也可以达到极限偏差。孔和轴实际偏差的合格条件如下：

$$EI-E_a-ES$$
$$ei-e_a-es$$

(2) 尺寸公差

尺寸公差（简称公差）是指上极限尺寸减去下极限尺寸所得的差值，或上偏差减去下偏差所得的差值。它是允许尺寸的变动量。孔和轴的尺寸公差分别用符号 T_h 和 T_s 表示。公差与极限尺寸、极限偏差的关系用公式表示如下：

$$T_h=D_{max}-D_{min}=ES-EI$$
$$T_s=d_{max}-d_{min}=es-ei \tag{11-4}$$

鉴于上极限尺寸总是大于下极限尺寸，上偏差总是大于下偏差，所以公差是一个没有符号的绝对值。因为公差仅表示尺寸允许变动的范围，是指某种区域大小的数量指标，所以公差不是代数值，没有正、负值之分，也不可能为零。

(3) 公差带示意图及公差带

图 11-2 清楚而直观地表示出相互结合的孔和轴的公称尺寸、极限尺寸、极限偏差及公差之间相互关系。把图 11-2 中的孔、轴实体删去，只留下表示孔、轴极限偏差那部分，如图 11-3 所示的简化图，仍能正确表示结合的孔、轴之间的相互关系，被称为孔、轴公差带示意图。

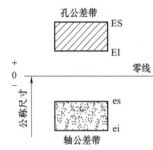

图 11-3　孔、轴公差带示意图

在公差带示意图中，有一条表示公称直径的零线。以零线作为上、下偏差的起点，零线以上为正偏差，零线以下为负偏差，位于零线上的偏差为零。将代表孔和轴的上偏差和下偏差，或者上极限尺寸和下极限尺寸的两条直线所限制的一个区域叫做公差带。公差带在零线垂直方向上的宽度代表公差值，沿零线方向的长度可适当选取。公差带用基本偏差的字母和公差等级数字表示。例如 H7 表示一种孔的公差带，h7 表示一种轴的公差带。标注公差的尺寸用公称尺寸后跟所要求的公差带或（和）对应的偏差值表示，例如 32H7、80js15、100g6。

公差带示意图中，公称尺寸的单位用 mm 表示，极限偏差及公差的单位可用 mm 表示，也可用 μm 表示。习惯上极限偏差及公差的单位用 μm 表示。

(4) 极限制

公差带由"公差带大小"与"公差带位置"两个要素组成。公差带大小由公差值确定，公差带相对于零线的位置可由极限偏差中的任一个偏差（上偏差或下偏差）来确定。

11.1.4　配合的术语及定义

(1) 配合

配合是指公称尺寸相同的、相互结合的孔和轴公差带之间的关系。组成配合的孔与轴的公差带位置不同，便形成不同的配合性质。

(2) 间隙或过盈

间隙或过盈是指孔的尺寸减去相配合的轴的尺寸所得的代数差。该代数差为正值时叫做间隙，用符号 X 表示；该代数差为负值时，叫做过盈，用符号 Y 表示。

（3）配合的分类

根据相互结合的孔、轴公差带不同的相对位置关系，配合可以分为下列三类：

① 间隙配合　间隙配合是指具有间隙（包括最小间隙等于零）的配合。此时，孔公差带在轴公差带的上方，如图 11-4 所示。

② 过渡配合　过渡配合是指可能具有间隙或过盈的配合。此时，孔的公差带与轴的公差带相互交叠，如图 11-5 所示。

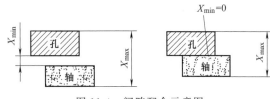

图 11-4　间隙配合示意图

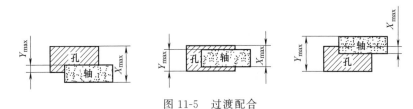

图 11-5　过渡配合

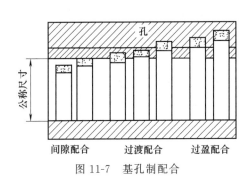

图 11-6　过盈配合示意图

③ 过盈配合　过盈配合是指具有过盈（包括最小过盈等于零）的配合，此时孔的公差带在轴的公差带下方，如图 11-6 所示。

（4）配合制

在机械产品中，有各种不同的配合要求，这就需要各种不同的孔、轴公差带来实现。为了获得最佳的技术经济效益，可以把其中孔公差带（或轴公差带）的位置固定，而改变轴公差带（或孔公差带）的位置，来实现所需要的各种配合。

用标准化的孔、轴公差带（即同一极限制的孔和轴）组成各种配合的制度称为配合制，GB/T 1800.1—2020 规定了基孔制和基轴制两种配合制来获得各种配合。

① 基孔制　基孔制是指基本偏差为一定的孔的公差带，与不同基本偏差的轴的公差带形成各种配合的一种制度，如图 11-7 所示。基孔制的孔为基准孔，它的基本偏差（下偏差）为零。基孔制的轴为非基准轴。

② 基轴制　基轴制是指基本偏差为一定的轴的公差带，与不同基本偏差的孔的公差带形成各种配合的一种制度，如图 11-8 所示。基轴制的轴为基准轴，它的基本偏差（上偏差）为零。基轴制的孔为非基准孔。

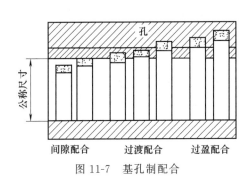

图 11-7　基孔制配合

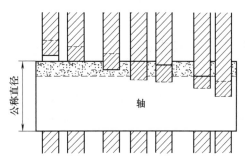

图 11-8　基轴制配合

11.2　标准公差与基本偏差

11.2.1　标准公差与标准公差等级

在极限与配合制中，国家标准规定的确定的公差带大小的任一公差称为标准公差。标准公差等级用字母 IT 和数字表示，分 IT01、IT0、IT1，…，IT18 共 20 级。当标准公差与基本偏差的字母一起组成公差带时，省略 IT 字母。在极限与配合制中，同一公差等级（如 IT7）对所有公称尺寸的一组公差被认为具有同等精确程度。标准公差数值如表 11-1 所示。

表 11-1　标准公差数值表（摘自 GB/T 1800.1—2020）

公称尺寸 /mm		标准公差等级																
		IT1	IT2	IT3	IT4	IT5	IT6	IT7	IT8	IT9	IT10	IT11	IT12	IT13	IT14	IT15	IT16	IT17	IT18
大于	至	μm											mm						
—	3	0.8	1.2	2	3	4	6	10	14	25	40	60	0.1	0.14	0.25	0.4	0.6	1	1.4
3	6	1	1.5	2.5	4	5	8	12	18	30	48	75	0.12	0.18	0.3	0.48	0.75	1.2	1.8
6	10	1	1.5	2.5	4	6	9	15	22	36	58	90	0.15	0.22	0.36	0.58	0.9	1.5	2.2
10	18	1.2	2	3	5	8	11	18	27	43	70	110	0.18	0.27	0.43	0.7	1.1	1.8	2.7
18	30	1.5	2.5	4	6	9	13	21	33	52	84	130	0.21	0.33	0.52	0.8	1.3	2.1	3.3
30	50	1.5	2.5	4	7	11	16	25	39	62	100	160	0.25	0.39	0.62	1	1.6	2.5	3.9
50	80	2	3	5	8	13	19	30	46	74	120	190	0.3	0.46	0.74	1.2	1.9	3	4.6
80	120	2.5	4	6	10	15	22	35	54	87	140	220	0.35	0.54	0.87	1.4	2.2	3.5	5.4
120	180	3.5	5	8	12	18	25	40	63	100	160	250	0.4	0.63	1	1.6	2.5	4	6.3
180	250	4.5	7	10	14	20	29	46	72	115	185	290	0.46	0.72	1.15	1.85	2.9	4.6	7.2
250	315	6	8	12	16	23	32	52	81	130	210	320	0.52	0.81	1.3	2.1	3.2	5.2	8.1
315	400	7	9	13	18	25	36	57	89	140	230	360	0.57	0.89	1.4	2.3	3.6	5.7	8.9
400	500	8	10	15	20	27	40	63	97	155	250	400	0.63	0.97	1.55	2.5	4	6.3	9.7
500	630	9	11	16	22	32	44	70	110	175	280	440	0.7	1.1	1.75	2.8	4.4	7	11
630	800	10	13	18	25	36	50	80	125	200	320	500	0.8	1.25	2	3.2	5	8	12.5
800	1000	11	15	21	28	40	56	90	140	230	360	560	0.9	1.4	2.3	3.6	5.6	9	14
1000	1250	13	18	24	33	47	66	105	165	260	420	660	1.05	1.65	2.6	4.2	6.6	10.5	16.5
1250	1600	15	21	29	39	55	78	125	195	310	500	780	1.25	1.95	3.1	5	7.8	12.5	19.5
1600	2000	18	25	35	46	65	92	150	230	370	600	920	1.5	2.3	3.7	6	9.2	15	23
2000	2500	22	30	41	55	78	11	175	280	440	700	1100	1.75	2.8	4.4	7	11	17.5	28
2500	3150	26	36	50	68	96	135	210	330	540	860	1350	2.1	3.3	5.4	8.6	13.5	21	33

注：1. 公称尺寸大于 500mm 的 IT1～IT5 的标准公差数值为试行。
2. 公称尺寸小于或等于 1mm 时，无 IT4～IT8。

11.2.2　基本偏差

(1) 孔、轴的基本偏差

基本偏差是对公差带位置的标准化，是指在极限与配合制中，确定公差带相对零线位置的那个极限偏差，它可以是上极限偏差或下极限偏差，一般为靠近零线的那个偏差。

GB/T 1800.1—2020 对基本偏差规定为：孔用大写字母 A，…，ZC 表示；轴用小写字母 a，…，zc 表示，如图 11-9 所示。其中 H 代表基准孔的基本偏差代号，h 代表基准轴的基本偏差代号。轴和孔的基本偏差数值见表 11-2 和表 11-3。

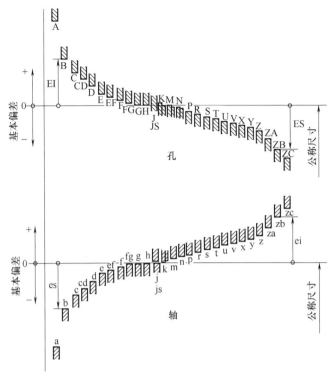

图 11-9 基本偏差系列示意图

(2) 各种偏差所形成的配合的特征

① 间隙配合 a～h（或 A～H）等 11 种基本偏差与基准孔基本偏差 H（或基准轴基本偏差 h）形成间隙配合。其中 a 与 H（或 A 与 h）形成的配合的最小间隙（孔与轴基本偏差的差值）最大。此后，最小间隙依次减小，基本偏差 h 与 H 形成的配合的最小间隙为零。

② 过渡配合 js、j、k、m、n（或 JS、J、K、M、N）等 5 种基本偏差与基准孔基本偏差 H（或基准轴基本偏差 h）形成过渡配合。其中 js 与 H（或 JS 与 h）形成的配合较松，获得间隙的概率较大。此后，配合依次变紧，n 与 H（或 N 与 h）形成的配合较紧，获得过盈的概率较大。标准公差等级很高的 n 与 H（或 N 与 h）形成的配合为过盈配合。

③ 过盈配合 p～zc（或 P～ZC）等 12 种基本偏差与基准孔基本偏差 H（或基准轴基本偏差 h）形成过盈配合。其中 p 与 H（或 P 与 h）形成的配合的过盈最小。此后，过盈依次增大，zc 与 H（或 ZC 与 h）形成的配合的过盈最大。标准公差等级不高的 p 与 H（或 P 与 h）形成的配合为过渡配合。

11.2.3 孔、轴公差带代号及配合代号

(1) 孔、轴公差带代号

把孔、轴基本偏差代号和标准公差等级代号中的阿拉伯数字组合，就构成孔、轴公差带代号。例如：孔公差带代号 H7，轴的公差带代号 s6。公差带代号标注在零件图上。

(2) 孔、轴配合代号

把孔和轴的公差带组合，就构成孔、轴配合代号。它用分数形式表示，分子为孔公差带，分母为轴公差带。例如：基孔制配合代号 $\phi 50 \dfrac{\text{H7}}{\text{g6}}$ 或 $\phi 50\text{H7/g6}$；基轴制配合代号 $\phi 50 \dfrac{\text{H7}}{\text{h6}}$ 或 $\phi 50\text{H7/h6}$。配合代号标注在装配图上。

表 11-2　轴的基本偏差数值　　　　　　　　　　　　　　　　　　　　　　　　　　　　μm

公称尺寸 /mm		基本偏差数值（上极限偏差 es）											
		所有标准公差等级											
大于	至	a	b	c	cd	d	e	ef	f	fg	g	h	js
—	3	−270	−140	−60	−34	−20	−14	−10	−6	−4	−2	0	
3	6	−270	−140	−70	−46	−30	−20	−14	−10	−6	−4	0	
6	10	−280	−150	−80	−56	−40	−25	−18	−13	−8	−5	0	
10	14	−290	−150	−95		−50	−30		−16		−6	0	
14	18												
18	24	−300	−160	−110		−65	−40		−20		−7	0	
24	30												
30	40	−310	−170	−120		−80	−50		−25		−9	0	
40	50	−320	−180	−130									
50	65	−340	−190	−140		−100	−60		−30		−10	0	
65	80	−360	−200	−150									
80	100	−380	−220	−170		−120	−72		−36		−12	0	
100	120	−410	−240	−180									
120	140	−460	−260	−200		−145	−85		−43		−14	0	
140	160	−520	−280	−210									
160	180	−580	−310	−230									
180	200	−660	−340	−240		−170	−100		−50		−15	0	
200	225	−740	−380	−260									
225	250	−820	−420	−280									
250	280	−920	−480	−300		−190	−110		−56		−17	0	偏差 $=\pm\dfrac{\mathrm{IT}n}{2}$，式中 $\mathrm{IT}n$ 是 IT 数值
280	315	−1050	−540	−330									
315	355	−1200	−600	−360		−210	−125		−62		−18	0	
355	400	−1350	−680	−400									
400	450	−1500	−760	−440		−230	−135		−68		−20		
450	500	−1650	−840	−480									
500	560					−260	−145		−76		−22	0	
560	630												
630	710					−290	−160		−80		−24	0	
710	800												
800	900					−320	−170		−86		−26	0	
900	1000												
1000	1120					−350	−195		−98		−28	0	
1120	1250												
1250	1400					−390	−220		−110		−30	0	
1400	1600												
1600	1800					−430	−240		−120		−32	0	
1800	2000												
2000	2240					−480	−260		−130		−34	0	
2240	2500												
2500	2800					−520	−290		−145		−38	0	
2800	3150												

续表

公称尺寸/mm 大于	至	IT5 IT6 (j)	IT7 (j)	IT8 (j)	IT4~IT7 (k)	≤IT3 >IT7 (k)	m	n	p	r	s	t	u	v	x	y	z	za	zb	zc
—	3	−2	−4	−6	0	0	2	4	6	10	14		18		20		26	32	40	60
3	6	−2	−4		1	0	4	8	12	15	19		23		28		35	42	50	80
6	10	−2	−5		1	0	6	10	15	19	23		28		34		42	52	67	97
10	14	−3	−6		1	0	7	12	18	23	28		33		40		50	64	90	130
14	18													39	45		65	77	108	150
18	24	−4	−8		2	0	8	15	22	28	35		41	47	54	63	73	98	136	188
24	30											41	48	55	64	75	88	118	160	218
30	40	−5	−10		2	0	9	17	26	34	43	48	60	68	80	94	112	148	200	274
40	50											54	70	81	97	114	136	180	242	325
50	65	−7	−12		2	0	11	20	32	41	53	66	87	102	122	144	172	226	300	405
65	80									43	59	75	102	120	146	174	210	274	360	480
80	100	−9	−15		3	0	13	23	37	51	71	91	124	146	178	214	258	335	445	585
100	120									54	79	104	144	172	210	254	310	400	525	690
120	140	−11	−18		3	0	15	27	43	63	92	122	170	202	248	300	365	470	620	800
140	160									65	100	134	190	228	280	340	415	535	700	900
160	180									68	108	146	210	252	310	380	465	600	780	1000
180	200	−13	−21		4	0	17	31	50	77	122	166	236	284	350	425	520	670	880	1150
200	225									80	130	180	258	310	385	470	575	740	960	1250
225	250									84	140	196	284	340	425	520	640	820	1050	1350
250	280	−16	−26		4	0	20	34	56	94	158	218	315	385	475	580	710	920	1200	1550
280	315									98	170	240	350	425	525	650	790	1000	1300	1700
315	355	−18	−28		4	0	21	37	62	108	190	268	390	475	590	730	900	1150	1500	1900
355	400									114	208	294	435	530	660	820	1000	1300	1650	2100
400	450	−20	−32		5	0	23	40	68	126	232	330	490	595	740	920	1100	1450	1850	2400
450	500									132	252	360	540	660	820	1000	1250	1600	2100	2600
500	560				0	0	26	44	78	150	280	400	600							
560	630									155	310	450	660							
630	710				0	0	30	50	88	175	340	500	740							
710	800									185	380	560	840							
800	900				0	0	34	56	100	210	430	620	940							
900	1000									220	470	680	1050							
1000	1120				0	0	40	66	120	250	520	780	1150							
1120	1250									260	580	840	1300							
1250	1400				0	0	48	78	140	300	640	960	1450							
1400	1600									330	720	1050	1600							
1600	1800				0	0	58	92	170	370	820	1200	1850							
1800	2000									400	920	1350	2000							
2000	2240				0	0	68	110	195	440	1000	1500	2300							
2240	2500									460	1100	1650	2500							
2500	2800				0	0	76	135	240	550	1250	1900	2900							
2800	3150									580	1400	2100	3200							

注：公称尺寸小于或等于 1mm 时，基本偏差 a 和 b 均不采用；公差带 j7~js11，若 ITn 值是奇数，则取偏差 $=\pm\dfrac{ITn-1}{2}$。

表 11-3　孔的基本偏差数值

单位：μm

基本偏差数值（上极限偏差 ES）

公称尺寸/mm 大于	至	J IT6	J IT7	J IT8	K ≤IT8	K >IT8	M ≤IT8	M >IT8	N ≤IT8	N >IT8	P	R	S	T	U	V	X	Y	Z	ZA	ZB	ZC	Δ IT3	Δ IT4	Δ IT5	Δ IT6	Δ IT7	Δ IT8
—	3	2	4	6	0	0	−2	−2	−4	−4	−6	−10	−14	—	−18	—	−20	—	−26	−32	−40	−60	0	0	0	0	0	0
3	6	5	6	10	−1+Δ		−4+Δ	−4	−8+Δ	0	−12	−15	−19	—	−23	—	−28	—	−35	−42	−50	−80	1	1.5	1	3	4	6
6	10	5	8	12	−1+Δ		−6+Δ	−6	−10+Δ	0	−15	−19	−23	—	−28	—	−34	—	−42	−52	−67	−97	1	1.5	2	3	6	7
10	14	6	10	15	−1+Δ		−7+Δ	−7	−12+Δ	0	−18	−23	−28	—	−33	—	−40	—	−50	−64	−90	−130	1	2	3	3	7	9
14	18	6	10	15	−1+Δ		−7+Δ	−7	−12+Δ	0	−18	−23	−28	—	−33	−39	−45	—	−60	−77	−108	−150	1	2	3	3	7	9
18	24	8	12	20	−2+Δ		−8+Δ	−8	−15+Δ	0	−22	−28	−35	—	−41	−47	−54	−63	−73	−98	−136	−188	1.5	2	3	4	8	12
24	30	8	12	20	−2+Δ		−8+Δ	−8	−15+Δ	0	−22	−28	−35	−41	−48	−55	−64	−75	−88	−118	−160	−218	1.5	2	3	4	8	12
30	40	10	14	24	−2+Δ		−9+Δ	−9	−17+Δ	0	−26	−34	−43	−48	−60	−68	−80	−94	−112	−148	−200	−274	1.5	3	4	5	9	14
40	50	10	14	24	−2+Δ		−9+Δ	−9	−17+Δ	0	−26	−34	−43	−54	−70	−81	−97	−114	−136	−180	−242	−325	1.5	3	4	5	9	14
50	65	13	18	28	−2+Δ		−11+Δ	−11	−20+Δ	0	−32	−41	−53	−66	−87	−102	−122	−144	−172	−226	−300	−405	2	3	5	6	11	16
65	80	13	18	28	−2+Δ		−11+Δ	−11	−20+Δ	0	−32	−43	−59	−75	−102	−120	−146	−174	−210	−274	−360	−480	2	3	5	6	11	16
80	100	16	22	34	−3+Δ		−13+Δ	−13	−23+Δ	0	−37	−51	−71	−91	−124	−146	−178	−214	−258	−335	−445	−585	2	4	5	7	13	19
100	120	16	22	34	−3+Δ		−13+Δ	−13	−23+Δ	0	−37	−54	−79	−104	−144	−172	−210	−254	−310	−400	−525	−690	2	4	5	7	13	19
120	140	18	26	41	−3+Δ		−15+Δ	−15	−27+Δ	0	−43	−63	−92	−122	−170	−202	−248	−300	−365	−470	−620	−800	3	4	6	7	15	23
140	160	18	26	41	−3+Δ		−15+Δ	−15	−27+Δ	0	−43	−65	−100	−134	−190	−228	−280	−340	−415	−535	−700	−900	3	4	6	7	15	23
160	180	18	26	41	−3+Δ		−15+Δ	−15	−27+Δ	0	−43	−68	−108	−146	−210	−252	−310	−380	−465	−600	−780	−1000	3	4	6	7	15	23
180	200	22	30	47	−4+Δ		−17+Δ	−17	−31+Δ	0	−50	−77	−122	−166	−236	−284	−352	−425	−520	−670	−880	−1150	3	4	6	9	17	26
200	225	22	30	47	−4+Δ		−17+Δ	−17	−31+Δ	0	−50	−80	−130	−180	−258	−310	−385	−470	−575	−740	−960	−1250	3	4	6	9	17	26
225	250	22	30	47	−4+Δ		−17+Δ	−17	−31+Δ	0	−50	−84	−140	−196	−284	−340	−425	−520	−640	−820	−1050	−1350	3	4	6	9	17	26
250	280	25	36	55	−4+Δ		−20+Δ	−20	−34+Δ	0	−56	−94	−158	−218	−315	−385	−475	−580	−710	−920	−1200	−1550	4	4	7	9	20	29
280	315	25	36	55	−4+Δ		−20+Δ	−20	−34+Δ	0	−56	−98	−170	−240	−350	−425	−525	−650	−790	−1000	−1300	−1700	4	4	7	9	20	29
315	355	29	39	60	−4+Δ		−21+Δ	−21	−37+Δ	0	−62	−108	−190	−268	−390	−475	−590	−730	−900	−1150	−1500	−1900	4	5	7	11	21	32
355	400	29	39	60	−4+Δ		−21+Δ	−21	−37+Δ	0	−62	−114	−208	−294	−435	−530	−660	−820	−1000	−1300	−1650	−2100	4	5	7	11	21	32
400	450	33	43	66	−5+Δ		−23+Δ	−23	−40+Δ	0	−68	−126	−232	−330	−490	−595	−740	−920	−1100	−1450	−1850	−2400	5	5	7	13	23	34
450	500	33	43	66	−5+Δ		−23+Δ	−23	−40+Δ	0	−68	−132	−252	−360	−540	−660	−820	−1000	−1250	−1600	−2100	−2600	5	5	7	13	23	34

注：P 至 ZC（≤IT7）在大于 IT7 的相应数值上增加一个 Δ 值。

续表

公称尺寸/mm 大于	至	J IT6	J IT7	J IT8	K ≤IT8	M ≤IT8,>IT8	N ≤IT8,>IT8	P至ZC ≤IT7	P	R	S	T	U
500	560				0	−26	−44		−78	−150	−280	−400	−600
560	630									−155	−310	−450	−660
630	710				0	−30	−50		−88	−175	−340	−500	−740
710	800									−185	−380	−560	−840
800	900				0	−34	−56		−100	−210	−430	−620	−940
900	1000									−220	−470	−680	−1050
1000	1120				0	−40	−66	在大于IT7的相应数值上增加一个Δ值	−120	−250	−520	−780	−1150
1120	1250									−260	−580	−840	−1300
1250	1400				0	−48	−78		−130	−300	−640	−960	−1450
1400	1600									−330	−720	−1050	−1600
1600	1800				0	−58	−92		−170	−370	−820	−1200	−1850
1800	2000									−400	−920	−1350	−2000
2000	2240				0	−68	−110		−195	−440	−1000	−1500	−2300
2240	2500									−460	−1100	−1650	−2500
2500	2800				0	−76	−135		−240	−550	−1250	−1900	−2900
2800	3150									−580	−1400	−2100	−3200

注: 1. 公称尺寸小于或等于 1mm 时，基本偏差 A 和 B 及大于 IT8 的 N 均不采用。
2. 公差带 JS7～JS11，若 ITn 值是奇数，则取偏差=±(ITn−1)/2。
3. 对小于或等于 IT8 的 K、M、N 和小于或等于 IT7 的 P～ZC，所需 Δ 值从表内右侧选取。
4. 特殊情况：250～315mm 段的 M6，ES=−9μm（代替−11μm）。

11.2.4　孔、轴的常用公差带和优先、常用的配合

(1) 孔、轴的常用公差带

图 11-10 和图 11-11 分别列出孔的常用公差带和轴的常用公差带。选择时，应优先选用圆圈中的公差带，其次选用方框中的公差带，最后选用其他的公差带。

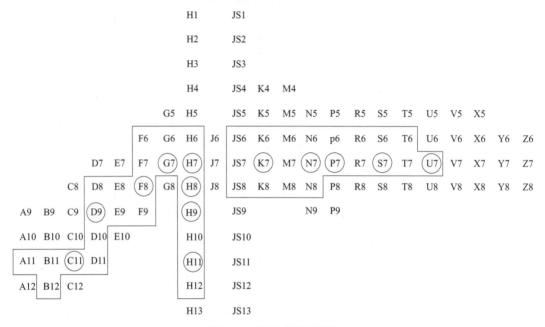

图 11-10　孔的常用公差带

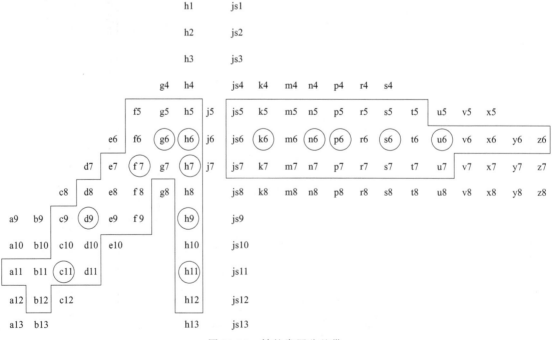

图 11-11　轴的常用公差带

（2）孔、轴优先配合和常用配合

为了使配合的选择简化和比较集中，满足大多数产品功能的需要，GB/T 1081—2020 推荐了基孔制优先配合、常用配合（表 11-4）和基轴制优先配合、常用配合（表 11-5）。

表 11-4　基孔制优先、常用配合

基准孔	轴																				
	a	b	c	d	e	f	g	h	js	k	m	n	p	r	s	t	u	v	x	y	z
	间隙配合								过渡配合				过盈配合								
H6						H6/f5	H6/g5	H6/h5	H6/js5	H6/k5	H6/m5	H6/n5	H6/p5	H6/r5	H6/s5	H6/t5					
H7						H7/f6	▼H7/g6	▼H7/h6	H7/js6	▼H7/k6	H7/m6	▼H7/n6	▼H7/p6	H7/r6	▼H7/s6	H7/t6	▼H7/u6	H7/v6	H7/x6	H7/y6	H7/z6
H8					H8/e7	▼H8/f7	H8/g7	▼H8/h7	H8/js7	H8/k7	H8/m7	H8/n7	H8/p7	H8/r7	H8/s7	H8/t7	H8/u7				
H8				H8/d8	H8/e8	H8/f8		H8/h8													
H9			H9/c9	H9/d9	H9/e9	H9/f9		▼H9/h9													
H10			H10/c10	H10/d10				H10/h10													
H11	H11/a11	H11/b11	H11/c11	H11/d11				H11/h11													
H12		H12/b12						H12/h12													

注：1. $\dfrac{H6}{n5}$、$\dfrac{H7}{p6}$ 在公称尺寸小于或等于 3mm 时，和 $\dfrac{H8}{r7}$ 在公称尺寸小于或等于 100mm 时，为过渡配合。

2. 带▼的配合为优先配合。

表 11-5　基轴制优先配合、常用配合

基准轴	孔																				
	A	B	C	D	E	F	G	H	JS	K	M	N	P	R	S	T	U	V	X	Y	Z
	间隙配合								过渡配合				过盈配合								
h5						F6/h5	G6/h5	H6/h5	JS6/h5	K6/h5	M6/h5	N6/h5	P6/h5	R6/h5	S6/h5	T6/h5					
h6						F7/h6	▼G7/h6	▼H7/h6	JS7/h6	▼K7/h6	M7/h6	▼N7/h6	▼P7/h6	R7/h6	▼S7/h6	T7/h6	▼U7/h6				
h7					E8/h7	▼F8/h7		▼H8/h7	JS8/h7	K8/h7	M8/h7	N8/h7									
h8				D8/h8	E8/h8	F8/h8		▼H8/h8													
h9				▼D9/h9	E9/h9	F9/h9		▼H9/h9													
h10				D10/h10				H10/h10													
h11	A11/h11	B11/h11	C11/h11	D11/h11				H11/h11													
h12		B12/h12						H12/h12													

注：带▼的配合为优先配合。

11.3　公差与配合的选用

孔、轴公差与配合的选择是机械产品设计中重要的部分，这直接影响机械产品的使用精度、性能和加工成本。选用公差与配合的原则为：在保证产品质量的前提下，尽可能便于制造和降低成本，以取得最佳的技术经济效果。

11.3.1　基准制的选择

基准制包括基孔制和基轴制两种。选择基准制时，应从机构、工艺和经济性等方面来分析确定。

① 从零件的加工工艺方面考虑，在常用尺寸范围（500mm 以内），一般应优先选用基孔制。这样可以减少刀具、量具的数量，比较经济合理。

② 基轴制通常用于下列情况。

a. 所用配合的公差等级要求不高（一般为 IT8 或更低）或直接用冷拉棒料（一般尺寸不太大）制作轴，又不需要加工。

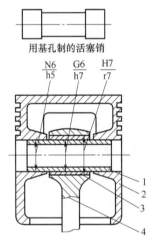

图 11-12　活塞销与活塞机连杆的连接
1—活塞销；2—活塞；3—衬套；4—连杆

b. 由于结构需要，采用基轴制。如图 11-12 所示结构，活塞销和活塞销孔要求为过渡配合，而销与连杆小头衬套内孔为间隙配合。如采用基孔制，活塞销应加工成阶梯轴，这会给加工、装配带来困难，而且使强度降低，而采用基轴制，则无此弊端，活塞销可加工成光轴，连杆衬套孔做大一些很方便。

c. 在同一基本尺寸的各个部分需要装上不同配合的零件。

③ 与标准件配合时，基准制的选择通常依标准件而定。例如，与滚动轴承配合的轴应按基孔制，与滚动轴承外圈配合的孔应按基轴制。

④ 在某些情况下，为了满足配合的特殊需要，允许采用非基准制配合。如 M7/f7、K8/d8 等，不包含基本偏差 H 或 h。非基准制配合一般用于同一孔（或轴）与几个轴（或孔）组成的配合，对每种配合性质的要求不同，而孔（或轴）又需要按基轴制（或基孔制）的某种配合制造的情况。

如图 11-13 所示的结构，与滚动轴承相配的轴承座孔必须采用基轴制，如孔用 M7；而端盖与轴承座孔的配合，由于要求经常拆卸，配合要松一些，设计选用最小间隙为零的间隙配合，即采用 $\phi 80 M7/f7$ 混合配合。若采用 H7/h7，则轴承座孔要加工成微小阶梯孔，工艺上远不如加工成光孔方便、经济。

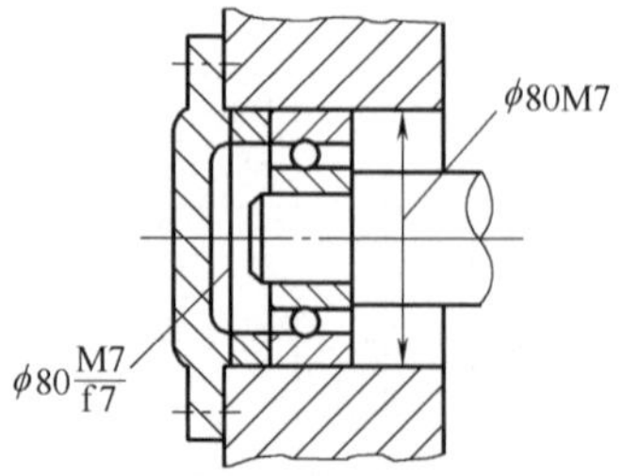

图 11-13　一孔与几轴的混合配合

11.3.2　公差等级的选择

在满足零件使用要求的前提下，应尽量选取较低的公差等级，以降低成本。标准公差等级的使用范围见表 11-6。

表 11-6 标准公差等级的使用范围

应用	公差等级(IT)																			
	01	0	1	2	3	4	5	6	7	8	9	10	11	12	13	14	15	16	17	18
块规	●	●	●																	
量规			●	●	●	●	●													
配合尺寸							●	●	●	●	●	●	●	●						
特别精密零件的配合				●	●	●	●													
非配合尺寸(大制造公差)										●	●	●	●	●	●	●	●	●	●	●
原材料公差										●	●	●	●	●	●	●				

无配合要求的尺寸，精确尺寸按照机械产品功能要求确定标准公差等级；未注公差的尺寸，在 GB/T 1804—2000《一般公差 未注公差的线性和角度尺寸的公差》中选取。

有配合要求的尺寸，孔、轴配合尺寸的公差按允许间隙或过盈的变动量（配合公差）而定。

在公称尺寸相同时，精度等级越高，对生产技术条件和机床精度等级要求越高，生产成本就越高。因此，只有了解各种加工方法所能达到的等级范围，才能做到合理地确定公差等级。常用加工方法所能达到的公差等级，如表 11-7 所示。

表 11-7 各种加工方法所能达到的公差等级

加工方法	公差等级(IT)																	
	01	0	1	2	3	4	5	6	7	8	9	10	11	12	13	14	15	16
研磨	●	●	●	●	●	●	●											
珩磨						●	●	●	●									
圆磨							●	●	●	●								
平磨							●	●	●	●								
金刚石车							●	●	●									
金刚石镗							●	●	●									
拉削							●	●	●	●								
铰孔								●	●	●	●	●						
车									●	●	●	●	●	●				
镗									●	●	●	●	●	●				
铣										●	●	●	●	●	●			
刨插												●	●	●	●			
钻孔												●	●	●	●			
滚压、挤压												●	●	●	●			
冲压												●	●	●	●	●		
压铸													●	●	●	●		
粉末冶金成形								●	●	●	●							
粉末冶金烧结									●	●	●	●						
砂型铸造、气割																		●
铸造																	●	●

选择公差等级应注意的问题：

对于常用尺寸段较高精度等级（≤IT18）的配合，由于孔比轴难加工，应使孔比轴低一级，从而使孔、轴加工难易程度相当、成本相当，如孔 IT8/轴 IT7、孔 IT7/轴 IT6 等；低精度的孔和轴或者公称直径尺寸大于 500mm 时可采用同级配合，如 H8/s8。

(1) 工艺等价性

在某些特殊情况下，如仪表业中小尺寸（≤3mm）的公差等级，由于孔比轴易加工，可以有孔比轴高一级或高两级组成配合的情况。

(2) 公差等级与配合性质的一致性

一般来说，配合越紧精度越高、配合越松精度越低。例如，对同一零件选择 H10/a10 和 H8/g7 合理，但选择 H8/g7 和 H6/g5 就不合理了。

(3) 相互配合零件精度的一致性

例如，与滚动轴承相配合的轴颈和箱体孔的精度选择应与给定轴承一致，与齿轮相配合的轴应与齿轮精度一致。

(4) 与精度设计原则的一致性

精度设计的基本原则是在满足使用要求的前提下，尽量选用较低的精度等级。尤其在非基准制配合中，精度要求不高的零件，可选择与配合件零件差 2～3 级。

常用公差等级的应用实例如表 11-8 所示。

表 11-8　常用公差等级的应用实例

公差等级	应用实例
IT5 (孔为 IT6)	主要用在配合公差、形状公差要求很小的地方，其配合性质稳定，一般在机床发动机、仪表等主要部位应用。例如，与 5 级精度滚动轴承配合的轴承座孔；与 6 级精度滚动轴承配合的机床主轴，机床尾架与滚筒、精密机械及高速机械中轴颈、精密丝杠轴颈等
IT6 (孔为 IT7)	配合性质能达到较高的均匀性。例如，与 6 级精度滚动轴承相配合的孔、轴颈；与齿轮、蜗轮、联轴器、带轮、凸轮等连接的轴颈，机床丝杠轴颈，摇臂钻立柱，机床夹具中导向件外径尺寸，6 级精度齿轮的基准孔，7、8 级精度齿轮基准轴
IT7	7 级精度比 6 级精度稍低，应用条件与 6 级精度基本相似，在一般机械制造中应用较为普遍。例如，联轴器、带轮、凸轮等径，机床夹盘座孔，夹具中固定钻套，7、8 级精度的齿轮基准孔，9、10 级精度的齿轮基准轴
IT8	在机械制造中属于中等精度。例如，轴承座衬套沿宽度方向尺寸，9～12 级精度的齿轮基准孔，11～12 级精度的齿轮基准轴
IT9、IT10	主要用于机械制造中轴套外径与孔，操纵件与轴，带轮与轴，单键与花键
IT11、IT12	配合精度低，装配后可能产生很大间隙，适用于基本没有配合要求的场合。例如，滑块与滑移齿轮，加工中工序间尺寸，冲压加工的配件，机床制造中的扳手孔与扳手座的连接

11.3.3　配合的选择

配合的选择要考虑以下几点：

① 配合件的工作情况

a. 相对运动情况：有相对运动的配合件，应选择间隙配合，速度大则间隙大，反之亦然。没有相对运动时，须综合其他因素选择是采用间隙配合、过盈配合还是过渡配合。

b. 载荷情况：一般情况，如单位压力大则间隙小，在静连接中传力大以及有冲击振动时，过盈要大。

c. 定心精度要求：要求定心精度高时，选用过渡配合，定心精度不高时，可选用基本偏差 g 或 h 所组成的公差等级高的小间隙配合代替过渡配合，间隙配合和过盈配合不能保证定心精度。

d. 拆装情况：有相对运动，经常拆装时，采用 g 或 h 组合的配合，无相对运动装拆频繁时，一般用 g、h 或 j、p 组成的配合；不经常拆卸时，可用 k 组成的配合；基本不拆时，用 m 或 n 组成的配合。另外，当机器内部空间较小时，为了装配零件方便，虽然零件装上后不须再拆，只要工作情况允许，也要选过盈不大或有间隙的配合。

e. 工作温度：当配合件的工作温度和装配温度相对较大时，必须考虑装配间隙在工作时发生的变化。

② 在高温或低温条件下工作时（−60～800℃）如果配合材料的线胀系数不同，配合间隙（或过盈）须进行修正计算。

③ 配合件的生产批量：单件小批量生产时，孔往往接近下极限尺寸，轴往往接近上极限尺寸，造成孔轴配合偏紧，因此间隙应适当放大些。

④ 应尽量采用优先配合，其次采用常用配合。

⑤ 形状公差、位置公差和表面粗糙度对配合性质的影响。

⑥ 选择过盈配合时，由于过盈量的大小对配合性质的影响比间隙更为敏感，因此，要综合考虑多因素，如配合件的直径、长度、工件材料的力学特性、表面粗糙度、形位公差、配合后产生的应力和夹紧力，以及所需的装配力和装配方法等。

表 11-9 所示为尺寸至 500mm 基孔制常用配合和优先配合的特征及应用，表 11-10 为轴的基本偏差选用说明。

表 11-9 尺寸至 500mm 基孔制常用配合和优先配合的特征及应用

配合类别	配合特性	配合代号	应用
间隙配合	特大间隙	$\dfrac{H11}{a11}$	用于高温或工作要求大间隙的配合
	很大间隙	$\left(\dfrac{H11}{c11}\right)$、$\dfrac{H11}{d11}$	用于工作条件较差、受力变形或为了便于装配而需要大间隙的配合和高温工作的配合
	较大间隙	$\dfrac{H9}{c9}$、$\dfrac{H10}{c10}$、$\dfrac{H8}{d8}$、$\left(\dfrac{H9}{d9}\right)$、$\dfrac{H10}{d10}$、$\dfrac{H8}{e7}$、$\dfrac{H8}{e8}$、$\dfrac{H9}{e9}$	用于高速重型的滑动轴承或大直径的滑动轴承，也可用于大跨距或多点支承的配合
过渡配合	一般间隙	$\dfrac{H6}{f5}$、$\dfrac{F7}{f6}$、$\left(\dfrac{H8}{f7}\right)$、$\dfrac{H8}{f8}$、$\dfrac{H9}{f9}$	用于一般转速的配合。当温度影响不大时，广泛应用于普通润滑油润滑的支承
	较小间隙	$\left(\dfrac{H7}{g6}\right)$、$\dfrac{H8}{g7}$	用于精密滑动零件或缓慢间隙回转零件的配合部位
	很小间隙和零间隙	$\dfrac{H6}{g5}$、$\dfrac{H6}{h5}$、$\left(\dfrac{H7}{h6}\right)$、$\left(\dfrac{H8}{g7}\right)$、$\dfrac{H8}{h8}$、$\left(\dfrac{H9}{h9}\right)$、$\dfrac{H10}{h10}$、$\left(\dfrac{H11}{h11}\right)$、$\dfrac{H12}{h12}$	用于不同精度要求的一般定位的配合和缓慢移动及摆动零件的配合
	绝大部分有微小间隙	$\dfrac{H6}{js5}$、$\dfrac{H7}{js6}$、$\dfrac{H8}{js7}$	用于易于装拆的定位配合或加上紧固件后可传递一定静载荷的配合
	大部分有微小间隙	$\dfrac{H6}{k5}$、$\left(\dfrac{H7}{k6}\right)$、$\dfrac{H8}{k7}$	用于稍有振动的定位配合，加上紧固件可传递一定载荷，装配方便，可用木锤敲入
	大部分有微小过盈	$\dfrac{H6}{m5}$、$\dfrac{H7}{m6}$、$\dfrac{H8}{m7}$	用于定位精度较高而且能够抗振的定位配合。加上键可传递较大载荷，可用铜锤敲入或小压力压入
	绝大部分有微小过盈	$\left(\dfrac{H7}{n6}\right)$、$\dfrac{H8}{n7}$	用于精确定位或紧密组合件的配合。加上键能传递大力矩或冲击性载荷，只在大修时拆卸
	绝大部分有较小过盈	$\dfrac{H8}{p7}$	加上键后能传递很大力矩，且能承受振动和冲击的配合，装配后不再拆卸

续表

配合类别	配合特性	配合代号	应用
过盈配合	轻型	$\dfrac{H6}{n5}$、$\dfrac{H6}{p5}$、$\left(\dfrac{H7}{p6}\right)$、$\left(\dfrac{H6}{r5}\right)$、$\dfrac{H7}{r6}$、$\dfrac{H8}{r7}$	用于精确的定位配合。一般不能靠过盈传递力矩，要传递力矩还需要加紧固件
	中型	$\dfrac{H6}{s5}$、$\left(\dfrac{H7}{s6}\right)$、$\dfrac{H8}{s7}$、$\dfrac{H6}{t5}$、$\dfrac{H7}{t6}$、$\dfrac{H8}{t7}$	不需要加紧固件就能传递较小力矩和轴向力。加上紧固件后能承受较大载荷和动载荷
	重型	$\left(\dfrac{H7}{u6}\right)$、$\dfrac{H8}{u7}$、$\dfrac{H7}{v6}$	不需要加紧固件就能传递和承受大的力矩和动载荷的配合，要求零件材料有高强度
	特重型	$\dfrac{H7}{x6}$、$\dfrac{H7}{y6}$、$\dfrac{H7}{z6}$	能传递与承受很大力矩和动载荷的配合，需要经过试验后方可应用

注：1. 括号内的配合为优先配合。
2. 国家标准规定的 44 种基轴制配合的应用与本表中的同名配合相同。

表 11-10　轴的各种基本偏差的应用说明

配合	基本偏差	配合特性及应用
间隙配合	a、b	可得到特别大的间隙，应用很少
	c	可得到很大的间隙，一般适用于缓慢、松弛的间隙配合。用于工作条件较差（如农业机械）、受力变形，或为了便于装配，而必须保证有较大的间隙时，推荐配合为 H11/c11。其较高等级的配合，如 H8/c7 适用于轴在高温下工作的紧密动配合，如内燃机排气阀和导管
	d	配合一般用于 IT7～11 级，适用于松的转动配合，如密封盖、滑轮、空转带轮等轴的配合。也适用于大直径滑动轴承配合，如透平机、球磨机、轧辊成形机和重型弯曲机，及其他重型机械中的一些滑动轴承
	e	多用于 IT7～9 级，通常适用于要求有明显间隙，易于转动的支承配合，如大跨距支承、多支点支承等配合。高等级的 e 轴适用于大型、高速、重载支承，如蜗轮发电机、大电动机的支承及内燃机主要轴承，凸轮轴支承、摇臂支承等配合
	f	多用于 IT6～8 级的一般转动配合。当温度影响不大时，被广泛用于普通润滑油（或润滑脂）润滑的支承，如齿轮箱、小电动机、泵等的转轴与滑动轴承的配合
	g	配合间隙很小，制造成本高，除很轻载荷的精密装置外，不推荐用于转动配合。多用于 IT5～7 级，最适合不回转的精密滑动配合，也用于插销等定位配合，如精密连杆轴承、活塞及滑阀、连杆销等
	h	多用于 IT4～11 级。广泛用于无相对转动的零件，作为一般的定位配合。若没有温度、变形的影响，也用于精密滑动配合
过渡配合	js	完全对称偏差（±IT/2），平均间隙较小的配合，多用于 IT4～7 级，要求间隙比 h 级小，并允许略有过盈的定位配合，如联轴器、齿圈与钢制轮毂。可用手或木锤装配
	k	平均间隙接近于零的配合，适用于 IT4～7 级，推荐用于稍有过盈的定位配合。例如，为了消除振动用的定位配合。一般用木锤装配
	m	平均为具有不大过盈的过渡配合，适用于 IT4～7 级，一般可用木锤装配，但在很大过盈时，要求相当的压入力
	n	平均过盈比 m 级稍大，很少得到间隙，适用于 IT4～7 级，用木锤或压力机装配，通常推荐用于紧密的组件配合。H6/n5 配合为过盈配合
过盈配合	p	与 H6 或 H7 孔配合时为过盈配合，与 H8 孔配合时则为过渡配合。对非铁类零件，为较轻的压入配合，当需要时易于拆卸；对钢、铸铁或铜、钢组件装配，是标准压入配合
	r	对铁类零件为中等打入装配，对非铁类零件，为轻打入装配，当需要时可以拆卸。与 H8 孔配合，直径在 100mm 以上时为过盈配合，直径小时为过渡配合
	s	用于钢和铁制零件的永久性和半永久性装配，可产生相当大的结合力。当用弹性材料，如轻合金时，配合性质与铁类零件的 p 级相当，例如，套环压装在轴上、阀座等的配合。尺寸较大时，为了避免损伤配合表面，需用热胀或冷缩法装配
	t、u、v、x、y、z	过盈量依次增大，除 u 外一般退推荐使用

11.4　线性尺寸的未注公差

图样中零件的任何要素都有一定的功能要求和精度要求，其中一些精度要求不高的要素可不专门规定公差。这种在车间通常加工条件下可保证的公差称为一般公差。

GB/T 1804—2000 对线性尺寸和倒圆半径、倒角高度尺寸的一般公差各规定了四个公差等级，即 f 级（精密级）、m 级（中等级）、c 级（粗糙级）和 v 级（最粗级），并规定了相应的极限偏差数值，见表 11-11 和表 11-12。

采用一般公差的要素在图样上不单独注出其极限偏差，而是在图样上的技术要求或技术文件中统一标注出该标准号及公差等级代号。例如选取中等级时，标注为：GB/T 1804-m。采用一般公差的尺寸，通常在车间精度保证条件下，一般可不检验。

表 11-11　线性尺寸的极限偏差值　　　　　　　　　　　　　　　mm

公差等级	基本尺寸分段							
	0.5～3	>3～6	>6～30	>30～120	>120～400	>400～1000	>1000～2000	>2000～4000
精密 f	±0.05	±0.05	±0.1	±0.15	±0.2	±0.3	±0.5	—
中等 m	±0.1	±0.1	±0.2	±0.3	±0.5	±0.8	±1.2	±2
粗糙 c	±0.2	±0.3	±0.5	±0.8	±1.2	±2	±3	±4
最粗 v	—	±0.5	±1	±1.5	±2.5	±4	±6	±8

表 11-12　倒圆半径和倒角高度尺的极限偏差数值　　　　　　　　　mm

公差等级	基本尺寸分段			
	0.5～3	>3～6	>6～30	>30
精密 f	±0.2	±0.5	±1	±2
中等 m				
粗糙 c	±0.4	±1	±2	±4
最粗 v				

第12章

几何公差

　　零件在加工过程中会产生或大或小的形状、方向和位置误差（简称为几何误差），这些误差会影响机器，仪器仪表，刀具，量具等各种机械产品的工作精度、连接强度、运动平稳性、密封性、耐磨性、使用寿命等。因此，为了保证机械产品的质量，保证零部件的互换性，应给定几何公差加以限制。

　　为了规范产品的工艺过程及生产加工，并通过检验认证过程对实际精度进行评定，以表征产品功能和质量的达成，以及国际合作的开展，国家制订了几何公差标准 GB/T 1182、GB/T 1958、GB/T 16671 等，它与 ISO 110、ISO 1660 和 ISO 2692 等标准是一致的，属于 GPS 通用标准，对几何公差的术语定义、图样标注、数值、几何特征及参数定义、误差测量方法及检测原则都做出了统一的规定，使产品的功能设计要求，通过规范的公差设计体现在工程图样和技术要求中，如图 12-1 所示。

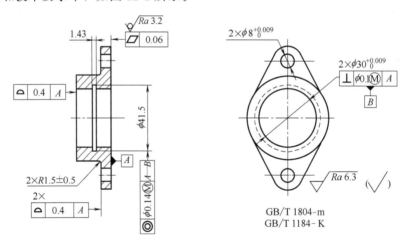

图 12-1　零件公差标注示例

12.1　几何公差概述

12.1.1　零件几何要素及其分类

　　机械零件是由构成其几何特征的若干点、线、面构成的，这些点、线、面统称为几何要素，简称要素。如图 12-2（a）所示的零件，点要素有圆锥顶点 5 和球心 8；线要素有素线 6 和轴线 7；面要素有圆球 1、圆锥面 2、端平面 3 和圆柱面 4。几何公差的研究对象就是构成

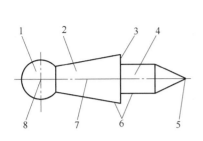

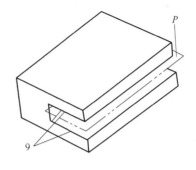

(a) 点、线、面　　　　　　　　　　　　　　(b) 中心平面

图 12-2　零件几何要素

1—圆球；2—圆锥面；3—端平面；4—圆柱面；5—圆锥顶点；

6—素线；7—轴线；8—球心；9—两平行平面；P—中心平面

零件几何特征的要素。

为了研究几何公差和几何误差，有必要从下列不同的角度把要素加以分类：

（1）按结构特征分类

① 组成要素　组成要素（轮廓要素）是指零件的表面和表面上的线，如图 12-2（a）所示零件上的圆球 1、圆锥面 2、圆柱面 4、端平面 3 和圆锥面、圆柱面的素线 6，以及图 12-2（b）所示零件上的相互平行的两个平面 9。

② 导出要素　导出要素（中心要素）是指由一个或几个尺寸要素的对称中心得到的中心点、中心线或中心面，例如图 12-2（a）所示零件上的圆柱面 4 的轴线 7、圆球 1 的球心 8 和图 12-2（b）所示两平行平面 9 的中心平面 P。应当指出，导出要素依存于对应的尺寸要素；离开了对应的尺寸要素，就不存在导出要素。

（2）按存在状态分类

① 理想要素　理想要素是指具有几何学意义的要素，即几何的点、线、面。它们不存在任何误差。零件图上表示的要素均为理想要素。

② 实际要素　实际要素是指加工后零件上实际存在的要素。在测量和评定几何误差时，通常以测得要素代替实际要素。测得要素也称提取要素，是指按规定的方法，由实际要素提取有限数目的点所形成的近似实际要素。

（3）按检测关系分类

① 被测要素　被测要素是指图样上给出几何公差的要素，也称注有公差的要素，是检测的对象。

② 基准要素　基准要素是指图样上规定用来确定被测要素的方向或位置关系的要素。基准则是检测时用来确定实际被测要素方向或位置关系的参考对象，它是理想要素。基准由基准要素建立。

（4）按功能关系分类

① 单一要素　单一要素是指按本身功能要求而给出形状公差的被测要素。

② 关联要素　关联要素是指对基准要素有功能关系而给出方向、位置或跳动公差的被测要素。

12.1.2　几何公差的特征项目及符号

GB/T 1182—2018 中规定了几何公差的特征项目分为形状公差、方向公差、位置公差和跳动公差四大类，共 19 个，它们的名称和符号见表 12-1。其中，形状公差特征项目有 6 个，它们没有基准要求；方向公差特征项目有 5 个，位置公差特征项目有 6 个，跳动公差特征项目有 2 个，它们都有基准要求。没有基准要求的线轮廓度、面轮廓度公差属于形状公差，而有基准要求的线轮廓度、面轮廓度公差则属于方向、位置公差。

表 12-1　几何公差的几何特征及符号

公差类型	几何特征	符号	有或无基准
形位公差	直线度	—	无
	平面度	▱	无
	圆度	○	无
	圆柱度	⌀	无
方向、位置公差或形状公差	线轮廓度	⌒	有或无
	面轮廓度	⌓	有或无
方向公差	平行度	//	有
	垂直度	⊥	有
	倾斜度	∠	有
位置公差	位置度	⊕	有或无
	同心度（用于中心点）	◎	有
	同轴度（用于轴线）	◎	有
	对称度	═	有
跳动公差	圆跳动	↗	有
	全跳动	⤒	有

12.2　几何公差在图样上的标注

在技术图样上，几何公差采用代号标注，如图 12-3 所示。只有在无法采用代号标注，或者采用代号标注过于复杂时，才允许用文字说明几何公差要求。

几何公差代号由几何特征符号、公差框格、指引线、几何公差和基准代号的字母等组成，如图 12-3（a）所示。公差框格和指引线均用细实线画出。指引线 1 可从公差框格的任意一端引出，引出端必须垂直于公差框格；影响被测要素时允许折弯，但不得多于两次；指引线 1 箭头与尺寸箭头画法相同，箭头应指向公差带的宽度或直径方向。公差框格可以水平放置，也可垂直放置，自左到右顺序填写的是：第一格填写几何公差的几何特征符号 2；第二格填写几何公差值和有关符号 3，如果公差带为圆形或圆柱形，公差值前应加注符号"ϕ"，如果公差带为圆球形，公差值前应加注符号"Sϕ"；第三格和以后各格填写基准代号的字母和有关符号；以单个要素为基准时，即一个字母表示的单个基准，如图 12-3（b）所示，也有以两个或三个基准建立的基准体系，如图 12-3（c）所示。表示基准代号的大写字母按基准的优先顺序自左到右地填写或以两个要素建立的公共基准时，用中间加连字符的两个大写字母来表示，如图 12-3（d）所示；基准符号如图 12-3（e）所示，大写的基准字母写在基准方格内，方格的边长为 $2h$，用细实线与一个涂黑的等腰三角形相连。

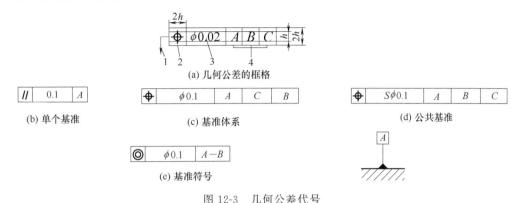

(a) 几何公差的框格

(b) 单个基准　　　(c) 基准体系　　　(d) 公共基准

(e) 基准符号

图 12-3　几何公差代号

1—指引线；2—几何特征符号；3—几何公差值和有关符号；4—基准字母和有关符号

12.2.1　被测要素的标注

① 当被测要素为零件的轮廓线或表面等组成要素时，将指引线的箭头指向该要素的轮廓线或其延长线上，但必须与尺寸线明显地错开，如图 12-4 所示。

② 当被测要素为零件的表面时，指向被测要素的指引线箭头，也可以直接指在引出线的水平线上。引出线可由被测量面中引出，其引出线的端部应画一圆黑点，如图 12-5 所示。

图 12-4　被测要素的标注（一）　　　　图 12-5　被测要素的标注（二）

③ 当被测要素为要素的局部时，可用短点画线限定其范围，并加注尺寸，如图 12-6 和图 12-7 所示。

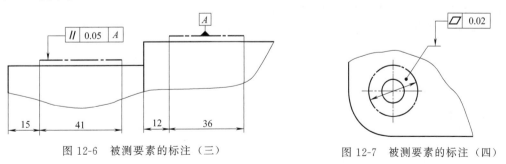

图 12-6　被测要素的标注（三）　　　　图 12-7　被测要素的标注（四）

④ 当被测要素为零件上某一段形体的轴线、中心平面或中心点时，则指引线的箭头应与该尺寸线的箭头对齐或重合，如图 12-8 所示。

⑤ 当几个被测要素具有相同的几何公差要求时，可共用一个公差框格，从公差框格一

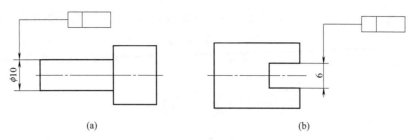

图 12-8   被测要素的标注（五）

端引出多个指引线的箭头指向被测要素，如图 12-9（a）所示；当这几个被测要素位于同一高度具有单一公差带时，可以在公差框格内公差值的后面加注组合公差带的符号 CZ，如图 12-9（b）所示。当同一被测要素具有多项几何公差要求时，几何公差框格可并列，共用一个指引线箭头。

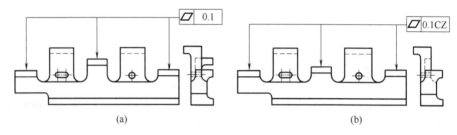

图 12-9   被测要素的标注（六）

⑥ 用全周符号（在指引线的弯折处所画的小圆）表示该视图的轮廓周边或周面均受此框格内公差带的控制，如图 12-10 所示。

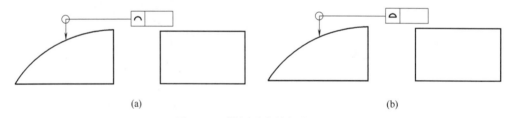

图 12-10   被测要素的标注（七）

⑦ 当被测要素是圆锥体的轴线时，指引线应对准圆锥体的大端或小端尺寸线。如图样中仅有任意处的空白尺寸线，则可与该尺寸线相连，如图 12-11 所示。

⑧ 当被测要素是线而不是面时，应在公差框格附近注明线素符号（LE），如图 12-12 所示。

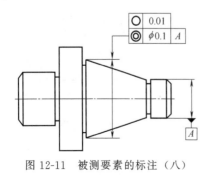

图 12-11   被测要素的标注（八）

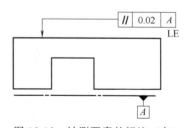

图 12-12   被测要素的标注（九）

12.2.2　基准要素的标注

① 当基准要素为零件的轮廓线或表面时，则基准三角形放置在基准要素的轮廓线或其延长线上，与尺寸线明显地错开，如图 12-13 所示。

② 基准要素为零件的表面时，受图形限制，基准三角形也可放置在该表面引出线的水平线上，其引出线的端部应画一圆黑点，如图 12-14 所示。

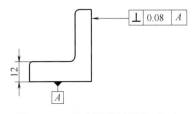

图 12-13　基准要素的标注（一）

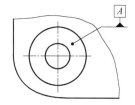

图 12-14　基准要素的标注（二）

③ 当基准要素为零件上尺寸要素确定的某一段轴线、中心平面或中心点时，则基准三角形应与该尺寸线在同一直线上，如图 12-15（a）所示。如果尺寸界线内安排不下两个箭头，则另一箭头可用三角形代替，如图 12-15（b）所示。

④ 当基准要素为要素的局部时，可用粗点画线限定范围，并加注尺寸，如图 12-16 所示。

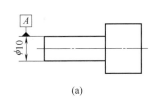

(a)　　　　　　　　　　(b)

图 12-15　基准要素的标注（三）

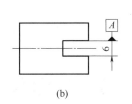

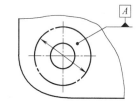

图 12-16　基准要素的标注（四）

⑤ 当基准要素与被测要素相似而不易分辨时，应采用任选基准。任选基准符号如图 12-17（a）所示，任选基准的标注方法如图 12-17（b）所示。

12.2.3　几何公差标注示例

如图 12-18 所示机件上所标注的几何公差，其含义如下：

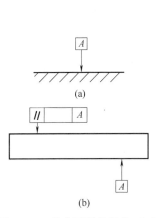

图 12-17　基准要素的标注（五）

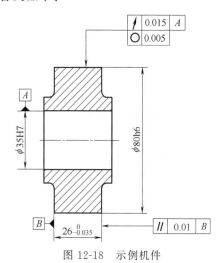

图 12-18　示例机件

① $\phi 80h6$ 圆柱面对 $\phi 35H7$ 孔轴线的圆跳动公差为 $0.015mm$。

② $\phi 80h6$ 圆柱面的圆度公差为 $0.005mm$。

③ $26_{-0.035}^{\ 0} mm$ 的右端面对左端面的平行度公差为 $0.01mm$。

如图 12-19 所示气门阀杆上所标注的几何公差，其含义如下：

① $SR150mm$ 的球面对 $\phi 16_{-0.034}^{-0.016} mm$ 圆柱轴线的跳动公差为 $0.003mm$。

② $\phi 16_{-0.034}^{-0.016} mm$ 圆柱面的圆柱度公差为 $0.005mm$。

③ $M8\times 1$ 螺纹孔的轴线对 $\phi 16_{-0.034}^{-0.016} mm$ 圆柱轴线的同轴度公差为 $\phi 0.1mm$。

④ 阀杆的右端面对 $\phi 16_{-0.034}^{-0.016} mm$ 圆柱轴线的垂直度公差为 $0.01mm$。

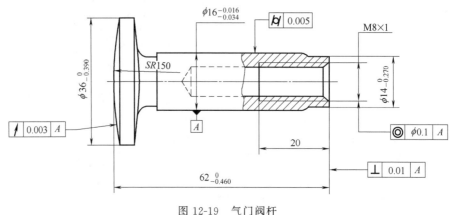

图 12-19　气门阀杆

12.3　几何公差带

12.3.1　公差带图的定义

用以表示相互配合的一对几何要素的公称尺寸、极限尺寸、极限偏差以及相互关系的简图，称为极限与配合的示意图。将极限与配合的示意图用简化表示法画出的图，称为公差带图。

12.3.2　各类几何公差带的定义、标注及解释

(1) 形状公差及形状公差带

① 形状公差　形状公差是指单一实际要素所允许的变动全量，全量是指被测要素的整个长度。形状公差包括直线度公差、平面度公差、圆度公差、圆柱度公差、线轮廓度公差和面轮廓度公差。其中直线度公差用于限制给定平面内或空间直线（如圆柱面和圆锥面上的素线或轴线）的形状误差；平面度公差用于限制平面的形状误差；圆度公差用于限制曲面体表面正截面内轮廓的形状误差；圆柱度公差用于限制圆柱面整体的形状误差；线轮廓度公差则用于限制平面曲线或曲面的截面轮廓的形状误差；而面轮廓度公差用于限制空间曲面的形状误差。

② 形状公差带　形状公差带包括公差带的形状、大小、位置和方向四个要素，其形状随要素的几何特征及功能要求而定。由于形状公差都是对单一要素本身提出的要求，因此形状公差都不涉及基准，故公差带也没有方向和位置的约束，可随被测实际要素的有关尺寸、形状、方向和位置的改变而浮动。公差带的大小由公差值确定。形状公差带的定义、标注示例及解释见表 12-2。

表 12-2　形状公差带的定义、标注示例及解释

几何特性及符号	公差带的定义	标注示例及解释
直线度 ──	公差带为给定平面内和给定方向上,间距等于公差值 t 的两平行直线所限定的区域 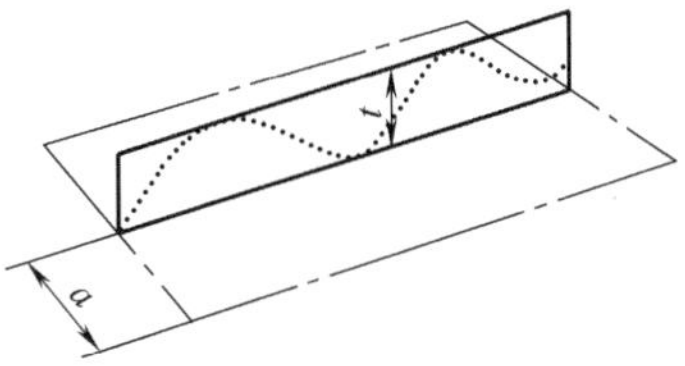 *a*——任意距离	在任一平行于图示投影面的平面内,被测上平面的提取(实际)线应限定在间距等于 0.1mm 的两平行直线之间 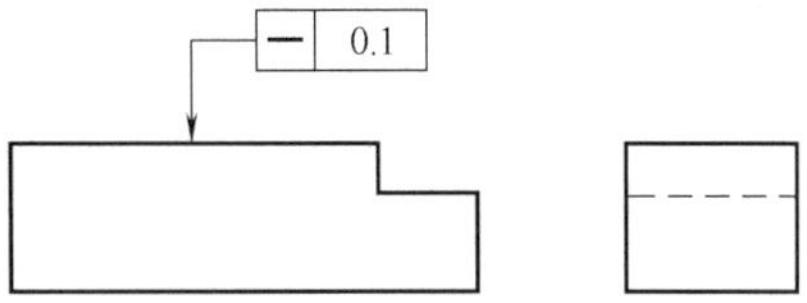
	公差带为间距等于公差值 t 的两平面所限定的区域 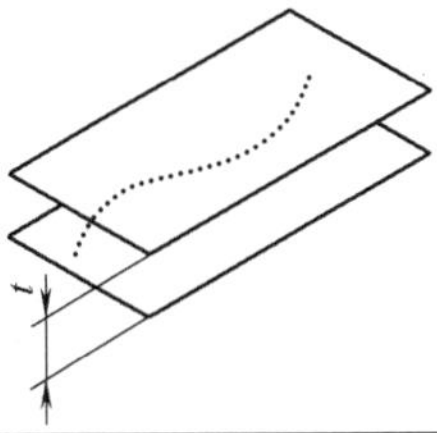	提取(实际)的棱边应限定在间距等于 0.1mm 的两平行面之间 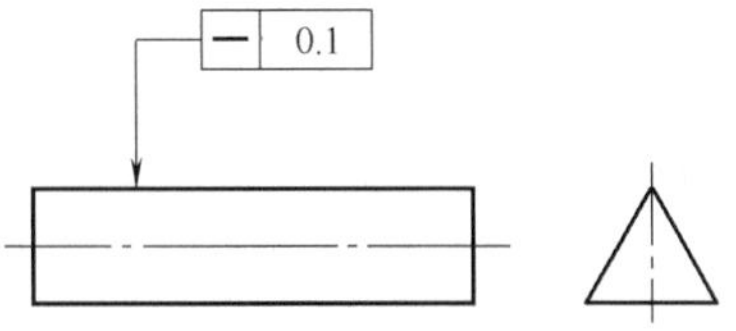
	公差带为直径等于公差值 ϕt 的圆柱面所限定的区域 注意:公差值前加注符号 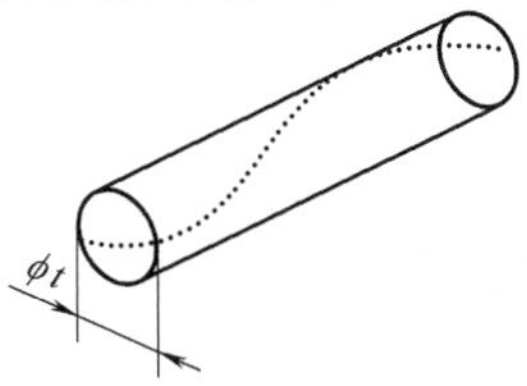 ϕ	外圆柱面的提取(实际)中心线应限定在直径等于 $\phi0.08$mm 的圆柱面内 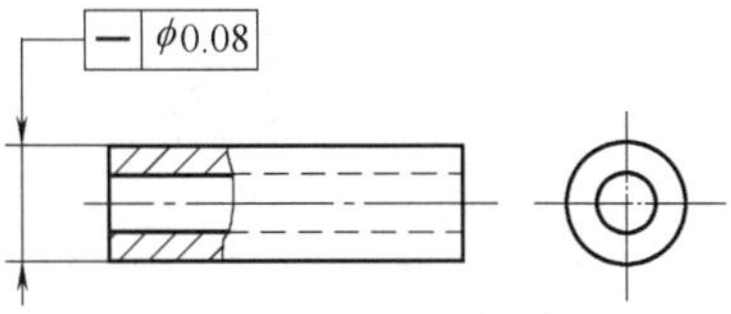
平面度 ▱	公差带为间距等于公差值 t 的两平行平面所限定的区域 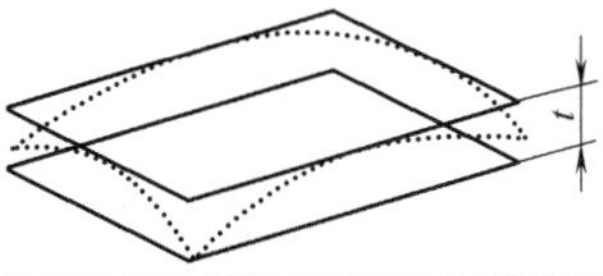	提取(实际)表面应限定在间距等于 0.08mm 的两平行平面之间 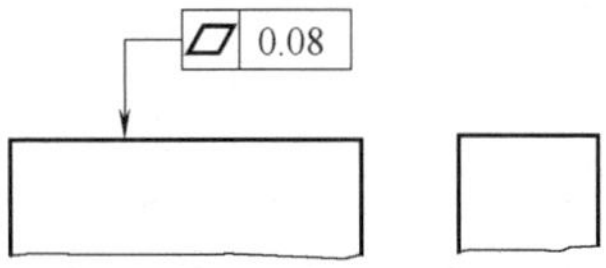
圆度 ◯	公差带为在给定横截面内,半径差等于公差值 t 的两同心圆所限定的区域 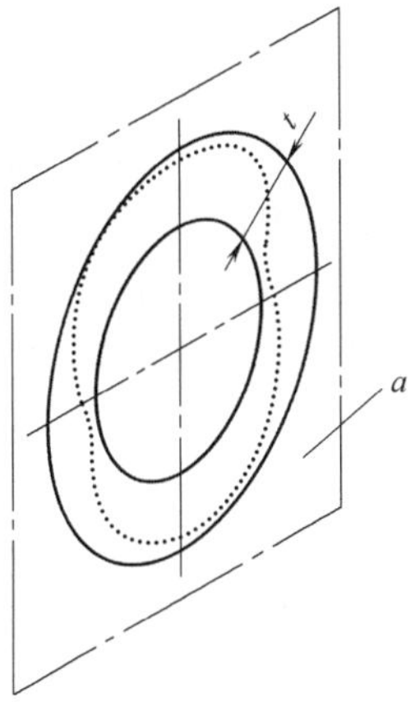 *a*——任意横截面	在圆柱(或圆锥)面的任意横截面内,提取(实际)圆周应限定在半径差等于 0.03mm 的两共面同心圆之间 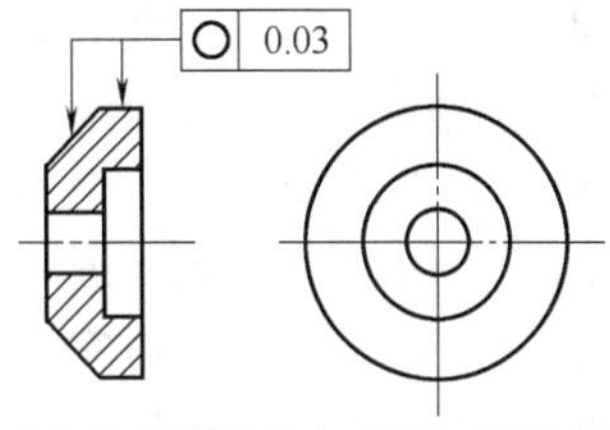 在圆锥面的任意横截面内,提取(实际)圆周应限定在半径差等于 0.01mm 的两同心圆之间 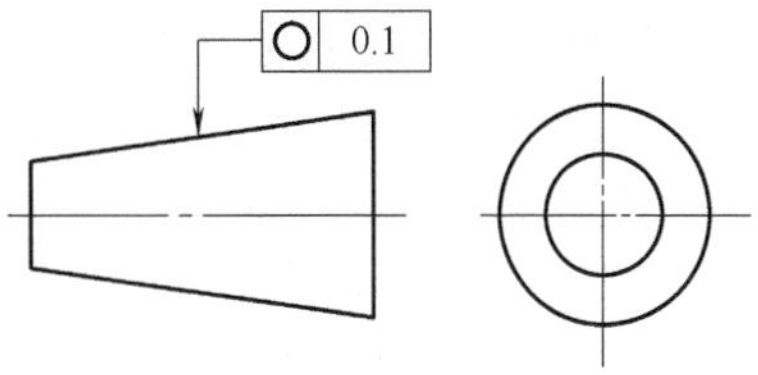

几何特性及符号	公差带的定义	标注示例及解释
圆柱度 ⌭	公差带为半径差等于公差值 t 的两同轴圆柱面所限定的区域 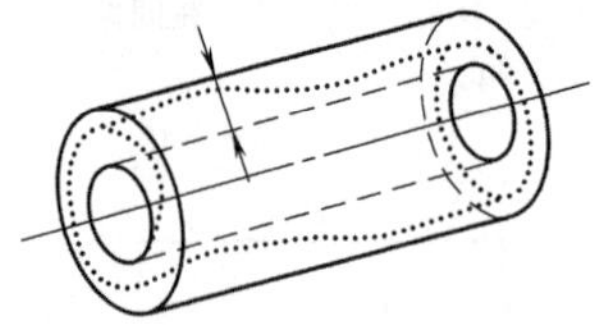	提取（实际）圆柱面应限定在半径差等于 0.1mm 的两同轴圆柱面之间 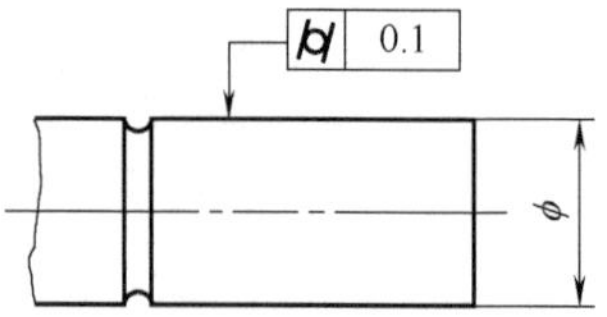
线轮廓度 ⌒	公差带为直径等于公差值 t、圆心位于具有理论正确几何形状上的一系列圆的两包络线所限定的区域 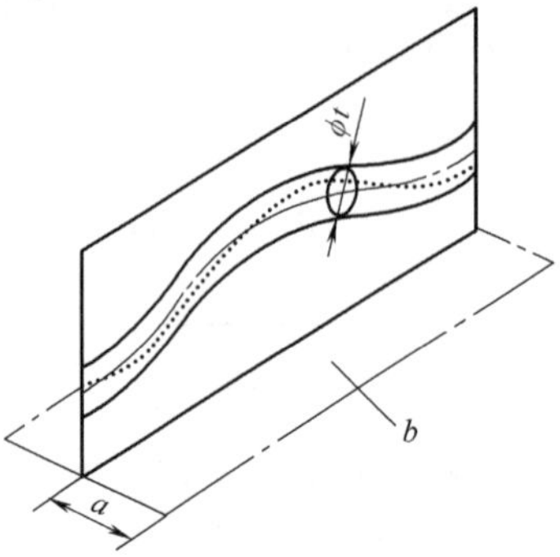 a——任意距离 b——垂直于视图的所有平面	在任意平行于图示投影面的截面内，提取（实际）轮廓线应限定在直径等于 0.04mm、圆心位于被测要素理论正确几何形状上的一系列圆的两等距包络线之间 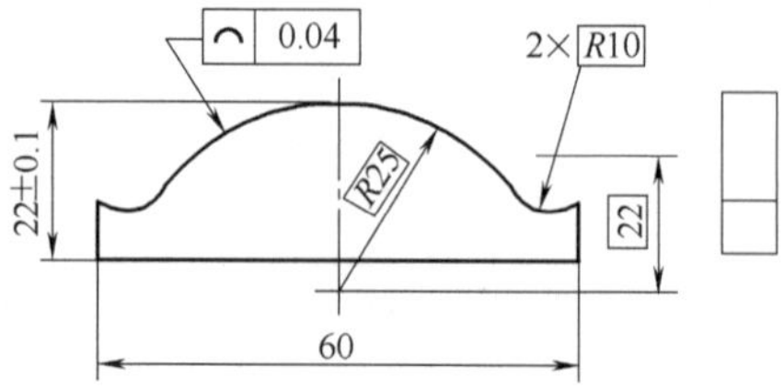
面轮廓度 ⌓	公差带为直径等于公差值 t、球心位于被测要素理论正确几何形状上的一系列圆球的两包络面所限定的区域 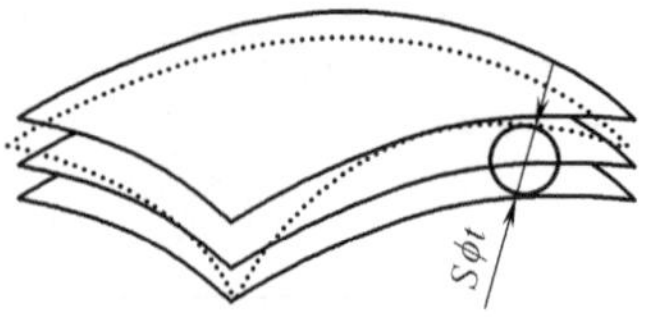	提取（实际）轮廓面应限定在直径等于 0.02mm、球心位于被测要素理论正确几何形状上的一系列圆球的两等距包络面之间 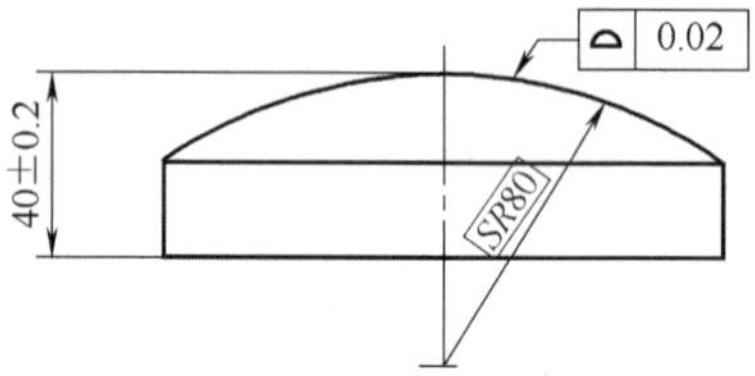

（2）方向公差及方向公差带

① 方向公差　方向公差是指关联实际要素对基准在方向上允许的变动全量，包括平行度公差、垂直度公差和倾斜度公差三种。

② 方向公差带　方向公差带的方向是固定的，由基准来确定，而其位置则可在尺寸公差带内浮动。方向公差的公差带在控制被测要素相对于基准方向误差的同时，能自然地控制被测要素的形状误差，因此，通常对同一被测要素当给出方向公差后，不再对该要素提出形状公差要求。如果确实需要对它的形状精度提出要求时，可以在给出方向公差的同时给出形状公差，但形状公差值一定要小于方向公差值。方向公差带的定义、标注示例及解释见表 12-3。

（3）位置公差及位置公差带

① 位置公差　位置公差是指关联实际要素对基准在位置上允许的变动全量。位置公差包括位置度公差、同轴（同心）度公差和对称度公差三种。其中位置度公差用于控制点、线、面的实际位置对其理想基准位置的误差；同轴（同心）度公差用于控制被测轴线（同心）对基准轴线（同心）的误差；对称度公差用于控制被测中心面对基准中心面的误差。

表 12-3　方向公差带的定义、标注示例及解释

几何特性及符号		公差带的定义	标注示例及解释
平行度 ∥	线对基准体系的平行度公差	公差带为间距等于公差值 t、平行于两基准(基准轴线和平面)的两平行平面所限定的区域 a——基准轴线 b——基准平面	提取(实际)中心线应限定在间距等于 0.1mm、平行于基准轴线 A 和基准平面 B 的两平行平面之间 ∥ 0.1 A B
		公差带为间距等于公差值 t、平行于基准轴线 A 且垂直于基准平面 B 的两平行平面所限定的区域 a——基准轴线 A b——基准平面 B	提取(实际)中心线应限定在间距等于 0.1mm 的两平行平面间,该两平行平面平行于基准轴线 A 且垂直于基准平面 B ∥ 0.1 A B
		公差带为平行于基准轴线和平行或垂直于基准平面、距离分别为公差值 t_1 和 t_2,且相互垂直的两平行平面所限定的区域 a——基准轴线 b——基准平面	提取(实际)中心线应限定在平行于基准轴线 A 和平行或垂直于基准平面 B、间距分别等于 0.1mm 和 0.2mm,且相互垂直的两平行平面之间 ∥ 0.2 A B ∥ 0.1 A B
		公差带为间距等于公差值 t 的两平行直线所限定的区域,该两平行直线平行于基准平面 A 且处于平行于基准平面 B 的平面内 a——基准平面 A b——基准平面 B	提取(实际)线应限定在间距等于 0.02mm 的两平行直线之间,该两平行直线平行于基准平面 A 且处于平行于基准平面 B 的平面内 ∥ 0.02 A B LE

几何特性及符号	公差带的定义	标注示例及解释
平行度 //	**线对线的平行度公差** 公差带为平行于基准轴线、直径等于公差值 ϕt 的圆柱面所限定的区域 注意：公差值前加注符号 ϕ a——基准轴线	提取（实际）中心线应限定在平行于基轴线 A、直径等于 $\phi0.003mm$ 的圆柱面内 // | $\phi0.03$ | A
	线对基准面的平行度公差 公差带为平行于基准平面、距离为公差值 t 的两平行平面所限定的区域 a——基准平面	提取（实际）中心线应限定在平行于基准平面 B、间距等于 0.01mm 的两平行平面之间 // | 0.01 | B
	面对基准线的平行度公差 公差带为间距等于公差值 t、平行于基准轴线的两平行平面所限定的区域 a——基准轴线	提取（实际）表面应限定在间距等于 0.1mm、平行于基准轴线 C 的两平行平面之间 // | 0.1 | C
	面对基准面平行度公差 公差为间距等于公差值 t、平行于基准平面的两平行平面所限定的区域 a——基准平面	提取（实际）表面应限定在间距等于 0.01mm、平行于基准平面 D 的两平行平面之间 // | 0.01 | D
垂直度 ⊥	**线对基准体系的垂直度公差** 公差带为间距等于公差值 t 的两平行平面所限定的区域，该两平行平面垂直于基准平面 A 且平行于基准平面 B a——基准平面 A b——基准平面 B	圆柱面的提取（实际）中心线应设定在间距等于 0.1mm 的两平行平面之间，该两平行平面垂直于基准平面 A 且平行于基准平面 B ⊥ | 0.1 | A | B

几何特性及符号	公差带的定义	标注示例及解释
垂直度 ⊥	**线对基准体系的垂直度公差**　公差带为间距等于公差值 t_1 和 t_2 且相互垂直的两组平行平面所限定的区域,该两组平行平面都垂直于基准平面 A,其中一组平行平面垂直于基准平面 B,如图(a)所示;而另一组平行平面平行于基准平面 B,如图(b)所示 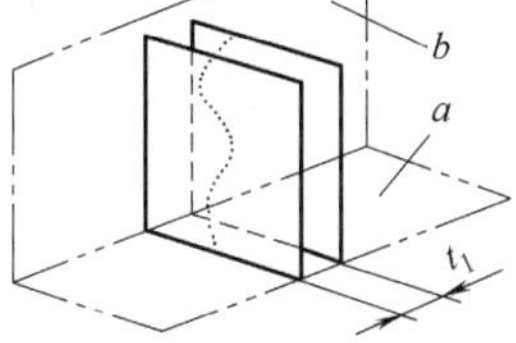 (a) 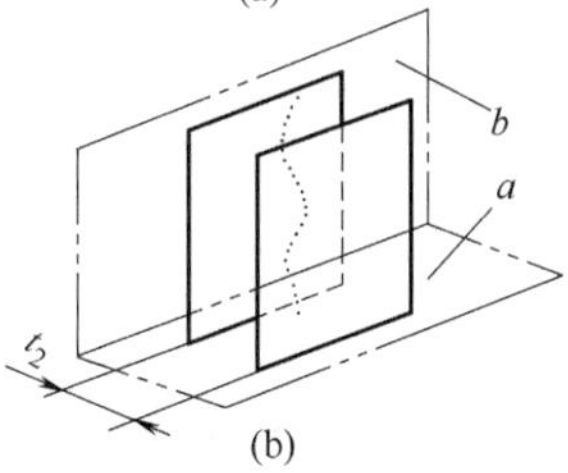 (b) a——基准平面 A b——基准平面 B	圆柱面的提取(实际)中心线应限定在间距等于 0.1mm 和 0.2mm 且相互垂直的两组平行平面内,该两组平行平面垂直于基准平面 A 且垂直或平行于基准平面 B 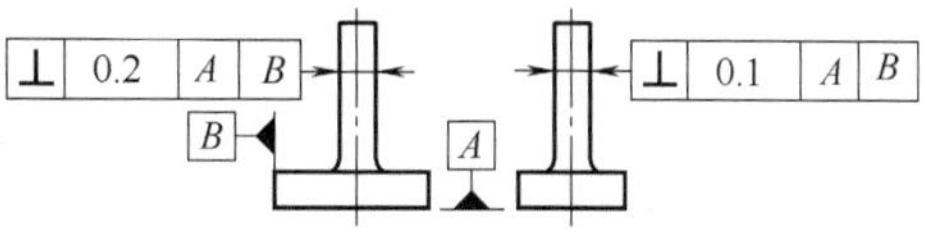
	线对基准线的垂直度公差　公差带为间距等于公差值 t、垂直于基准轴线的两平行平面所限定的区域 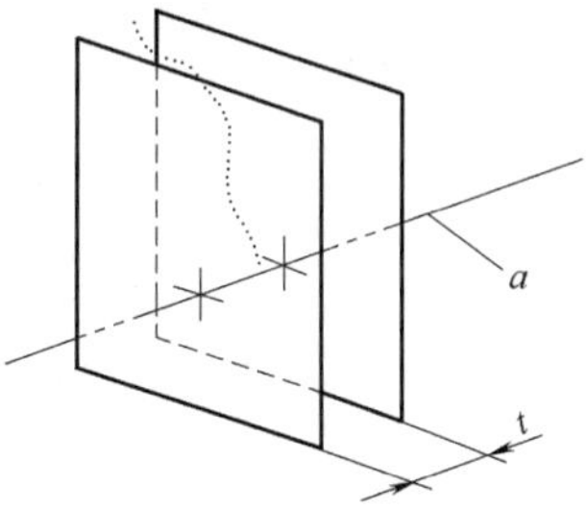 a——基准轴线	提取(实际)中心线应限定在间距等于 0.06mm、垂直于基准轴线 A 的两平行平面之间 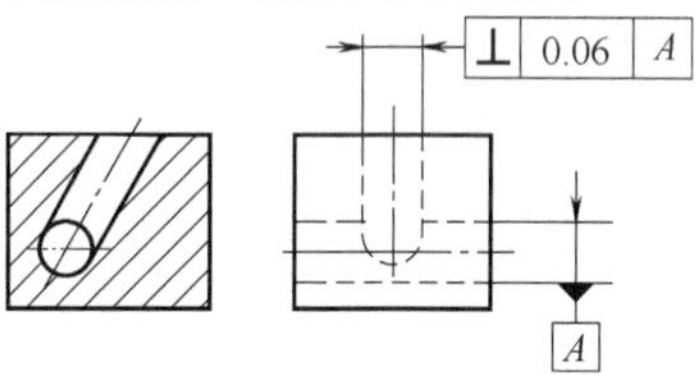
	线对基准面的垂直度公差　公差带为直径等于公差值 ϕt、轴线垂直于基准平面的圆柱面所限定的区域 注意:公差值前加注符号 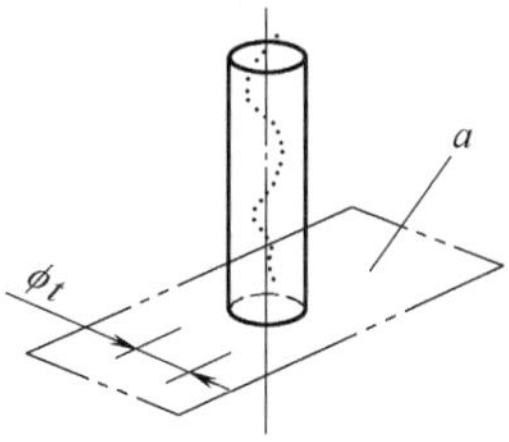 ϕ a——基准平面	圆柱面的提取(实际)中心线应限定在直径等于 $\phi 0.01$mm、垂直于基准平面 A 的圆柱面内 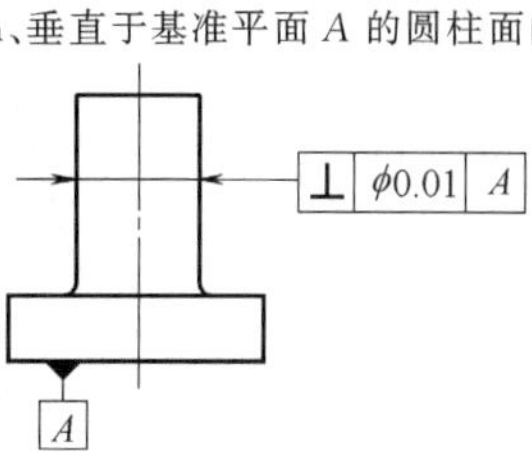

几何特性及符号	公差带的定义	标注示例及解释
垂直度 ⊥	**面对基准线的垂直度公差** 公差带为间距等于公差值 t 且垂直于基准轴线的两平行平面所限定的区域 a——基准轴线	提取(实际)表面应限定在间距等于 0.08mm 的两平行平面之间,该两平行平面垂直于基准轴线 A
	面对基准面的垂直度公差 公差带为间距等于公差值 t、垂直于基准平面的两平行平面所限定的区域 a——基准平面	提取(实际)表面应限定在间距等于 0.08mm、垂直于基准平面 A 的两平行平面之间
倾斜度 ∠	**线对基准线的倾斜度公差** 被测线与基准线在同一平面内公差带为间距等于公差值 t 的两平行平面所限定的区域,该两平行平面按给定角度倾斜于基准轴线 a——基准轴线	提取(实际)中心线应限定在间距等于 0.08mm 的两平行平面之间,该两平行平面按理论正确角度 60° 倾斜于公共基准轴线 A—B
	被测线与基准线不在同一平面内公差带为间距等于公差值 t 的两平行平面所限定的区域,该两平行平面按给定角度倾斜于基准轴线 a——基准轴线	提取(实际)中心线应限定在间距等于 0.08mm 的两平行平面之间,该两平行平面按理论正确角度 60° 倾斜于公共基准轴线 A—B

几何特性及符号	公差带的定义	标注示例及解释
倾斜度 ∠	**线对基准面的倾斜度公差** 公差带为间距等于公差值 t 的两平行平面所限定的区域内,该两平行平面按给定角度倾斜于基准面 *a*——基准平面	提取(实际)中心线应限定在间距等于 0.08mm 的两平行平面之间,该两平行平面按理论正确角度 60°倾斜于基准平面 A ∠ | 0.08 | A
	公差带为直径等于公差值 ϕt 的圆柱所限定的区域,该圆柱面公差带的轴线按给定角度倾斜于基准平面 A 且平行于基准平面 B 注意:公差值前加注符号 ϕ *a*——基准平面 A *b*——基准平面 B	提取(实际)中心线应限定在直径等于 ϕ0.1mm 的圆柱面内,该圆柱面的中心线按理论正确角度 60°倾斜于基准平面 A 且平行于基准平面 B ∠ | ϕ0.1 | A | B
	面对基准线的倾斜度公差 公差带为间距等于公差值 t 的两平行平面所限定的区域,该两平行平面按给定角度倾斜于基准轴线 *a*——基准轴线	提取(实际)表面应限定在间距等于 0.1mm 的两平行平面之间,该两平行平面按理论正确角度 75°倾斜于基准轴线 A ∠ | 0.1 | A
	面对基准面的倾斜度公差 公差带为间距等于公差值 t 的两平行平面所限定的区域,该两平行平面按给定角度倾斜于基准平面 *a*——基准平面	提取(实际)表面应限定在间距等于 0.08mm 的两平行平面之间,该两平行平面按理论正确角度 40°倾斜于基准平面 A ∠ | 0.08 | A

②　位置公差带　位置公差带具有以下两个特点：相对于基准位置是固定的，不能浮动，其位置由理论正确尺寸相对于基准所确定；位置公差带既能控制被测要素的位置误差，又能控制其方向和形状误差。因此，给出位置公差要求的被测要素，一般不再提方向和形状公差要求。只有对被测要素的方向和形状精度有更高要求时，才另行给出方向和形状公差要求，且满足 $t_{位置} > t_{方向} > t_{形状}$。位置公差带的定义、标注示例及解释见表12-4。

（4）跳动公差及跳动公差带

①　跳动公差　跳动公差是指关联实际要素绕基准回转一周或连续回转时所允许的最大跳动量。跳动公差包括圆跳动公差和全跳动公差两种，其中圆跳动公差分为径向圆跳动公差、轴向圆跳动公差、斜向圆跳动公差和给定方向圆跳动公差；全跳动公差分为径向全跳动公差和轴向全跳动公差两种。跳动公差是针对特定的测量方法来定义的几何公差项目，因而可以从测量方法上理解其意义。

表 12-4　位置公差带的定义、标注示例及解释

几何特性及符号	公差带的定义	标注示例及解释
位置度 ⊕	（点的位置度公差）公差带为直径等于公差值 $S\phi t$ 的圆球面所限定的区域,该圆球面中心的理论正确位置由基准平面 A、B、C 和理论正确尺寸确定 注意:公差值前加注符号 $S\phi$ 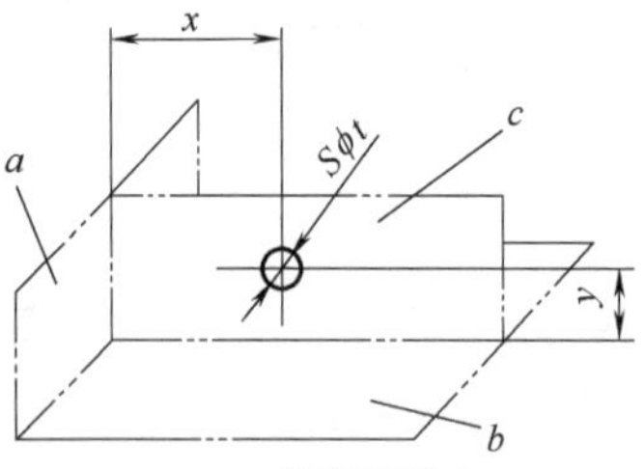 a——基准平面 A b——基准平面 B c——基准平面 C	提取(实际)球心应限定在直径等于 $S\phi 0.3$mm 的圆球面内,该圆球面的中心由基准平面 A、基准平面 B、基准平面 C 和理论正确尺寸 30mm、25mm 确定 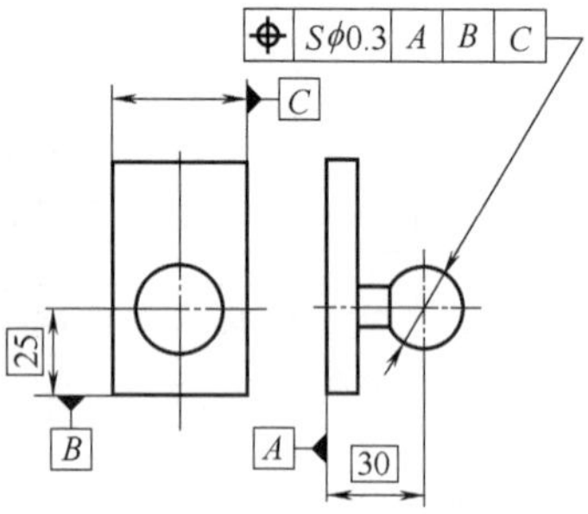
	（线的位置度公差）当给定一个方向的公差时,公差带为间距等于公差值 t,对称于线的理论正确位置的两平行平面所限定的区域,线的理论正确位置由基准平面 A、B 和理论正确尺寸确定 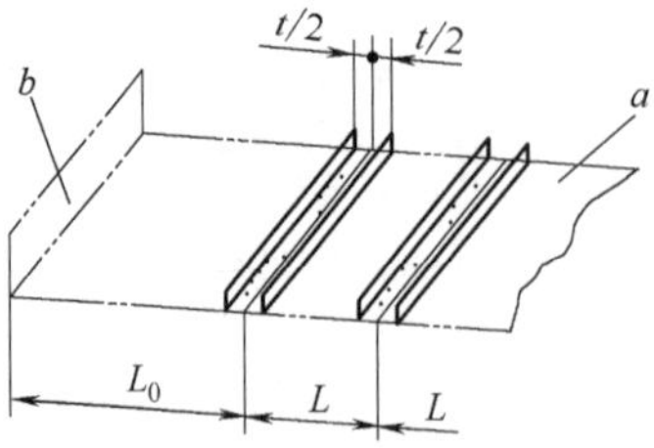 a——基准平面 A b——基准平面 B	各条刻线的提取(实际)中心线应限定在间距等于 0.1mm,对称于基准平面 A、B 和理论正确尺寸 25mm、10mm 确定的理论正确位置的两平行平面之间 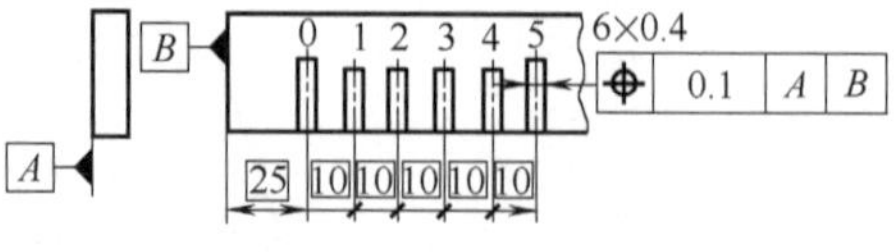

续表

几何特性及符号	公差带的定义	标注示例及解释
位置度 ⊕	线的位置度公差	

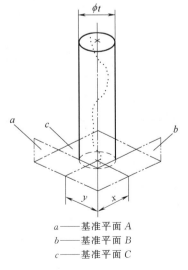

当给定两个方向的公差时,公差带为间距等于公差值 t_1 和 t_2、对称于线的理论正确位置的两对相互垂直的平行平面所限定的区域,线的理论正确位置由基准平面 C、A 和 B 及理论正确尺寸确定

a——基准平面 A
b——基准平面 B
c——基准平面 C

各孔的提取(实际)中心线在给定方向上应各自限定在间距等于 0.05mm 和 0.2mm 且相互垂直的两对平行平面内。平行平面对称于由基准平面 C、A、B 和理论正确尺寸 20mm、15mm、30mm 确定的各孔轴线的理论正确位置

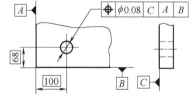

公差带为直径等于公差值 ϕt 的圆柱面所限定的区域,该圆柱面轴线的位置由基准平面 A、B、C 和理论正确尺寸确定
注意:公差值前加注符号 ϕ

a——基准平面 A
b——基准平面 B
c——基准平面 C

提取(实际)中心线应限定在直径等于 $\phi 0.08$mm 的圆柱面内,该圆柱面轴线的位置应处于由基准平面 C、A、B 和理论正确尺寸 100mm、68mm 确定的理论正确位置上

各提取(实际)中心线应各自限定在直径等于 $\phi 0.1$mm 的圆柱面内,该圆柱面的轴线应处于由基准平面 C、A、B 和理论正确尺寸 20mm、15mm、30mm 确定的各孔轴线的理论正确位置

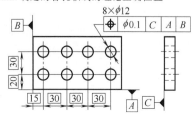

几何特性及符号	公差带的定义	标注示例及解释
位置度 ⊕	**轮廓平面或中心平面的位置度公差** 公差带为间距等于公差值 t 且对称于被测面的理论正确位置的两平行平面所限定的区域，理论正确位置由基准平面 A、基准轴线 B 和理论正确尺寸确定 a ——基准平面 A b ——基准轴线 B	提取(实际)表面应限定在间距等于 0.05mm 且对称于被测面的理论正确位置的两平行平面之间，该两平行平面对称于由基准平面 A、基准轴线 B 和理论正确尺寸 15mm、105°确定的被测面的理论正确位置 提取(实际)中心面应限定在间距等于 0.05mm 的两平行平面之间，该两平行平面对称于由基准平面 A 和理论正确角度 45°确定的被测面的理论正确位置 $8×3.5±0.05$ $⊕$	0.05	A
同轴度和同心度 ◎	**点的同心度公差** 公差带为直径等于公差值 ϕt 的圆周所限定的区域，该圆周的圆心与基准点重合 注意：公差值前加注符号 ϕ a ——基准点	在任意横截面内，内圆的提取(实际)中心应限定在直径等于 $\phi0.1$mm、以基准点 A 为圆心的圆周内 ACS ◎	$\phi0.1$	A
	线的同轴度公差 公差带为直径等于公差值 ϕt 的圆柱面所限定的区域，该圆柱面的轴线与基准轴线重合 注意：公差值前加注符号 ϕ	大圆柱面的提取(实际)中心线应限定在直径等于 $\phi0.08$mm、以公共基准轴线 $A—B$ 为轴线的圆柱面内 ◎	$\phi0.08$	$A—B$

续表

几何特性及符号	公差带的定义	标注示例及解释
同轴度和同心度　◎	线的同轴度公差	大圆柱面的提取（实际）中心线应限定在直径等于 $\phi0.1\text{mm}$、以基准轴线 A 为轴线的圆柱面内 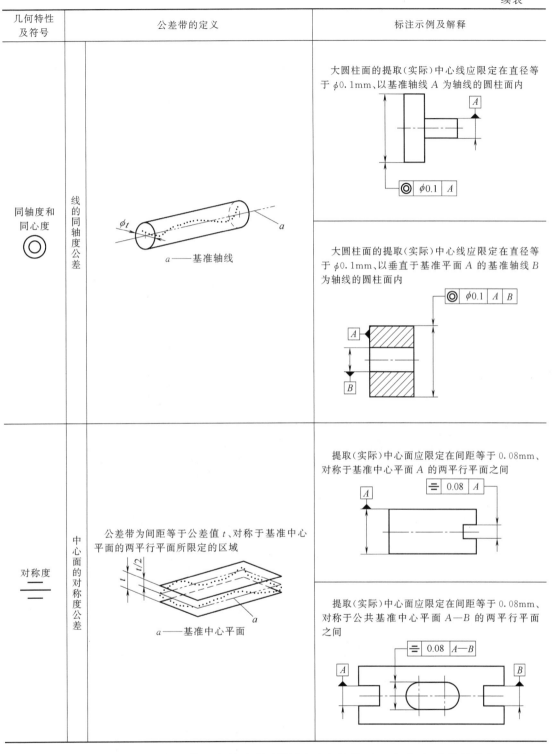 大圆柱面的提取（实际）中心线应限定在直径等于 $\phi0.1\text{mm}$、以垂直于基准平面 A 的基准轴线 B 为轴线的圆柱面内
对称度　≡	中心面的对称度公差	提取（实际）中心面应限定在间距等于 0.08mm、对称于基准中心平面 A 的两平行平面之间 提取（实际）中心面应限定在间距等于 0.08mm、对称于公共基准中心平面 $A-B$ 的两平行平面之间

②　跳动公差带　跳动公差带具有综合控制被测要素的位置、方向和形状的作用。因此，采用跳动公差时，若综合控制被测要素能够满足功能要求，一般不再标注相应的位置公差、方向公差和形状公差；若不能满足功能要求，则可进一步给出相应的位置公差、方向公差和形状公差，但其数值应小于跳动公差值。跳动公差带的定义、标注示例及解释见表 12-5。

表 12-5   跳动公差带的定义、标注示例及解释

几何特性及符号		公差带的定义	标注示例及解释
圆跳动 ↗	径向圆跳动公差	公差带为在任意垂直于基准轴线的横截面内、半径差等于公差值 t、圆心在基准轴线上的两同心圆所限定区域 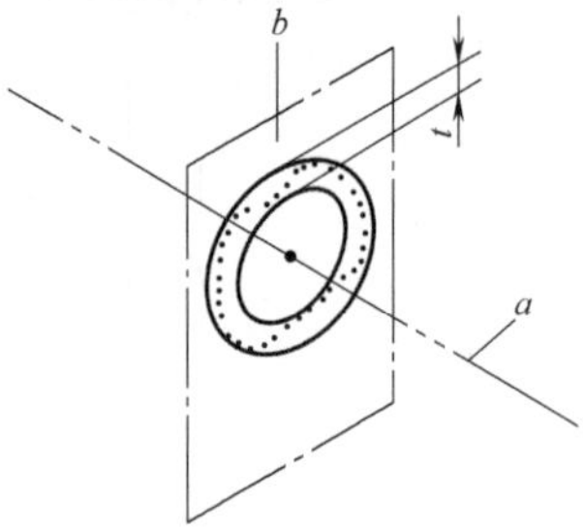 a——基准轴线 b——横截面	在任意垂直于基准轴线 A 的横截面内,提取(实际)圆面应限定在半径差等于 0.1mm、圆心在基准轴线 A 上的两同心圆之间 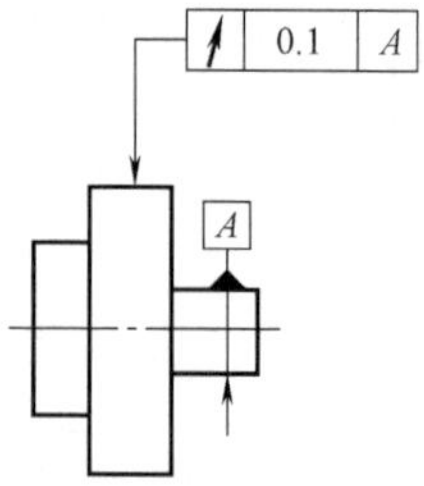
		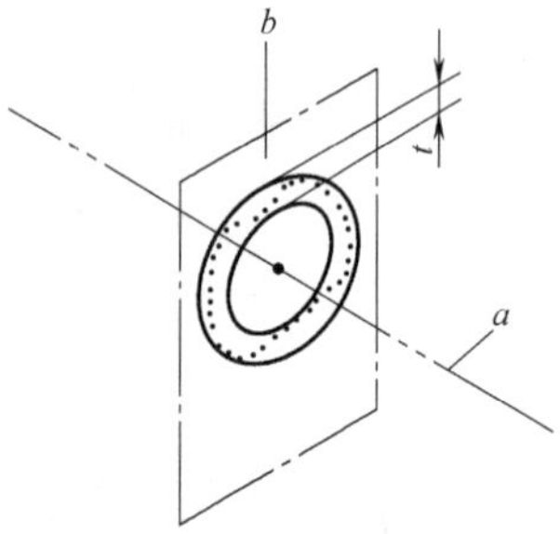	在任意平行于基准平面 B、垂直于基准轴线 A 的横截面内,提取(实际)圆面应限定在半径差等于 0.1mm、圆心在基准轴线 A 上的两同心圆之间 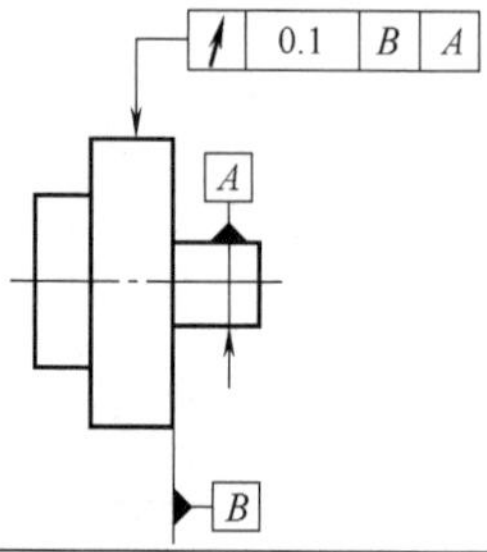
		公差带为在任意垂直于基准轴线的横截面内、半径差等于公差值 t、圆心在基准轴线上的两同心圆所限定的区域 a——基准轴线 b——横截面	在任意垂直于公共基准 A—B 的横截面内,提取(实际)圆面应限定在半径差等于 0.1mm、圆心在基准轴线 A—B 上的两同心圆之间 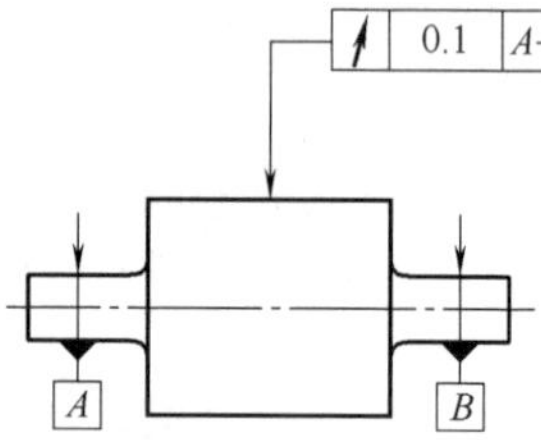
			圆跳动通常适用于整个要素,但也可规定只适用于局部要素的某一指定部分,如图(a)所示 在任意垂直于基准轴线 A 的横截面内,提取(实际)圆弧应限定在半径差等于 0.2mm、圆心在基准轴线 A 上的两同心圆弧之间,如图(b)所示 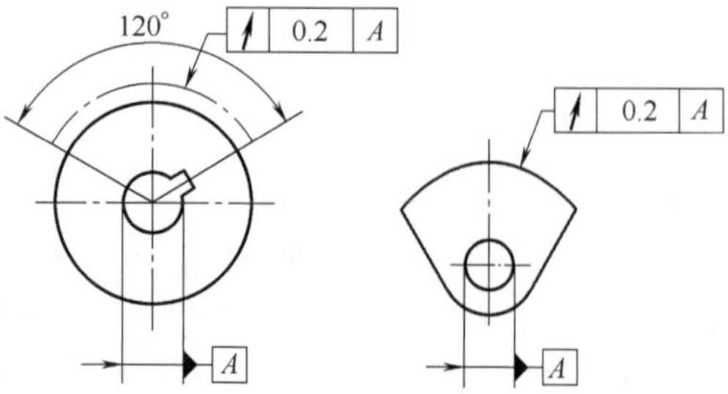 (a) (b)

几何特性及符号	公差带的定义	标注示例及解释
圆跳动 ↗	**轴向圆跳动公差** 公差带为与基准轴线同轴的任意半径的圆柱截面上,轴向距离等于公差值 t 的两圆所限定的圆柱面区域 a——基准轴线 b——公差带 c——任意直径	在与基准轴线 D 同轴的任意圆柱截面上,提取(实际)圆应设定在轴向距离等于 0.1mm 的两个等圆之间
	斜向圆跳动公差 公差带为与基准轴线同轴的某一圆锥截面上,间距等于公差值 t 的两圆所限定的圆锥面区域 除非另有规定,测量方向应沿被测表面的法向 a——基准轴线 b——公差带	在与基准轴线 C 同轴的任一圆锥截面上,提取(实际)线应限定在素线方向间距等于 0.1mm 的两个不等圆之间 当标注公差的素线不是直线时,圆锥截面的锥角要随所测圆的实际位置而改变
	给定方向的斜向圆跳动公差 公差带为与基准轴线同轴的、具有给定锥角的任一圆锥截面上,间距等于公差值 t 的两个不等圆所限定的区域 a——基准轴线 b——公差带	在与基准轴线 C 同轴的且具有给定角度 $60°$ 的任一圆锥截面上,提取(实际)圆应限定在素线方向间距等于 0.1mm 的两个不等圆之间

续表

几何特性及符号	公差带的定义	标注示例及解释
全跳动 $\underline{\slash\slash}$	径向全跳动公差 公差带为半径差等于公差值 t、与基准轴线同轴的两圆柱面所限定的区域 a——基准轴线	提取(实际)表面应限定在半径差等于 0.1mm、与公共基准轴线 $A—B$ 同轴的两圆柱面之间 $\underline{\slash\slash}$ 0.1 $A—B$
	轴向全跳动公差 公差带为间距等于公差值 t 且垂直于基准轴线的两平行平面所限定的区域 a——基准轴线；b——提取表面	提取(实际)表面应限定在间距等于 0.1mm 且垂直于基准轴线 D 的两平行平面之间 $\underline{\slash\slash}$ 0.1 D

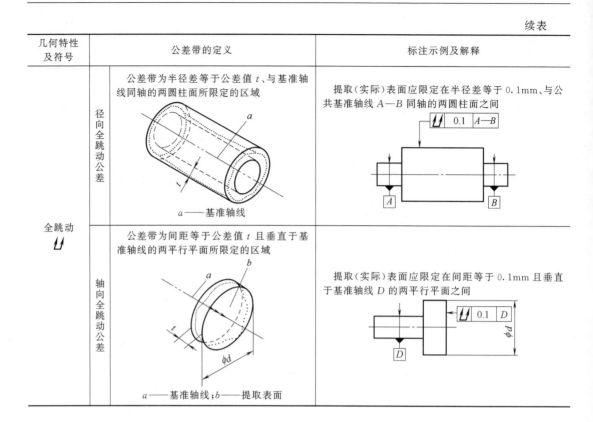

12.4　公差原则

一般情况下,图样中的各项要求如尺寸公差、几何公差、表面粗糙度等,均应满足设计要求。因为它们都是对同一要素的精度要求,为了正确表达设计意图并为制造工艺提供方便,设计时应研究尺寸误差与几何误差的关系。确定尺寸公差和几何公差之间相互关系的原则称为公差原则。公差原则分为独立原则和相关要求,而相关要求又分为包容要求、最大实体要求、最小实体要求和可逆要求。

12.4.1　公差原则的有关术语

(1) 最大实体状态和最大实体尺寸

最大实体状态(MMC)是指提取组成要素的局部尺寸处处位于极限尺寸,且使其具有实体最大时的状态。最大实体状态下的极限尺寸,称为最大实体尺寸(MMS),即外表面轴的最大实际尺寸 (d_M) 是外尺寸要素的上极限尺寸 d_{max},而内表面孔的最大实体尺寸 (D_M) 是内尺寸要素的下极限尺寸 D_{min}。

(2) 最小实体状态和最小实体尺寸

最小实体状态(LMC)是指提取组成要素的局部尺寸处处位于极限尺寸,且使其具有实体最小时的状态。最小实体状态下的极限尺寸,称为最小实体尺寸(LMS),即外表面轴的最小实体尺寸 (d_L) 是外尺寸要素的下极限尺寸 d_{min},而内表面孔的最小实体尺寸 (D_L) 是内尺寸要素的上极限尺寸 D_{max}。

(3) 实效状态和实效尺寸

实效状态(VB)是指由图样上给定的被测要素最大实体尺寸和该要素轴线或中心平面

的形状公差所形成的极限边界。该极限边界应具有理想形状。实效状态的边界尺寸称为实效尺寸（VS）。实效尺寸是最大实体尺寸与几何公差的综合结果，应按下式计算：

内表面（如孔、槽等）的实效尺寸＝下极限尺寸＋几何公差

外表面（如轴、凸台等）的实效尺寸＝上极限尺寸－几何公差

(4) 最大实体实效尺寸和最大实体实效状态

最大实体实效尺寸（MMVS）是指尺寸要素的最大实体尺寸与其导出要素的几何公差（形状、方向或位置）共同作用产生的尺寸。最大实体实效状态（MMVC）是指拟合要素的尺寸为其最大实体实效尺寸时的状态。

(5) 最小实体实效尺寸和最小实体实效状态

最小实体实效尺寸（LMVS）是指尺寸要素的最小实体尺寸与其导出要素的几何公差（形状、方向或位置）共同作用产生的尺寸。最小实体实效状态（LMVC）是指拟合要素的尺寸为其最小实体实效尺寸时的状态。

(6) 最大实体边界和最小实体边界

最大实体边界（MMB）是指最大实体状态理想形状的极限包容面。最小实体边界（LMB）是指最小实体状态理想形状的极限包容面。

(7) 最大实体实效边界和最小实体实效边界

最大实体实效边界（MMVB）是指最大实体实效尺寸的理想形状的极限包容面。最小实体实效边界（LMVB）是指最小实体实效尺寸的理想形状的极限包容面。

(8) 作用尺寸

在装配时，提取组成要素的局部实际尺寸和几何误差综合起作用的尺寸称为作用尺寸。同一批零件加工后由于实际（组成）要素各不相同，其几何误差的大小也不同，所以作用尺寸也各不相同。但对某一零件而言，其作用尺寸是确定的。作用尺寸分为体外作用尺寸和体内作用尺寸。

① 体外作用尺寸　在被测要素的给定长度上，与实际内表面孔的体外相接的最大理想面的尺寸或与实际外表面轴的体外相接的最小理想面的尺寸称为体外作用尺寸。对于单一要素的体外作用尺寸，如图 12-20（a）所示；对于关联要素的体外作用尺寸，此时该理想面的轴线或中心平面必须与基准保持图样上给定的几何关系，如图 12-20（b）所示。内、外表面的体外作用尺寸分别用 D_{fe} 和 d_{fe} 表示。

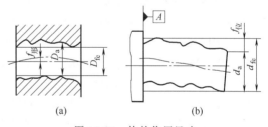

图 12-20　体外作用尺寸

② 体内作用尺寸　在被测要素的给定长度上，与实际内表面孔的体内相接的最小理想面的尺寸或与实际外表面轴的体内相接的最大理想面的尺寸称为体内作用尺寸。对于单一要素的体内作用尺寸，如图 12-21（a）所示；对于关联要素的体内作用尺寸，此时该理想面的

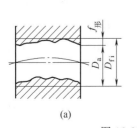

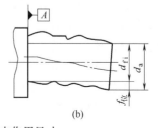

图 12-21　体内作用尺寸

轴线或中心平面必须与基准保持图样上给定的几何关系，如图 12-21（b）所示。内、外表面的体内作用尺寸分别用 D_{fi} 和 d_{fi} 表示。

12.4.2　公差原则的内容

(1)　独立原则

图样上给定的尺寸和几何（形状、方向或位置）要求均是独立的、应分别满足要求。如果对尺寸和几何（形状、方向或位置）要求之间的相互关系有特定要求，应在图纸上规定。

图 12-22 所示的零件是单一要素遵循独立原则，该轴在加工后的提取组成要素的局部尺寸必须在 49.950～49.975mm 之间，并且无论轴的提取组成要素的局部尺寸是多少，中心线的直线度误差都不得大于 $\phi0.012$mm。只有同时满足上述两个条件，轴才合格。图 12-23 所示的零件是关联要素遵循独立原则，该零件加工后的实际（组成）要素的尺寸必须在 9.972～9.987mm 之间，中心线对基准平面 A 的垂直度误差不得大于 $\phi0.01$mm。只有同时满足上述两个条件，零件才合格。

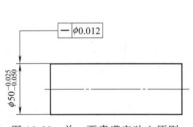

图 12-22　单一要素遵守独立原则

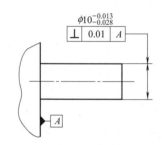

图 12-23　关联要素遵守独立原则

凡是对给出的尺寸公差和几何公差未用特定符号或文字说明它们之间有联系的，均表示其遵守独立原则，应在图样或技术文件中注明"公差原则按 GB/T 4249—2018"。

独立原则主要满足功能要求，应用广泛，如有密封性、运动平稳性、运动精度、磨损寿命、接触强度、外形轮廓大小要求等场合，有时甚至用于有配合要求的场合。

(2)　相关要求

① 包容要求　包容要求是指尺寸要素的非理想要素不得违反其最大实体边界（MMB）的一种尺寸要求。表示提取组成要素不得超越其最大实体边界（MMB），其局部尺寸不得超出最小实体尺寸（LMS）。采用包容要求的尺寸要素在其尺寸极限偏差或公差代号之后加注符号Ⓔ。如图 12-24（a）所示，该零件提取的圆柱面应在最大实体边界之内，该边界的尺寸为最大实体尺寸 $\phi150$mm，其局部尺寸不得小于 $\phi149.96$mm，如图 12-24（b）～（e）所示。

当尺寸要素采用包容要求时，图样或文件中应注明"公差原则按 GB/T 4249—2018"，包容要求适用于有配合要求的圆柱表面或两平行对应面单一尺寸要素。

② 最大实体要求　最大实体要求是指零件尺寸要素的非理想要素（即实际被测要素）不得违反其最大实体实效状态（MMVC）的一种尺寸要素要求，即尺寸要素的非理想要素不得超越其最大实体实效边界（MMVB）的一种尺寸要素要求，用符号Ⓜ表示，标注在几何公差框格中的公差或基准字母之后。它是一种几何公差与尺寸公差间的相关要求。当被测要素或基准要素偏离其最大实体状态时，形状公差、方向位置公差可获得补偿值，即所允许的形状、方向或位置误差值可以在原设计基础上增大。

最大实体要求用来保证装配互换性，如控制螺钉孔、螺栓孔等中心距的位置度公差等。

最大实体要求适用于导出要素（如中心线），不能应用于组成要素（如轮廓要素），既可

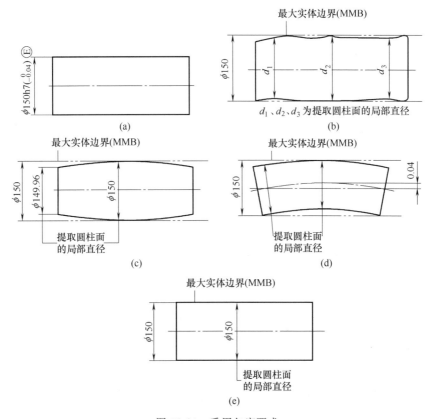

图 12-24　采用包容要求

用于被测要素，又可用于基准要素。

　　应用最大实体要求时，几何公差是被测要素或基准要素的实际轮廓处于最大实体状态的前提下给定的，目的是为保证装配互换性；被测要素的体外作用尺寸不得超过其最大实体实效尺寸；当被测要素的实际（组成要素）尺寸偏离最大实体尺寸时，其几何公差值可以增大，所允许的几何误差为图样上给定几何公差值与实际尺寸对最大实体尺寸的偏离量之和；被测要素的实际（组成）要素尺寸应处于最大实体尺寸和最小实体尺寸之间。

　　当最大实体要求用于被测要素时，被测要素的实际轮廓在给定的长度上处处不得超出最大实体实效边界，即其体外作用尺寸不应超出最大实体实效尺寸，且其提取要素的局部尺寸不得超出最大实体尺寸和最小实体尺寸；当被测要素是成组要素，基准要素体外作用尺寸对控制边界偏离所得的补偿量，只能补偿给成组要素，而不是补偿给每一个被测要素。

　　当最大实体要求用于基准要素时，基准要素本身采用最大实体要求，应遵守最大实体实效边界；基准要素本身不采用最大实体要素，而是采用独立原则或包容要求时，应遵守最大实体边界。

　　由于最大实体要求将尺寸公差和几何公差建立了联系，因此，只有被测要素或基准要素为导出要素时，才能应用最大实体要求。这样可以充分利用尺寸公差来补偿几何公差，提高零件的合格率，保证零件的可装配性，从而获得显著的经济效益。

　　最大实体要求采用零几何公差，是指当被测要素采用最大实体要求，给出的几何公差值为零时，称为零几何公差，用 $\phi 0 Ⓜ$ 表示，如图 12-25 所示。

　　由图可知：

　　a. 实际孔不大于 $\phi 50.13\text{mm}$。

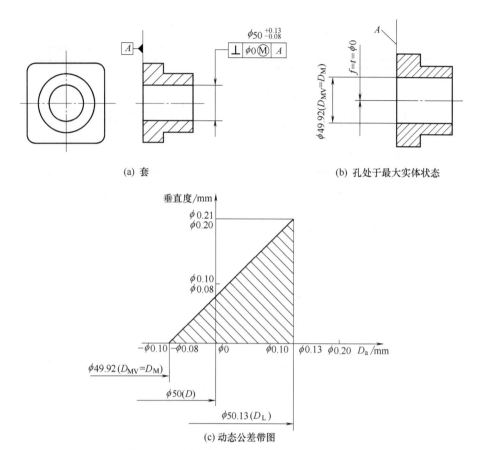

(a) 套   (b) 孔处于最大实体状态

(c) 动态公差带图

图 12-25   应用最大实体要求时的零几何公差

b. 关联作用尺寸不小于最大实体尺寸 $D_M = 49.92\text{mm}$。

c. 当孔处于最大实体状态时，其轴线对基准 A 的垂直度误差为零。

d. 当孔处于最小实体状态时，其轴线对基准 A 的垂直度误差最大，为孔的尺寸公差值 $\phi 0.21\text{mm}$。

③ 最小实体要求   最小实体要求是指零件尺寸要素的非理想要素不得违反最小实体实效状态（LMVC）的一种尺寸要素要求，即尺寸要素的非理想要素不得超越其最小实体实效边界（LMVB）的一种尺寸要素要求，用符号Ⓛ表示，标注在几何公差框格中的公差或基准字母之后。最小实体要求与最大实体要求一样，要是几何公差与尺寸公差间的一种相关要求，所不同的是最小实体要求规定当被测要素或基准要素偏离其最小实体状态时，形状、方向或位置公差可获得补偿。此时，允许几何公差值增大。

最小实体要求用于控制最小壁厚，以保证零件具有允许的刚度和强度，提高对中度。必须用于中心要素。被测要素和基准要素均可采用最小实体要求。

当最小实体要求用于被测要素时，被测要素实际轮廓在给定的长度上处处不得超出最小实体实效边界，即其体内作用尺寸不应超出最小实体实效尺寸，且其局部实际尺寸不得超出最大实体尺寸和最小实体尺寸；当最小实体要求用于被测要素时，被测要素的几何公差值是在该要素处于最小实体状态时给出的，被测要素的实际轮廓偏离其最小实体状态，即其实际（组成要素）尺寸偏离最小实体尺寸时，几何误差值可超出在最小实体状态下给出的几何公差值，即此时的几何公差值可以增大；当给出的几何公差值为零时，即为零几何公差，被测要素的最小实体实效边界等于最小实体边界，最小实体实效尺寸等于最小实体尺寸。

当最小实体要求用于基准要素时，基准要素应遵守相应的边界，若基准要素的实际轮廓偏离相应的边界，即其体内作用尺寸偏离相应的边界尺寸，则允许基准要素在一定范围内浮动，其浮动范围等于基准要素的体内作用尺寸与相应边界尺寸之差；当基准要素本身采用最小实体要求时，则相应的边界为最小实体实效边界，此时基准符号应直接标注在形成该最小实体实效边界的几何公差框格下面；基准要素本身不采用最小实体要求时，相应的边界为最小实体边界。

当最小实体要求仅用于导出要素，是控制要素的体内作用尺寸：对于孔类零件，体内作用尺寸将使孔件的壁厚减薄，如图 12-21（a）所示；而对于轴类零件，体内作用尺寸将使轴的直径变小，如图 12-21（b）所示。因此，最小实体要求可用于保证孔件的最小壁厚和轴件的最小设计强度。在零件设计中，对薄壁结构和强度要求高的轴件，应考虑合理应用最小实体要求，以保证产品质量。

当被测要素采用最小实体要求，给出的几何公差值为零时，称为零几何公差，用 $\phi 0 \text{Ⓛ}$ 表示。图 12-26（a）所示孔 $\phi 39^{+1}_{\ 0}$ mm 的轴线与外圆 $\phi 51^{\ 0}_{-0.5}$ mm 的轴线的同轴度公差为 $\phi 0 \text{Ⓛ}$，即在最小实体状态下的同轴度公差值为零。对基准也应用了最小实体要求。

在图 12-26（a）中，显然实际孔的直径必须在 $\phi 39 \sim 40$ mm 的理想圆柱面，也即该孔的最小实体边界。

由此可知，当基准圆柱面的直径为 $\phi 50.5$ mm，即为最小实体尺寸时，其轴线不得有任何浮动。如此时被测孔的直径也是最小实体尺寸 $\phi 40$ mm，被测轴线相对于基准轴线不得有任何同轴度误差，如图 12-26（b）所示。当基准圆柱面的直径仍为 $\phi 50.5$ mm，但被测孔的直径达到 $\phi 39$ mm（最大实体尺寸），此时实际孔直径偏离最小实体尺寸的数值为 1mm，可补偿给被测轴线，因而被测轴线的同轴度误差可为 1mm，如图 12-26（c）所示。如基准圆柱面的直径为 $\phi 51$ mm（最大实体尺寸），偏离了最小实体尺寸 0.5mm，也即其实际轮廓偏离了 $\phi 50.5$ mm 的控制边界。此时基准轴线可获得一个浮动的区域即 $\phi 0.5$ mm。基准轴线的浮动，使被测轴线相对于基准轴线的同轴度误差因此而改变，但两者均仍受自身边界的控制。

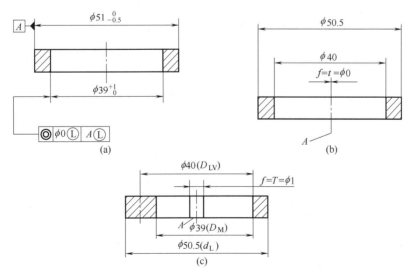

图 12-26 应用最小实体要求时的零几何公差

④ 可逆要求 可逆要求是指在不影响零件功能的前提下，当被测轴线或中心平面的几何误差值小于给出的几何公差值时，允许相应的尺寸公差值增大。它通常与最大实体要求或

最小实体要求一起应用，可以说可逆要求是最大实体要求和最小实体要求的附加要求，表示尺寸公差可以在实际几何误差小于几何公差的差值范围内增大。

可逆要求在图样上（公差框格内）标注：用符号Ⓡ标注在Ⓜ或Ⓛ之后，仅用于注有公差的要素，如图12-27和图12-28所示。在最大实体要求和最小实体要求附加可逆要求后，改变了尺寸要素的尺寸公差，可以充分利用最大实体实效状态和最小实体实效状态的尺寸。在制造可能性的基础上，可逆要求允许尺寸和几何公差之间相互补偿。此时，被测要素应遵守最大实体实效边界或最小实体实效边界。

如图12-27（a）所示，公差框格内加注Ⓜ、Ⓡ表示：被测要素孔的实际尺寸可在最小实体尺寸（ϕ50.13mm）和最大实体实效尺寸ϕ49.92mm（ϕ50mm$-\phi$0.08mm）之间变动，轴线的垂直度误差为ϕ0~0.21mm，如图12-27（b）、（c）所示。

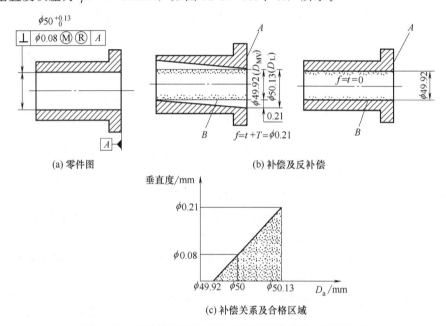

(a) 零件图

(b) 补偿及反补偿

(c) 补偿关系及合格区域

图12-27　孔的轴线垂直度公差采用可逆的最大实体要求

如图12-28（a）所示，公差框格内加注Ⓛ、Ⓡ表示：被测要素孔的实际尺寸可在最大实体尺寸（8mm）和最小实体实效尺寸ϕ8.65mm（ϕ8mm$+\phi$0.25mm$+\phi$0.4mm）之间变动，轴线的位置度误差为ϕ0~0.65mm，如图12-28（b）所示。

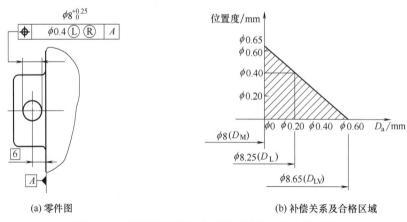

(a) 零件图

(b) 补偿关系及合格区域

图12-28　轴线位置度公差采用可逆的最小实体要求

总之，在保证功能要求的前提下，力求最大限度地提高工艺性和经济性，是正确运用公差原则的关键所在。

12.5　几何公差的选用

12.5.1　几何公差值及有关规定

在几何公差的国家标准中，将几何公差与尺寸公差一样分为注出公差和未注公差两种。一般对几何精度要求较高时，须在图样上注出公差项目和公差值。对几何精度要求不高、用一般机床加工能够保证的，则不必将几何公差在图样上注出，而由未注几何公差来控制。这样，既可以简化制图，又突出了注出公差的要求。

（1）（注出）几何公差的公差等级及其数值

国家标准中，除线轮廓度、面轮廓度和位置度外，对其余几何公差项目均有公差等级的规定。对圆度和圆柱度划分为 13 个等级，从 0～12 级；对其余公差项目规划为 12 个等级，从 1～12 级，精度等级依次降低，12 级精度等级最低。相应部分公差数值如表 12-6～表 12-9 所示。对于位置度，由于被测要素类型繁多，国家标准只规定了公差值参数，而未规定公差等级，如表 12-10 所示。

表 12-6　直线度和平面度公差值（GB/T 1184—1996）　　　μm

主参数 L/mm	公差等级											
	1	2	3	4	5	6	7	8	9	10	11	12
	公差值											
≤10	0.2	0.4	0.8	1.2	2	3	5	8	12	20	30	60
>10～16	0.25	0.5	1	1.5	2.5	4	6	10	15	25	40	80
>16～25	0.3	0.6	1.2	2	3	5	8	12	20	30	50	100
>25～40	0.4	0.8	1.5	2.5	4	6	10	15	25	40	60	120
>40～63	0.5	1	2	3	5	8	12	20	30	50	80	150
>63～100	0.6	1.2	2.5	4	6	10	15	25	40	60	100	200
>100～160	0.8	1.5	3	5	8	12	20	30	50	80	120	250
>160～250	1	2	4	6	10	15	25	40	60	100	150	300

注：L 为被测要素长度。

表 12-7　圆度、圆柱度公差值　　　μm

主参数 d(D)/mm	公差等级												
	0	1	2	3	4	5	6	7	8	9	10	11	12
	公差值												
≤3	0.1	0.2	0.3	0.5	0.8	1.2	2	3	4	6	10	14	25
>3～6	0.1	0.2	0.4	0.6	1	1.5	2.5	4	5	8	12	18	30
>6～10	0.12	0.25	0.4	0.6	1	1.5	2.5	4	6	9	15	22	36
>10～18	0.15	0.25	0.5	0.8	1.2	2	3	5	8	11	18	27	43
>18～30	0.2	0.3	0.6	1	1.5	2.5	4	6	9	13	21	33	52
>30～50	0.25	0.4	0.6	1	1.5	2.5	4	7	11	16	25	39	62
>50～80	0.3	0.5	0.8	1.2	2	3	5	8	13	19	30	46	74
>80～120	0.4	0.6	1	1.5	2.5	4	6	10	15	22	35	54	87
>120～180	0.6	1	1.2	2	3.5	5	8	12	18	25	40	63	100
>180～250	0.8	1.2	2	3	4.5	7	10	14	20	29	46	72	115

注：d(D) 为被测要素轴（孔）的直径。

表 12-8 平行度、垂直度、倾斜度公差值（GB/T 1184—1996） μm

主参数 L、d(D)/mm	公差等级											
	1	2	3	4	5	6	7	8	9	10	11	12
	公差值											
≤10	0.4	0.8	1.5	3	5	8	12	20	30	50	80	120
>10~16	0.5	1	2	4	6	10	15	25	40	60	100	150
>16~25	0.6	1.2	2.5	5	8	12	20	30	50	80	120	200
>25~40	0.8	1.5	3	6	10	15	25	40	60	100	150	250
>40~63	1	2	4	8	12	20	30	50	80	120	300	300
>63~100	1.2	2.5	5	10	15	25	40	60	100	150	250	400
>100~160	1.5	3	6	12	20	30	50	80	120	200	300	500
>160~250	2	4	8	15	25	40	60	100	150	250	400	600

注：1. L 为给定平行度时轴线或平面的长度，或给定垂直度、倾斜度时被测要素的长度。

2. d(D) 为给定面对线垂直度时，被测要素轴（孔）的直径。

表 12-9 同轴度、对称度、圆跳动和全跳动公差值（GB/T 1184—1996） μm

主参数 d(D)、B、L/mm	公差等级											
	1	2	3	4	5	6	7	8	9	10	11	12
	公差值											
≤1	0.4	0.6	1.0	1.5	2.5	4	6	10	15	25	40	60
>3	0.4	0.6	1.0	1.5	2.5	4	6	10	20	40	60	120
>3~6	0.5	0.8	1.2	2	3	5	8	12	25	50	80	150
>6~10	0.6	1	1.5	2.5	4	6	10	15	30	60	100	200
>10~18	0.8	1.2	2	3	5	8	12	20	40	80	120	250
>18~30	1	1.5	2.5	4	6	10	15	25	50	100	150	300
>30~50	1.2	2	3	5	8	12	20	30	60	120	200	400
>50~120	1.5	2.5	4	6	10	15	25	40	80	150	250	500
>120~250	2	3	5	8	12	20	30	50	100	200	300	600

注：1. d(D) 为给定同轴度或给定圆跳动、全跳动时的轴（孔）直径，圆锥体为平均直径。

2. B 为给定对称度时槽的宽度。

3. L 为给定两孔对称度时的孔心距。

表 12-10 位置度系数（GB/T 1184—1996） μm

1	1.2	1.5	2	2.5	3	4	5	6	8
1×10	1.2×10	1.5×10	2×10	2.5×10	3×10	4×10	5×10	6×10	8×10

(2) 未注几何公差的公差等级及其数值

图样上没有注明几何公差值的要素，其几何精度由未注几何公差控制。未注公差的应用对象是精度较低、车间一般机加工和常见的工艺方法就可以保证精度的零件；未注公差的精度低于 9 级，不须在图样上注出，加工中一般也不需进行检测。

国家标准将未注几何公差分为 H、K、L 3 个公差等级，精度依次降低。未注公差值按下列规定执行：

① 对未注直线度、平面度、垂直度、对称度和圆跳动等项目规定了 H、K、L 3 个公差等级，各项公差的公差数值如表 12-11～表 12-14 所示。采用时，其图样表示法是在标题栏附近或技术要求、技术文件中注出标准号及公差等级代号，如选用 H 级，则标注为 GB/T 1184-H。

表 12-11 直线度和平面度的未注公差值 mm

公差等级	基本长度范围					
	≤10	>10~30	>30~100	>100~300	>300~1000	>1000~3000
H	0.02	0.05	0.1	0.2	0.3	1.6
K	0.05	0.1	0.2	0.4	0.6	0.8
L	0.1	0.2	0.4	0.8	1.2	1.6

表 12-12　垂直度的未注公差值　　　　　　　　　　　　　mm

公差等级	基本长度范围			
	≤100	>100～300	>300～1000	>1000～3000
H	0.2	0.3	0.4	0.5
K	0.4	0.6	0.8	1
L	0.6	1	1.5	2

表 12-13　对称度的未注公差值　　　　　　　　　　　　　mm

公差等级	基本长度范围			
	≤100	>100～300	>300～1000	>1000～3000
H	0.5			
K	0.6		0.8	1
L	0.6	1	1.5	2

表 12-14　圆跳动（径向、轴向和斜向）的未注公差值　　mm

公差等级	圆跳动的公差值
H	0.1
K	0.2
L	0.5

② 圆度未注公差值等于其直径公差值；但不能大于表 12-14 中的径向跳动值。

③ 圆柱度未注公差值不做规定，由构成圆柱度公差的圆度、直径度和相对素线的平行度的注出或未注公差控制。

④ 平行度未注公差由尺寸公差控制，或用直线度和平面度未注公差中较大者控制。

⑤ 同轴度未注公差未做规定，可用表 12-14 中径向圆跳动的未注公差值加以控制。

⑥ 线轮廓度、面轮廓度、倾斜度、位置度和全跳动的未注公差值均不做规定，它们均由各要素的注出或未注的线形尺寸公差或角度公差控制。

12.5.2　几何公差项目选择

几何公差特征项目的选择应考虑零件的结构特征、功能要求，各几何公差项目的特点，检测方便性及经济性等各方面的因素，经综合分析后确定。

(1) 考虑零件的结构特征

零件的结构特征是选择被测要素几何公差项目的基本依据。设计时应首先分析零件加工后可能存在的各种几何误差，对其加以必要的限制。例如，圆柱形零件会有圆度、圆柱度误差；圆锥形零件会有圆度和素线直线度误差；阶梯轴、孔零件会有同轴度误差；孔、槽零件会有位置度或对称度误差；导轨、平台等工件会有直线度和平面度误差等。

(2) 考虑零件的功能要求

在考虑零件结构特征的基础上，分析影响零件使用功能的主要误差项目是哪些，对其必须加以限制。例如，影响车床主轴工作精度的主要误差是前后轴颈的圆柱度误差和同轴度误差；车床导轨的直线度误差影响轴颈与轴承内圈的配合性能及轴承的工作性能与寿命。又如，箱体类零件（如齿轮箱），为保证传动轴正确安装及其上零件的正常传动，应对同轴孔轴线选择同轴度，对平行孔轴线选择平行度等。

(3) 考虑各几何公差项目的特点

在几何公差的项目中，有单项控制的公差项目，如直线度、平面度、圆度等；还有综合控制的公差项目，如圆柱度、位置公差的各个项目。应该充分发挥综合控制公差项目的功能，这样可以减少图样上给出的几何公差项目，从而减少须检测的几何误差项目。

(4) 考虑检测方便性以及经济性

应结合生产场地现有检测条件,在满足功能要求的前提下,选用检测简便的项目。例如,对轴类零件,可用径向全跳动综合控制圆柱度、同轴度;用端面全跳动代替端面对轴线的垂直度等。同时在满足功能要求的前提下,选择项目应尽量少,以获得较好的经济效益。

12.5.3 几何公差等级(公差值)的选择

(1) 几何公差等级的选择原则

几何公差等级的选择主要考虑零件的使用性能、加工的可能性和经济性等因素。其基本原则为:在满足零件使用功能要求的前提下,尽量选用较低公差等级(或较大公差值)。

(2) 几何公差等级的选择方法

几何公差等级的选择方法有类比法(经验法)和计算法,通常用类比法确定。

在用类比法确定几何公差等级(公差数值)时,应对各项目几何公差不同精度等级的应用情况有所了解,如表 12-15～表 12-18 所示,可供设计时参考。此外还应注意下列情况:

① 通常,同一要素的形状公差、位置公差和尺寸公差在数值上应满足以下关系式 T 形状<T 位置<T 尺寸。

例如,要求平行的两个表面,一般情况下其平面度公差应小于平行度公差,平行度公差又小于两平面间距离的尺寸公差。

② 一般情况下,表面粗糙度 Ra 值占形状公差值的 20%～25%。

③ 考虑零件的结构特点:对于结构复杂、刚性较差或不易加工和测量的零件,如细长轴、薄壁件,大面积平面、远距离孔、轴等,因加工时易产生较大的几何误差,故在满足零件功能要求的前提下,可适当选用低 1～2 级的公差值。

④ 凡有关标准已对几何公差做出规定的,都应按相应标准确定。例如,与滚动轴承相配合的轴颈及箱孔的圆柱度、肩台端面跳动,齿轮箱平行孔轴线的平行度,机床导轨的直线度等。

表 12-15 直线度、平面度公差等级应用示例

公差等级	应用举例
5级	1级平板,2级宽平尺,平面磨床纵导轨、垂直导轨、立柱导轨和平面磨床的工作台,液压龙门刨床导轨面,转塔车床床身导轨面,柴油机进气、排气阀的导杆
6级	普通机床导轨面,如卧式车床、龙门刨床、滚齿机、自动车床的床身等的床身导轨、立柱导轨,柴油机壳体
7级	2级平板、机床主轴箱、摇臂钻床底座和工作台、镗床工作台、液压泵盖、减速器壳体结合面
8级	传动箱体、挂轮箱体、车床溜板箱体、柴油机气缸体、连杆分离面、缸盖结合面、汽车发动机缸盖、曲轴箱结合面、液压管件和法兰连接面
9级	3级平面,自动车床床身底面、摩托车曲轴箱体、汽车变速箱壳体、气动机械的支承面

表 12-16 圆度、圆柱度公差等级应用示例

公差等级	应用举例
5级	一般的计量仪主轴,测杆外圆柱面,陀螺仪轴颈,一般车床轴颈及主轴轴承孔,柴油机、汽油机活塞、活塞销,与6级滚动轴承配合的轴颈
6级	仪器端盖外圆柱面,一般车床主轴及前轴承孔,泵、压缩机的活塞、气缸,汽油发动机凸轮,纺机锭子,减速器转轴轴颈,高速船用柴油机,拖拉机曲轴主轴颈,与E级滚动轴承配合的轴承座孔、千斤顶或压力油缸活塞、机车
7级	大功率低速柴油机曲轴、轴颈、活塞、活塞销、连杆、气缸,高速柴油机箱体轴承孔,千斤顶或压力油缸活塞,机车传动轴、水泵及通用减速器转轴轴颈,与0级轴承配合的轴承座孔
8级	大功率低速发动机曲柄轴颈,压气机连接盖、连杆体,拖拉机气缸、活塞,炼胶机冷铸轧辊、印刷机传墨辊,内燃机曲轴颈,柴油机凸轮轴颈,柴油机凸轮轴承孔、凸轮轴,拖拉机、小型船用柴油机气缸套
9级	空气压缩机缸体、液压传动筒,通用机械杠杆与拉杆用套销子,拖拉机活塞环、套筒孔

表 12-17　平行度、垂直度、倾斜度公差等级应用示例

公差等级	应用举例
4 级、5 级	卧式车床轨道,重要支承面,机床主轴孔对基准的平行度,精密机床重要零件,计量仪器、量具、模具的基准面和工作面,床头箱体重要孔,通用机械减速器壳体孔,齿轮泵的油孔端面,发动机轴和离合器的凸缘,气缸支承端面,安装精密滚动轴承的壳体孔的凸肩
6 级、7 级、8 级	一般机床的基面和工作面,压力机和锻锤的工作面,中等精度钻模的工作面,机床一般轴承孔对基准面的平行度,变速器箱体孔,主轴花键对定心部位轴线的平行度,重型机械轴承盖端面,卷扬机,手动传动装置中的传动轴,一般导轨,主轴箱体孔,刀架,砂轮架,气缸配合面对基准轴线,活塞销孔对活塞中心线的垂直度,滚动轴承内、外圈端面对轴承的垂直度
9 级、10 级	低精度零件,重型机械滚动轴承端盖,柴油机、煤气发动机箱体曲轴孔、曲轴颈,花键轴和轴肩端面,皮带运输机法兰盘等端面对轴线的垂直度,手动卷扬机及传动装置中的轴承端面、减速器壳体平面

表 12-18　同轴度、对称度、跳动公差等级应用示例

公差等级	应用举例
5 级、6 级、7 级	应用范围较广的公差等级。用于几何精度要求较高,尺寸公差等级为 IT8 及高于 IT8 的零件。5 级常用于机床轴颈,计量仪器的测量杆,汽轮机主轴,柱塞油泵转子,高精度滚动轴承外圈,一般精度滚动轴承内圈,回转工作台端面跳动。7 级用于内燃机曲轴、凸轮轴、齿轮轴、水泵轴、汽车后轮输出轴,电动机转子,印刷机传墨辊的轴颈、键槽
8 级、9 级	常用于几何精度要求一般,尺寸公差等级 IT9～IT11 的零件。8 级用于拖拉机发动机分配轴轴颈,与 9 级精度以下齿轮相配的轴,水泵叶轮,离心泵体,棉花精梳机前后滚子,键槽等。9 级用于内燃机气缸配套合面,自行车中轴

第13章

表面粗糙度

无论是机械加工的零件表面上，还是用铸、锻、冲压、热轧、冷轧等方法获得的零件表面上，都会存在着具有很小间距的微小峰、谷所形成的微观形状误差，这用表面粗糙度轮廓表示。零件表面粗糙度轮廓对该零件的功能要求、使用寿命、美观程度都有重大的影响。

为了正确地测量和评定零件表面粗糙度轮廓以及在零件图上正确地标注表面粗糙度轮廓的技术要求，以保证零件的互换性，我国制订了 GB/T 3505—2009《产品几何技术规范（GPS）表面结构 轮廓法 术语、定义及表面结构参数》、GB/T 10610—2009《产品几何技术规范（GPS）表面结构 轮廓法 评定表面结构的规则和方法》、GB/T 131—2006《产品几何技术规范（GPS）技术产品文件中表面结构的表示方法》等国家标准。

13.1 表面粗糙度概述

13.1.1 表面粗糙度轮廓的界定

为了研究零件的表面结构，通常用垂直于零件实际表面的平面与该零件实际表面相交所得到的轮廓作为评估对象。它称为表面轮廓，是一条轮廓曲线，如图 13-1 所示。

一般来说，任何加工后的表面的实际轮廓总是包含着表面粗糙度轮廓、波纹度轮廓和宏观形状轮廓等构成的几何形状误差，它们叠加在同一表面上，如图 13-2 所示。粗糙度、波纹度、宏观形状通常按表面轮廓上相邻峰、谷间距的大小来划分：间距小于 1mm 的属于粗糙度；间距在 1～10mm 的属于波纹度；间距大于 10mm 的属于宏观形状。粗糙度叠加在波纹度上，在忽略由于粗糙度和波纹度引起的变化的条件下表面总体形状为宏观形状，其误差称为宏观形状误差或 GB/T 1182—2018 称谓的形状误差。

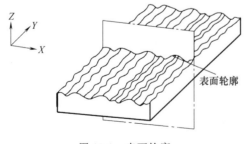

图 13-1　表面轮廓

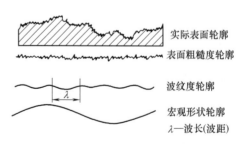

图 13-2　零件实际表面轮廓的
形状和组成成分

13.1.2　表面粗糙度轮廓对零件工作性能的影响

零件表面粗糙度轮廓对该零件的工作性能有重大的影响。

(1) 对耐磨性影响

相互运动的两个零件表面越粗糙，则它们的磨损就越快。这是因为这两个表面只能在轮廓的峰顶接触，当表面间产生相对运动时，峰顶的接触将对运动产生摩擦阻力，使零件表面磨损。

(2) 对配合性质稳定性的影响

相互配合的孔、轴表面上的微小峰被去掉后，它们的配合性质会发生变化。对于过盈配合，由于压入装配的孔、轴表面上的微小峰被挤平而使有效过盈减小；对于间隙配合，在零件工作过程中孔、轴表面上的微小峰被磨去，使间隙增大，因此影响或改变原设计的配合性质。

(3) 对耐疲劳性的影响

对于承受交变应力作用的零件表面，疲劳裂纹容易在其表面轮廓的微小谷底出现，这是因为在微小谷底处产生应力集中，使材料的疲劳强度降低，导致零件表面产生裂纹而损坏。

(4) 对抗腐蚀性的影响

在零件表面的微小凹谷容易残留一些腐蚀性物质，它们会向零件表面层渗透，使零件表面产生腐蚀。表面越粗糙，则腐蚀就越严重。

此外，表面粗糙度轮廓对于连接的密封性和零件的美观等也有很大的影响。

因此，在零件精度设计中，对零件表面粗糙度轮廓提出合理的技术要求是一项不可缺少的重要内容。

13.2　表面粗糙度的评定标准

零件加工后的表面粗糙度轮廓是否符合要求，应由测量和评定的结果来确定。测量和评定表面粗糙度轮廓时，应规定取样长度、评定长度、中线和评定参数。当没有指定测量方向时，测量截面方向与表面粗糙度轮廓幅度参数的最大值相一致，该方向垂直于被测表面的加工纹理，即垂直于表面主要加工痕迹的方向。

13.2.1　取样长度和评定长度

(1) 取样长度

鉴于实际表面轮廓包含着粗糙度、波纹度和宏观形状误差三种几何形状误差，测量表面粗糙度轮廓时，应把测量限制在一段足够短的长度上，以抑制或减弱波纹度，排除宏观形状误差对表面粗糙度轮廓测量的影响。这段长度称为取样长度，它是用于判别被评定轮廓的不规则特征的 X 轴方向上（图 13-1）的长度，用符号 lr 表示，如图 13-3 所示。取样长度系列见表 13-1。

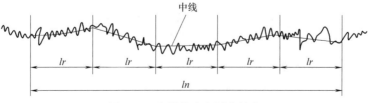

图 13-3　取样长度和评定长度

表 13-1　取样长度系列　　　　　　　　　　　　　　单位：mm

lr	0.08	0.25	0.8	2.5	8	25

(2) 评定长度

由于零件表面的微小峰、谷的不均匀性，在表面轮廓不同位置的取样长度的表面粗糙度轮廓测量值不尽相同。因此，为了更可靠地反映表面粗糙度轮廓的特性，应测量连续的几个取样长度上的表面粗糙度轮廓。这些连续的几个取样长度称为评定长度，它是用于判别被评定轮廓特性的 X 轴方向上（图 13-1）的长度，用符号 ln 表示，如图 13-3 所示。评定长度可以只包含一个取样长度或包含连续的几个取样长度。标准评定长度为连续的 5 个取样长度（即 $ln = 5 \times lr$）。

(3) 长波和短波轮廓滤波器的截止波长

为了评价表面轮廓（图 13-2 所示的实际表面轮廓）上各种几何形状误差中的某一几何形状误差，可以利用轮廓滤波器来呈现这一几何形状误差，过滤掉其他的几何形状误差。

轮廓滤波器是指能将表面轮廓分离成长波和短波成分的滤波器。它们所能抑制的波长称为截止波长。从短波截止波长至长波截止波长这两个极限值之间的波长范围称为传输带。

截止波长为 λ_c 的长波滤波器将实际表面轮廓上波长较大的波纹度波长成分加以抑制或排除，截止波长为 λ_s 的短波滤波器抑制实际表面轮廓上比粗糙度波长更短的成分，从而只呈现表面粗糙度轮廓，以进行测量和评定。其传输带则是从 λ_c 至 λ_s 的波长范围。长波滤波器的截止波长等于取样长度 lr。

13.2.2　表面粗糙度轮廓的中线

获得实际表面轮廓后，为了定量地评定表面粗糙度轮廓，首先要确定一条中线，它是具有几何轮廓形状并划分被评定轮廓的基准线。以中线为基础来计算各种评定参数的数值。

通常采用下列的表面粗糙度轮廓中线：

(1) 轮廓的最小二乘中线

轮廓的最小二乘中线如图 13-4 所示。在一个取样长度 lr 范围内，最小二乘中线使轮廓上各点至该线的距离的平方之和 $\int_0^{lr} Z^2 \mathrm{d}x$ 为最小，即 $z_1^2 + z_2^2 + z_3^2 + \cdots + z_i^2 + \cdots + z_n^2 = \min$。

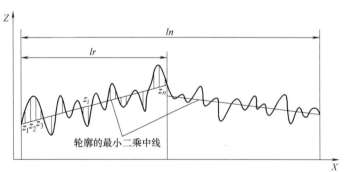

图 13-4　表面粗糙度轮廓的最小二乘中线

z_1、z_2、$\cdots$、z_n—轮廓上各点至最小二乘中线的距离

(2) 轮廓的算术平均中线

轮廓的算术平均中线如图 13-5 所示。在一个取样长度 lr 范围内，算术平均中线与轮廓走向一致，这条中线将轮廓划分为上、下两部分，使上部分的各个峰面积之和等于下部分的

各个谷面积之和，即

$$\sum_{i=1}^{n} F_i = \sum_{i=1}^{n} F_i'$$

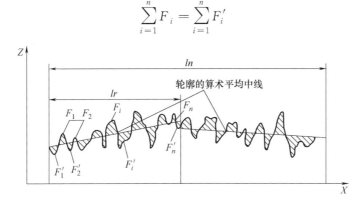

图 13-5　表面粗糙度轮廓的算术平均中线

13.2.3　表面粗糙度轮廓的评定参数

为了定量地评定表面粗糙度轮廓，必须用参数及其数值来表示表面粗糙度轮廓的特征。鉴于表面轮廓上的微小峰、谷的幅度和间距的大小是构成表面粗糙度轮廓的两个独立的基本特征，因此在评定表面粗糙度轮廓时，通常采用下列的幅度参数（高度参数）和间距参数。

(1) 轮廓的算术平均偏差（幅度参数）

如图 13-4 所示，轮廓的算术平均偏差是指在一个取样长度 lr 范围内，被评定轮廓上各点至中线的纵坐标值 $Z(x)$ 的绝对值的算术平均值，用符号 Ra 表示。它用公式表示为：

$$Ra = \frac{1}{lr} \int_0^{lr} |Z(x)| \, \mathrm{d}x \tag{13-1}$$

或近似表示为

$$Ra = \frac{1}{n} \sum_{i=1}^{n} |Z(x)| \, \mathrm{d}x = \frac{1}{n} \sum_{i=1}^{n} |Z_i| \tag{13-2}$$

Ra 的数值见表 13-2。

表 13-2　轮廓的算术平均偏差 Ra 的数值　　　　　　　　　　　　　　　　μm

Ra	0.012	0.2	3.2	50
	0.025	0.4	6.3	100
	0.05	0.8	12.5	
	0.1	1.6	25	

(2) 轮廓的最大高度（幅度参数）

如图 13-6 所示，在一个取样长度 lr 范围内，被评定轮廓上各个高极点至中线的距离叫做轮廓峰高，用符号 Zp_i 表示，其中最大的距离叫做最大轮廓峰高 Rp（图中 $Rp = Zp_6$）；被评定轮廓上各个低极点至中线的距离叫做轮廓谷深，用符号 Zv_i 表示，其中最大的距离叫做最大轮廓谷深，用符号 Rv 表示（图中 $Rv = Zv_2$）。

轮廓的最大高度是指在一个取样长度 lr 范围内，被评定轮廓的最大轮廓峰高 Rp 与最大轮廓谷深 Rv 之和的高度，用符号 Rz 表示，即

$$Rz = Rp + Rv \tag{13-3}$$

Rz 的数值见表 13-3。

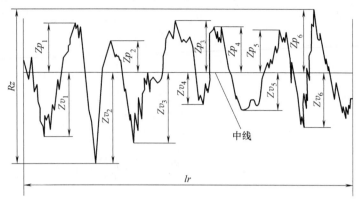

图 13-6　表面粗糙度轮廓的最大高度

表 13-3　轮廓的最大高度 Rz 的数值　　　　　　　μm

Rz	0.025	0.4	6.3	100	1600
	0.05	0.8	12.5	200	
	0.1	1.6	25	400	
	0.2	3.2	50	800	

(3) 附加参数

① 轮廓单元的平均宽度（间距参数）　对于表面轮廓上的微小峰、谷的间距特征，通常采用轮廓单元的平均宽度来评定。如图 13-7 所示，一个轮廓峰与相邻的轮廓谷的组合叫做轮廓单元，在一个取样长度 lr 范围内，中线与各个轮廓单元相交线段的长度叫做轮廓单元的宽度，用符号 X_{si} 表示。

轮廓单元的平均宽度是指在一个取样长度 lr 范围内所有轮廓单元的宽度 X_{si} 的平均值，用符号 Rsm 表示。即

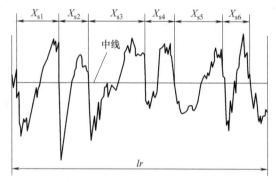

图 13-7　轮廓单元的宽度与轮廓单元的平均宽度

$$Rsm = \frac{1}{m} \sum_{i=1}^{m} X_{si} \tag{13-4}$$

Rsm 值见表 13-4。

表 13-4　轮廓单元的平均宽度 Rsm 的数值　　　　　　　mm

Rsm	0.006	0.1	1.6
	0.0125	0.2	3.2
	0.025	0.4	6.3
	0.05	0.8	12.5

② 轮廓支撑长度率（混合参数）　轮廓支撑长度率是指在给定的水平截面高度 c 上，轮廓的实体材料长度 $Ml(c)$ 与评定长度的比率，用符号 $Rmr(c)$ 表示，如图 13-8 所示，其表达式为：

$$Rmr(c) = \frac{Ml(c)}{ln} \tag{13-5}$$

式中

$$Ml(c) = \sum_{i=1}^{n} b_i \tag{13-6}$$

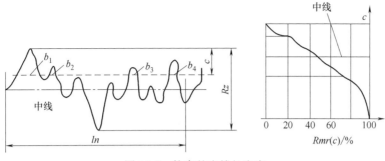

图 13-8　轮廓的支撑长度率

Rmr（c）的数值见表 13-5，选用此参数时必须同时给出轮廓截面高度 c 值。

表 13-5　轮廓的支撑长度率 Rmr（c）的数值

$Rmr(c)/\%$	10	15	20	25	30	40	50	60	70	80	90

13.3　表面粗糙度的选用

在零件图上规定表面粗糙度轮廓的技术要求时，必须标注幅度参数符号及极限值，同时还应标注传输带、取样长度、评定长度的数值（若采用标准化值，则可以不标注，而予以默认）、极限值判断规则（若采用特定的某一规则，而予以默认，也可以不标注）。必要时可以标注补充要求。补充要求包括表面纹理及方向、加工方法、加工余量和附加其他的评定参数。

13.3.1　表面粗糙度轮廓幅度参数的选择

① 在 Ra 和 Rz 两个幅度参数中，由于 Ra 既能反映加工表面的微观几何形状特征，又能反映凸峰高度，且在测量时便于进行数值处理，因此被推荐优先选择。

参数 Rz 只能反映表面轮廓的最大高度，不能反映轮廓的微观几何形状特征，但它可控制表面不平度的极限情况，因此常用于某些零件不允许出现较深的加工痕迹及小零件的表面，其测量、计算也较方便，常用于在 Ra 评定的同时控制 Rz，也可单独使用。Ra、Rz 参数值与取样长度 lr 的关系见表 13-6。

表 13-6　Ra、Rz 参数值与取样长度 lr 的关系

$Ra/\mu m$	$Rz/\mu m$	lr/mm	$ln/mm(ln=5\times lr)$
$\geqslant 0.008\sim 0.02$	$\geqslant 0.025\sim 0.10$	0.08	0.4
$>0.02\sim 0.1$	$>0.10\sim 0.50$	0.25	1.25
$>0.1\sim 2.0$	$>0.50\sim 10.0$	0.8	4.0
$>2.0\sim 10.0$	$>10.0\sim 50.0$	2.5	12.5
$>10.0\sim 80.0$	$>50.0\sim 320.0$	8.0	40.0

② Rsm 和 Rmr（c）两个附加参数中，Rsm 是反映轮廓间距特性的评定参数，Rmr（c）是反映轮廓微观不平度形状特性的综合评定参数。通常，首先采用 Ra、Rz 反映幅度特性的参数，若不能满足零件表面功能要求，才选用 Rsm 或 Rmr（c）其中一个参数。

13.3.2　表面粗糙度参数值的选择

参数值的选用应根据零件的功能要求来确定，在满足零件的工作性能和使用寿命的前提

下，应尽可能选择要求较低的表面粗糙度，以获得最佳的技术经济效益。由于零件的材料和功能要求不同，每个零件表面都有一个合理的参数值范围。

在选用表面粗糙度参数时，还应考虑下列各种因素：

① 同一零件上，工作表面的粗糙度参数值通常比非工作表面小。但对于特殊用途的非工作表面，如机械设备上的操作手柄表面，为了美观和手感舒服，其表面粗糙度参数值应予以特殊考虑。

② 摩擦表面的粗糙度参数值应比非摩擦表面小；滚动摩擦表面粗糙度参数值应小于滑动摩擦表面参数值。

③ 运动精度、接触刚度要求高，承受变载荷的零件，应选取较小的表面粗糙度参数。

④ 对于防腐蚀、密封性要求高的表面以及要求外表美观的表面，其表面粗糙度参数极限值应小。

⑤ 配合性质和公差相同的零件、基本尺寸较小的零件，应选取较小的表面粗糙度参数值。

⑥ 在间隙配合中，间隙要求越小，表面粗糙度参数值也应相应地小；在条件相同时，间隙配合表面的粗糙度参数值应比过盈配合表面的小；在过盈配合中，为了保证连接强度，应选取较小的表面粗糙度参数。

⑦ 在确定表面粗糙度参数极限值时，应注意它与尺寸公差、形状公差协调。这可参考表 13-7 所列的比例关系来确定。一般来说，孔、轴尺寸的标准公差等级越高，则该孔或轴的表面粗糙度参数值就应越小。对于同一标准公差等级的不同尺寸的孔或轴，小尺寸的孔或轴的表面粗糙度参数值应比大尺寸的小一些。

⑧ 凡有关标准已对表面粗糙度轮廓技术要求做出具体规定的特定表面（例如，与滚动轴承配合的轴颈和外壳孔），应按该标准的规定来确定其表面粗糙度参数值。

确定表面粗糙度参数，除有特殊要求的表面外，通常采用类比法。表 13-8 列出了各种不同的表面粗糙度轮廓幅度参数值的选用实例。

表 13-7　表面粗糙度轮廓幅度参数值与尺寸公差值、形状公差值的一般关系

形状公差值 t 对尺寸公差值 T 的百分比 $t/T/\%$	表面粗糙度轮廓幅度参数值对尺寸公差值的百分比	
	$Ra/T/\%$	$Rz/T/\%$
约 60	≤5	≤30
约 40	≤2.5	≤15
约 25	≤1.2	≤7

表 13-8　表面粗糙度轮廓幅度参考值的选用实例

表面粗糙度轮廓幅度参数 Ra 值/μm	表面粗糙度轮廓幅度参数 Rz 值/μm	表面形状特征		应用举例
＞20	＞125	粗糙表面	明显可见刀痕	未标注公差(采用一般公差)的表面
＞10~20	＞63~125		可见刀痕	半成品粗加工的表面、非配合的加工表面，如轴端面、侧角、钻孔、齿轮和带轮侧面、垫圈接触面等
＞5~10	＞32~63	半光表面	微见加工痕迹	轴上不安装轴承或齿轮的非配合表面，键槽底面、紧固件的自由装配表面，轴和孔的退刀槽等
＞2.5~5	＞16.0~32		微见加工痕迹	半精加工表面，箱体、支架、盖面、套筒等与其他零件结合而无配合要求的表面等
＞1.25~5	＞8.0~16.0		看不清加工痕迹	接近于精加工表面，箱体上安装轴承的镗孔表面、齿轮齿面等

续表

表面粗糙度轮廓幅度参数 Ra 值/μm	表面粗糙度轮廓幅度参数 Rz 值/μm	表面形状特征		应用举例
>0.63~1.25	>4.0~8.0	光表面	可辨加工痕迹方向	圆柱销、圆锥销、与滚动轴承配合的表面，普通车床导轨表面，内、外花键定心表面、齿轮齿面等
>0.32~0.63	>2.0~4.0		微辨加工痕迹方向	要求配合性质稳定的配合表面，工作时承受交变应力的重要表面，较高精度车床导轨表面，高精度齿轮齿面等
>0.16~0.32	>1.0~2.0		不可辨加工痕迹方向	精密机床主轴圆锥孔、顶尖圆锥面，发动机曲轴轴颈表面和凸轮轴的凸轮工作表面等
>0.08~0.16	>0.5~1.0	极光表面	暗光泽面	精密机床主轴轴颈表面，量规工作表面，气缸套内表面、活塞销表面等
>0.04~0.08	>0.25~0.5		亮光泽面	精密机床主轴轴颈表面，滚动轴承滚珠的表面，高压油泵中柱塞和柱塞孔的配合表面等
>0.01~0.04			镜状光泽面	
≤0.01			镜面	高精度测量仪、量块的测量面，光学仪器中的金属镜面等

13.4　表面粗糙度的标注

确定零件表面粗糙度轮廓评定参数及极限值和其他技术要求后，应按照 GB/T 131—2006 的规定，把表面粗糙度轮廓技术要求正确地标注在表面粗糙度轮廓完整图形符号上和零件图上。

13.4.1　表面粗糙度轮廓的基本图形符号和完整图形符号

为了标注表面粗糙度轮廓各种不同的技术要求，GB/T 131—2006 规定了一个基本图形符号［图 13-9（a）］和三个完整图形符号［图 13-9（b）~（d）］。

(a) 基本图形符号　　(b) 允许任何工艺的符号　　(c) 去除材料的符号　　(d) 不去除材料的符号

图 13-9　表面粗糙度轮廓的基本图形符号和完整图形符号

如图 13-9（a）所示，基本图形符号由两条不等长的相交直线构成，这两条之间的夹角呈 60°。基本图形符号仅用于简化标注，不能单独使用。

在基本图形符号的长边端部加一条横线，或者同时在其三角形部位增加一段短横线或一个圆圈，就构成用于三种不同工艺要求的完整图形符号。图 13-9（b）所示的符号表示表面可以用任何工艺方法获得。图 13-9（c）所表示的符号表示表面用去除材料的方法获得，例如车、铣、钻、刨、磨、抛光、电火花加工、气割等方法获得的表面。图 13-9（d）所示的符号表示表面用不去除材料的方法获得，例如铸、锻、冲压、热轧、冷轧、粉末冶金等方法获得的表面。

13.4.2　表面粗糙度轮廓技术要求在完整图形符号上的标注

(1) 表面结构完整图形符号的组成

在完整图形符号的周围标注评定参数的符号及数值和其他技术要求。各项技术要求应标注在图 13-10 所示的指定位置上，此图为在去除材料的完整图形符号上的标注。在允许任何工艺的完整图形符号和不去除材料的完整图形符号上，各项技术要求也按照图 13-10 所示的指定位置标注。

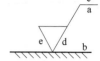

图 13-10　在表面粗糙度轮廓完整图形符号上各项技术要求的标注位置

在周围注写了技术要求的完整图形符号称为表面粗糙度轮廓代号，简称粗糙度代号。

在完整图形符号周围的各个指定位置上分别标注下列技术要求：

① 位置 a 标注表面结构的单一要求；依次标注幅度参数符号（Ra 或 Rz）及极限值（单位为 μm）和有关技术要求。该要求不能省略。

② 位置 b 标注两个或多个表面结构要求，附加评定参数的符号及相关数值 Rsm 或 $Rmr(c)$，其单位为 mm，为第二个表面结构要求。

③ 位置 c 标注加工方法、表面处理、涂层或其他工艺要求，如车、磨、镀等加工表面。

④ 位置 d 标注表面纹理和方向。

⑤ 位置 e 标注所要求的加工余量，以 mm 为单位给出数值。

(2) 表面粗糙度轮廓极限值的标注

按 GB/T 131—2006 的规定，在完整图形符号上标注幅度参数极限值，其给定数值分为下列两种情况：

① 标注极限值中的一个数值且默认为上限值　在完整图形符号上，幅度参数的符号及极限值应一起标注。当只单向标注一个数值时，则默认为它是幅度参数的上限值。标注示例如图 13-11 所示。

② 同时标注上、下限值　需要在完整图形符号上同时标注幅度参数上、下限值时，则应分为两行标注幅度参数符号和上、下限值。上限值标注在上方，并在传输带的前面加注符号"U"。下限值标注在下方，并在传输带的前面加注符号"L"。当传输带采用默认的标准化值而省略标注时，则在上方和下方幅度参数符号的前面分别加注符号"U"和"L"，标注示例如图 13-12 所示。

对某一表面标注幅度参数的上、下限值时，在不引起歧义的情况下，可以不加写U、L。

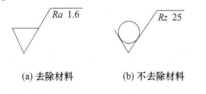

(a) 去除材料　　(b) 不去除材料

图 13-11　幅度参数默认为上限值的标注

图 13-12　两个幅度参数值分别确认为上、下极限值的标注

(3) 极限值判断规则的标注

按 GB/T 10610—2009 的规定，根据表面粗糙度轮廓代号上给定的极限值，对实际表面进行检测后判断其合格性时，可以采用下列两种判断规则：

① 16% 规则　16% 规则是指在同一评定长度范围内幅度参数全部实测值中，大于上限值的个数不超过实测值总数的 16%，小于下限值的个数不超过实测值总数的 16%，则认为合格。

16% 规则是表面粗糙度轮廓技术要求中的默认规则，如图 13-11 和图 13-12 所示。

② 最大规则　在幅度参数符号的后面增加标注一个 "max" 的标记，则表示检测时合格性的判断采用最大规则。它是指整个被测表面上幅度参数所有的实测值皆不大于上限值，才认为合格。标注示例如图 13-13 和图 13-14 所示。

图 13-13　确认最大规则的单个幅度　　　图 13-14　确认最大规则的上限值
参数值且默认为上限值的标注　　　　和默认 16％ 规则的下限值的标注

(4) 传输带和取样长度、评定长度的标注

如果表面粗糙度轮廓完整图形符号上没有标注传输带（如图 13-11～图 13-14 所示），则表示采用默认传输带，即模拟短波滤波器和长波滤波器的截止波长（λ_s 和 λ_c）皆为标准化值。

需要指定传输带时，传输带标注在幅度参数符号的前面，并用斜线 "/" 隔开。传输带用短波和长波滤波器的截止波长（mm）进行标注，短波滤波器 λ_s 在前，长波滤波器 λ_c 在后，它们之间用连字号 "-" 隔开，标注示例如图 13-15。

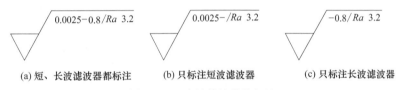

(a) 短、长波滤波器都标注　　　(b) 只标注短波滤波器　　　(c) 只标注长波滤波器

图 13-15　确认传输带的标注

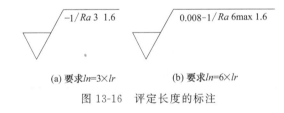

(a) 要求 $ln=3\times lr$　　　(b) 要求 $ln=6\times lr$

图 13-16　评定长度的标注

设计时若采用标准评定长度，则评定长度值采用默认的标准化值 5 而省略标注，如图 13-15 所示）。需要指定评定长度时（在评定长度范围内的取样长度个数不等于 5），则应在幅度参数符号的后面注写取样长度的个数，如图 13-16 所示。

(5) 表面纹理的标注

各种典型表面纹理方向的规定符号见表 13-9。

表 13-9　加工纹理符号及说明

符号	标注解释	
=	纹理平行于视图所在的投影面	纹理方向
⊥	纹理垂直于视图所在的投影面	纹理方向

续表

符号	标注解释	
×	纹理呈两斜向交叉且与视图所在的投影面相交	
M	纹理呈多方向	
C	纹理呈近似同心圆且圆心与表面中心相关	
R	纹理呈近似放射状且与表面圆心相关	
P	纹理呈微粒、凸起,无方向	

(6) 附加评定参数和加工方法的标注

附加评定参数和加工方法的标注示例如图 13-17 所示。该图也是上述各项技术要求在完整图形符号上标注的示例：用磨削的方法获得的表面的幅度参数 Ra 上限值为 $1.6\mu m$（采用最大规则），下限值为 $0.2\mu m$（默认 16% 规则），传输带皆采用 $\lambda_s = 0.008 mm$，$\lambda_c = lr = 1mm$，评定长度值采用默认的标准化值 5；附加了间距参数 $Rsm 0.05 mm$，加工纹理垂直于视图所在的投影面。

(7) 加工余量的标注

在零件图上标注的表面粗糙度轮廓技术要求都是针对完工表面的要求，因此不需要标注加工余量。对于有多个加工工序的表面可以标注加工余量，如图 13-18 所示车削工序的直径方向的加工余量为 0.4mm。

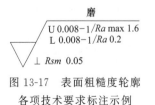

图 13-17　表面粗糙度轮廓
各项技术要求标注示例

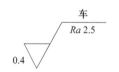

图 13-18　加工余量的标注
（其余技术要求皆采用默认）

13.4.3　表面粗糙度轮廓代号在零件图上标注的规定和方法

(1) 一般规定

对零件任何一个表面的粗糙度轮廓技术要求一般只标注一次,并且用表面粗糙度轮廓代号 (在周围注写了技术要求的完整图形符号) 尽可能标注在注了相应的尺寸及其极限偏差的同一视图上。除非另有说明,所标注的表面粗糙度轮廓技术要求是对完工零件表面的要求。此外,粗糙度符号上的各种符号和数字的注写和读取方向应与尺寸的注写和读取方向一致,并且粗糙度代号的尖端必须从材料外指向并接触零件表面。

为了使图例简单,下述各个图例中的粗糙度代号上都只标注了幅度参数符号及上限值,其余的技术要求皆采用默认的标准化值。

(2) 常规标注方法

① 表面粗糙度轮廓代号可以标注在可见轮廓或其延长线、尺寸界限上,可以用带箭头的指引线或用带黑端点 (它位于可见表面上) 的指引线引出标注。

图 13-19 为粗糙度代号标注在轮廓线、尺寸界线和带箭头的指引线上。图 13-20 为粗糙度代号标注在轮廓线,轮廓线的延长线和带箭头的指引线上。图 13-21 为粗糙度代号标注在带黑端点的指引线上。

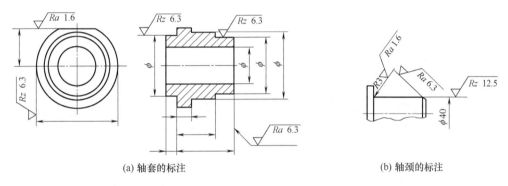

(a) 轴套的标注　　　　　　　　　　　　(b) 轴颈的标注

图 13-19　粗糙度代号上的各种符号和数字的注写和读取方向应与尺寸的注写和读取方向一致

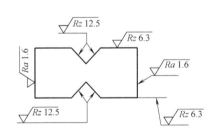

图 13-20　粗糙度代号注写在轮廓线、轮廓
线的延长线和带箭头的指引线上

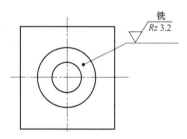

图 13-21　粗糙度代号注写在
带黑端点的指引线上

② 在不引起误解的前提下,表面粗糙度轮廓代号可以标注在特征尺寸的尺寸线上。如图 13-22 所示,粗糙度代号标注在孔、轴的直径定形尺寸线上和键槽的宽度定形尺寸的尺寸线上。

③ 粗糙度代号可以标注在几何公差框格的上方,如图 13-23 所示。

(3) 简化标注的规定方法

① 当零件的某些表面 (或多数表面) 具有相同的表面粗糙度轮廓技术要求时,则对这

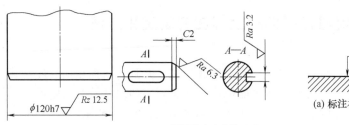

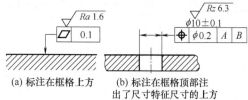

图 13-22 粗糙度代号标注在特征尺寸的尺寸线上　　图 13-23 粗糙度代号标注在几何公差框格的上方

些表面的技术要求可以统一标注在零件图的标题栏附近，省略对这些表面进行分别标注。

　　采用简化标注法时，除了需要标注相关表面统一技术要求的粗糙度代号以外，还需要在其右侧画一个圆括号，在这括号内给出一个图 13-9（a）所示的基本图形符号。标注示例如图 13-24 的右下角标注（它表示除了两个已标注粗糙度代号的表面以外的其余表面的粗糙度要求）。

　　② 当零件的几个表面具有相同的表面粗糙度轮廓技术要求或粗糙度代号直接标注在零件某表面上受到空间限制时，可以用基本图形符号或只带一个字母的完整图形符号标注在零件这些表面上，而在图形或标题栏附近，以等式的形式标注相应的粗糙度代号，如图 13-25 所示。

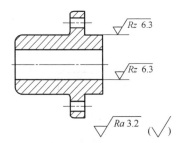

图 13-24 零件某些表面具有相同的表面
粗糙度轮廓技术要求时的简化标注

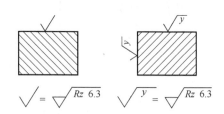

图 13-25 用等式形式简化标注的示例

　　③ 当图样某个视图上构成封闭轮廓的各个表面具有相同的表面粗糙度轮廓技术要求时，可以采用图 13-26（a）所示的表面粗糙度轮廓的特殊符号（即在图 13-9 所示三个完整图形符号的长边与横线的拐角处加画一个小圆）进行标注。标注示例如图 13-26（b），特殊符号表示对视图上封闭轮廓周边的上、下、左、右 4 个表面的共同要求，不包括前表面和后表面。

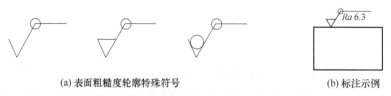

(a) 表面粗糙度轮廓特殊符号　　　　　　　　　(b) 标注示例
图 13-26 有关表面具有相同的表面粗糙度技术要求时的简化标注

(4) 在零件图上对零件各表面标注表面粗糙度轮廓代号的示例

　　图 13-27 为减速器的输出轴的零件图，其上对各表面标注了尺寸及其公差代号、几何公差和表面粗糙度轮廓技术要求。

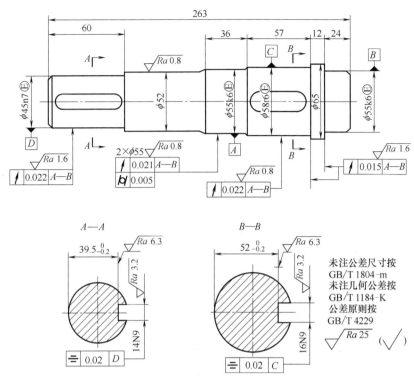

图 13-27 输出轴

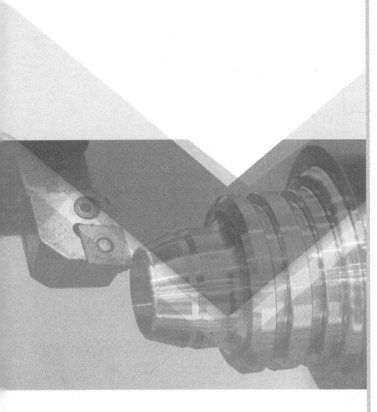

第4篇

检验

第14章

常用零件的检测器具及检测项目

14.1 测量器具的分类及常用术语

14.1.1 分类

测量器具按结构特点可以分为四类。

① 量具　量具通常是指以固定形式复现量值的测量工具，结构较简单，没有放大系统。量具可分为通用量具（包括单值量具和多值量具）和标准量具等。单值量具是用来复现单一量值的量具，如量块、角度块、直角尺等，都是成套使用的。多值量具是用来复现一定范围内的一系列不同量值的量具，如游标卡尺、千分尺、钢直尺、游标万能角度尺、线纹尺等。标准量具用作计量标准，是供量值传递的量具，如量块、基准米尺等。

② 量规　量规是没有刻度的专用检验工具，用于检验工件要素的实际尺寸以及形状、位置的实际情况所形成的综合结果是否在规定的范围内。量规检验不能获得被测几何量的具体数值，只能判断工件被测的几何量是否合格。如光滑极限量规检验光滑圆柱形工件的合格性，螺纹量规综合检验螺纹的合格性。

③ 量仪　量仪是能将被测几何量的量值转换成可直接观察的指示值或等效信息的测量器具，一般具有传动放大系统。量仪按原始信号转换的原理不同可分为机械式量仪、光学式量仪、电动式量仪、气动式量仪、杠杆齿轮比较仪、万能测长仪，其中机械式量仪应用最广泛。

④ 计量装置　计量装置是为确定被测量的量值所必需的测量器具和辅助设备的总体。它能够测量较多的几何量和较复杂的工件，有助于实现检测自动化或半自动化，一般用于大批量生产中，以提高检测效率和检测准确度。

14.1.2 测量器具的常用术语

测量器具的基本术语包括标尺间距、分度值、示值范围和测量范围等。

① 标尺间距　沿着标尺长度的同一条线测得的两相邻标尺标记之间的距离。一般标尺间距在 1~2.5mm 之间。间距太小，会影响估读准确度；间距太大，会加大读数装置的外形尺寸。

② 分度值（标尺间隔）　测量器具的标尺上每一标尺间距所代表的量值。常用的分度值有 0.1mm、0.05mm、0.02mm、0.01mm、0.002mm 和 0.001mm 等。一般分度值越小，测量器具的准确度越高。

③ 示值范围   测量器具所能显示或指示的被测量量值的起始值到终止值的范围，是极限示值界限内的一组值。

④ 测量范围   测量器具的误差在规定极限内的一组被测量的值。一般测量范围上限值与下限值之差称为量程。

⑤ 示值误差   指计量器具上的示值与被测量真值的代数差。

⑥ 灵敏度（s）   指计量器具对被测量变化的反应能力。若被测量变化为 x，所引起计量器具相应变化 l，则灵敏度的公式为

$$s = l/x$$

14.2   光滑工件尺寸的检验

在车间实际加工操作情况下，通常工件的形状误差取决于加工设备及工艺装备的精度，工件合格与否，只通过一次测量来判断，对于温度、压电效应，以及测量器具和标准器具的系统误差均不进行修正。因此，任何检验都存在误判。

所选测量器具的极限误差既要保证工件尺寸检验质量，又与工艺、测试水平相适应，又要符合经济性的要求。选择的量具要使用方便、标尺标记清晰、对零位置要准，测量力要掌握适当。

如测量尺寸大的零件，一般要选用上置式的测量器具；小尺寸及硬度低、刚性差的工件，宜选用非接触测量方式，即选用光学投影放大、气动、光电等原理的测量仪器；对大批量生成的工件，应选用量规或自动检验设备；精度要求不高的工件，就不要选择高准确度的量具。

为了正确选择量具，合理确定验收极限，国家给出了相应的规定。

14.2.1   验收原则

所用验收方法应只接收位于规定的尺寸极限之内的工件，即只允许有"误废"而不允许有"误收"。

① 验收方法的基础   多数测量器具通常只用于测量尺寸，不测量工件可能存在的形状误差。因此，对遵循包容要求的尺寸，工件的完善检验还应测量几何误差（如圆度、直线度），并把这些形状误差的测量结果与尺寸的测量结果综合起来，以判断工件表面各部位是否超出最大实体边界。

② 标准温度   测量的标准温度为 20℃，如果工件和测量器具的线胀系数相同，测量时只要测量器具与工件保持相同的温度，可以偏离 20℃。

14.2.2   验收极限

验收极限是检验工件尺寸时判断合格与否的尺寸界限。标准规定按验收极限验收工件，验收极限可以按照下列两种方式之一确定。

方法 1：验收极限是从规定的最大实体极限（MMS）和最小实体极限（LMS）分别向工件公差内移动一个安全裕度（A），如图 14-1 所示，A 值按工件公差的 1/10 确定，其数值如表 14-1 所示。

从图 14-1 中可以看出：

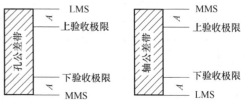

图 14-1   验收极限

孔尺寸的验收极限：上验收极限＝最小实体极限（LMS）－安全裕度（A）

下验收极限＝最大实体极限（MMS）＋安全裕度（A）

轴尺寸的验收极限：上验收极限＝最大实体极限（MMS）－安全裕度（A）

下验收极限＝最小实体极限（LMS）＋安全裕度（A）

方法 2：验收极限等于规定的最大实体极限（MMS）和最小实体极限（LMS），即 A 值等于零。

表 14-1　安全裕度及计量器具不确定度允许值（摘自 GB/T 3177—2009）　　　mm

工件公差		安全裕度 A	计量器具不确定度允许值 u_1
大于	至		
0.009	0.018	0.001	0.0009
0.018	0.032	0.002	0.0018
0.032	0.058	0.003	0.0027
0.058	0.100	0.006	0.0054
0.100	0.180	0.010	0.009
0.180	0.320	0.018	0.016
0.320	0.580	0.032	0.029
0.580	1.000	0.060	0.054
1.000	1.800	0.100	0.090
1.800	3.200	0.180	0.160

14.2.3　验收方式的选择

① 要结合尺寸功能要求及其重要程度、尺寸公差等级、测量不确定度和工艺能力等因素综合考虑。用方法 1 验收，验收极限比较严格，适用于如下情况，工件验收极限如下：

上验收极限＝最大实体极限（MMS）－安全裕度（A）

下验收极限＝最小实体极限（LMS）＋安全裕度（A）

a. 对符合包容要求、公差等级高的尺寸，其验收极限应按方法 1 确定。

b. 对偏态分布的尺寸，其"尺寸偏向边"的验收极限按方法 1 确定。

c. 对符合包容要求的尺寸，当工艺能力指数 CP≥1 时，其最大实体极限一边的验收极限按方法 1 确定为宜。

工艺能力指数 CP，是工件公差（IT）值与加工设备工艺能力（$C\sigma$）之比值，C 为常数，工件尺寸遵循正态分布时取 $C＝6$，σ 为加工设备的标准偏差。显然，当工件尺寸遵循正态分布时，CP＝$T/6\sigma$。

② 用方法 2 验收，验收极限比较宽松，适用于如下情况，工件验收极限如下：

上验收极限＝最大实体极限（MMS）

下验收极限＝最小实体极限（LMS）

a. 对工艺能力指数 CP≥1 时，验收极限可以按方法 2 确定，取 A 值等于零。

b. 对符合包容要求的尺寸，其最小实体极限一边的验收极限按方法 2 确定。

c. 对非配合尺寸和一般的尺寸，其验收极限按方法 2 确定。

d. 对偏态分布的尺寸，其"尺寸非偏向边"的验收极限按方法 2 确定。

14.2.4　测量器具的选择

测量器具的选用原则：按照测量器具所引起的测量不确定度的允许值（u_1）选择测量器具。选择时，应使所选用的测量器具的测量不确定度允许数值，等于或小于选定的值

（u_1）。常用的计量器具的测量不确定度如表 14-2～表 14-4 所示。

表 14-2　千分尺和游标卡尺的测量不确定度　　　　　　mm

尺寸范围		计量器具类型			
大于	至	读数值 0.01 外径千分尺	读数值 0.01 内径千分尺	读数值 0.02 游标卡尺	读数值 0.05 游标卡尺
	50	0.004	0.008	0.020	0.050
50	100	0.005	0.008	0.020	0.050
100	150	0.006	0.008	0.020	0.050
150	200	0.007	0.008	0.020	0.100
200	250	0.008	0.013	0.020	0.100
250	300	0.009	0.013	0.020	0.100
300	350	0.010	0.013	0.020	0.100
350	400	0.011	0.020	0.020	0.100
400	450	0.012	0.020	0.020	0.100
450	500	0.013	0.025	0.020	0.100

表 14-3　比较仪的测量不确定度　　　　　　mm

尺寸范围		所使用的计量器具			
大于	至	读数值为 0.0005（相当于放大倍数 200 倍）的比较仪	读数值为 0.001（相当于放大倍数 1000 倍）的比较仪	读数值为 0.002（相当于放大倍数 400 倍）的比较仪	读数值为 0.005（相当于放大倍数 250 倍）的比较仪
		不确定度			
	25	0.0006	0.0010	0.0017	0.0030
25	40	0.0007	0.0010	0.0017	0.0030
40	65	0.0008	0.0011	0.0018	0.0030
65	90	0.0008	0.0011	0.0018	0.0030
90	115	0.0009	0.0012	0.0019	0.0030
115	165	0.0010	0.0013	0.0019	0.0030
165	215	0.0012	0.0014	0.0020	0.0035
215	265	0.0014	0.0016	0.0021	0.0035
265	315	0.0016	0.0017	0.0022	0.0035

注：表中数据使用的标准器由四块 1 级（或 4 等）量块组成。

表 14-4　指示表的测量不确定度　　　　　　mm

尺寸范围		所使用的计量器具			
大于	至	分度值为 0.001 的千分表（0 级在全程范围内，1 级在 0.2mm 内）分度值为 0.002 千分表（在 1 级范围内）	分度值为 0.001、0.002、0.005 的千分表（1 级在全程范围内）分度值为 0.01 的百分表（0 级在任意 1mm 内）	分度值为 0.01 的百分表（0 级在全程范围内，1 级在任意 1mm 内）	分度值为 0.01 的百分表（1 级在全程范围内）
		不确定度			
	115	0.005	0.010	0.018	0.030
115	315	0.006	0.010	0.018	0.030

注：表中数据使用的标准器由四块 1 级（或 4 等）量块组成。

14.3　几何公差的检测

　　人们在生产中对零件加工质量的要求，除尺寸公差与表面粗糙度的要求外，对零件各要素的形状和位置要求也十分重要，特别是随着生产力与科学技术的不断发展，如果对零件的加工仅局限于给出尺寸公差与表面粗糙度的要求，显然是难以满足产品的使用要求的。因此，为了提高产品质量和保证互换性，我们不仅对零件的尺寸误差，还要对零件的形状与位置的误差加以限制，给出一个经济、合理的误差许可变动范围，这就是形状与位置公差，又称几何公差或形位公差。它将直接影响到工夹量仪的工作精度以及机床设备的精度和寿命。随着现代工业产品发展的要求，尤其对于在高温、高压、高速重载等条件下工作的精密机器和仪器更为重要。因此，形位公差与尺寸公差一样，是影响产品功能、评定零件质量的重要指标之一。

14.3.1　形位误差的检测原则

形位公差的项目较多，加上被测要素的形状和零件上的部位不同，使得形位误差的检测出现各种各样的方法。为了便于准确地选用，国家标准（GB/T 1958—2006）将各种检测方法整理出一套检测方案，并概括出五种检测原则。

第一种检测原则是与理想要素比较的原则，即将被测实际要素与其理想要素相比较，用直接或间接测量法测得形位误差值。理想要素用模拟方法获得，如：以平板、小平面、光线扫描平面等作为理想平面；以一束光线、拉紧的钢丝或刀口尺等作为理想的直线。根据该原则所测结果与规定的误差定义一致。这是一条基本原则，大多数形位误差的检测都应用这个原则。

第二种检测原则是测量坐标值的原则，即测量被测实际要素的坐标值（如直角坐标值、极坐标值、圆柱面坐标值），经过数据处理而获得形位误差值。这项原则适宜测量形状复杂的表面，但数据处理往往十分烦琐。由于可用电子计算机处理数据，其应用将会越来越多。

第三种检测原则是测量特征参数的原则，即测量被测要素上具有代表性的参数来表示形位误差值。这是一条近似的原则，但易于实现，为生产中所常用。

第四种检测原则是测量跳动的原则，即将被测实际要素绕基准轴回转，沿给定方向测量其对某参考点或线的变动量作为误差值。变动量是指示器的最大与最小读数之差。这种测量方法简单，多被采用，但只限于回转零件。

第五种检测原则是控制实效边界的原则，一般是用综合量规来检验被测实际要素是否超过实效边界，以判断合格与否。这项原则一般应用于按最大实体要求规定的形位公差。

14.3.2　形位误差的评定准则

形位误差与尺寸误差的特征不同，尺寸误差是两点间距离对标准值之差，形位误差是实际要素偏离理想状态，并且在要素上各点的偏离量又可以不相等。用公差带虽可以将整个要素的偏离控制在一定区域内，但怎样知道实际要素被公差带控制住了呢？有时就要测量要素的实际状态，并从中找出对理想要素的变动量，再与公差值比较。

(1) 形状误差的评定

评定形状误差须在实际要素上找出理想要素的位置。这要求遵循一条原则，即使理想要素的位置符合最小条件。如图 14-2（a）所示，实际轮廓不直，评定它的误差可用 A_1B_1、A_2B_2、A_3B_3，三对平行的理想直线包容实际要素，它们的距离分别为 h_1、h_2、h_3。理想直线的位置还可以作出无限个，但其中必有一对平行直线之间的距离最小。如图 14-2（a）中 h_1，这时就说 A_1B_1 的位置符合最小条件。由 A_1B_1 及与其平行的另一条直线紧紧包容了实际要素。相比其他情况，这个包容区域也是最小的，故叫最小区域。因此，h_1 可定为直线度误差。

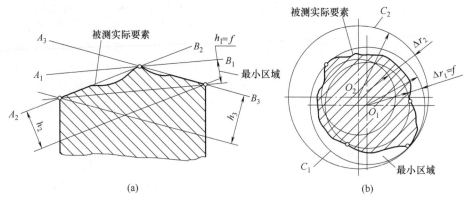

图 14-2　最小条件和最小区域

如图 14-2（b）所示，实际轮廓不圆，评定它的误差也可用多组的理想圆。图中画出了 C_1 和 C_2 两组，其中 C_1 组同心圆包容区域的半径差 Δr_1 小于任何一组同心圆包容区域的半径差（当然也包括 C_2 组的 Δr_2）。这时，认为 C_1 组的位置符合最小条件，其区域是最小区域，区域的宽度 Δr_1 就是圆度误差。

由上述可知，最小条件是指被测要素对其理想要素的最大变动量为最小。此时包容实际要素的区域为最小区域，此区域的宽度（对中心要素来说是直径）就是形状误差的最大变动量，就定为形状误差值。

最小条件是评定形状误差的基本原则，相对其他评定方法来说，评定的数据是最小的，结果也是唯一的。但在实际检测时，在满足功能要求的前提下，允许采用其他近似的方法。

(2) 位置误差的评定

位置误差的评定，涉及被测要素和基准。基准是确定要素之间几何方位关系的依据，必须是理想要素。通常采用精确工具模拟的基准要素来建立基准。为排除形状误差的影响，基准的位置也应符合最小条件。

有了基准，被测要素的理想方位就可确定，就可以找出被测实际要素偏离理想要素的最大变动量。如图 14-3 所示，要求上面对下面的平行度，可用平板的精确平面模拟基准，按最小条件与下面接触。另外与基准平行的两个包容实际表面的平面，就形成最小包容区域，以其间的距离 Δ 定为平行度误差值。可用指示表沿上面拖动，从指针的最大摆动量得到误差值。

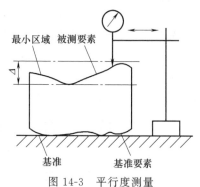

图 14-3　平行度测量

由上可知，确定被测要素的位置误差时，也把它的形状误差包含在内，如果有必要排除形状误差，可在公差框格的下方，加注"排除形状误差"。

14.3.3　常用的形位误差检测方法

(1) 形状误差检测

① 直线度误差检测

a. 指示表测量法。如图 14-4 所示，将被测零件安装在轴线平行于平板的两同轴顶尖之间，用带有两个指示表的表架，沿铅垂轴截面的两条素线测量，同时分别记录两个指示表在

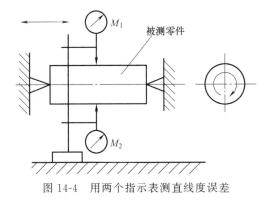

图 14-4　用两个指示表测直线度误差

各自测点的读数 M_1 和 M_2，取测点读数差之半作为该截面轴线的直线度误差。将零件转位，按上述方法测量若干个截面，取其中最大的误差值作为被测零件轴线直线度误差。

b. 光隙法（刀口尺）。采用将被测要素与理想要素比较的原理来测量。如图 14-5（a）所示，将刀口视为理想要素，测量时将其与被测表面贴切，使两者之间的最大间隙为最小，此最大间隙就是被测要素的直线度误差。当间隙较小时，用标准光隙估读；当间隙较大时，用塞尺估读。

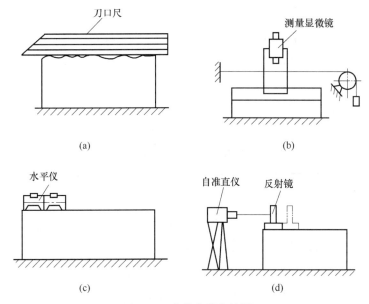

图 14-5　直线度误差检测

c. 钢丝法。如图 14-5（b）所示，钢丝法是用特别的钢丝作为测量基准，用测量显微镜读数。调整钢丝的位置，使测量显微镜读得两端读数相等。沿被测要素移动显微镜，显微镜中的最大读数即为被测要素的直线度误差值。

d. 水平仪法。如图 14-5（c）所示，水平仪法是将水平仪放在被测表面上，沿被测要素按节距逐段连续测量。对读数进行计算可求得直线度误差值，也可采用作图法求得直线度的误差值。一般是在读数之前先将被测要素调成近似水平，以保证水平仪读数准确。测量时，可在水平仪下面放入桥板，桥板长度可按被测要素的长度以及测量精度要求确定。

e. 自准直仪法。如图 14-5（d）所示，用自准直仪和反射镜测量是将自准直仪放在固定位置上，测量过程中保持位置不变。反射镜通过桥板放在被测要素上，沿被测要素按节距逐段连续移动反射镜并在自准直仪的读数显微镜中读得对应的读数，对读数进行计算可求得直线度误差。该测量中是以准直光线为测量基准的。

② 平面度误差检测。平面度测量仪器有平晶、平板、带指示表的表架、水平仪、自准直仪和反射镜等。常见的平面度误差测量方法如图 14-6 所示。

图中 14-6（a）所示为用指示表测量平面度误差。将被测零件支承在平板上，将被测平面上两对角线的角点分别调成等高或最远的三点调成距测量平板等高，按一定布点测量被测表面。指示表上最大与最小读数之差即为该平面的平面度误差近似值。

图 14-6（b）所示为用平晶测量平面度误差。将平晶紧贴在被测平面上，由产生的干涉条纹，经过计算得到平面度误差值。此方法适用于高精度的小平面。

图 14-6（c）所示为用水平仪测平面度误差。水平仪通过桥板放在被测平面上，用水平仪按一定的布点和方向逐点测量，经过计算得到平面度误差值。

图 14-6（d）所示为用自准直仪和反射镜测量平面度误差。将自准直仪固定在平面外的一定位置，反射镜放在被测平面上，调整自准直仪，使其与被测平面平行，按一定布点和方向逐点测量，经过计算得到平面度误差。

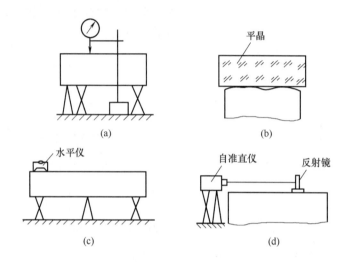

图 14-6 平面度误差的测量方法

③ 圆度误差检测。圆度误差测量仪器有圆度仪、光学分度头、三坐标测量机或带计算机的测量显微镜、V 形架和带指示表的表架、千分尺及投影仪等。

a. 圆度仪法。用转轴式圆度仪测量的工作原理如图 14-7 所示。测量时将被测零件安置在圆度仪工作台上，调整其轴线与圆度仪回转轴线同轴。记录被测零件在回转一周内截面各点的半径差，在极坐标盘上绘制出极坐标图，最后评定出圆度误差。

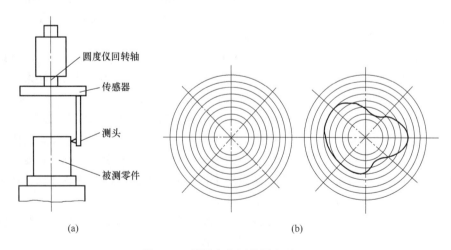

图 14-7 用圆度仪测量圆度误差

如果圆度仪上附有电子计算机，可将传感器捕捉到的电信号送入计算机，按预定程序算出圆度误差值。网度仪的测量精度虽然很高，但价格也很贵，且使用条件苛刻。因此，也可用直角坐标测量仪来测量圆上各点的直角坐标值，再算出圆度误差。

b. 指示表法。两点法测量圆度误差如图 14-8 所示。将被测零件放在支承上，用指示表来测量实际圆的各点对固定点的变化量。被测零件轴线应垂直于测量截面，同时固定轴向位置。在被测零件回转一周过程中，指示表读数的最大差值之半作为单个截面的圆度误差。按上述方法，测量若干个截面，取其中最大的误差值作为该零件的圆度误差。此方法适用于测量内、外表面的偶数棱形状误差。测量时可以转动被测零件，也可转动量具。由于此检测方案的支承点只有一个，加上测量点，通称两点法测量，也可用卡尺测量。

三点法测量圆度误差如图 14-9 所示。将被测零件放在 V 形架上，使其轴线垂直于测量截面，同时固定轴向位置。在被测零件回转一周过程中，指示表读数的最大差值之半作为单个截面的圆度误差。按上述方法测量若干个截面，取其中最大的误差值作为该零件的圆度误差。此方法测量结果的可靠性取决于截面形状误差和 V 形架夹角的综合效果。常以夹角 $\alpha =$（90°和120°）或（72°和108°）两个 V 形架分别测量。此方法适用于测量内、外表面的奇数棱形状误差（偶数棱形状误差采用两点法测量）。使用时可以转动被测零件，也可转动量具。

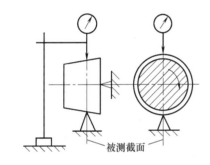

图 14-8　两点法测量圆度误差

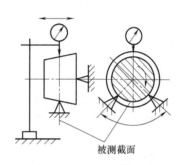

图 14-9　三点法测量圆度误差

④ 圆柱度误差检测。圆柱度误差测量如图 14-10 所示。将被测零件放在平板上，并靠紧直角座。在被测零件回转一周过程中，测量一个横截面上的最大与最小读数。按照上述方法测量若干个横截面，然后取各横截面内所测得的所有读数中最大与最小读数差之半作为该零件的圆柱度误差。此方法适用于测量外表面的偶数棱形状误差。

⑤ 轮廓度误差检测。用于轮廓度误差测量的仪器有成套截面轮廓样板、仿形测量装置、三坐标测量机和光学跟踪轮廓测量仪等。如图 14-11（a）所示，用轮廓样板测量线轮廓度误差时，将轮廓样板按规定的方向放置在被测零件上，根据光隙法估读间隙的大小，取最大值作为该零件的线轮廓度误差。图 14-11

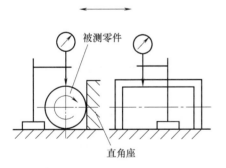

图 14-10　两点法测量圆柱度

（b）所示为用三坐标测量仪测量面轮廓度误差值。将被测零件放置在仪器工作台上，并进行正确定位测出实际曲面轮廓上若干个点的坐标值，并将测得的坐标值与理想轮廓的坐标值进行比较，取其中差值最大的绝对值的 2 倍作为该零件的面轮廓度误差。

（2）位置误差检测

① 平行度误差检测。测量的仪器有平板、带指示表的表架、水平仪、自准直仪、三坐

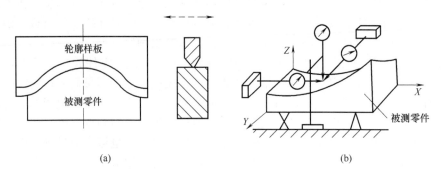

图 14-11   轮廓度测量

标测量机等。如图 14-12 所示，测量面对线平行度误差时，基准轴线由芯轴模拟。将被测零件放在等高支架上，调整（转动）零件，使其被测表面与平板平行，然后测量整个被测表面并记录读数。在整个测量过程中，指示表的最大读数和最小读数之差即为该零件的平行度误差。测量时应选用可胀式（或与孔成无间隙配合的）芯轴。

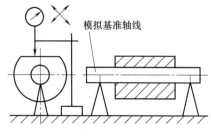

图 14-12   测量面对线的平行度

②垂直度误差检测。垂直度误差包括面对面、面对线（线对线、线对面）的垂直度误差。这里只讲面对面、面对线的垂直度误差的测量。

如图 14-13 所示，测量面对面垂直度误差时，用直角尺将指示表调零后测量零件，指示表读数即为该测点的偏差。调整指示表的高度位置以测得不同数值，指示表最大读数差即为被测实际表面对其基准平面的垂直度误差。

如图 14-14 所示，测量面对线垂直度误差时，用导向套筒模拟基准轴线，将被测零件放置在导向套筒内，测量整个被测表面，指示表最大读数差即为被测实际表面对其基准轴线的垂直度误差。

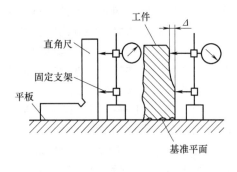

图 14-13   面对面垂直度误差的测量

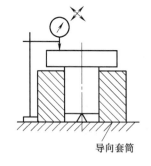

图 14-14   面对线垂直度误差的测量

③倾斜度误差检测。如图 14-15 所示为面对面倾斜度误差的测量。将被测零件放置在定角座上，然后测量整个被测表面，指示表最大读数差即为被测实际表面对其基准面的倾斜度误差。

④跳动误差检测。跳动公差为关联实际被测要素绕基准轴线回转一周或连续回转时所允许的最大变动量。它可用来综合控制被测要素的形状误差和位置误差。与前面各项公差项目不同，跳动公差是针对特定的测量方式而规定的公差项目。跳动误差就是指示表指针在给

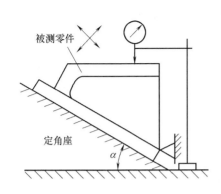

图 14-15 面对面倾斜度误差的测量

定方向上指示的最大与最小读数之差。

a. 圆跳动误差检测。如图 14-16 所示，将被测零件通过芯轴安装在两同轴顶尖之间，用两同轴顶尖的轴线体现基准轴线。在垂直于基准轴线的一个测量平面内，将被测零件回转一周，指示表 1 示值的最大差值即为单个截面的径向圆跳动误差。若测量若干个截面，应取各截面径向圆跳动误差的最大值作为该零件的径向圆跳动误差。

在轴线与基准轴线重合的测量圆柱的素线方向，被测零件回转一周的过程中，指示表 2 示值的最大差值即为单个测量圆柱面上的轴向圆跳动误差。若测量若干个圆柱面，应取各个测量圆柱面上的最大值作为该零件的轴向圆跳动误差。

通常用轴向圆跳动控制轴向对基轴线的垂直度误差。但也有例外，当实际端面为中凹或中凸，轴向圆跳动误差为零时，端面对基准轴线的垂直度误差并不一定为零。

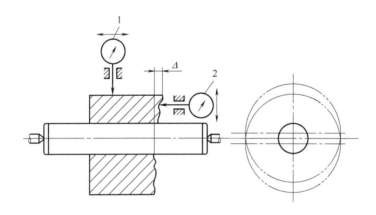

图 14-16 圆跳动误差的测量

b. 全跳动误差检测。径向全跳动误差检测如图 14-17（a）所示。将被测零件固定在两同轴导向套筒内，同时在轴向上固定并调整该对套筒，使其同轴并与平板平行。在被测零件连续回转过程中，同时使指示表沿基准轴线的方向做直线运动。在整个测量过程中，指示表读数最大差值即为该零件的径向全跳动。

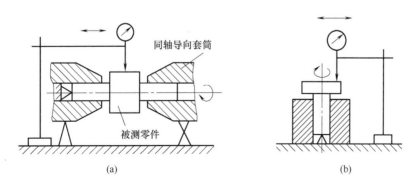

(a)   (b)

图 14-17 测量全跳动

轴向全跳动误差检测如图 14-17（b）所示。将被测零件支承在导向套筒内，同时在轴向上固定，导向套筒的轴线与平板垂直。在被测零件连续回转过程中，指示表沿其径向做直线运动。在整个测量过程中，指示表读数最大差值即为该零件的轴向全跳动。

⑤ 同轴度误差检测。同轴度误差的测量仪器有圆度仪、三坐标测量机、V 形架和带指示表的表架等。如图 14-18 所示，测量同轴度误差时，在平板上用 V 形架体现公共基准轴线，使零件处于水平位置。先在一个横截面内测量，取指示表在各对应点的最大读数差值作为该截面同轴度误差；再在若干个横截面内测量，取各截面同轴度误差中的最大值作为该零件的同轴度误差。

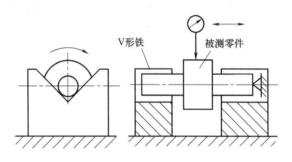

图 14-18　同轴度误差的测量

⑥ 对称度误差检测。对称度误差的测量仪器有三坐标测量机、平板和带指示表的表架等。如图 14-19 所示，将被测零件放置在平板上，测量被测表面①与平板之间的距离，再将被测零件翻转 180°，测量被测表面②与平板之间的距离。取测量截面内对应两测点的最大差值作为该零件的对称度误差。

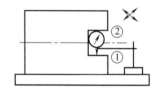

图 14-19　对称度误差的测量

第15章

常用零件的检测方法

15.1 轴类零件的检测

轴类零件的作用是安装、支承回转零件并传递动力和运动。其特点是:

① 素线长度大于直径,即为细长形状,一般用车削制成。

② 都是回转体类零件。由于组成零件的回转体都处在同一旋转轴线上,而且可以由圆柱、圆锥、球等形体同轴组合而成。

检测特点:由于轴类零件都是回转体类零件,其尺寸检测主要是直径尺寸的检测,所使用的检测仪器主要为千分尺和游标卡尺,轴类零件的轴向尺寸一般精度要求不高,其检测仪器一般为钢直尺,当轴向尺寸的精度等级要求较高时可用加长游标卡尺,有条件的可用机床上安装的光栅数显尺进行检测,当然也可以设计制造专用的计量装置进行检测。轴类零件的形位精度检测项目是径向圆跳动,在装轴承的轴颈部位一般还有圆柱度、同轴度等精度要求。下面举例说明轴类零件的检测方法。

15.1.1 光轴

(1) 零件图样

光轴如图 15-1 所示。

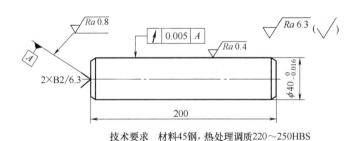

技术要求 材料45钢,热处理调质220~250HBS

图 15-1 光轴

(2) 零件分析

① 尺寸精度 光轴的直径尺寸为 "$\phi 40_{-0.016}^{0}$",总长度为 200mm。

② 形位精度 光轴外圆面对两端中心孔公共轴线的圆跳动公差要求为 0.005mm。

③ 表面粗糙度 光轴外圆表面粗糙度 Ra 为 0.4μm,两端中心孔圆锥面的表面粗糙度

Ra 要求为 $0.8\mu m$。

(3) 检测量具与辅具

根据此工件所需检测的位置和尺寸精度要求以及表面粗糙度的要求,选用的检测量具有:千分表及其磁力表架,带前后顶尖支架的检验平台,量程为 $25\sim50mm$ 的千分尺,表面粗糙度(Ra)比较样块(以下简称粗糙度样块)。

(4) 零件检测

① 外径的检测   在单件、小批生产中,外圆直径的测量一般用千分尺检验,用千分尺测量工件外径的方法如图 15-2 所示。测量时,将工件通过两端的中心孔支承在检验平台的前后顶尖上,用千分尺从不同轴向长度位置和不同直径方向进行测量(此测量过程也可将被测轴平放在检验平台上,通过滚动轴来改变测量的直径方向,从而进行上述测量)。当所有的测量值均不超过图纸规定的极限尺寸值时,工件的尺寸检测可判定为合格。当然在大批量生产中,常用极限卡规测量外圆直径尺寸。当通规通过被测面,被测面止住止规时,工件的尺寸合格。

② 工件的径向圆跳动的检测   测量工件的径向圆跳动如图 15-3 所示。测量时,先在检验平台上安放一个测量桥板,然后将千分表架放在测量桥板上,本例因只测量径向圆跳动可不使用测量桥板,可将千分表架直接放在检验平台上并打开磁力使之牢牢吸在检验平台工作面上,调整表架使千分表量杆与被测工件轴线垂直,并使测头位于工件圆周最高点上。外圆柱表面绕轴线轴向回旋时,在任一测量平面内的径向跳动量(最大值与最小值之差)为径向圆跳动误差值。此过程应在轴向多个不同的位置上重复进行,当所有测得的径向圆跳动误差值小于图纸规定的径向圆跳动公差值 $0.005mm$ 时,工件此项检测合格。

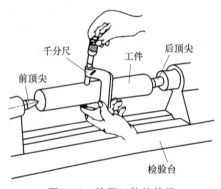

图 15-2   检测工件的外径

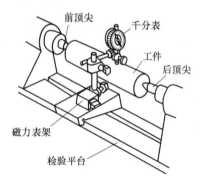

图 15-3   检测工件的径向圆跳动

③ 工件的表面粗糙度的检测   工件的表面粗糙度在工作现场的测量方法为目测法,即用表面粗糙度样块与被测表面进行比较来判断,如图 15-4 所示。检测时把样块靠近工件表面,用肉眼观察比较。一般对于轴类零件常用的表面粗糙度样块有 $Ra=3.2\mu m$、$Ra=1.6\mu m$、$Ra=0.8\mu m$、$Ra=0.4\mu m$、$Ra=0.2\mu m$ 等粗糙度等级,应常练习用肉眼判断比较这些表面粗糙度等级的样块和工件表面。

15.1.2   主轴

(1) 零件图样

主轴如图 15-5 所示。

图 15-4   粗糙度样块测量

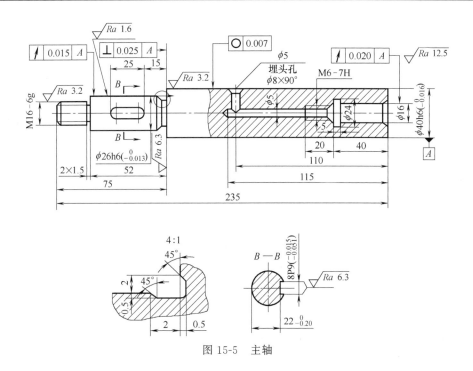

图 15-5　主轴

(2) 零件精度分析

① 尺寸精度　这根轴只有两个轴段的直径精度要求较高，尺寸分别为 "$\phi26h$ ($_{-0.013}^{0}$)" 和 $\phi40h6$ ($_{-0.016}^{0}$)"，显然它们都是 IT6 级精度。其他标注了公差带的尺寸还有：键槽的宽度尺寸 "8P9 ($_{-0.051}^{-0.015}$)"，控制键槽深度的尺寸 "$22_{-0.20}^{0}$"。其余尺寸均为未注公差的尺寸。另外，图中轴的最左端有一段外螺纹，标注有 "M16-6g"，其含义是：M 表示普通螺纹，16 表示大径尺寸，单位为 mm；螺距为 2mm（因该螺纹是粗牙螺纹，故该螺距值被省略）；6g 表示中径和顶径的公差带代号，在公差带代号中 6 表示其公差精度等级，g 表示外螺纹的一种基本偏差，通过查阅国家标准 GB/T 197—2018 的有关表格可得，g 表示的是 es＝－38μm，而螺纹 6 级公差通过查阅有关螺纹的国家标准可得，外螺纹大径（即顶径）6 级公差为 $Td=280\mu$m，外螺纹中径 6 级公差为 $Td2=160\mu$m。除此之外，在轴的右端，有一个 "$\phi16$" 孔，孔的底部连接着一段内螺纹，标注为 "M6-7H"，同样，7H 表示中径和顶径的公差带代号，7 表示其公差精度等级，H 表示内螺纹的一种基本偏差。

② 形位精度　图 15-5 所示主轴标注的形位精度要求较多，其中属于形状精度要求的有："$\phi40h6$" 轴段的圆柱面标有圆度公差项目，其公差值为 0.007mm。有位置精度要求的部位是："$\phi26h6$" 轴段的外圆面有径向圆跳动精度要求，其公差值为 0.015mm，它的基准为直径 "$\phi40h6$" 轴段的轴线（A 基准）；"$\phi26h6$" 轴段与 "$\phi40h6$" 轴段之间的轴肩面相对于 "$\phi40h6$" 轴段的轴线（A 基准）有垂直度公差要求，其公差值为 0.025mm；另外，在图示 "$\phi40h6$" 轴段的右端有一直径为 $\phi16$mm 的内孔，其孔壁相对于基准 A 也有一径向圆跳动公差要求，公差值为 0.02mm。

③ 表面粗糙度　"$\phi26h6$" 轴段的表面粗糙度要求是 $Ra=1.6\mu$m，"$\phi40h6$" 轴段以及 M16 外螺纹的表面粗糙度要求为 $Ra=3.2\mu$m，有垂直度要求的轴肩以及键槽的两个工作侧面的表面粗糙度要求为 $Ra=6.3\mu$m，其余表面的粗糙度要求均为 $Ra=12.5\mu$m。

(3) 检测量具与辅具

长度尺寸的检测量具可选用量程为 25～50mm 的千分尺和 0～25mm 的千分尺以及量

块，还有游标深度尺、游标卡尺、钢直尺、螺纹塞规等；测量外圆面径向圆跳动的检测量具选用的是千分表和磁力表架，以及一对 V 形架和检验平板；粗糙度的检测使用 Ra 值粗糙度样块。

(4) 零件的检测

该零件直径尺寸的检测使用量程为 25～50mm 的千分尺即可，当然，测量两个精确的尺寸需要对千分尺分别进行两次校对，或使用两把千分尺分别校对为两个被测尺寸的名义尺寸。键槽宽度尺寸的测量可使用量块进行，用量块组合出该尺寸的最大极限尺寸和最小极限尺寸，当代表最小极限尺寸的量块组可放入键槽，而代表最大极限尺寸的量块组不可放入键槽时，该键槽宽度的实际尺寸合格。控制键槽深度的尺寸"$22_{-0.02}^{0}$"可用 0～25mm 的千分尺进行测量，因为此规格的千分尺测杆直径为 $\phi6.5mm$，可直接伸入到键槽内，使测杆工作面与键槽底面接触，从而可直接进行测量，不用再加垫块。M16 外螺纹大径（顶径）尺寸的测量也使用千分尺进行，但其中径尺寸必须结合三针法进行测量。对于批量比较大的螺纹加工，其精度检测一般是通过螺纹环规进行的；M6 的内螺纹一般就只能通过螺纹塞规进行精度检测。

圆柱度误差的检测：如果是在计量室检测，一般使用专门的圆度仪，工件的圆度误差可通过专门的计算软件用计算机进行分析计算得出。但在一般的车间级计量室没有这样的装备，在车间加工现场的圆度误差的测量一般是用简易的直径法进行的，其方法是：用两点接触式测量仪器（如本例中使用千分尺），测出被测轴段轴向某一截面处 360°范围内直径实际尺寸的最大值和最小值，用该截面的直径实际尺寸最大值和最小值的差值的 1/2 作为该截面的圆度误差。用公式可表示为：

某截面的圆度误差＝（该截面直径实际尺寸最大值－该截面直径最小值）/2

在被测轴段的轴向多个截面位置上，对每个截面重复进行上述测量，得出每个截面的圆度误差值，取这些圆度误差值的最大值作为该被测轴段的圆度误差值。这种检测圆度误差值的方法所测得的误差值一般比其他方法所测得的误差值要大一些，所以用此方法判定圆度误差值合格的零件，其实际圆度误差一定合格；而用此方法判定圆度误差值不合格的零件，其实际圆度误差不一定不合格，因此对于价值较大，但通过此方法被判定为不合格的零件，应使用更准确、更先进的测量方法和相关装备进一步检测。

跳动误差的检测：此零件有两处径向圆跳动的公差要求，一处在"$\phi26h6$"轴段的圆柱面，另一处在右端 $\phi16mm$ 内孔面，测量时由于它们的基准都为"$\phi40h6$"轴段圆柱面的轴线，所以可在一次定位中将这两处表面的径向圆跳动误差测量出来。工件定位时，将一对等高的 V 形架放置在检验平板工作面的合适位置上，将工件"$\phi40h6$"轴段圆柱面可靠支承在这对等高的 V 形架上，跨距应尽可能大一些。在工件有 M16 螺纹的一端端面的工艺中心孔的锥面上，用黄油黏一合适的钢珠，通过此钢珠将工件顶靠在一合适的固定物上，该步骤的目的是使工件在测量过程中不发生轴向窜动，然后将一杠杆千分表安装在磁力表架上，将磁力表架吸合在检验平板上靠近工件被测面的合适位置上，千分表测头与工件被测面接触，要求使测头摆动方向与接触处被测面的法线方向尽可能相同，如图 15-6 所示，测量过程的其他操作和读数方法与前面两个零件的圆跳动误差的测量相同。

端面垂直度的检测：将工件仍然用一对等高的 V 形架支承在检验平板上，定位面仍是"$\phi40h6$"轴段的外圆面，将一 1 级或 0 级精度的直角尺放置在检验平板上，将此直角尺较厚的工作面与检验平板工作面可靠接触，将其另一直角边与被测端面接触，观察直角边与工件被测端面之间缝隙所透过的光的颜色，通过光隙所透过光色判断缝隙的宽度，当缺乏经验时，可通过刀口尺、量块和检验平板组合出标准光隙，如图 15-7 所示，观察这些标准光隙

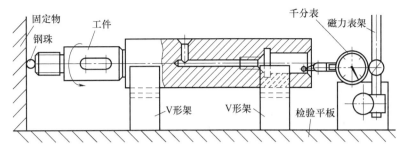

图 15-6　跳动误差的检测

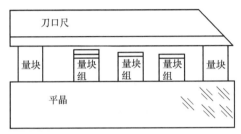

图 15-7　组合标准光隙

的光色并与测量中的缝隙光色进行目测对比，从而可得出缝隙宽度大小的估计，此缝隙宽度大小即为垂直度误差的数值，将这一误差值与图纸规定的公差值进行比较就可作出合格与否的判断。当然，为防止误判，全面评价工件的此项误差，应转动工件，在端面的多个位置上进行上述测量。另外，也可通过塞塞尺的方法进行光隙宽度测量，转动工件找到一处直角尺直角边与工件被测端面之间缝隙最大的位置，当此缝隙可塞入或

不可塞入 0.02mm 塞尺塞片，而不能塞入 0.03mm 塞尺塞片时，可判定工件此项检测合格，如图 15-8 所示。

表面粗糙度的检验仍通过与粗糙度样块的目测比较进行。

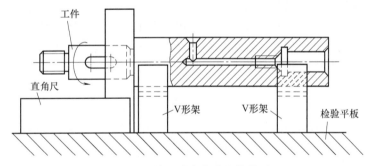

图 15-8　端面垂直度误差的检测

15.2　箱体类零件的检测

箱体类零件主要起包容、支承、定位和密封的作用，常有内腔、轴承孔、光孔、凸台、安装板、螺纹孔等结构。箱体轴承孔的尺寸精度、形状精度和表面粗糙度直接影响与轴承的配合精度和轴的回转精度。箱体类零件的主要技术要求为：轴承孔的尺寸、形状精度要求，轴承孔的相互位置精度要求，箱体主要平面的精度要求。

15.2.1　箱体类零件主要技术要求

(1) 轴孔的尺寸、形状精度要求

箱体零件上轴承孔的尺寸精度和几何形状精度要求较高。一般来说，主轴轴承孔的尺寸

精度为 IT6，形状误差小于孔径公差的 $1/2$，表面粗糙度 Ra 值为 $1.6\sim0.8\mu m$；其他轴承孔的尺寸精度为 IT7，形状误差小于孔径公差的 $1/3\sim1/2$，表面粗糙度 Ra 值为 $0.8\sim1.6\mu m$。

（2）轴承孔的相互位置精度要求

① 各轴孔的中心距和轴线的平行度误差 一般机床箱体轴孔的中心距公差为（$\pm0.01\sim\pm0.025$）mm。轴线的平行度公差在 300mm 长度内为 $0.03\sim0.1mm$。

② 同轴线的轴孔的同轴度误差 机床主轴轴承孔的同轴度误差一般小于 60.008mm，一般同轴孔系的同轴度误差不超过最小孔径尺寸公差的 $1/2$。

③ 轴承孔的轴线对装配基准面的平行度和对端面的垂直度误差 一般机床主轴轴承孔的轴线对装配基准面的平行度公差在 650mm 长度内为 0.03mm；对端面的垂直度公差为 $0.015\sim0.02mm$。

（3）箱体主要平面的精度要求

箱体零件上的主要平面有底平面、导向面，多作为装配基准面和加工基准面。一般机床箱体装配基准面和定位基准面的平面度公差在 $0.03\sim0.10mm$ 范围内，表面粗糙度 Ra 值为 $0.8\sim1.6\mu m$。箱体上其他平面对装配基准面的平面度公差，一般在全长范围内为 $0.05\sim0.20mm$，垂直度公差在 300mm 长度内为 $0.06\sim0.10mm$。其他非主要面的表面粗糙度 Ra 值为 $3.2\sim6.3\mu m$。

15.2.2 箱体类零件的检测

箱体零件加工完成后的最终检验包括：主要孔的尺寸精度，孔和平面的形状精度，孔系的相互位置精度，即孔的轴线与基面的平行度；孔轴线的相互平行度及垂直度；孔的同轴度及孔距尺寸精度；主轴孔与端面的垂直度。

（1）孔的尺寸及几何形状精度检验

在单件、小批量生产中，孔的尺寸精度可用内径千分表、游标卡尺、千分尺检测或通过使用内卡钳配合外径百分尺检测。在大批量生产中，可用塞规检测孔的尺寸精度。

图 15-9 所示为用内径千分表检测孔。测量时必须摆动内径千分表，千分表的最小读数即为被测孔的实际尺寸。

孔的几何精度（表面的圆度、圆柱度误差）也可用内径千分表检测。测量孔的圆度时，只要在孔径圆周上变换方向，比较其测量值即可。测量孔的圆柱度时，只要在孔的全长上取前、后、中几点，比较其测量值。其最大值与最小值之差的 $1/2$即为全长上的圆柱度误差。

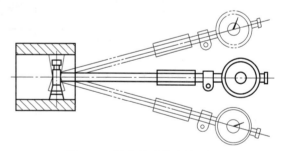

图 15-9   用内径千分表检测孔

（2）孔系的相互位置精度检测

① 同轴线的轴孔的同轴度检测

a. 用检验棒检测同轴度误差。用检验棒检测的方法大多用在大批量生产中。检测孔的精度要求高时，可用专用检验棒。检验精度要求较低，可用通用检验棒配外径不同的检验套，如图 15-10 所示。如果检验棒能顺利通过同一轴线上的两个以上的孔时，说明这些孔的同轴度误差在规定的允许范围内。

b. 用检验棒和千分表检验同轴度误差。如图 15-11 所示，先在箱体两端基准孔中压入专用的检验套，再将标准的检验棒推入两端检验套中，然后将千分表固定在检验棒上，校准千分表的零位，使千分表测头伸入被测孔内。检测时，先从一端转动检验棒，计下千分表转一圈后的读数差，再按此方法检测孔的另一端，其检测结果：哪一个横剖面内的读数差最大则为同轴度误差。

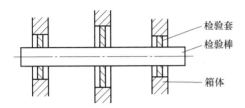

图 15-10 通用检验棒配专用检验套

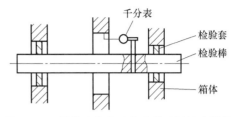

图 15-11 用检验棒和千分表检验同轴度误差

c. 用杠杆百分表检测同轴度误差。如图 15-12 所示，先在其中一基准孔中装入衬套，再将标准的检验棒推入检验套中，然后在检验棒靠近被测孔的一端吸附一杠杆百分表，百分表测头与被测孔壁接触并产生约 0.5mm 的压缩量，转动检验棒，观察表针摆动范围，表头读数即为被测孔相对于基准孔的同轴度误差。

d. 用综合量规检测同轴度误差。如图 15-13 所示，量规的直径为孔的实效尺寸，检测时，综合量规通过工件的孔，则认为工件的同轴度合格，否则就不合格。

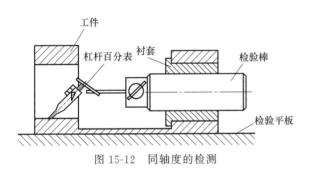

图 15-12 同轴度的检测

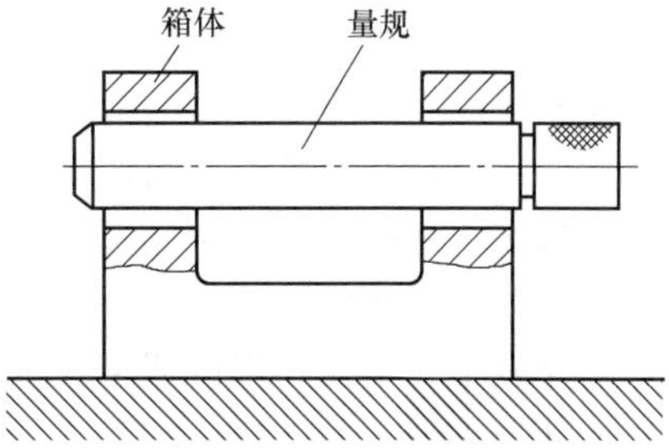

图 15-13 用综合量规检测同轴度误差

② 各轴孔的中心距和轴线的平行度检测

a. 两平行孔中心距检测。

方法一：用检验棒检测孔距。如图 15-14 所示。首先在两组孔内分别推入与孔径尺寸相对应的检验棒，然后用游标卡尺或千分尺分别测量检验棒两端尺寸 L_1 和 L_2，若检验棒直径分别为 d_1 和 d_2，则两孔中心距离为

$$A = L_1 + L_2 - d_1 + d_2$$

检测精度约为 0.04mm。

方法二：用游标卡尺检测孔距。如图 15-15 所示。用游标卡尺测量孔壁的最小尺寸 L 及两孔直径尺寸 d_1 和 d_2，则两孔的中心距为 $L' = L + d_1 + d_2$。

也可用游标卡尺或千分尺分别测量孔的最大尺寸 L_{max} 和最小尺寸 L_{min}，则两孔中心距为 $L' = L_{max} + L_{min}$。

检测精度：当两孔端面同在一个平面时约为 0.08mm，当两孔端面不在一个平面时为 0.1mm。

方法三：当两平行孔中心距的精度要求较高时，可将被测工件固定在检验平板上的角铁上，用百分表校正工件，使两个被测孔中心连线与检验平板垂直，在被测孔中分别推入与孔径大小相对应的检验棒，然后用高度尺、百分表、量块和可调测量座等检测工具，使下孔内检验棒的最低点与可调测量座上平面等高，再在可调测量座平面上放置量块，使量块上平面

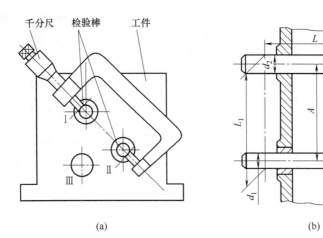

(a)   (b)

图 15-14   用检验棒检测孔距

与上孔内检验棒的最高点在同一平面上。设两检验棒的
直径分别为 d_1 和 d_2，量块的高度尺寸之和为 h，则两
平行孔中心距为 $L = h - d_1 + d_2$。

b. 孔系坐标尺寸检测。检测箱体工件孔系的坐标
尺寸一般多在检验平板上进行，如图 15-16 所示，首先
在工件下面放三个可调支承，用百分表校正基准面 A，
然后将工件固定在角铁上。再用可调高度规和量块组合
成所需高度，用百分表分别测量出Ⅰ孔的下孔壁高度尺
寸 H_2 和上孔壁高度尺寸 H_3，分别与上述量块组合比

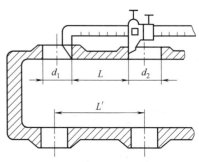

图 15-15   用游标卡尺检测孔距

较，百分表指针不变，则说明上孔壁高度尺寸、下孔壁
高度尺寸与量块组合件高度尺寸一致，如 A 面的安装高度为 H_1，则孔Ⅰ的 y 方向坐标
尺寸为

$$y_1 = \frac{H_2 + H_3}{2} - H_1$$

同理可分别得出Ⅱ孔、Ⅲ孔的 y 方向的坐标尺寸 y_2 和 y_3。

y 方向尺寸测量完后，松开工件，将工件转 90°。将工件 B 面放在可调支承上，用百分表
校正 B 基准面，将工件固定在角铁上。按上述测量方法分别测量出Ⅰ、Ⅱ、Ⅲ孔的 x 方向尺寸
x_1、x_2、x_3。若测量的尺寸在工件图样上要求的尺寸范围内，则工件的坐标尺寸合格。

③ 轴承孔的轴线对装配基准面的平行度和对端面的垂直度误差

a. 孔与孔中心线的平行度误差检测

方法一：用百分表和检验棒检测孔与孔中心线的平行度误差。如图 15-17 所示，箱体两
孔中心线检测时，用千斤顶将箱体支承在检验平板上，将基准孔 A 与检验平板找平，然后
在被测孔给定长度上进行检测。

若检测另一方向或任意方向的平行度误差时，可将箱体转 90°之后再找平基准孔 A，测
得另一方向上的平行度误差，再计算平行度误差

$$f = f_{x2} + f_{y2}$$

方法二：用千分尺和游标卡尺检测孔与孔中心线的平行度误差。如图 15-18 所示，将检
验棒分别推入两孔中，用千分尺或游标卡尺检测孔距 L_1 和 L_2，其差值即在被测长度上的
平行度误差值。

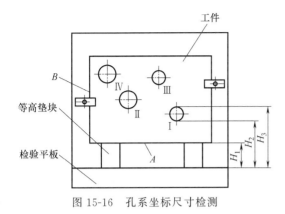

图 15-16　孔系坐标尺寸检测

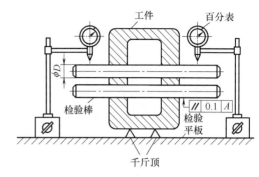

图 15-17　平行度误差检测

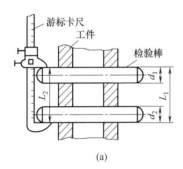

(a)

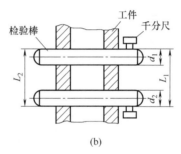

(b)

图 15-18　用千分尺和游标卡尺检测平行度误差

b. 孔中心线对装配基准面的平行度误差检测

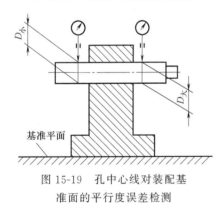

图 15-19　孔中心线对装配基
准面的平行度误差检测

如图 15-19 所示，检测孔的中心线对底面的平行度误差时，将零件的底面放在检验平板上，被测孔内推入检验棒。如果未明确检测长度，则在孔的全长上测量并分别记下指示计的最大读数和最小读数，其差值即为平行度误差。

c. 孔中心线间垂直度误差检测

方法一：用直角尺和千分表检测孔的中心线间垂直度误差。如图 15-20 所示，将检验棒 1 和检验棒 2 分别推入孔内，箱体用三个千斤顶支承并放在检验平板上，利用直角尺调整基准孔的轴心线垂直于检验平板，然后用千分表在给定长度 L 上对被测孔进行检测，即千分表读数的最大差值为被测孔对基准孔的垂直度误差。

若实际检测长度 L_1 不等于给定长度 L 时，则垂直度误差为

$$f = f_1 L L_1$$

式中　f——垂直度误差；

　　f_1——L_1 上实际测得的垂直度误差。

用同样的方法，可使直角尺与平面贴合，测出孔对贴合平面在给定长度内的垂直度误差。

方法二：用千分表检测孔的垂直度误差。如图 15-21 所示，在检验棒上安装千分表，然后将检验棒旋转 $180°$，即可测量出在 l 长度上的垂直度误差。

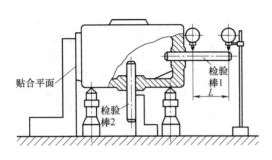
图 15-20   用直角尺和千分表检测孔的垂直度误差

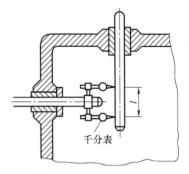
图 15-21   用千分表检测孔的垂直度误差

d. 孔中心线对孔端面的垂直度误差

方法一：用直角尺和千分表检测孔中心线对孔端面的垂直度误差。如图 15-22 所示，在平台上将零件的底面支承起来，用直角尺靠在基准平面上，调整支承使直角尺紧贴基准平面，使基准平面与检验平板垂直，然后在被测孔中推入检验棒，在给定一个方向检测时，用千分表在给定长度上进行检测，千分表的读数差即为孔对端面的垂直度误差。

在给定两个方向上检测时，将零件翻转 90°，用直角尺并调整可调支承将基准平面调整到与检验平板垂直，再检测一次。

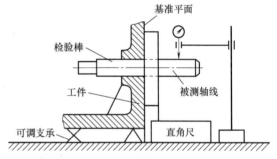

在给定任意方向的检测时，将互相垂直的两个方向的检验结果 f_x 和 f_y，按下式进行计算。

$$f = f_{x2} + f_{y2}$$

在所有的检测中要在给定长度 L 上进行检测，若实际检测长度 L_1 不等于给定长度 L 时，需要按下式进行换算。

$$f = f_1 L_1$$

图 15-22   用直角尺和千分表检测孔中心线对孔端面的垂直度误差

方法二：用杠杆百分表和检验芯轴检测孔中心线对孔端面的垂直度误差。如图 15-23 所示，在检验棒上安装杠杆百分表，用角铁（弯板）顶住检验棒一端，顶端加一个大小合适的小钢球，百分表安装在检验棒另一端，表杆测量头与工件被测端面相接触，转动检验棒，百分表指针所示的最大读数值与最小读数值之差，即为孔中心线对孔端面的垂直度误差。

箱体表面粗糙度的检测：在车间里多使用表面粗糙度样块，采用比较法进行评定。精度要求高时，可用仪器检测。

箱体外观检测：箱体外观检测，主要是根据工艺规程检验完工情况及加工表面有无缺陷。

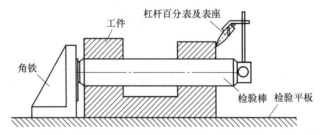
图 15-23   用杠杆百分表和检验芯轴检测孔中心线对孔端面的垂直度误差

15. 3　齿轮的检测

15. 3. 1　齿轮传动的使用要求

齿轮传动装置是指组成这种传动装置的齿轮、齿轮轴、轴承及箱体等零件的总和。齿轮传动一般用于实现传递动力和运动，是机械传动中的一个重要组成部分。由于传动的可靠性好、承载能力强、制造工艺成熟等优点，齿轮传动广泛应用于机械制造业及仪器仪表行业。

齿轮的结构形状复杂，种类繁多，根据其使用场合的不同，其应用要求也是不尽相同的。归纳起来，应用要求可分为传动精度和齿侧间隙两个方面。而传动精度要求按齿轮传动的作用特点，又可以分为传递运动的准确性、传递运动的平稳性和载荷分布的均匀性三个方面。因此一般情况下，齿轮传动的应用要求可分为以下四个方面：

(1) 传递运动的准确性

传递运动的准确性是指在传动过程中，齿轮在一转范围内，其实际转角与理论转角的误差值要限制在一定的范围内，使传动比变化小。理论上齿轮传动过程中，主动齿轮转过一个角度，从动齿轮也相应转过同样的一个角度，但是由于加工制造误差的存在，实际传动过程中从动齿轮的实际转角与主动齿轮的实际转角发生了一个转角误差，且这个转角误差是以齿轮旋转一周为周期呈周期性变化的。转角误差使传动比发生了变化，影响了传递运动的准确性，所以要求这个转角误差要控制在一定范围内。

(2) 传递运动的平稳性

传递运动的平稳性是指齿轮在转过一个齿距角的范围内，其最大转角误差应限制在一定范围内，使齿轮副瞬时传动比变化小。

齿轮传动过程中，不仅要限制齿轮旋转一周的总的转角变化量，同时也应限制齿轮每转过一齿所发生的转角变化量。如果在一个齿距角内转角变化量过大，即瞬时传动比变化过大，将会引起传动系统的振动，齿轮间产生冲击作用力，使齿轮磨损加速甚至损坏。因此，要限制齿轮转过一个齿距角内转角的极限偏差，控制齿轮副瞬时传动比的变化量，以保证齿轮传动的平稳运行。

(3) 载荷分布的均匀性

载荷分布的均匀性就是要求齿轮啮合时，两齿轮的工作齿面接触良好，使齿面上的载荷分布均匀，避免载荷集中于局部齿面，使齿面磨损加剧，影响齿轮的使用寿命。

由于加工及安装误差的影响，齿轮在传递运动中，其工作齿面不可能按照理论状态均匀接触，必然存在一定的误差。如载荷集中于局部齿面，将使该部分齿面磨损速率高于其他齿面部分，缩短了齿轮的使用寿命，如果载荷过于集中，甚至有轮齿折断的可能。因此，必须控制齿轮工作面的精度，使工作齿面能沿全齿面均匀接触，保证载荷分布的均匀性。

(4) 齿轮副侧隙的合理性

齿轮副侧隙的合理性是指一对齿轮啮合时，在非工作齿面间应留有合理的间隙，用于储存润滑油，补偿齿轮传动受力后的弹性变形和受热后的膨胀，以及补偿齿轮及其传动装置的加工误差和安装误差，保证传动过程中不发生卡死、干涉等现象。但是，侧隙也不宜过大，对于经常需要正反转的传动齿轮副，侧隙过大会引起换向冲击，产生空程。所以，应合理确定侧隙的数值。

虽然对齿轮传动的使用要求是多方面的，但根据齿轮传动的用途和具体的工作条件的不同又有所侧重。例如，用于测量仪器的读数齿轮和精密机床的分度齿轮，其特点是传动功率小、模数小和转速低，主要要求是齿轮传动的准确性，对接触精度的要求就低一些。这类齿轮一般要求在齿轮一转中的转角误差不超过 $1'\sim2'$，甚至是几秒。如果齿轮需正反转，还应尽量减小传动侧隙。对于高速动力齿轮，如汽轮机上的高速齿轮，由于圆周速度高，三个方面的精度要求都是很严格的，而且要有足够大的侧隙，以便润滑油畅通，避免因温度升高而"咬死"。又如汽车、机床的变速齿轮，对工作平稳性有极严格的要求。对于低速动力齿轮，如轧钢机、矿山机械和起重机用的齿轮，其特点是载荷大、传动功率大、转速低，主要要求啮合齿面接触良好、载荷分布均匀，而对传递运动的准确性和传动平稳性的要求则相对可以低一些。

15.3.2　齿轮精度的评定指标及其检测

(1) 影响齿轮传动准确性的偏差及其检测

① 切向综合总偏差 F_i'　F_i' 是指被测齿轮与测量齿轮单面啮合检验时，被测齿轮一转内，齿轮分度圆上实际圆周位移与理论圆周位移的最大差值，在检测过程中，只有同侧齿面单面接触。

齿轮的转角误差的变化呈周期性，并接近于正弦规律；齿轮一转中，最大误差出现一次，且在大约 $180°$ 处。F_i' 是在近似于齿轮工作状态下测得的，所以它是评定传递运动准确性较为完善的综合指标。

测量切向综合总偏差，常用单面啮合综合测量仪（简称单啮仪）进行。单啮仪的测量原理是将被测齿轮在适当的中心距下与标准齿轮单面啮合，通过比较获得测量结果。根据比较装置的不同，单啮仪可分为机械式、光栅式、磁分度式和地震仪式等。图 15-24 所示为光栅式单啮仪的工作原理。用标准蜗杆和被测齿轮啮合，两者各与一个光栅盘、信号发生器和分频器连接，标准蜗杆和被测齿轮的角位移转变通过各自的光栅盘、信号发生器转变为电信号，然后通过分频器将两组电信号转变为相同频率的信号，发送到比相器内进行比较，最后将比较结果记录下来，就是被测齿轮的切向综合误差线。

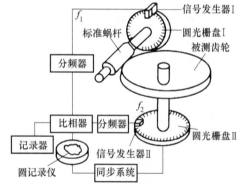

图 15-24　光栅式单啮仪工作原理

② 齿距累积偏差 F_{pk} 与齿距累积总偏差 F_p

齿距累积偏差 F_{pk} 是指任意 k 个齿距的实际弧长与理论弧长的代数差，如图 15-25 所示。理论上它等于这 k 个齿距的各单个齿距偏差的代数和。除非另有规定，F_{pk} 的计值仅限于不超过圆周 $1/8$ 的弧段内。因此，偏差 F_{pk} 的允许值适用于齿距数 k 为 $2\sim z/8$ 的弧段内。通常，取 $k\approx z/8$ 就足够了。对于特殊应用的齿轮（如高速齿轮），还须检验较小弧段，并规定相应的 k 值。

齿距累积总偏差 F_p，是指齿轮同侧齿面任意弧段（$k=1\sim z$）内的最大齿距累积偏差。它表现为齿距累积偏差曲线的总幅值。

齿距累积偏差主要反映滚切齿形过程中齿轮旋转一周产生的由几何偏心和运动偏心引起的转角误差，因此 F_p（F_{pk}）是评定齿轮运动准确性的一个综合性指标。但 F_p 是逐齿测得的，每齿只测一个点，而 F_i' 是在连续运转中测得的，所以 F_p 不及 F_i' 反映准确。由于 F_p 的测量可用较普及的齿距仪、万能测齿仪等仪器，因此是目前工厂中常用的一种齿轮运动精度的评定指标。

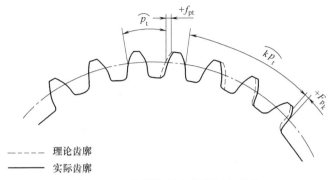

　　——————　理论齿廓
　　————　实际齿廓

图 15-25　齿距偏差与齿距累积偏差

　　测量齿距累积偏差和齿距累积总偏差通常采用相对测量法，可用齿距仪或万能测齿仪进行测量。图 15-26 所示为用齿距仪测量齿距简图。测量时须使其测头在分度圆上进行测量，定位方法可采用顶圆定位图、根圆定位图和内孔定位图三种，如图 15-26（a）～（c）所示。首先以被测齿轮上任一实际齿距作为基准，将仪器的指示表调零，然后沿整个齿圈依次测出其他实际齿距与作为基准的齿距的差值，称为相对齿距偏差。经过数据处理求出 F_p，同时也可求得单个齿距偏差 f_{P_t}。

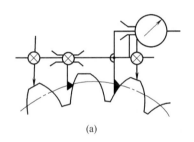
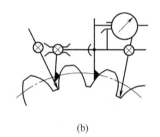
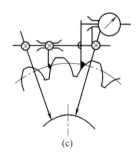

(a)　　　　　　　　　(b)　　　　　　　　　(c)

图 15-26　用齿距仪测量齿距简图

　　③ 齿轮径向跳动 F_r　齿轮径向跳动为测头（球形、圆柱形、砧形）相继置于每个齿槽内时，从它到齿轮轴线的最大和最小径向距离之差。检查中，测头在近似齿高中部与左、右齿面接触。

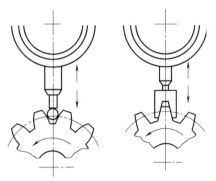

　　F_r 主要是由齿坯安装的几何偏心引起的，属长周期径向误差，所以它必须与能揭示切向误差的单项指标组合，才能全面评定传递运动的准确性。
　　径向跳动 F_r 可在齿轮跳动检查仪或偏摆仪上进行检测，按实际情况不同，测头可选择球形、圆柱形或砧形。测量时，测头在近似齿高中部与左、右齿面接触，如图 15-27 所示，被测齿轮旋转一周所测得的相对于轴线径向距离的总变动幅度值，即齿轮的径向

图 15-27　齿轮径向跳动测量图

跳动。如图 15-28 所示，在偏摆仪上测量齿轮径向跳动，球或圆柱直径 $d \approx 1.68m$，m 为被测齿轮模数。
　　④ 径向综合总偏差 F_i''　径向综合总偏差是在径向（双面）综合检验时，产品齿轮的左、右齿面同时与测量的齿轮接触，并转过一整圈时出现的中心距最大值和最小值之差。
　　径向综合总偏差的测量仪器有齿轮双面啮合综合检查仪，该仪器的测量简图如 15-29 所

示。测量时，首先将被测齿轮安在固定座的芯轴上，将标准齿轮安装在浮动座的芯轴上，利用弹簧压力使两齿轮紧密无侧隙双面啮合。在啮合转动时，若被测齿轮存在径向误差（如几何偏心等），则被测齿轮与标准齿轮的中心距会发生变化。由指示表读出中心距的变化情况并记录，其最大读数差值即为被测齿轮的径向综合总偏差 F_i''。由于其中心距变动主要反映径向误差，因此径向综合总偏差 F_i'' 也是作为影响传递运动准确性指标中属于径向性质的单项性指标。

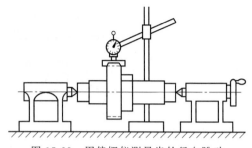

图 15-28 用偏摆仪测量齿轮径向跳动

F_i'' 的测量操作简便，效率高，仪器结构比较简单，因此在成批生产时普遍应用。但其也存在缺点：一方面由于测量时被测齿轮齿面是与理想精确的测量齿轮啮合，与工作状态不完全符合；另一方面 F_i'' 只能反映齿轮的径向误差，而不能反映切向误差，所以 F_i'' 并不能确切和充分地用来评定齿轮传递运动的准确性。

⑤ 公法线长度变动 ΔF_w 公法线长度是指跨 k 个齿的异侧齿廓间的公共法线的长度，理想状态下公法线应与基圆相切。公法线长度变动 ΔF_w 是指在齿轮一转范围内，实际公法线长度最大值与最小值之差，如图 15-30 所示，即 $\Delta F_w = W_{max} - W_{min}$。

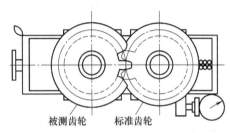

图 15-29 用双啮仪测量径向综合误差

在齿轮新标准中没有 ΔF_w 此项参数，但从我国的齿轮实际生产情况看，经常用 F_r 和 ΔF_w 组合代替 F_p 或 F_i'，这样检验成本不高且行之有效，故在此保留供参考。

ΔF_w 反映蜗轮运动偏心引起的齿轮切向加工误差，因此，可作为影响传递运动准确性指标中属于切向性质的单项性指标。

公法线长度变动量 ΔF_w 的测量一般采用公法线千分尺或公法线指示卡规进行。

综上所述，切向综合总偏差 F_i''、齿距累积总偏差 F_p（齿距累积偏差 F_{pk}）可以综合反映影响齿轮传动准确性的径向误差和切向误差；而径向跳动 F_r、径向综合总偏差 F_i'' 只反映径向误差，公法线长度变动 ΔF_w 只反映切向误差。齿轮检测时，可只采用一个综合性指标，也可以同时选择一个径向指标与和一个切向指标。

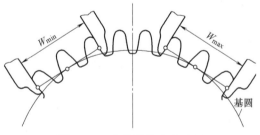

图 15-30 公法线长度变动量

(2) 影响齿轮传动平稳性的主偏差及其检测

齿轮传动平稳性取决于任一瞬时传动比的变化，而主要影响瞬时传动比变化的误差是以齿轮一个齿距角为周期的基节偏差和齿形误差。

① 基节偏差 基节偏差 Δf_{pb}（极限偏差 $\pm \Delta f_{pb}$）指的是实际基节与公称基节之差，如图 15-31 所示。Δf_{pb} 的合格条件为：$-\Delta f_{pb} \leqslant \Delta f_{pb} \leqslant +\Delta f_{pb}$。使用基节检查仪测量 Δf_{pb}。

② 齿形误差 Δf_f（公差 f_f） 齿形误差是指在齿的端面上，齿形工作部分内（齿顶倒棱部分除外），包容实际齿形且距离为最小的两条设计齿形间的法向距离，如图 15-32 所示。

Δf_{f} 的合格条件为：$\Delta f_{\mathrm{f}} \leqslant f_{\mathrm{f}}$。$\Delta f_{\mathrm{f}}$ 可在专用的渐开线检查仪或通用的万能工具显微镜上测量。

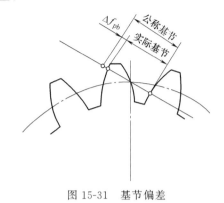

图 15-31　基节偏差

图 15-32　齿形误差

③ 齿距偏差 Δf_{pt}（极限偏差 $\pm \Delta f_{\mathrm{pt}}$）　齿距偏差是指在分度圆上（允许在齿高中部测量），实际齿距与公称齿距之差，如图 15-33 所示。

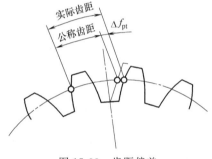

图 15-33　齿距偏差

Δf_{pt} 的合格条件为：$-f_{\mathrm{pt}} \leqslant \Delta f_{\mathrm{pt}} \leqslant + f_{\mathrm{pt}}$，齿距偏差 Δf_{pt} 与齿距累积误差的测量方法相同。

④ 一齿切向综合误差 $\Delta f'_{\mathrm{i}}$（公差 $\Delta f'_{\mathrm{i}}$）　它是指被测齿轮与理想精确的测量齿轮单面啮合时，在被测齿轮一个齿距角内，实际转角与公称转角之差的最大幅度值，以分度圆弧长计值。若 $\Delta f'_{\mathrm{i}} \leqslant f'_{\mathrm{i}}$，则齿轮传动平稳性满足要求。

⑤ 一齿径向综合误差 f''_{i}（公差 f''_{i}）　它是指被测齿轮与理想精确的测量齿轮双面啮合时，在被测齿轮一齿距角内，双啮中心距的最大变动量。当 $\Delta f''_{\mathrm{i}} \leqslant f''_{\mathrm{i}}$ 时，则齿轮传动平稳性满足要求。

综上所述，影响齿轮传动平稳性的主要误差是齿轮一转中多次重复出现，并以一个齿距角为周期的基节偏差和齿形误差。评定的指标则有五项，为评定传动平稳性，可采用一项综合指标或两项单项指标组合。选用两项单项指标组合时，原则上基节偏差和齿形误差应各占一项。此外，考虑到 Δf_{f} 测量困难且成本高，故对 9 级精度以下的齿轮和尺寸较大的齿轮用 Δf_{pt} 代替 Δf_{f}，有时甚至可以只检查 Δf_{pt} 或 Δf_{pb}（10～12 级精度）。

（3）影响载荷分布均匀性的主要误差评定、控制及其检测

影响载荷分布均匀性主要取决于相啮合轮齿齿面接触的均匀性。齿面接触不均匀，载荷分布也就不均匀。

齿向误差是指在分度圆柱面上，齿宽有效部分范围内（端部倒角部分除外），包容实际齿线且距离为最小的两条设计齿线之间的端面距离，如图 15-34 所示，其中 1 表示实际齿线，2 表示设计齿线，Δ_1 是齿形量，Δ_2 是齿端修薄量，b 是齿宽。

齿向误差反映出齿轮沿齿长方向接触的均匀性，即反映出齿轮沿齿长方向载荷分布的均匀性。因此，它可以作为评定载荷分布均匀性的单项指标。规定齿向公差 F_β 是对齿向误差 ΔF_β 的限制，ΔF_β 的合格条件为：$\Delta F_\beta \leqslant F_\beta$。齿向误差可在改制的偏摆检查仪上或万能工具显微镜上进行测量。

（4）传动侧隙合理性的评定、控制与检测

① 齿厚偏差 ΔE_{s}（极限偏差上偏差 E_{ss}、下偏差 E_{si}）　齿厚偏差是指分度圆柱面上，

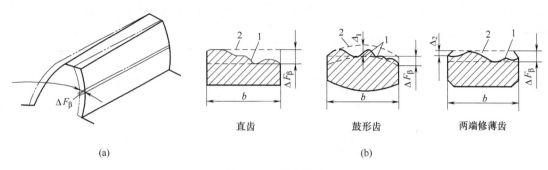

直齿　　　　　　　　鼓形齿　　　　　　两端修薄齿

(a)　　　　　　　　　　　　　　　　　(b)

图 15-34　齿向误差

齿厚的实际值与公称值之差，如图 15-35 所示。侧隙是齿轮装配后自然形成的。获得侧隙的方法有两种，一种是固定中心距的极限偏差，通过改变齿厚的极限偏差来获得不同的极限侧隙；另一种是相反，固定齿厚的极限偏差，而在装配时调整中心距来获得所需的侧隙。考虑到加工和使用方便，一般多采用前种方法。

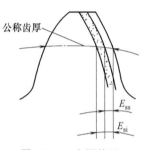

图 15-35　齿厚偏差

为此，要保证合理的侧隙，就要限制齿厚偏差。反过来说，通过控制齿厚偏差，就可控制合理的侧隙。齿厚极限偏差（E_{ss}、E_{si}）是对齿厚偏差 ΔE_s 的限制。ΔE_s 的合格条件为：$E_{si} \leqslant \Delta E_s \leqslant E_{ss}$。

测量齿厚常用的是齿厚游标卡尺，如图 15-36 所示。按定义，齿厚是分度圆弧齿厚，但为了方便，一般测量分度圆弦齿厚。测量时，以齿顶圆为基准，调整纵向游标尺来确定分度圆弦齿高 h，再用横向游标尺测出齿厚的实际值，将实际值减去公称值，即为分度圆齿厚偏差。在齿圈上每隔 90°测量一个齿厚，取最大的齿厚偏差值作为该齿轮的齿厚偏差 ΔE_s。

对直齿圆柱齿轮，分度圆公称弦齿高 $\overline{h}$ 和弦齿厚 $\overline{s}$ 分别为：

$$\overline{h} = m[1 + z/2(1 - \cos 90°/z)]$$
$$\overline{s} = mz \sin 90°/z$$

式中　　m——齿轮的模数；

　　　　z——齿轮的齿数。

由于测量 ΔE_s 时以齿顶圆为基准，齿顶

图 15-36　齿厚游标卡尺测量齿厚

圆直径误差和径向跳动会对测量结果有较大影响，而且齿厚游标卡尺的精度又不高，故只宜用于低精度或模数较大的齿轮。

② 公法线平均长度偏差 ΔE_{wm}（极限偏差上偏差 E_{wms}、下偏差 E_{wmi}）　公法线平均长度偏差是指齿轮一周内，公法线平均长度与公称长度之差。对标准直齿圆柱齿轮，公法线长度的公称值为：

$$W = m[1.476(2k - 1) + 0.014z]$$

式中，k 为跨齿数，对标准直齿圆柱齿轮为 $k = z\alpha/180° + 0.5$。

由上式可见，齿轮齿厚减薄时，公法线长度亦相应减小，反之亦然。因此，可用测量公法线长度来代替测量齿厚，以评定传动侧隙的合理性。公法线平均长度的极限偏差 E_{wms} 和 E_{wmi} 是对公法线平均长度偏差 ΔE_{wm} 的限制。ΔE_{wm} 的合格条件为：$E_{wmi} \leqslant \Delta E_{wm} \leqslant E_{wms}$。

ΔE_{wm} 的测量与 ΔF_w 的测量一样，可用公法线千分尺、公法线指示卡规等测量。在测量 ΔF_w 的同时可测得 ΔE_{wm}。

由于测量公法线长度时并不以齿顶圆为基准，因此测量结果不受齿顶圆直径误差和径向跳动的影响，测量的精度高。但为排除切向误差对齿轮公法线长度的影响，应在齿轮一周内至少测量均布的六段公法线长度，并取其平均值计算公法线平均长度偏差 ΔE_{wm}。

15.3.3　齿轮副的精度评定指标及其检测

除了单个齿轮的加工误差主要影响传动质量外，组成齿轮副的各支承构件的加工与安装质量同样影响着齿轮的传动质量。

(1) 齿轮的接触斑点

齿轮副的接触斑点是指安装好后的齿轮副，在轻微制动下运转后齿面上分布的接触擦亮痕迹。接触痕迹的大小在齿面展开图上用百分数计算，如图 15-37 所示。

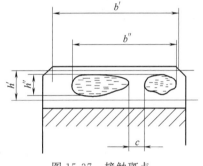

图 15-37　接触斑点

沿齿长方向：接触痕迹的长度 b''（扣除超过模数值的断开部分 c）与工作长度 b' 之比的百分数，即：b'' $[(b''-c)/b'] \times 100\%$。

沿齿高方向：接触痕迹的平均高度 h'' 与工作高度 h' 之比的百分数，即：$(h''/h') \times 100\%$。

接触斑点是评定齿轮副载荷分布均匀性的综合指标。齿轮副擦亮痕迹的大小是在齿轮副装配后的工作装置中测定的，也就是在综合反映齿轮加工误差和安装误差的条件下测定的。因此。其所测得的擦亮痕迹最接近工作状态，较为真实。故这项综合指标比检验单个齿轮载荷分布均匀性的指标更为理想，测量过程也较简单和方便。

接触斑点的检验应在机器装配后或出厂前进行。所谓轻微制动，是指检验中所加的制动力矩应以不使啮合的齿面脱离，而又不使任何零件（包括被检齿轮）产生可以察觉到的弹性变形为限。

检验时不应采用涂料来反映接触斑点，必要时才允许使用规定的薄膜涂料。此外，必须对两个齿轮的所有齿面都进行检查，并以接触斑点百分数最小的那个齿作为齿轮副的检验结果。对接触斑点的形状和位置有特殊要求时，应在图上标明，并按此进行检验。

若齿轮副的接触斑点不小于规定的百分数，则齿轮的载荷分布均匀性满足要求。

(2) 齿轮副中心距偏差 Δf_a（极限偏差 $\pm f_a$）

齿轮副中心距偏差 Δf_a 是指在齿轮副的齿宽中间平面内，实际中心距与公称中心距之差，如图 15-38（a）所示。

中心距偏差 Δf_a 的大小直接影响装配后侧隙的大小，故对轴线不可调节的齿轮传动，必须对其加以控制。

中心距极限偏差 $\pm f_a$ 是对中心距偏差 Δf_a 的限制，Δf_a 的合格条件为：$-f_a \leqslant \Delta f_a \leqslant +f_a$。

(3) 齿轮副的轴线平行度误差 Δf_x、Δf_y（公差 f_x、f_y）

x 方向的轴线平行度误差 Δf_x 是指一对齿轮的轴线在其基准平面 H 上投影的平行度误

差，如图 15-38（b）所示。

y 方向的轴线平行度误差 Δf_y 是指一对齿轮的轴线在垂直于基准平面 H，并且在平行于基准轴线的平面 V 上投影的平行度误差，如图 15-38（c）所示。

基准轴线可以是齿轮两条轴线中的任一条，基准平面是指包含基准轴线，并通过由另一条轴线与齿宽中间平面相交的点（中点 M）所形成的平面 H。

齿轮副轴线平行度误差 Δf_x、Δf_y 主要影响到装配后齿轮副相啮合齿面接触的均匀性，即影响齿轮副载荷分布的均匀性，对齿轮副间隙也有影响。故对轴心线不可调节的齿轮传动，必须控制其轴心线的平行度误差，尤其对 Δf_y 的控制应更严格。

齿轮副轴线平行度公差 f_x 和 f_y 是对齿轮副轴线 Δf_x 和 Δf_y 的限制，Δf_x 和 Δf_y 的合格条件为

$$\Delta f_x \leqslant f_x \text{ 和 } \Delta f_y \leqslant f_y$$

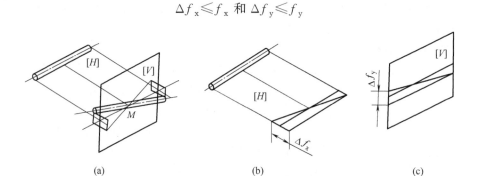

图 15-38　齿轮副的安装误差

（4）齿轮副侧隙及其评定

齿轮副侧隙分为圆周侧隙与法向侧隙。圆周侧隙 j_t（圆周最大极限侧隙 j_{max}、圆周最小极限侧隙 j_{min}）是指装配好后的齿轮副，当一个齿轮固定，另一个齿轮的圆周晃动量，以分度圆弧长计值，如图 15-39（a）所示。法向侧隙 j_n（法向最大极限侧隙 j_{nmax}、法向最小极限侧隙 j_{nmin}）是指装配好后的齿轮副，当工作齿面接触时，非工作齿面间的最短距离，如图 15-39（b）所示。

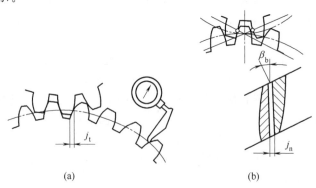

图 15-39　齿轮副的侧隙

圆周侧隙 j_t 和法向侧隙 j_n 之间的关系为：

$$j_n = j_t \cos\beta_b \cos\alpha_t$$

式中　β_b——基圆螺旋角；

　　　α_t——端面齿形角。

侧隙的大小主要取决于齿轮副的安装中心距和单个齿轮影响到侧隙大小的加工误差，因此 j_n（或 j_t）是直接体现能否满足设计侧隙要求的综合性指标。用下式判断侧隙是否满足设计要求：$j_{nmin} \leqslant j_n \leqslant j_{nmax}$ 或 $j_{min} \leqslant j_t \leqslant j_{max}$。$j_n$ 可用塞尺测量，也可用压铅丝法测量。j_t 可用指示表测量，测量 j_n 和测量 j_t 是等效的。

15.4 结合件的检测

15.4.1 普通螺纹的测量

测量螺纹的方法有两种：单项测量和综合检验。单项测量是指用指示量仪测量螺纹的实际值，每次只测量螺纹的一项几何参数，并以所得的实际值来判断螺纹的合格性。单项测量有牙型量头法、量针法和影像法等。综合检验是指一次同时检验螺纹的几个参数，以几个参数的综合误差来判断螺纹的合格性。生产上广泛应用螺纹极限量规综合检验螺纹的合格性。

单项测量精度高，主要用于精密螺纹、螺纹刀具及螺纹量规的测量或生产中分析形成各参数误差的原因。综合检验生产率高，适合于成批生产中精度不太高的螺纹件。

(1) 普通螺纹的综合检验

对螺纹进行综合检验时使用的是螺纹量规和光滑极限量规，它们都是由通规（通端）和止规（止端）组成的。光滑极限量规用于检验内、外螺纹顶径尺寸的合格性，螺纹量规的通规用于检验内、外螺纹的作用中径及底径的合格性，螺纹量规的止规用于检验内、外螺纹单一中径的合格性。检验内螺纹用的螺纹量规称为螺纹塞规，检验外螺纹用的螺纹量规格称为螺纹环规。

对于一般标准螺纹，都采用螺纹环规或塞规来测量。如图 15-40 所示，在测量外螺纹时，如果螺纹"通端"环规正好旋进，而"止端"环规旋不进，则说明所加工的螺纹符合要求，反之就不合格。测量内螺纹时，采用螺纹塞规以相同的方法进行测量。

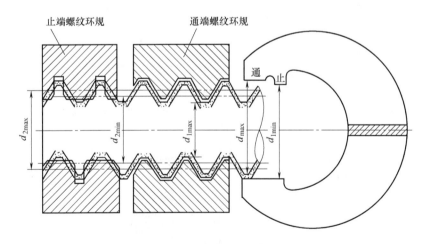

图 15-40 用螺纹环规检验外螺纹

螺纹量规按极限尺寸判断原则设计，其中通规体现的是最大实体牙型尺寸，具有完整的牙型，并且其长度等于被检螺纹的旋合长度。若被检螺纹的作用中径未超过螺纹的最大实体牙型中径，且被检螺纹的底径也合格，那么螺纹通规就会在旋合长度内与被检螺纹顺利旋合。

　　螺纹量规的止规用于检验螺纹的单一中径。为了避免牙型半角误差和螺距积累误差对检验结果的影响，止规的牙型常做成截短形牙型，以使止端只在单一中径处与被检螺纹的牙侧接触，并且止端的牙扣只做出几牙。

　　用卡规先检验外螺纹顶径的合格性，再用螺纹环规的通端检验，若外螺纹的作用中径合格，且底径（外螺纹小径）没有大于其上极限尺寸，通端应能在旋合长度内与被检螺纹旋合。若被检螺纹的单一中径合格，螺纹环规的止端不应通过被检螺纹，但允许旋进2～3牙。

　　图15-41所示为内螺纹的综合检验。用螺纹塞规检验内螺纹顶径的合格性，再用螺纹塞规的通端检验内螺纹的作用中径和底径，若作用中径合格且内螺纹的底径（内螺纹大径）不小于其下极限尺寸，通规应能在旋合长度内与内螺纹旋合。若内螺纹的单一中径合格，螺纹塞规的止端就不能通过，但允许旋进2～3牙。

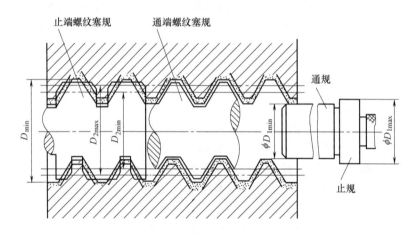

图15-41　内螺纹的综合检验

　　在使用螺纹环规或塞规时，应注意不能用力过大或用扳手硬旋，在测量一些特殊螺纹时，须自制螺纹环（塞）规，但应保证其精度。对于直径较大的螺纹工件，可采用螺纹牙型卡板来进行测量、检查。

（2）普通螺纹的单项测量

　　① 用螺纹千分尺测量　螺纹千分尺是用来测量螺纹中径的量具，如图15-42所示，一般用来测量三角形螺纹，其结构和使用方法与外径千分尺相同，有两个和螺纹牙型角相同的触头，一个呈圆锥体，一个呈凹槽。有一系列的测量触头可供测量不同牙型角和螺距的螺纹时选用。

(a)　　　　　　　　　　　　　(b)

图15-42　螺纹千分尺

　　测量时，螺纹千分尺的两个触头正好卡在螺纹的牙型面上，所得的读数就是该螺纹中径的实际尺寸。螺纹千分尺是测量低精度外螺纹中径的常用量具。

② 用三针量法测量　三针量法具有精度高、测量简便的特点，可用来测量精密螺纹和螺纹量规。三针量法是一种间接测量法，如图 15-43 所示，测量时，将三根精度很高、直径相同的量针放在被测螺纹的牙槽中，用测量外尺寸的计量器具测量出尺寸 M。再根据被测螺纹的螺距 P、牙型半角 $\alpha/2$ 和量针直径 d_0，计算出螺纹中径 d_2。

当螺纹升角不大时（$\phi \leqslant 3°$），根据已知螺距 P、牙型半角 $\alpha/2$ 及量针直径 d_0，计算螺纹的单一中径 $d_{2单-}$，即

$$d_{2单-} = M - d_0\left(1 + \frac{1}{\sin\frac{\alpha}{2}}\right) + \frac{P}{2}\cot\frac{\alpha}{2}$$

式中　M——千分尺测量的数值，mm；

　　　　P——螺距或蜗杆轴向齿距，mm；

　　　　d_0——量针直径，mm；

　　　　$\dfrac{\alpha}{2}$——牙型半角。

普通螺纹 $\alpha = 60°$，最佳量针直径 $d_0 = \dfrac{P}{2\cot\dfrac{\alpha}{2}}$，故有

$$d_{2单-} = M - 3d_0 + 0.866P$$

另外，在计量室里常在工具显微镜上采用影像法测量精密螺纹的各几何参数，可供生产上工艺分析用。

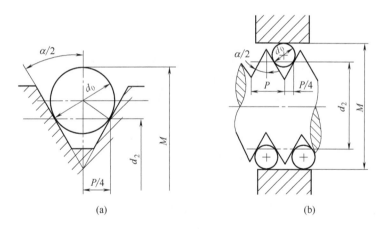

图 15-43　三针量法测量螺纹中径

15.4.2　键和花键的检测

(1) 单键及其键槽的测量

键和键槽尺寸的检测比较简单，在单件、小批量生产中，键的宽度、高度，和键槽宽度、深度等一般用游标卡尺、千分尺等通用计量器具来测量。

① 键和键宽　在单件小批量生产时，一般采用通用计量器具（如千分尺、游标卡尺等）测量；在大批量生产时，用极限量规控制，如图 15-44（a）所示。

② 轴槽和轮毂槽深　在单件小批量生产时，一般用游标卡尺或外径千分尺测量轴槽深度，用游标卡尺或内径千分尺测量轮毂尺寸。在大批量生产时，用专用量规，如轮毂槽深度

极限量规和轴槽深度极限量规，如图 15-44（b）、（c）所示。

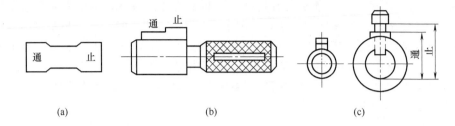

(a)   (b)   (c)

图 15-44　键和键宽测量工具

③ 键槽对称度　在单件小批量生产时，可用如图 15-45 所示的方法进行检测；在大批量生产时一般用综合量规检测，如对称度极限量规，只要量规通过即为合格。图 15-46（a）所示为轮毂槽对称度量规，图 15-46（b）所示为轴槽对称度量规。

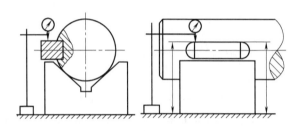

图 15-45　轴槽对称度误差测量

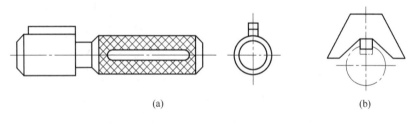

(a)   (b)

图 15-46　轴槽对称度误差测量

(2) 花键的测量

花键的测量分为单项测量和综合检验，也可以说对于定心小径、键宽、大径的三个参数检验，而每个参数都有尺寸、位置、表面粗糙度的检验。

① 单项测量　单项测量就是对花键的单个参数，如小径、键宽（键槽宽）、大径等尺寸，位置、表面粗糙度的检验。单项测量的目的是控制各单项参数，如小径、键宽（键槽宽）、大径等的精度。在单件小批量生产时，花键的单项测量通常用千分尺等通用计量器具来测量。在成批生产时，花键的单项测量用极限量规检验，图 15-47 所示是检验花键各要素极限尺寸用的量规。其中，图 15-47（a）所示是测量内花键小径的光滑极限量规，图 15-47（b）所示是测量内花键大径的板式塞规，图 15-47（c）所示是测量内花键槽宽的塞规，图 15-47（d）所示是测量外花键大径的卡规，图 15-47（e）所示是测量外花键小径的卡规，图 15-47（f）所示是测量外花键键宽的卡规。

② 综合测量　综合测量就是对花键的尺寸、几何误差按控制最大实体实效边界要求，用综合量规进行检验，如图 15-48 所示。

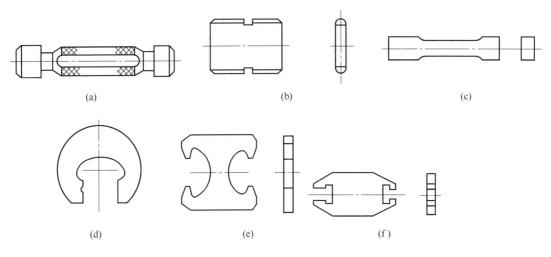

(a)　　　　　　　　　　(b)　　　　　　　　　　(c)

(d)　　　　　　　　(e)　　　　　　　　(f)

图 15-47　花键的极限塞规和卡规

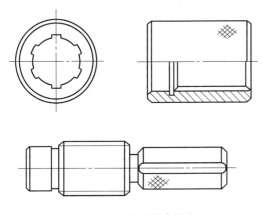

花键的综合量规（内花键为综合塞规，外花键为综合环规）均为全形通规，其作用是检验内、外花键的实际尺寸和几何误差的综合结果，即同时检验花键的小径、大径、键宽（键槽宽）实际尺寸和形状误差，各键（键槽）的位置误差，以及大径对小径的同轴度误差等综合结果，对小径、大径和键宽（键槽宽）的实际尺寸是否超越各自的最小实体尺寸，则采用相应的单项止端量规（或其他计量器具）来检测。

图 15-48　花键综合量规

综合检测内、外花键时，若综合量规通过，单项止端量规不通过，则花键合格。若综合量规通过，则花键为不合格。

15. 4. 3　轴承的检测

(1) 轴承检测方法

轴承检测一般分为 3 个部分：外观检测，如外径尺寸、内径尺寸、轴承高度、同轴度、同心度、内外圈径向圆跳动等；探伤检测，一般用声波、电磁等手段进行内部检测；振动检测。轴承检测仪器有如下几类：

① 机械式仪器测量　机械式仪器测量采用表头进行显示，分辨力低，显示分辨力为 1mm 左右，主观误差较大，一般检测参数单一，但成本低、可靠性高、普及面广，此类仪器包括轴承行业现在使用的 D 系列内外径仪、H 系列高度仪、W 系列沟位置仪、B 系列摆差仪等。

② 光电一体化仪器测量　光机电一体化仪器一般采用传感器测量、数字显示，分辨力高，显示分辨力一般比机械式仪器高一个数量级，示值准确，动态性能好。此类仪器包括激光粗糙度仪、标准测长机、基准游隙仪、主动测量仪、振动测量仪、在线内径测量机、机外检测机等。

③ 影像测量仪测量　此处将影像测量仪单独列出，是因为在光电一体化仪器里它是测量轴承的最佳仪器。苏州天准科技股份有限公司生产的 VMU、VMC 及 VMG 系列全自动影像测量仪除兼顾了机械式仪器的功能外，还具备智能化仪器的综合分析判断、数据存储、统计分析等功能，能够完成在线批量检测，节省购买其他配套设备的成本，且能够大幅提升测量效率。

④ 智能化仪器测量　智能化仪器一般采用传感器测量，计算机分析处理测量数据，一般具有消除测量安装误差、综合分析判断、数据存储、统计分析、网络管理接口等功能，具有分辨力高、示值准确、显示直观、人机对话良好、动态性能好等特点。但智能化仪器太过专一，测量轴承时往往要几个仪器一起配合使用，这样不仅提升成本也降低效率。此类仪器如 Y 系列圆度仪、机外检测机、智能振动测量仪、R 系列沟曲率仪、摩擦力矩仪、网络化轴承多参数仪等。

(2) 轴承的游隙

所谓滚动轴承的游隙，是将一个套圈固定，另一个套圈沿径向或轴向的最大活动量。沿径向的最大活动量称为径向游隙，沿轴向的最大活动量称为轴向游隙。一般来说，径向游隙越大，轴向游隙也越大，反之亦然。按照轴承所处的状态，游隙可分为以下三种：

① 原始游隙　指轴承安装前自由状态时的游隙。原始游隙是由制造厂加工、装配所确定的。

② 安装游隙　也称配合游隙，是轴承与轴及轴承座安装完毕而尚未工作时的游隙。由于过盈安装，或使内圈增大，或使外圈缩小，或两者兼而有之，均使安装游隙比原始游隙小。

③ 工作游隙　指轴承在工作状态时的游隙。轴承工作时内圈温升最大，热膨胀最大，使轴承游隙减小；同时，由于负荷的作用，滚动体与滚道接触处产生弹性变形，使轴承游隙增大。轴承工作游隙比安装游隙大还是小，取决于这两种因素的综合作用。

有些滚动轴承不能调整游隙，更不能拆卸，如 0000～5000 型；有些滚动轴承可以调整游隙，但不能拆卸，如 6000 型（角接触轴承）及内圈锥孔的 1000 型、2000 型和 3000 型滚动轴承，这些滚动轴承的安装游隙，经调整后将比原始游隙更小；另外，有些轴承不仅可以拆卸，还可以调整游隙，如 7000 型（圆锥滚子轴承）、8000 型（推力球轴承）和 9000 型（推力滚子轴承），这三种轴承不存在原始游隙。上述轴承中，6000 型和 7000 型滚动轴承，径向游隙被调小，轴向游隙也随之变小，反之亦然，而 8000 型和 9000 型滚动轴承只有轴向游隙有实际意义。合适的安装游隙有助于滚动轴承的正常工作。游隙过小，滚动轴承温度升高，无法正常工作，以至于滚动体卡死；游隙过大，设备振动大，滚动轴承噪声大。

(3) 径向轴承游隙的检测方法

① 感觉法　用手转动轴承，轴承应平稳灵活无卡滞现象。或者用手晃动轴承外圈，即使径向游隙只有 0.01mm，轴承最上面一点的轴向移动量也有 0.10～0.15mm。这种方法专用于单列向心球轴承。

② 测量法　用塞尺检查，操作方法与用塞尺检查径向游隙的方法相同，但轴向游隙应为

$$c = 2\lambda \sin\beta$$

式中　c——轴向游隙，mm；

　　　λ——塞尺厚度，mm；

　　　β——轴承锥角，(°)。

也可使用千分表检查。用撬杠窜动轴，使轴在两个极端位置时，千分表读数的差值即为轴承的轴向游隙。但撬杠的力不能过大，否则壳体发生弹性变形，即使变形很小，也影响所测轴向游隙的准确性。

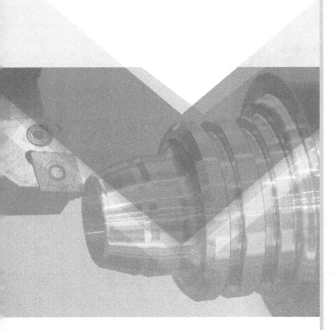

第5篇

装配调试

　　任何机器都是由许多零件和部件装配而成的，装配调试是整个机器制造过程中的最后一个阶段，主要工作内容包括固定、连接、清洗、平衡、调整、检验、试验、涂装和包装等工作。装配不只是将合格零件简单地连接起来，而是根据规定的技术要求，通过校正、调整平衡、配作，以及反复的检验等一系列工作来保证产品质量的一个复杂的过程。装配不仅是最终保证产品质量的重要环节，而且在装配过程中可以发现机器在设计和加工过程中所存在的问题，如设计上的错误和不合理的结构尺寸，零件加工工艺中存在的质量问题以及装配工艺本身的问题等。因此，装配调试在产品制造过程中占有非常重要的地位。本篇主要研究以下几个方面的问题：装配工艺规程的制订；装配尺寸链的种类及查找方法、计算方法；零件的精度和产品精度的关系，以及获得装配精度的方法等。

第16章

装配工艺的制订

装配工艺规程的制订是生产技术准备中的一项重要工作。机械产品的最终质量、生产率及成本在很大程度上取决于装配工艺规程制订的合理性。装配工艺规程不仅是指导装配作业的主要技术文件，而且是制订装配生产计划和技术准备，以及设计或改建装配车间的重要依据。在装配工艺规程中，应规定产品及部件的装配顺序、装配方法、装配技术要求和检验方法，及装配所需设备、工具、夹具、工时定额等。

16.1 制订装配工艺规程的基本原则

制订装配工艺规程时，应满足下列基本原则：

① 保证产品的装配质量，并尽可能做到以较低的零件加工精度来满足装配精度的要求。此外，还应力求做到产品具有较高的精度储备，以延长产品的使用寿命。

② 满足装配周期的要求，并尽可能缩短装配周期，提高装配效率。

③ 合理地安排装配顺序和工序，尽量减少钳工手工劳动量。装配工作中的钳工劳动量很大，在机器和仪器制造中，分别占总劳动量的 20% 和 50% 以上。所以减少手工劳动量，降低工人的劳动强度，改善装配工作条件，使装配工作实现机械化与自动化是一个亟待解决的问题。

④ 尽量减少装配工作所占的成本，尽量减少装配占地面积，力争单位面积上具有最大生产率。

⑤ 装配工艺规程应做到正确、完整、协调、规范。作为一种重要的技术文件不仅不允许出现错误，而且应该配套齐全。例如，除编制出全套的装配工艺过程卡片、装配工序卡片外，还应该有与之配套的装配系统图，装配工艺流程图、装配工艺流程表、工艺文件更改通知单等一系列工艺文件。此外，各有关的工艺文件之间不应有相互矛盾之处。

⑥ 在充分利用本企业现有生产条件的基础上，尽可能采用国内外先进工艺技术。

⑦ 工艺规程中所使用的术语、符号、代号、计量单位、文件格式等，要符合相应标准的规定，并尽可能与国家标准接轨。

⑧ 制订装配工艺规程时要充分考虑安全生产和防止环境污染问题。

为此，在制订装配工艺规程时，必须尽力争取各种技术和组织措施，合理安排装配工序或作业计划，以减轻劳动强度、提高装配效率、缩短装配周期和节省生产面积。

16.2　装配工艺规程的内容、制订方法与步骤

16.2.1　制订装配工艺规程的原始资料

制订装配工艺规程时，为使该项工作能够顺利进行，必须具备以下原始资料：

(1) 产品图样及验收技术条件

产品图样包括全套总装配图、部件装配图及零件图等。从装配图上，可以了解产品和部件的结构、配合尺寸、配合性质和精度要求，从而决定装配的顺序和装配方法。为了在装配时对某些零件、组件进行补充加工及核算装配尺寸链的需要，零件图也是必不可少的。

验收技术条件主要规定了产品主要技术性能的检验、试验工作的内容及方法，这是制订装配工艺规程的主要依据之一。

(2) 产品的生产纲领

生产纲领不同，生产类型就不同，从而使装配的组织形式、工艺方法、工艺过程的划分，及工艺装备的多少、手工劳动的比例均不相同。各种生产类型的装配工作特点见表 16-1。

表 16-1　各种生产类型的装配工作特点

生产类型	大批大量生产	成批生产	单件小批生产
装配工作特点	产品固定,生产内容长期重复,生产周期一般较短	产品在系列化范围内变动,分批交替投产或多品种同时投产,生产内容在一定时期内重复	产品经常变换,不定期重复生产,生产周期一般较长
组织形式	多采用流水装配线,由连续移动、间歇移动及可变节奏移动等方式,还可采用自动装配机或自动装配线	笨重且批量不大的产品多采用固定流水装配;批量较大时,采用流水装配;多品种同时投产时使用多品种可变节奏流水装配	多采用固定装配或固定流水装配进行总装
装配工艺方法	按互换法装配,允许有少量简单的调整,精密偶件成对供应或分组供应装配,无任何修配工作	主要采用互换法,但灵活运用其他保证装配精度的方法,如调整法、修配法、合并加工法,以节约加工费用	以修配法及调整法为主,互换件比例较小
工艺过程	工艺过程划分很细,力求达到高度的均衡性	工艺过程的划分需适合于批量的大小,尽量使生产均衡	一般不制订详细的工艺文件,工序可适当调整,工艺也可灵活掌握
工艺装备	专业化程度高,宜采用专用高效工艺装备,易于实现机械化、自动化	通用设备较多,但也采用一定数量的专用工、夹、量具,以保证装配质量和提高工效	一般为通用设备及通用工、夹、量具
手工操作要求	手工操作比重小,熟练程度容易提高,便于培养新工人	手工操作比重较大,技术水平要求较高	手工操作比重大,要求工人有较高的技术水平和多方面的工艺知识
应用实例	汽车、拖拉机、内燃机、滚动轴承、手表、缝纫机、电气开关等行业	机床、机车车辆、中小型锅炉、矿上采掘机械行业	重型机床、重型机器、汽轮机、大型内燃机、大型锅炉等行业

(3) 现有生产条件

对于老厂来讲，应考虑现有的车间面积、生产设备及工人技术水平等因素来制订装配工艺规程，使装配工作结合实际，使现有的人力和物力得到充分利用。若为新建厂，则所受到的限制要相应地少一些。

16.2.2　制订装配工艺规程的步骤及其内容

(1) 产品图样分析

制订装配工艺规程时，要通过对产品总装配图、部件装配图、零件装配图及技术要求的研究，深入地了解产品及其各部分的具体结构，产品及各部件的装配技术要求，设计人员所确定的保证产品装配精度的方法，以及产品的试验内容、方法等，从而对与制订装配工艺规程有关的一些原则性问题做出决定，如采用何种装配组织形式、装配方法，及检查和试验方法等。此外，还要对图样的完整性、装配技术要求及装配结构工艺性等方面进行审查，如发现问题及时提出，由设计人员研究后予以修改。

① 了解产品及部件的具体结构、装配技术要求和检验验收的内容及方法。

② 审核产品图样的完整性、正确性、分析审查产品的结构工艺性。

③ 研究设计人员所确定的装配方法，进行必要的装配尺寸链分析与计算。

(2) 确定装配组织形式

产品装配工艺方案的制订与装配的组织形式有关。例如，总装、部装的具体划分，装配工序划分时的集中或分散程度，产品装配的运输方式，以及工作地的组织等均与装配的组织形式有关。装配的组织形式要根据生产纲领、产品的结构特点（如质量大小、尺寸及复杂程度）及现有生产条件来确定。装配的组织形式主要分固定式和移动式两种。

① 固定式装配　其全部装配工作在一个固定的地点进行。装配过程中装配对象的位置不变，装配需要的零部件都汇聚在工作地附近。固定式装配的特点是装配周期长，装配面积利用率低，且需要技术水平较高的工人，多用于单件小批生产，尤其适合于批量不大的笨重产品，如飞机、重型机床、大型发电设备等。

② 移动式装配　装配过程在装配对象的连续或间歇的移动中完成，将零部件用输送带或移动小车按装配顺序从一个装配地点移动至下一个装配地点，各装配点完成一部分工作，全部装配点的工作总和就完成了产品的全部装配工作。根据零部件移动方式的不同又可分为连续移动、间歇移动和变节奏移动装配三种方式。移动式装配常用于大量生产时组成流水作业线或自动线，如汽车、拖拉机、仪器仪表、家用电器等产品的装配。为了实现流水装配，产品的装配工艺性要好，装配工艺规程制订得与流水装配相适应，流水线上的供应工作要予以确保。

(3) 装配方法的选择

选择合理的装配方法，是保证装配精度的关键。要结合具体生产条件，从机械加工和装配的全过程着眼应用尺寸链理论，同设计人员一起最终确定装配方法。

这里所指的装配方法，其含义包含两个方面：一是指手工装配还是机械装配；另一个是指保证装配精度的工艺方法和装配尺寸链的计算方法，如互换法、分组法等。

① 对前者的选择，即对手工装配和机械装配的选择，主要取决于生产纲领和产品的装配工艺性，但也要考虑产品尺寸和质量的大小，以及结构的复杂程度，根据结构及其装配技术要求便可确定装配内容，为完成这些工作需要选择合适的装配工艺和相应的设备，或工、夹、量具，例如，对于过盈连接，采用压入配合还是热胀配合法，采用哪种压入工具或哪种加热方法及设备，需要根据结构特点、技术要求、工厂经验及具体条件

来确定。

②　对后者的选择主要取决于生产纲领和装配精度，但也与装配尺寸链中组成环数的多少有关。表 16-2 综合了各种装配方法的适用范围，并举出了一些实例。

表 16-2　各种装配方法的适用范围和应用实例

装配方法	使用范围	应用举例
完全互换法	适用于零件数较少、批量很大、零件可用经济精度加工时	汽车、拖拉机、中小型柴油机、缝纫机及小型电动机的部分部件
不完全互换法	适用于零件数稍多、批量大、零件可用经济精度加工需适当放宽时	机床、仪器仪表中某些部件
分组法	适用于成批或大量生产中，装配精度很高、零件数很少，又不便采用调整装置时	中小型柴油机的活塞与缸套、活塞与活塞销、关节轴承的内外圈与滚子
修配法	单件小批生产中，装配精度要求高且零件数较多的场合	车床尾座垫板、滚齿机分度蜗轮与工作台装配后经加工齿形、平面磨床砂轮（架）对工作台台面自磨
调整法	除必须采用分组法选配的精密配件外，调整法可用于各种装配场合	机床导轨的楔形镶条、内燃机气门间隙的调整螺钉、滚动轴承调整间隙的间隙套、垫圈、锥齿轮调整间隙的垫片

(4)　划分装配单元

将产品划分为可进行独立装配的单元是制订装配工艺规程中最重要的一个步骤，这对于大批大量生产结构复杂的产品时尤为重要。只有划分好装配单元，才能合理安排装配顺序和划分装配工序，这对于批量生产尤为重要。一般情况下，所谓装配单位，就是能够进行独立装配的结构单元，它可分为 5 级：零件、合件、组件、部件和总成（总装），如图 16-1 所示。

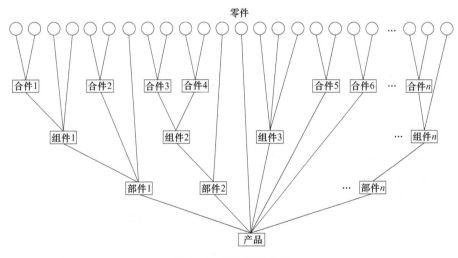

图 16-1　产品装配单元

①　零件：组成机械和参加装配的最基本单元。大部分零件都是预先装成合件、组件和部件再进入更高阶的装配单元。只有少数零件直接进入总装。

②　合件：比零件大一级的装配单元。下列情况皆属合件。

a. 两个及以上零件，是由不可拆卸的连接方法（如铆、焊、热压装配等）连接在一起。

b. 少数零件组合后还需要合并加工，如齿轮减速箱体与箱盖、柴油机连杆与连杆盖，都是组合后镗孔的，零件之间对号入座，不能互换。

c. 以一个基准零件和少数零件组合在一起。

③ 组件：一个或几个合件与若干个零件的组合。由一个或数个合件及零件组合成的相对较独立的组合体称为组件，如轴和装在该轴上的齿轮、轴承等都可看成是组件。

④ 部件：一个基准件和若干个组件、合件、零件组成，在产品中能完成一定的完整功能的独立单元称为部件，如主轴箱、走刀箱等。

⑤ 总成：一个相对来说，比部件概念上更大的集成，一个具有复杂机构的设备，通常含有几个总成。比如挖掘机：有底盘总成，主机箱体总成，机臂工作机构总成，液压动力系统总成。

⑥ 总装：一般来说大于或等于总成，看设备复杂到何种程度，如果总成更上一级还需要表达，可以用总装来体现。总装体现了整机的意义。

总装≥总成＞部件＞组件＞合件＞零件

但这些相对复杂程度不同的装配组合，并不能在不同的设备间相比较，有些设备的部件，会比另一个设备的总成还要复杂，这并不奇怪。

（5）确定装配顺序

① 确定装配顺序时应遵循以下原则：

a. 预处理工序先行。如零件的去毛刺、清洗、防锈、涂装、干燥等应先安排。

b. 先基础后其他，基准件首先进入装配。为使产品在装配过程中重心稳定，刚开始装配时内部空间较大，比较好安装、调整和检测，因而也就比较容易保证装配精度，应先进行基准件的装配。

c. 根据装配结构的具体情况，按照先下后上、先内后外、先难后易、先精密后一般、先复杂后简单、先重后轻的一般规律去确定其他零件或装配单元的装配顺序。

d. 前后工序互不影响、互不妨碍。为避免前面工序妨碍后续工序的操作，应按"先里后外、先下后上"的顺序进行装配；应将易破坏装配质量的工序（如需要敲击、加压、加热等的装配）安排在前面，以免操作时破坏前工序的装配质量。

e. 类似工序、同方位工序集中安排。对使用相同工装、设备和具有共同特殊环境的工序应集中安排，以减少装配工装、设备的重复使用及产品的来回搬运。对处于同一方位的装配工序也应尽量集中安排，以防止基准件多次转位和翻转。

f. 电线、油（气）管路同步安装。为防止零、部件反复拆装，在机械零件装配的同时应把须装入内部的各种油（气）管、电线等也装进去。

g. 危险品最后。为安全起见，对易燃、易爆、易碎或有毒物质的安装应尽量放在最后。

总之，合理的装配顺序应在实践中逐步完善。

② 装配基准件的选择　确定装配顺序时，首先找出每一装配单元的基准件和总装配的基准件，以决定该装配单元或整个机器中各个组成元件之间的相对位置，便于确定装配工作从何处开始。

基准件可以选一个零件，也可以选比装配对象低一级的装配单元，如部件装配，其装配基准件可以是一个零件，也可以是一个组件。通常应选体积或质量较大，有足够支承面能够保证装配时稳定性的零件、部件或组件作为装配基准件，如床身零件是床身组件的装配基准件；床身组件是床身部件的装配基准组件；床身部件是机床产品的装配基准部件。汽车总装配则是以车架部件作为装配主体和装配基准部件。

③ 装配顺序的表达——装配单元系统图　产品装配单元的划分及其装配顺序的确定，可以通过装配单元系统图直观表示，它是用图解来说明产品及各级装配单元的组成和装配程序的，从中可以了解整个产品的装配过程，它是产品装配的主要技术文件之一。它有助于拟制装配顺序并分析产品结构的装配工艺性。在设计装配车间时可以根据它组织装配单元的平行装配，并按装配顺序合理布置工作地点。如图 16-2 所示，分别为部件和机器的装配系统图。

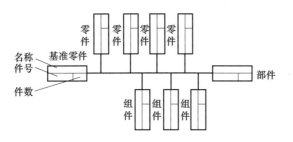

(a) 部件装配系统图

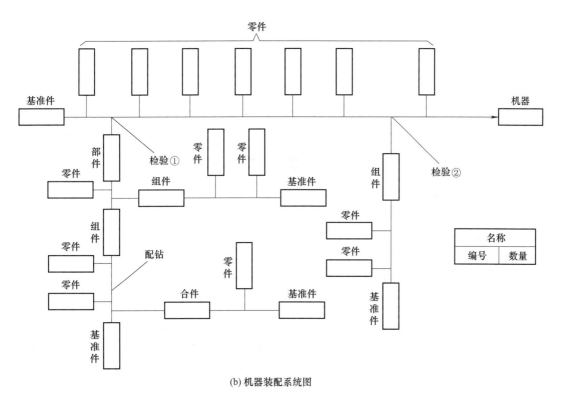

(b) 机器装配系统图

图 16-2　装配单元系统图

装配单元系统图的画法是：先画一条横线，横线左端的长方格是基准件，横线右端的长方格是装配完成的机器或部件；再按照装配顺序，从左向右依次将装入零件、合件、组件和部件画入，表示零件的长方格画在横线的上方，表示合件、组件和部件的长方格画在横线的下方。每一个装配单元用一个长方格表示，在长方格的上方标明装配单元的名称，左下方是装配单元的编号，右下方填入装配单元的数量。

对于结构简单，零部件数量很少的产品，如千斤顶、台虎钳之类，只需绘制产品或部件装配系统图即可，如图 16-2（a）所示。对于复杂零部件数量较多的产品，既要绘制产品的装配系统图，又要绘制部件的装配系统图，需要将机器所有部件、组件、合件的装配流程全部反映在机器的装配流程图上，有时在图上还要加注一些工艺说明，如焊接、配钻、冷压和检验等内容，就构成了机器的装配流程图，如图 16-2（b）所示，它是车间规划布局、生产组织管理、编制更详尽工艺文件等的技术依据。

　　④ 装配顺序的表达—装配工艺流程图　在绘制出装配单元系统图后，通常还要在此基础上画出装配工艺流程图，该图是用各种符号直观地表示装配对象由投入到产品，经过一定顺序的加工（含清洗、连接、校正、平衡等装配内容）、搬运、检验、停放、存储的全过程。图 16-3 为保安器的本体部件装配工艺流程图。在图中要熟悉每个零件的形状、性能及其装配要求，相互配合零件间的结合方法，以及各级装配单元的组成方法。该图不仅可用于对装配工艺过程的研究和分析，而且可用于对过程的指导和改进。

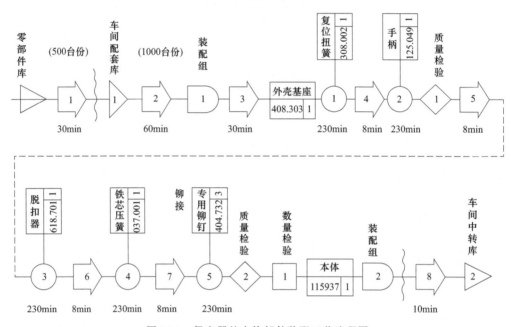

图 16-3　保安器的本体部件装配工艺流程图

○—加工、连接；⇨—搬运；□—数量检验；◇—质量检验；□—停放；▷—储存；⌇—分区

（6）划分装配工序

　　装配顺序确定后，还应将装配过程划分成若干装配工序，并确定工序内容、所用设备、工装和时间定额；制订各工序装配操作范围和规范（如过盈配合的压入方法、热胀法装配的加热温度、紧固螺栓的预紧扭矩、滚动轴承的预紧力等）；制订各工序装配质量要求及检测方法、检测项目等。

　　装配工艺过程是由个别的站、工序、工步和操作组成的。站是装配工艺过程的一部分，是指在一个装配地点，由一个（或一组）工人所完成的那部分装配工作，每一个站可以包括一个工序，也可以包括数个工序。工序是站的一部分，它包括在产品任何一部分上所完成组装的一切连续动作。工步是工序的一部分，在每个工步中，所使用的工具及组合件不变。但根据生产规模的不同，每个工步还可以按技术条件分得更详细一些。操作是指在工步进行过程中（或工步的准备工作中）所做的各个简单的动作。

　　在安排工序时，必须注意以下几个问题：

① 前一工序不能影响后一工序的进行。

② 在完成某些重要的工序或易出废品的工序之后，均应设置检查工序，以保证质量。在重要而又复杂的装配工序中，用文字表达不甚明了的时候还需绘出局部的指导性图样。

③ 在采用流水式装配时，每一个工序所需要的时间应该等于装配节拍（或为装配节拍的整数倍），使每个工序花费的时间大致相等，均衡生产，实施流水装配。

划分装配工序和确定其内容所含的工作有：确定装配工序的数量、顺序、工作内容；选择所需的通用和标准工艺装备以及必要的检查和试验工具等；对专用的工艺装备提出设计任务书。划分装配工序应按装配单元系统图来进行，首先由合件和组件装配开始，然后是部件以及产品的总装配。装配工艺流程图可以在该过程中一并拟制，与此同时还应考虑到工序间的运输、停放、存储等问题。

(7) 编制装配工艺文件

单件小批生产时，通常不需要编制装配工艺过程卡片，而是用装配工艺流程图来代替。装配时，工人按照装配图和装配工艺系统图进行装配。

成批生产时，通常还制订部件装配及总装配的装配工艺过程卡片（表 16-3），它是根据装配工艺流程图将部件或产品的装配过程分别按照工序的顺序记录在单独的卡片上。卡片上需写明工序次序，简要工序内容，设备名称，工装夹具名称及编号，工人技术等级和时间定额等项。

表 16-3　装配工艺过程卡片

××汽车制造厂××分厂 装配车间××生产线		装配工艺 过程卡片	零件图样更改标记		第 1 页	零件号		01 2402935-02 03
			通知书					
			标记		共 1 页	零件名称		主动锥齿轮总成
制造 路线		装配 单位	零件 名称	毛坯 种类	毛坯 硬度	毛重 /kg	净重 /kg	车型	每车 件数	1
工序号	工序名称	平面图号	设备型号	设备名称		夹具	时间定额 /min	负荷 /%	备注
1	做标记						0.5		
2	压轴承	D8-055	Y4I-25A	单柱校正压装液压机		35-10325	0.80		
						D35-14001			
3	调转矩	D8-054	Y41-10	单柱校正压装液压机		H35-10005A	3.20		
						10-7818			
4	拧螺母					D35-14002	2.20		
5	最后检验								
更改根据			待定		校对	审核	检查科会签	分厂批准	总厂批准	
标记及数目										
签名及日期										

在大批量生产时，要制订装配工序卡片（表 16-4），详细说明该装配工序的工艺内容，以直接指导工人进行操作。对于成批生产中的关键装配工序，最好也能制订装配工序卡片，以确保重要装配工序的装配质量，从而保证整个机器的装配质量及工作性能。

除了装配工艺过程卡片及装配工序卡片以外，还应有装配检验卡片及试验卡片，有些产品还应附有测试报告、修正（校正）曲线等。

(8) 制订产品检验与试验规范

产品总装完毕后，应根据产品的技术性能和验收技术标准进行验收，因此需要制订检验与试验规范，主要内容包括：

① 检测和试验的项目及检验质量指标。
② 检测和试验的方法、条件与环境要求。
③ 检测和试验所需工艺装备的选择与设计。
④ 质量问题的分析方法和处理措施。

表 16-4　装配工序卡片

××汽车制造厂 ××分厂	装配工序卡 装配车间××班(组)	车型			图样更改标记	合件图号	01 2402935-02 03
		每车件数				合件名称	主动锥齿轮总成
		共　页　第　页				合件质量	23kg,24kg

工序号	简图	工序内容	零件		设备和夹具			工具			工序定额/h
			号码	数量	名称	编号	数量	名称	编号	数量	
2	1—压头；2—芯轴；3—主动锥齿轮；4—轴承内圈(7613E)；5—夹具	压轴承	7613E	1	夹具 单柱校正压装液压机 拆卸器	35-10325 Y41-25A D35-14001	1 1 1	压头 芯轴	38-2008 38-1145	1 1	0.80
		①把轴承内圈及滚子总成7613E放到夹具上									0.25
		②按顺序从滚道上取下主动锥齿轮插入轴承孔内									0.15
		③放上芯轴，用液压机把主动锥齿轮压至轴承端面									0.25
		④取下合件，把主动锥齿轮的内轮端一左一右，放到滚道上									0.15

更改根据			设计	校对	审核	检查科会签	分厂批准	总厂批准
标记及数目								
签名及日期								

第17章

装配尺寸链

在装配过程中，为了达到装配精度，应从机器的结构、机械加工、装配以及检验等方面进行综合考虑，全面分析整个产品制造的优质、高产和低成本问题，而装配尺寸链的理论和计算，是进行综合分析的有效方法。它是在机器设计过程中，结合确定零件图尺寸公差和技术条件，以及计算、校验部件、组件配合尺寸是否协调来进行的。它也应用在制订机器的装配过程、确定装配工序及解决生产中的装配质量问题等方面。

17.1 装配尺寸链的概念

(1) 装配尺寸链

在机器装配过程中，由相关零件的有关尺寸（表面或轴线间距离）或相互位置关系（平行度、垂直度或同轴度等）所组成的相互连接的尺寸形成的封闭尺寸组，称为装配尺寸链。

例如，图 17-1 (a) 为某齿轮部件图，齿轮 3 在位置固定的轴 1 上回转。按装配技术规范，齿轮左右端面与挡环 2 和 4 之间应有间隙。现将此间隙集中于齿轮右端面与挡环 4 左端面之间，用符号 A_0 表示。装配后，由齿轮 3 的宽度 A_1、挡环 2 的宽度 A_2、轴上轴肩到轴槽右侧面的距离 A_3、弹簧卡环 5 的宽度 A_4 及挡环 4 的宽度 A_5、间隙 A_0 依次相互连接，这种由不同零件的设计尺寸构成的封闭尺寸组，就形成了一个装配尺寸链，如图 17-1 (b)所示。装配尺寸链的绘制，通常不绘出该零、部件的具体结构，也不必严格按照比例，只要

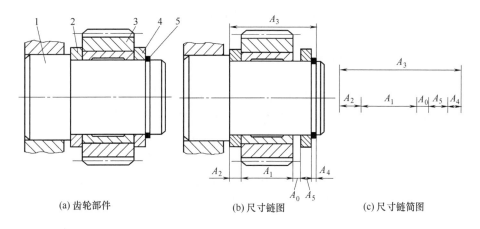

(a) 齿轮部件　　　　　(b) 尺寸链图　　　　　(c) 尺寸链简图

图 17-1　装配尺寸链示例

1—轴；2—左侧挡环；3—齿轮；4—右侧挡环；5—弹簧卡环

依次绘出各有关尺寸，排列成封闭的外形，如图 17-1（c）所示，这种表示各零件之间相互装配关系的示意图称为装配尺寸链简图。

装配尺寸链具有以下两大特征：

① 关联性　关联性是指尺寸链中的各尺寸相互联系、相互影响，像链条一样，一环扣一环。

② 封闭性　封闭性是指有关尺寸首尾相接，呈封闭状态。

(2) 装配尺寸链的环

在装配关系中，对装配精度有直接影响的零、部件的尺寸和位置关系，都是装配尺寸链的组成环。环一般用大写英文字母表示。如图 17-1（b）中的 A_0、A_1、A_2、A_3、A_4、A_5，皆是环。为了便于区分各环的作用、含义以及相关数值的计算，将环又分为以下几种。

① 封闭环　装配尺寸链的封闭环就是装配所要保证的装配精度或技术要求。装配精度（封闭环）是零部件装配后才最后形成的尺寸或位置关系。一个尺寸链只有一个封闭环，一般用加下标阿拉伯数字"0"的英文大写字母表示，如图 17-1（b）、（c）中的 A_0。

② 组成环　组成环一般用加下标阿拉伯数字（除数字"0"外）的英文大写字母表示，尺寸链中除封闭环以外的其余尺寸均称为组成环。同一尺寸链中的组成环，用同一字母表示，如图 17-1（b）与（c）中的 A_1、A_2、A_3、A_4、A_5，皆是组成环。

这些环中任一环变动必然引起封闭环的变动。根据对封闭环影响的不同，组成环分为增环与减环。

增环：尺寸链中某组成环变动引起封闭环同向变动，则该组成环称为增环。同向变动指该环增大时封闭环也增大，该环减小时封闭环也减小，如图 17-1（b）与（c）中的 A_3 为增环。增环用符号 $\overrightarrow{A}_3$ 表示（箭头向右）。

减环：尺寸链中某组成环变动引起封闭环反向变动，则该组成环称为减环。反向变动指该环增大时封闭环减小，该环减小时封闭环增大。如图 17-1（b）与（c）中的 A_1、A_2、A_4、A_5 为减环。减环用符号 $\overleftarrow{A}_1$、$\overleftarrow{A}_2$、$\overleftarrow{A}_4$、$\overleftarrow{A}_5$ 表示（箭头向左）。

17.2　装配尺寸链的种类及查找方法

(1) 装配尺寸链的种类

装配尺寸链按照各环的几何特征和所处的空间位置不同，可分为线性尺寸链、角度尺寸链、平面尺寸链和空间尺寸链。

① 线性尺寸链：主要由长度尺寸组成，各环尺寸会保持彼此平行。如图 17-1（b）和（c）所示。

② 角度尺寸链：由角度、平行度以及垂直度构成。例如，卧式车床的第 18 项精度——精车端面的平面度要求；工件直径 $D \leqslant 200\text{mm}$ 时，端面只许凹 0.015mm。该项要求可简化为图 17-2 所示的角度尺寸链。其中 α_0 为封闭环，即该项装配精度 $T_{\alpha_0} = 0.015/100$。α_1 为主轴回转轴线与床身前菱形导轨在水平面内的平行度，α_2 为溜板的上燕尾导轨对床身菱形导轨的垂直度。

③ 平面尺寸链：由成角度关系布置的长度尺寸构成，且各环处于同一或彼此平行的平面内。例如，车床

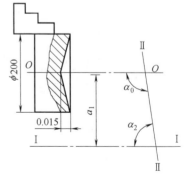

图 17-2　角度尺寸链

溜板箱装配在床鞍下面时，溜板箱齿轮 O_2 与床鞍横进给齿轮 O_1 应保持适当的啮合间隙，

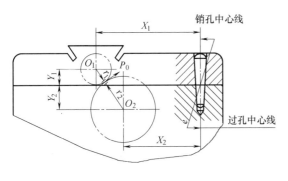

图 17-3　平面装配尺寸链

这个装配关系构成了平面尺寸链，如图 17-3 所示。其中 X_1、Y_1 为床鞍上齿轮 O_1 的坐标尺寸，X_2、Y_2 为溜板箱上齿轮 O_2 的坐标尺寸，r_1、r_2 分别为两齿轮的分度圆半径，P_0 为两齿轮的啮合侧隙，是封闭环。

④ 空间尺寸链：组成环位于几个不平行的空间平面内的尺寸链。

必须指出，线性尺寸链是最常见的尺寸链，而平面尺寸链和空间尺寸链通常可以用空间坐标投影的方法转换为线性尺寸链，然后采用线性尺寸链的计算方法来计算。故本章只阐述线性尺寸链的建立与计算。

(2) 装配尺寸链的建立及查找方法

应用装配尺寸链分析和解决装配精度问题，首先需要查找和建立尺寸链。只有建立和查找的装配尺寸链是正确的，求解它才有意义。装配尺寸链的建立是在装配图的基础上，根据装配精度要求，找出与该项精度有关的零件及相应的有关尺寸，并画出尺寸链简图。

首先根据装配精度要求确定封闭环，再取封闭环两端的任一零件为起点，沿装配精度要求的位置方向，以装配基准面为查找的线索，分别找出影响装配精度要求的相关理念关键（组成环），直至找到同一个基准零件，甚至是同一基准表面为止。

当然，装配尺寸链也可以从封闭环的一端开始，依次查找相关零部件直至封闭环的另一端，也可以从共同的基准面或零件开始，分别查到封闭环的两端。

如图 17-4 所示是一个传动箱的一部分。齿轮轴在两个滑动轴承中转动，因此两个轴承的端面处应留有间隙。为了保证获得规定的轴向间隙，在齿轮轴上装有一个垫圈（为了便于查找，将间隙均推向右侧）。这是一个线性装配尺寸链，它的建立一般可按下列步骤进行：

① 判断封闭环　如前所述，装配尺寸链中的封闭环，是产品装配图上注明的装配技术要求所限定的那个尺寸。它是在装配过程中最后自然形成的。为了正确地确定封闭环，必须深入了解机器的使用要求及各部分的作用，明确设计人员对整机及部件所提出的装配技术要求。图 17-4 所示传动机构要求有一定的轴向间隙，但转动轴本身并不能决定该间隙的大小，而是要由其他零件的尺寸来决定。因此轴向间隙是装配精度所要求的项目，即封闭环，在此处用 A_0 表示。

② 判断组成环　装配尺寸链的组成环是对机器或部件装配精度有直接影响的环节。一般查找方法是取封闭环两端为起点，沿着相邻零件由近及远地查找与封闭环有关的零件，直至找到同一个基准零件或同一基准表面为止。这样，所有相关零件上直接影响封闭环大小的尺寸或位置关系，便是装配尺寸链的全部组成环，并且整个尺寸链系统要正确封闭。

如图 17-4 所示的传动箱中，沿间隙 A_0 的两端可以找到相关的六个零件（传动箱由七个零件组成，其中箱盖与封闭环无关），影响封闭环大小的相关尺寸为 A_0、A_1、A_2、A_3、A_4、A_5、A_6。

③ 画出尺寸链图　图 17-4 (b) 即为尺寸链图，从中可以清楚地判断出增环和减环，便于进行求解。在封闭环精度一定时，尺寸链的组成环数越少，则每个环分配到的公差越大，

这有利于减小加工的难度和成本的降低。因此，在建立装配尺寸链时，要遵循最短路线（环数最少）原则，即应使每一相关零件仅有一个组成环列入尺寸链。

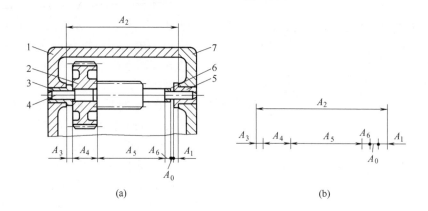

(a)   (b)

图 17-4   传动轴轴向装配尺寸链的建立

1—传动箱体；2—大齿轮；3—左轴承；4—齿轮轴；5—右轴承；6—垫圈；7—箱盖

(3) 查找装配尺寸链应注意的问题

① 装配尺寸链应进行必要的简化   机械产品的结构通常都比较复杂，对装配精度有影响的因素很多，在查找尺寸链时，在保证装配精度的前提下，可以不考虑那些影响较小的因素，使装配尺寸链适当简化。

例如：图 17-5 (a) 所示为车床主轴与尾座中心线等高问题。影响该项装配精度的因素有：

A_1——主轴锥孔中心线至尾座底板距离；

A_2——尾座底板厚度；

A_3——尾座顶尖套锥孔中心线至尾座底板距离；

e_1——主轴滚动轴承外圈与内孔的同轴度误差；

e_2——尾座顶尖套锥孔与外圆的同轴度误差；

e_3——尾座顶尖套与尾座孔配合间隙引起的向下偏移量；

e_4——床身上安装主轴箱和尾座的平导轨间的高度差。

由以上分析可知，车床主轴与尾座中心线等高的装配尺寸链如图 17-6 所示。但由于 e_1、e_2、e_3、e_4 的数值相对于 A_1、A_2、A_3 的误差而言是较小的，对装配精度影响也较小，故装配尺寸链可以简化成 17-5 (b) 所示的结果。但在精度装配中，应计入所有对装配精度有影响的因素，不可随意简化。

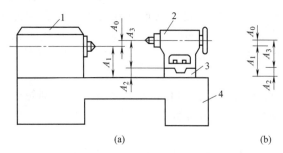

(a)   (b)

图 17-5   主轴箱主轴与尾座套筒中心线等高结构示意图

1—主轴箱；2—尾座；3—底板；4—床身

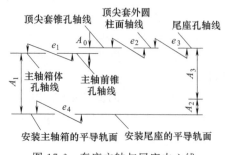

图 17-6   车床主轴与尾座中心线
等高装配尺寸链

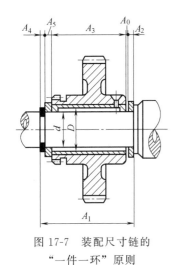

图 17-7　装配尺寸链的"一件一环"原则

② 装配尺寸链组成应该是"一件一环"，由尺寸链的基本理论可知，在装配精度既定的条件下，组成环数越少，则各组成环所分配到的公差值就越大，零件加工越容易、越经济。这样，在产品结构设计时，在满足产品工作性能的条件下，应尽量简化产品结构，使影响产品装配精度的零件数尽量减少。

在查找装配尺寸链时，每个相关的零、部件只应有一个尺寸作为组成环列入装配尺寸链，即将两个装配基准间的位置尺寸直接标注在零件图上。这样，组成环的数目就等于有关零、部件的数目，即"一件一环"，这就是装配尺寸链的最短路线（环数最少）原则。

图 17-7 所示齿轮装配后，轴向间隙尺寸链就体现了"一件一环"的原则。如果把其中的轴向尺寸标注成如图 17-8 所示的两个尺寸，则违反了"一件一环"的原则，其装配尺寸链的构成显然不合理。

③ 装配尺寸链的"方向性"在同一装配结构中，在不同位置方向都有装配精度的要求时，应按不同方向分别建立装配尺寸链。例如，蜗杆副传动结构，为保证正常啮合，要同时保证蜗杆副两轴线间的 距离精度、垂直度精度、蜗杆轴线与蜗轮中间平面的重合精度，这是三个不同位置方向的装配精度，因而需要在三个不同方向分别建立尺寸链。

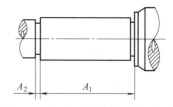

图 17-8　组成环尺寸的不合理标法

17.3　装配尺寸链的计算方法

装配方法与装配尺寸链的解算方法密切相关。同一项装配精度，采用不同装配方法时，其装配尺寸链的解算方法也不相同。

装配尺寸链的计算可分为正计算法、反计算法和中间计算法。

正计算法，组成环的基本尺寸及偏差，求封闭环的基本尺寸和偏差。这种计算比较简单，所求的解是唯一的，主要用于装配精度的校核计算。

反计算法，已知封闭环的基本尺寸及偏差，求所有组成环的基本尺寸和偏差。由于在一个尺寸链中，封闭环只有一个，而组成环有多个，所以，解有无数多。在机器的结构设计中，就需要根据要求的装配精度，确定各相关零件的主要结构尺寸和偏差，这就需要反计算。它主要用于产品设计过程中，以确定各零部件的尺寸和加工精度。

中间计算法。已知封闭环及大部分组成环的基本尺寸及偏差，求某一组成环的基本尺寸及偏差，这种计算，解也是唯一的，计算过程比较简单。

无论是哪一种应用计算，其解算方法都有两种，即极值法和概率法。具体选择哪一种解算方法，需要根据精度高低、生产批量大小、组成环多少等情况，加以综合考虑。

在用反计算法进行结构设计计算时，由于已知的只有装配精度，而需要确定的是众多组成环的尺寸及偏差。尺寸需要根据结构强度要求进行确定，偏差的确定就需要考虑众多因素，其主要确定原则如下。

① 组成环公差应综合考虑加工的难易程度和尺寸大小进行确定。

② 标准件的尺寸、公差和偏差按标准件取。

③ 孔心距、轴心距一般取对称偏差标注。

④ 采用极限量规测量的尺寸，其偏差要按标准偏差值进行确定。

⑤ 公共环的尺寸偏差要从严控制，即要同时满足不同尺寸链的要求。

⑥ 一般尺寸的偏差一般按"单向入体法"确定偏差。

尺寸链方程的求解方法分为极值法和概率法。

17.3.1　极值法

这种计算方法是指在各组成环均出现极值（各增环皆为最大极限尺寸，而各减环皆为最小极限尺寸；或反之）时，计算封闭环尺寸与各组成环的关系的方法时，考虑同时出现极值的情况，实际很难出现，因此比较保守，但计算简单，采用广泛。

用极值法计算尺寸链的基本公式如下：

$$A_0 = \sum_{i=1}^{n} \overrightarrow{A_i} - \sum_{i=n+1}^{m} \overleftarrow{A_i}$$

① 封闭环的基本尺寸 A_0。封闭环的基本尺寸等于各增环的基本尺寸之和减去各减环的基本尺寸之和，即

式中，n 为增环环数；$m-n$ 为减环环数；m 为总组成环环数。

② 封闭环的极限尺寸：A_{0max} 和 A_{0min}。封闭环的最大极限尺寸等于所有增环的最大极限尺寸之和减去所有减环的最小极限尺寸之和，即

$$A_{0max} = \sum_{i=1}^{n} \overrightarrow{A}_{imax} - \sum_{i=n+1}^{m} \overleftarrow{A}_{imin}$$

封闭环的最小极限尺寸等于所有增环的最小极限尺寸之和减去所有减环的最大极限尺寸之和，即

$$A_{0min} = \sum_{i=1}^{n} \overrightarrow{A}_{imin} - \sum_{i=n+1}^{m} \overleftarrow{A}_{imax}$$

③ 封闭环的极限偏差 ES_0 和 EI_0。封闭环的上偏差等于所有增环的上偏差之和减去所有减环的下偏差之和，即

$$ES_0 = \sum_{i=1}^{n} ES_i - \sum_{i=n+1}^{m} EI_i$$

封闭环的下偏差等于所有增环的下偏差之和减去所有减环的上偏差之和，即

$$ES_0 = \sum_{i=1}^{n} EI_i - \sum_{i=n+1}^{m} EI_i$$

④ 封闭环的公差 T_0。封闭环的公差等于各组成环公差之和，即

$$T_0 = \sum_{i=1}^{m} T_i$$

由此可见，封闭环的公差比任何组成环的公差都大，为了减小封闭环的公差，就应尽量减少组成环的数目，这一原则称为"尺寸链最短原则"。一般在零件设计时，应选择最不重要的环节作为封闭环，在封闭环的公差已经确定的情况下，如果组成环的数目越多，则各环节的公差就越小，加工要求也就越高，加工越困难。

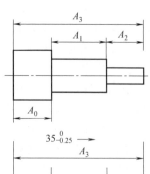

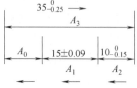

图 17-9　极值法计算尺寸链

例如，某阶梯轴的各个尺寸如图 17-9 所示。已知尺寸值 A_1、A_2、A_3、A_0 是加工以后自动获得的尺寸值，求其尺寸大小和公差值。

根据极值法计算尺寸链的公式计算如下：由题意可知，A_0 为封闭环。

a. 计算封闭环的基本尺寸：
$$A_0 = \overrightarrow{A_3} - (\overleftarrow{A_1} + \overleftarrow{A_2}) = 35 - (15 + 10) = 10 (\text{mm})。$$

b. 计算封闭环的最大极限尺寸：
$$A_{0\max} = \overrightarrow{A_{3\max}} - (\overleftarrow{A_{1\min}} + \overleftarrow{A_{2\min}}) = 35 - (15 - 0.09 + 10 - 0.15) = 10.24 (\text{mm})；$$
计算封闭环的最小极限尺寸：
$$A_{0\min} = \overrightarrow{A_{3\min}} - (\overleftarrow{A_{1\text{miax}}} + \overleftarrow{A_{2\max}}) = 35 - 0.25 - (15 + 0.09 + 10) = 9.66 (\text{mm})。$$

c. 计算封闭环的上偏差：
$$ES_0 = ES_3 - (EI_1 + EI_2) = 0 - [(-0.09) + (-0.15)] = +0.24 (\text{mm})；$$
计算封闭环的下偏差：
$$EI_0 = EI_3 - (ES_1 + ES_2) = -0.25 - [(+0.09) + (0)] = -0.34 (\text{mm})。$$

d. 计算封闭环的公差：
$$T_0 = T_1 + T_2 + T_3 = 0.18 + 0.15 + 0.25 = 0.58 (\text{mm}) = A_{0\max} - A_{0\min} = ES_0 - EI_0。$$

17.3.2 概率法

应用极值法解尺寸链，简单、可靠，但是当封闭环公差较小、环数较多时，则各组成环公差就相应地减少，造成了加工困难，成本增加。为了扩大组成环的公差，以便加工容易，可采用概率法解尺寸链以确定组成环的公差。

运用概率理论来求解封闭环尺寸与各组成环尺寸间的关系。若各组成环的尺寸分布均接近正态分布，且误差分布中心与公差带中心重合，由此可以引出概率法的基本计算公式。

基本公式如下：

① 封闭环的基本尺寸 A_0 等于增环、减环的基本尺寸的代数和。即同前面极值法公式
$$A_0 = \sum_{i=1}^{n} \overrightarrow{A_i} - \sum_{i=n+1}^{m} \overleftarrow{A_i}$$

根据概率论原理，若将各组成环视为随机变量，则封闭环也为随机变量，则有封闭环的平均值等于各组成环的平均值的代数和。

② 封闭环的公差 T_0
$$T_0 = \sqrt{\sum_{i=1}^{m} T_i^2}$$

一般在进行计算时，先将各尺寸变为对称公差带分布，然后再进行计算。例如前面讲解极值法的例题运用统计法进行计算时，计算过程如下。

a. 将各个尺寸化为对称公差带分布。
$$A_1 = 15 \pm 0.09$$
$$\overleftarrow{A_2} = 10_{-0.15}^{0} = 9.925 \pm 0.075$$
$$\overleftarrow{A_3} = 35_{-0.25}^{0} = 34.875 \pm 0.125$$

b. 运用统计法公式进行计算。

基本尺寸：$A_0 = \overrightarrow{A_3} - (\overleftarrow{A_1} + \overleftarrow{A_2}) = 34.875 - 15 - 9.925 = 9.95$ （mm）

公差值：$T_0 = \sqrt{T_1^2 + T_2^2 + T_3^2} = \sqrt{0.18^2 + 0.15^2 + 0.25^2} = 0.342$

最后求得：$A_0 = 9.95 \pm 0.171$

第18章

保证装配精度的方法

采用何种方法保证装配精度，这是机器设计过程中就要确定的问题，并不是只在装配时加以考虑就可以的。在机器设计过程中，设计人员需要根据选择的装配精度保证方法，对组成机器的零件主要结构尺寸，通过运用尺寸链进行计算确定，并设计零件图纸。机器装配时，必须按照已经选定的精度保证方法进行机器装配。

用于保证装配精度的方法有四种，它们分别是互换法、选配法、调整法和修配法。具体选择何种方法保证装配精度，需要根据它们的特点加以选择。

18.1 互 换 法

零件按照图纸设计尺寸和精度进行加工，装配时不需要对零件做任何的挑选、调整和修配，就能保证机器的装配精度要求，这种保证装配精度的方法称为互换装配法，简称互换法。在互换法中，根据尺寸链解算方法的不同，又分为"完全互换法"和"不完全互换法"。

(1) 完全互换法

采用极值法解算尺寸链时，由于考虑了极限情况，所以设计出来的零件，可以百分之百地满足装配精度要求，这就是完全互换法。

采用完全互换法时，解算尺寸链的基本要求是：各组成环的公差之和不得大于封闭环的公差。完全互换法的特点如下：

① 可以百分之百保证互换装配，装配过程简单。

② 便于流水装配线作业，生产率较高。

③ 装配作业对工人技术水平要求不高。

④ 便于零部件的专业化生产和协作。

⑤ 便于备件供应及维修工作。

⑥ 适合组成环数较少或装配精度要求较低的各种生产批量的装配场合。

【例 18-1】 如图 18-1 所示，齿轮空套安装于轴上，为保证齿轮在轴上正常回转，需保证装配后齿轮轴向间隙在 0.10～0.35mm 之间。已知 $A_1=35$mm，$A_2=14$mm，$A_3=49$mm。试以完全互换法解算各组成环的标注尺寸。

【解】 尺寸链建立如图 18-1 所示。根据极值法解算尺寸链原理可求：

① 求封闭环基本尺寸。

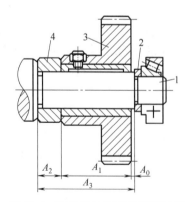

图 18-1　互换法计算齿轮装配结构
1—轴；2—挡圈；3—齿轮；4—隔套

$$A_0 = A_3 - A_1 - A_2 = 49 - 35 - 14 = 0$$

则封闭环尺寸可写成：

$$A_0 = 0^{+0.35}_{-0.35}$$

封闭环公差：

$$T_0 = 0.25$$

② 求平均公差。

已知组成环数为：

$$i = 3$$

则：

$$T_M = \frac{T_0}{i} = \frac{0.25}{3} \approx 0.083$$

③ 确定协调环　协调环一般取便于加工保证的尺寸，选取隔套 4 的 A_2 尺寸作协调环。

④ 确定各组成环（除协调环）公差及偏差。

根据加工难易程度和尺寸大小取：

$$T_3 = 0.15 \quad T_1 = 0.08$$

根据组成环偏差原则确定：

$$A_1 = 35^{0}_{-0.08}, \quad A_3 = 49^{+0.15}_{0}$$

⑤ 计算协调环的上偏差 ES_2 和下偏差 EI_2。

根据尺寸链原理可列方程：

$$+0.35 = +0.15 - (-0.08) - EI_2,$$
$$EI_2 = -0.12 + 0.10 = 0 - 0 - ES_2$$

求得：

$$ES_2 = -0.10$$

即：

$$A_2 = 14^{-0.10}_{-0.12}$$

故为保证装配间隙，各组成环尺寸标注为：

$$A_1 = 35^{0}_{-0.08} \text{mm}, \quad A_2 = 14^{-0.10}_{-0.12} \text{mm}, \quad A_3 = 49^{+0.15}_{0} \text{mm}$$

(2) 不完全互换法

零件公差采用概率法解算确定，有少量废次品无法进入装配，故称为不完全互换法，不完全互换法又称部分互换法或大数互换法。这种方法的实质是：将组成环的公差适当放大加工，根据概率分布理论，大部分零件仍可以实现互换法装配，只有很少一部分零件无法满足装配精度要求，成为废次品。但公差放大加工带来的经济效益，足以弥补废次品造成的损失。不完全互换法的特点与完全互换法基本雷同，所不同的是：

① 不能百分之百互换，有少量废次品无法装配；

② 不完全互换法可以放大零件加工公差，相对于完全互换法，经济性较好；

③ 由于概率法是建立在大数据基础上，所以该方法适用于组成环数较多或精度要求较高的大批量生产场合。

【例 18-2】 采用概率法解算【例 18-1】题的各组成环标注尺寸。

【解】 假设各组成环均为正态分布，且分布对称，则根据概率法解算尺寸链原理可求：

① 求封闭环基本尺寸。

$$A_0 = A_3 - A_1 - A_2 = 49 - 35 - 14 = 0$$

则封闭环尺寸可写成：$A_0 = 0^{+0.35}_{-0.35}$，封闭环公差：$T_0 = 0.25$

② 求平均公差。

已知组成环数为 $i = 3$，则：

$$T_M = \frac{T_0}{\sqrt{i}} = \frac{0.25}{\sqrt{3}} \approx 0.144$$

③ 确定协调环。

选取隔套 4 的 A_2 尺寸作协调环。

④ 确定各组成环（除协调环）公差及偏差。

根据加工难易程度和尺寸大小取：$T_3 = 0.20$，$T_1 = 0.12$

根据组成环偏差确定原则确定：$A_1 = 35_{-0.12}^{0}$，$A_3 = 49_{0}^{+0.20}$

⑤ 求协调环 A_2 的公差 T_2。

$$T_0^2 = T_1^2 + T_2^2 + T_3^2$$

将已知代入有：$T_2 = \sqrt{T_0^2 - T_1^2 - T_2^2} = \sqrt{0.25^2 - 0.12^2 - 0.20^2} = 0.09$

⑥ 计算各尺寸的平均偏差和平均尺寸。

根据尺寸换算关系，可求各尺寸的平均偏差

$$\Delta_{0M} = \frac{+0.35 + (+0.10)}{2} = 0.225$$

$$\Delta_{1M} = \frac{0 + (-0.10)}{2} = -0.05$$

$$\Delta_{3M} = \frac{+0.20 + 0}{2} = 0.1$$

则各环的平均尺寸为：

$$A_{0M} = A_0 + \Delta_{0M} = 0 + 0.225 = 0.225$$
$$A_{1M} = A_1 + \Delta_{1M} = 35 + (-0.05) = 34.95$$
$$A_{3M} = A_3 + \Delta_{3M} = 49 + 0.1 = 49.1$$

⑦ 计算协调环 A_2 的平均尺寸 A_{2M}。

根据尺寸链原理可列方程：

$$A_{0M} = A_{3M} - A_{1M} - A_{0M} = 49.1 - 34.95 - 0.225 = 13.925$$

⑧ 确定协调环尺寸 A_2 并圆整。

根据上述计算可知协调环尺寸为

$$A_2 = A_{2M} \pm \frac{T_2}{2} = 13.925 \pm \frac{0.09}{2} = 13.925 \pm 0.045 = 14_{-0.12}^{-0.03}$$

故为保证装配间隙，各组成环尺寸标注为

$$A_1 = 35_{-0.12}^{0} \text{mm}, \ A_2 = 14_{-0.12}^{-0.03} \text{mm}, \ A_3 = 49_{0}^{+0.29} \text{mm}$$

比较该题目的完全互换法和概率法两种计算结果可以发现，概率法计算的各组成环尺寸公差，明显大于极值法计算的尺寸公差。也就是说，采用概率法计算时，尺寸公差可以更大，尺寸加工会更容易保证，加工成本会更低。

18.2　选择装配法

零件按照经济加工精度进行加工，通过选择合适的零件进行装配，以保证装配精度，这种保证装配精度的方法称为选配法。选配法又分为直接选配法、分组互换法和复合选配法三种，它们均可用较低的零件加工精度，实现较高的装配精度。

(1) 直接选配法

所谓直接选配，就是从许多加工好的零件中任意挑选合适的零件进行装配。一个不合适再换另一个，直到满足装配精度要求为止。

这种方法的优点是能达到很高的装配精度。其缺点是，装配时，工人是凭借经验和必要的判断性测量来选择零件。所以，装配时间不易准确控制，装配精度在很大程度上取决于工人的技术水平。这种装配方法不适用于生产节拍要求较严的大批量流水作业中。

另外，采用直接选配法装配，一批零件严格按同一精度要求装配时，最后可能出现无法满足要求的"剩余零件"，当各零件加工误差分布规律不同时，"剩余零件"可能更多。

(2) 分组装配法

当封闭环精度要求很高时，采用完全互换法解尺寸链，组成环公差非常小，使加工十分困难而又不经济。这时，在加工零件时，常将各组成环公差相对完全互换法所求数值放大数倍，使其尺寸能按经济精度加工，再按实际测量尺寸将零件分为数组，按对应组分别装配，以达到装配精度的要求。由于同组内零件可以互换，故这种方法又称为分组互换法。

在大批生产中，对于组成环数少而装配精度要求高的部件，常采用分组装配法。例如，滚动轴承的装配、发动机气缸活塞环的装配、活塞与活塞销的装配、精密机床中某些精密部件的装配等。

现以汽车发动机中活塞销与活塞销孔的装配为例，说明分组装配法的原理和装配过程。

【例 18-3】　如图 18-2 (a) 所示，销按经济加工精度设计为 $d = \phi 28_{-0.010}^{0}$ mm，活塞销与活塞销孔装配时，要求在冷态时为过盈配合，其过盈量要求为 $0.0025 \sim 0.0075$ mm，试孔、销尺寸进行分组配对。

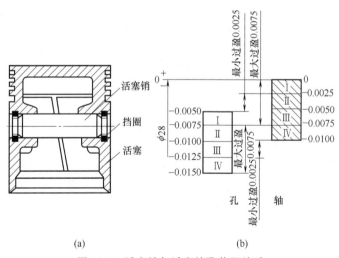

(a)　　　　　　　(b)

图 18-2　活塞销与活塞销孔装配关系

【解】

① 计算销和孔的装配公差 T_d 和 T_D。

设活塞销和销孔直径尺寸分别为 d 和 D，其装配公差分别为 T_d 和 T_D

根据冷态过盈量要求，其极限尺寸应满足下式要求：

$$d_{max} - D_{min} = 0.0075$$
$$d_{min} - D_{max} = 0.0025$$

两式相减可得：　　　　　$T_d + T_D = 0.005$

取销与孔直径尺寸公差相同，则有：$T_d = T_D = 0.0025$

② 装配分组数 m 的确定：

分组数取决于销和孔的实际加工公差 T_S 和装配公差 T_Z。即：

$$m = \frac{T_S}{T_Z} = \frac{T_S}{T_d} = \frac{0.01}{0.0025} = 4$$

当分组数计算为非整数时，分组数只能按进位数字确定，如 $m = 3.15$，分组数仍为 4。此时的分组装配公差值尽量均分处理。

③ 计算销孔的实际加工尺寸 D：

销直径的最大装配尺寸组的尺寸为：$d_1 = \phi 28_{-0.0025}^{0}$

此时为满足装配过盈要求，销孔的最大尺寸为：

$$D_{max} = d_{min} - 0.0025 = 28 - 0.0025 - 0.0025 = 27.9950$$

此时的销孔尺寸也是销孔实际加工的最大尺寸，由于销和孔的实际加工公差需要相等，故销孔的实际加工尺寸为：$D = 27.9950_{-0.010}^{0} = 28_{-0.0150}^{-0.0050}$。

④ 确定销和孔的分组尺寸　根据销孔装配过盈要求，其装配对应关系如图 18-2（b）所示。销和孔的各级具体分组尺寸如表 18-1 所示。

表 18-1　活塞销和孔的装配尺寸分组情况

分组	销尺寸 $d = \phi 28_{-0.010}^{0}$	孔尺寸 $D = \phi 28_{-0.0150}^{-0.0050}$	标记
Ⅰ	28.0000～27.9975	27.9950～27.9925	红
Ⅱ	27.9975～27.9950	27.9925～27.9900	白
Ⅲ	27.9950～27.9925	27.9900～27.9875	黄
Ⅳ	27.9925～27.9900	27.9875～27.9850	绿

为防止发生混组装配，对同一组的零件应做相同的标记处理，如均刷上相同颜色的油漆等。

正确地使用分组装配法，关键是保证分组后各对应组的配合性质和配合精度仍能满足原装配精度的要求，为此，应满足如下条件：

a. 为保证分组后各组的配合性质和配合精度与原装配要求相同，配合件的公差范围应相等；公差应同方向增加；增大的倍数应等于以后的分组数。

从【例 18-3】销轴与销孔的配合来看，它们原理的公差相等：$T_{轴} = T_{孔} = T = 0.0025$mm。采用分组装配法后，销轴与销孔的公差在相同方向上同时扩大 $n = 4$ 倍：$T_{轴} = T_{孔} = T = 0.010$mm，加工后再将它们按尺寸大小分为 $n = 4$ 组。装配时，大销配大孔（Ⅰ组），小销配小孔（Ⅳ组），从而使各组内都保证销与孔配合的最小过盈量与最大过盈量皆符合装配精度要求，如图 18-2（b）所示。

现取任意的轴孔间隙配合加以说明。

设轴、孔的公差分别为 $T_{轴}$、$T_{孔}$，且 $T_{轴} = T_{孔} = T$。轴孔为间隙配合。其最大间隙为 X_{max}。最小间隙为 X_{min}。

现采用分组装配法。把孔轴公差同向放大 n 倍，则轴、孔公差为 $T_{轴} = T_{孔} = nT = T'$。零件加工后，按轴孔尺寸大小分为 n 组，则每组内轴、孔公差为 $\frac{T'}{n} = \frac{nT}{n} = T$。任取第 k 组计算最大间隙与最小间隙，由图 18-3 可知

$$X_{k\,max} = X_{max} + (k-1)T_{孔} - (k-1)T_{轴}$$
$$= X_{max} + (k-1)(T_{孔} - T_{轴}) = X_{max}$$
$$X_{k\,min} = X_{min} + (k-1)T_{孔} - (k-1)T_{轴}$$
$$= X_{min} + (k-1)(T_{孔} - T_{轴}) = X_{min}$$

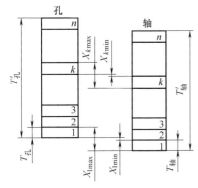

图 18-3　轴与孔分组装配图

由此可见，在配合件公差相等，公差同向扩大倍数等于分组数时，可保证任意组内配合，性质与精度不变。但如果配合件公差不等，配合性质改变，如 $T_{孔} > T_{轴}$，则配合间隙增大。

b. 为保证零件分组后数量相匹配。应使配合件的尺寸分布为相同的对称分布（如正态分布）。

如果分布曲线不相同或为不对称分布曲线，将产生各组相配零件数量不等，造成一些零件的积压浪费，如图 18-4 所示。其中第 1 组与第 4 组中的轴与孔零件数量相差较大，在生产实际中，常专门加工一批与剩余零件相配的零件，以解决零件配套问题。

c. 配合件的表面粗糙度、相互位置精度和形状精度不能随尺寸精度放大而任意放大，应与分组公差相适应，否则，将不能达到要求的配合精度及配合质量。

d. 分组数不宜过多，零件尺寸公差只要放大到经济加工精度即可，否则，就会因零件的测量、分类、保管工作量的增加而使生产组织工作复杂，甚至造成生产过程混乱。

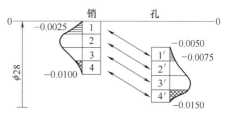

图 18-4　活塞销与活塞销孔的各组数量不等

（3）复合选配法

零件按照经济加工精度进行设计、加工，加工后将零件进行测量分组，装配时对应组零件再采用直接选配法装配。这种方法就是分组互换法和直接选配的复合应用，故称复合选配法，即零件加工后先检验分组，装配时，再对各对应组内经工人进行适当的选配。

这种装配方法的特点是配合件公差可以不等，装配速度较快，质量高，能满足一定生产节拍的要求，如发动机气缸与活塞的装配多采用此种方法。

以上几种装配方法，无论是完全互换法，还是分组装配法，其特点都是零件能够互换，这一点对于大批量生产的装配来说，是非常重要的。

这种选择装配法常用于装配精度要求高而组成环数较少的成批或大批量生产中。

18.3　修　配　法

在成批生产或单件小批生产中，当装配精度要求较高，组成环数目有较多时，若按互换法装配，对组成环的公差要求过严，从而造成加工困难。而采用分组装配法又因生产零件数量少、种类多而难以分组。这时，常采用修配法来保证装配精度的要求。

零件按照经济加工精度进行加工，装配时通过对修配件的修配保证装配精度，这种保证装配精度的方法就称为修配法。修配法的实质就是通过修配件对装配误差进行补偿，以保证装配精度。修配件的选择需要遵循结构简单，便于修配且修配量较小，非公共环，易于装拆的零件。修配法具有如下一些特点：

① 可采用较低的零件加工精度，实现较高的装配精度；

② 修配劳动强度大，费时，不适合流水线生产；

③ 对工人的技术水平要求较高；

④ 主要应用于组成环数较多且装配精度较高的单件、小批量生产场合。

如何保证修配件有修配量且修配量最小，是修配法设计的关键。为此，需要了解修配环尺寸变化对装配精度的影响。

修配环对装配精度的影响有两种情况：一是"越修越大"，即对修配环越修，封闭环尺寸会变得越大；另一种是"越修越小"，即对修配环越修，封闭环尺寸会变得越小。

在此设 $A_{0\max}$、$A_{0\min}$、T_0 分别为装配精度要求的最大尺寸、最小尺寸和公差。设 $A'_{0\max}$、$A'_{0\min}$、T'_0 分别为装配后实际形成的装配精度最大尺寸、最小尺寸和公差。由于组成环零件实际加工公差放大，所以 $T'_0 > T_0$。为保证装配精度要求，两种修配方法的设计装配精度与实际装配精度的公差带应满足图 18-5 要求。

由图 18-5 不难看出：如果对修配环越修，实际装配精度尺寸变得越大，为保证装配精度要求，就必须使；$A'_{0\min} \leqslant A_{0\max}$，为保证修配量最小，需使：

$A'_{0\max} \leqslant A_{0\max}$（此时无修配量）。

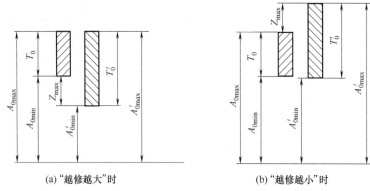

(a)"越修越大"时   (b)"越修越小"时

图 18-5　两种修配方法公差带应满足的关系

同理，"越修越小"时，$A'_{0\min} \geqslant A_{0\min}$，取：$A'_{0\min} = A_{0\min}$（此时无修配量）。

此时的最大修配量可由下式计算：

$$Z_{\max} = T'_0 - T_0 = \sum_{i=1}^{n-1} T_i - T_0$$

采用修配装配法装配时，解尺寸链的主要问题是：在保证补偿量足够且最小的原则下，计算补偿环的尺寸。补偿环被修配后对封闭环尺寸变化的影响有两种情况：一是使封闭环尺寸变大；二是使封闭环尺寸变小。因此，用修配法解装配尺寸链时，可分别根据这两种情况来进行计算。

（1）补偿环被修配后封闭环尺寸变大

现以如图 18-6 所示齿轮与轴的装配关系为例加以说明。

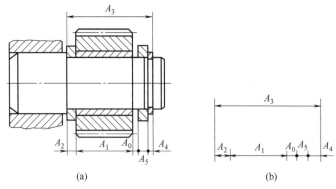

(a)   (b)

图 18-6　齿轮与轴的装配关系

【例 18-4】　已知 $A_1=30\text{mm}$，$A_2=5\text{mm}$，$A_3=43\text{mm}$，$A_4=3^{\ 0}_{-0.050}\text{mm}$（标准件），$A_5=5\text{mm}$，装配后齿轮与挡圈的轴向间隙为 $0.1\sim0.35\text{mm}$。现采用修配法装配，试着确定各组成环的公差及其分布。

【解】

① 选择补偿环　从装配图可以看出，组成环 A_5 为一垫圈，此件装拆较为容易，又不是公共环，修配也很方便，故选择 A_5 为补偿环。从尺寸链可以看出，A_5 为减环，修配后封闭环尺寸变大。由已知条件得

$$A_0=0^{+0.35}_{+0.10}\text{mm},\ T_0=0.25\text{mm}$$

② 确定各组成环公差　按经济精度分配各组成环公差，各组成环公差相对完全互换装配法可有较大增加，即

$T_1=T_3=0.20\text{mm}$，$T_2=T_5=0.10\text{mm}$，A_4 为标准件，其公差仍为确定值 $T_4=0.05\text{mm}$，各加工件公差约为 IT11，可以经济加工。

③ 计算补偿环 A_5 的最大补偿量。

$$T_{01}=\sum_{i=1}^{m}|\xi_i|T_i=T_1+T_2+T_3+T_4+T_5$$
$$=(0.2+0.10+0.20+0.05+0.10)\text{mm}=0.65(\text{mm})$$
$$F_{\max}=T_{01}-T_0=(0.65-0.25)\text{mm}=0.40(\text{mm})$$

④ 确定各组成环（除补偿环）极限偏差　A_3 为内尺寸，按 H 取 $A_3=43^{+0.20}_{0}\text{mm}$；$A_1$、$A_2$ 为外尺寸，按 h 取 $A_1=30^{0}_{-0.20}\text{mm}$，$A_2=5^{0}_{-0.10}\text{mm}$；$A_4$ 为标准件，$A_4=3^{0}_{-0.05}\text{mm}$。各组成环中间偏差为 $\Delta_1=-0.10\text{mm}$，$\Delta_2=-0.05\text{mm}$，$\Delta_3=+0.10\text{mm}$，$\Delta_4=-0.025\text{mm}$，$\Delta_0=+0.225\text{mm}$。

⑤ 计算补偿环 A_5 的极限偏差。

$$\Delta_0=\sum_{i=1}^{m}\xi_i\Delta_i=\Delta_3-(\Delta_1+\Delta_2+\Delta_4+\Delta_5)$$
$$\Delta_5=\Delta_3-(\Delta_1+\Delta_2+\Delta_4)-\Delta_0$$
$$=[0.10-(-0.10-0.05-0.025)]\text{mm}=0.05(\text{mm})$$

补偿环 A_5 的极限偏差为

$$\text{ES}_5=\Delta_5+\frac{1}{2}T_5=\left(0.05+\frac{1}{2}\times0.10\right)\text{mm}=0.10（\text{mm}）$$

$$\text{EI}_5=\Delta_5-\frac{1}{2}T_5=\left(0.05-\frac{1}{2}\times0.10\right)\text{mm}=0（\text{mm}）$$

所以补偿环尺寸为

$$A_5=5^{+0.10}_{0}\text{mm}$$

⑥ 验算装配后封闭环极限偏差。

$$\text{ES}_0=\Delta_0+\frac{1}{2}T_{01}=\left(0.225+\frac{1}{2}\times0.65\right)\text{mm}=0.55（\text{mm}）$$

$$\text{EI}_0=\Delta_0-\frac{1}{2}T_{01}=\left(0.225-\frac{1}{2}\times0.65\right)\text{mm}=-0.10（\text{mm}）$$

由题意可知，封闭环极限偏差应为

$$\text{ES}_0'=0.35\text{mm},\ \text{EI}_0'=0.10\text{mm}$$

则

$$\text{ES}_0-\text{ES}_0'=(0.55-0.35)\text{mm}=+0.20(\text{mm})$$

$$\mathrm{EI}_0 - \mathrm{EI}_0' = (-0.10 - 0.10)\mathrm{mm} = -0.20(\mathrm{mm})$$

故补偿环需改变±0.20mm，不能保证装配精度不变。

⑦ 确定补偿环（A_5）尺寸   在本例中，补偿环（A_5）为减环，被修配后，齿轮与挡环的轴向间隙变大，即封闭环尺寸变大。所以，只有装配后封闭环的实际最大尺寸（$A_{0\max} = A_0 + \mathrm{ES}_0'$）不大于封闭环要求的最大尺寸（$A_{0\max}' = A_0 + \mathrm{ES}_0'$）时，才可能进行装配，否则不能进行修配，故应满足下列不等式：

$$A_{0\max} \leqslant A_{0\max}' \quad 即 \quad \mathrm{ES}_0 \leqslant \mathrm{ES}_0'$$

根据修配量足够且最小原则，应有

$$A_{0\max} \leqslant A_{0\max}' \quad 即 \quad \mathrm{ES}_0 = \mathrm{ES}_0'$$

本例题则应：

$$\mathrm{ES}_0 = \mathrm{ES}_0' = 0.35\mathrm{mm}$$

当补偿环 $A_5 = 5^{+0.10}_{0}$ mm 时，装配后封闭环 $\mathrm{ES}_0 = 0.55$mm。只有 A_5（减环）增大后，封闭环才能减小。为满足上述等式，补偿环 A_5 应增加 0.20mm，才能保证 $\mathrm{ES}_0 = 0.35$mm，使补偿环具有足够的补偿量。

所以，补偿环最终尺寸为：

$$A_5 = (5 + 0.20)^{+0.10}_{0} \mathrm{mm} = 5.20^{+0.10}_{0}(\mathrm{mm})$$

（2）补偿环被修配后封闭环尺寸变小

【例 18-5】 现以图 17-5 所示的卧式车床装配为例加以说明。在装配时，要求尾座中心线比主轴中心线高 0～0.06mm。已知 $A_1 = 202$mm，$A_2 = 46$mm，$A_3 = 156$mm，现采用修配装配法，试确定各组成环公差及其分布。

【解】

① 建立装配尺寸链   依题意可建立装配尺寸链，如图 17-5（b）所示。其中，封闭环 $A_0 = 0^{+0.06}_{0}$mm，$T_0 = 0.06$mm，A_1 为减环，$\xi_1 = -1$，A_2、A_3 为增环，$\xi_2 = \xi_3 = +1$。

校核封闭环尺寸：

$$A_0 = \sum_{i=1}^{m} \xi_i A_i = (A_2 + A_3) - A_1 = [(46 + 156) - 202]\mathrm{mm} = 0$$

按完全互换装配法的极限公式计算各组成环平均公差为：

$$T_{\mathrm{av1}} = \frac{T_0}{m} = \frac{0.06}{3}\mathrm{mm} = 0.02(\mathrm{mm})$$

显然，各组成环公差太小，零件加工困难。现采用修配装配法装配，确定各组成环公差及其极限偏差。

② 选择补偿环   从装配图可以看出，组成环 A_2 为底板，其表面积不大，工件形状简单，便于刮研和拆装，故选择 A_2 为补偿环。A_2 为增环，修配后封闭环尺寸变小。

③ 确定各组成环公差   根据各组成环加工方法，按经济精度确定各组成环公差，A_1、A_3 可采用镗模镗削加工，取 $T_1 = T_3 = 0.10$mm。底板采用半精刨加工，取 A_2 的公差 $T_2 = 0.15$mm。

④ 计算补偿环 A_2 的最大补偿量。

$$T_{01} = \sum_{i=1}^{m} |\xi_i| T_i = T_1 + T_2 + T_3 = (0.10 + 0.15 + 0.10)\mathrm{mm} = 0.35(\mathrm{mm})$$

$$F_{\max} = T_{01} - T_0 = (0.35 - 0.06)\mathrm{mm} = 0.29(\mathrm{mm})$$

⑤ 确定各组成环（除补偿环外）的极限偏差 A_1、A_3 都是表示孔位置的尺寸，公差常选为对称分布

$$A_1 = (202 \pm 0.05)\text{mm}, \quad A_3 = (156 \pm 0.05)\text{mm}$$

各组成环的中间偏差为：

$$\Delta_1 = 0\text{mm}, \Delta_3 = 0\text{mm}, \Delta_0 = \pm 0.03\text{mm}$$

⑥ 计算补偿环 A_2 的极限偏差　补偿环 A_2 的中间偏差为：

$$\Delta_0 = \sum_{i=1}^{m} \xi_i \Delta_i = (\Delta_2 + \Delta_3) - \Delta_1$$

$$\Delta_2 = \Delta_0 + \Delta_1 - \Delta_3$$

$$= (0.03 + 0 - 0)\text{mm} = 0.03(\text{mm})$$

补偿环 A_2 的极限偏差为：

$$\text{ES}_2 = \Delta_2 + \frac{1}{2}T_2 = \left(0.03 + \frac{1}{2} \times 0.15\right)\text{mm} = 0.105(\text{mm})$$

$$\text{EI}_2 = \Delta_2 - \frac{1}{2}T_2 = \left(0.03 - \frac{1}{2} \times 0.15\right)\text{mm} = -0.045(\text{mm})$$

所以补偿环尺寸为：

$$A_2 = 46^{+0.105}_{-0.045}\text{mm}$$

⑦ 验算装配后封闭环极限偏差。

$$\text{ES}_0 = \Delta_0 + \frac{1}{2}T_{01} = \left(0.03 + \frac{1}{2} \times 0.35\right)\text{mm} = +0.205(\text{mm})$$

$$\text{EI}_0 = \Delta_0 - \frac{1}{2}T_{01} = \left(0.03 - \frac{1}{2} \times 0.35\right)\text{mm} = -0.145(\text{mm})$$

由题意可知，封闭环极限偏差应为：

$$\text{ES}_0' = 0.06\text{mm}, \quad \text{EI}_0' = 0\text{mm}$$

则
$$\text{ES}_0 - \text{ES}_0' = (0.205 - 0.06)\text{mm} = \pm 0.145(\text{mm})$$

$$\text{EI}_0 - \text{EI}_0' = (-0.145 - 0)\text{mm} = -0.145(\text{mm})$$

故补偿环须改变 $\pm 0.145\text{mm}$，不能保证装配精度不变。

⑧ 确定补偿环（A_2）尺寸　在本装配中，补偿环底板 A_2 为增环，被修配后，底板尺寸减小，尾座中心线降低，即封闭环尺寸变小。所以，只有装配后封闭环的实际最小尺寸（$A_{0\min} = A_0 + \text{EI}_0$）不小于封闭环要求的最大尺寸（$A_{0\min}' = A_0 + \text{EI}_0'$）时，才可能进行修配，否则即便进行修配也不能达到装配精度要求，故应满足下列不等式：

$$A_{0\min} \geqslant A_{0\max}' \quad 即 \quad \text{EI}_0 \geqslant \text{EI}_0'$$

根据修配量足够且最小原则，应有：

$$A_{0\max} = A_{0\max}' \quad 即 \quad \text{EI}_0 = \text{EI}_0'$$

本例题则应

$$\text{EI}_0 = \text{EI}_0' = 0$$

为满足上述等式，补偿环应增加 0.145mm，封闭环最小尺寸（$A_{0\min}$）才能从 -0.145mm（尾座中心线低于主轴中心）增加到（尾座中心与床头主轴中心等高），以保证具有足够的补偿量。

所以，补偿环最终尺寸为：

$$A_2 = (46 + 0.145)^{+0.105}_{-0.045}\text{mm} = 46^{+0.25}_{+0.10}(\text{mm})$$

由于本装配有特殊工艺要求，即底板的底面在总装时必须留有一定的修刮量，而上述计算是按 $A_{0\max} = A_{0\max}'$ 条件求出 A_2 尺寸的。此时最大修刮量为 0.29mm，符合总装要求，但最小修刮量为 0，这不符合总装要求，故必须将 A_2 尺寸放大些，以保留最小修刮量。从底

板修刮工艺来说，最小修刮量留 0.1mm 即可，所以修正后 A_2 的实际尺寸应再增加 0.1mm，即

$$A_2=(46+0.10)^{+0.25}_{+0.10}\,\text{mm}=46^{+0.35}_{+0.20}\,(\text{mm})$$

（3）修配方法

实际生产中，通过修配来达到装配精度的方法很多，但最常见的方法有以下三种。

① 单件修配法　单件修配法是在多环装配尺寸链中，选定某一固定的零件作修配件（补偿环），装配时用去除金属层的方法改变其尺寸，以满足装配精度的要求。这种修配方法在生产中应用最为广泛。

② 合并加工修配法　这种方法是将两个或更多的零件合并在一起再进行加工修配，合并后的尺寸可看作为一个组成环，这样就减少了装配尺寸链组成环的数目，并可以相应减少修配的劳动量。这种方法多用于单件小批生产中。

③ 自身加工修配法　在机床制造中，有些装配精度要求较高，若单纯依靠限制各零件的加工误差来保证，势必要求各零件有很高的加工精度，甚至无法加工，而且不易选择适当的修配件。此时，在机床总装时，用机床加工自己的方法来保证机床的装配精度，这种修配法称为自身加工修配法。例如，在牛头刨床总装后，用自刨的方法加工工作台表面，这样就可以较容易地保证滑枕运动方向与工作台面平行度的要求。

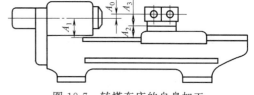

图 18-7　转塔车床的自身加工

如图 18-7 所示的转塔车床，一般不用修刮 A_3 的方法来保证主轴中心线与转塔上各孔中心线的等高要求，而是在装配后，在车床主轴上安装一把镗刀，转塔做纵向进给运动，依次镗削转塔上的六个孔。这种自身加工修配法可以方便地保证主轴中心线与转塔上的六个孔中心线的等高性。此外，平面磨床，用自身的砂轮磨削机床工作台面，也属于这种修配方法。

18.4　调　整　法

对于精度要求高而组成环又较多的产品或部件，在不能采用互换装配法时，除了可用修配装配法外，还可以采用调整装配法来保证装配精度。

在装配时，用改变产品中可调整零件的相对位置或选用合适的调整件以达到装配精度的方法称为调整装配法。

调整装配法与修配装配法的实质相同，即各零件公差仍按经济精度的原则来确定，并且仍选择一个组成环为调整环（此环的零件称为调整件），但在改变补偿环尺寸的方法上有所不同：修配装配法采用机械加工的方法去除补偿环零件上的金属层；调整装配法采用改变补偿环零件的位置或更换新的补偿环零件的方法来满足装配精度要求。两者的目的都是补偿由于各组成环公差扩大后所产生的积累误差，以最终满足封闭环的要求。最常见的调整方法有固定调整法、可动调整法和误差抵消调整法三种。

（1）固定调整法

在装配尺寸链中，选择某一零件为调整件，根据各组成环形成累积误差的大小来更换不同尺寸的调整件，以保证装配精度要求，这种方法即为固定调整法。常用的调整件有轴套、垫片、垫圈等。

采用固定调整法时要解决如下三个问题：

① 选择调整范围；

② 确定调整件的分组数；

③ 确定每组调整件的尺寸。

现仍以图 18-6 所示齿轮与轴的装配关系为例加以说明。

【例 18-6】 在图 18-6 中，已知 $A_1 = 30$mm，$A_2 = 5$mm，$A_3 = 43$mm，$A_4 = 3^{\ 0}_{+0.05}$mm（标准件），$A_5 = 5$mm，装配后齿轮轴向间隙为 0.1～0.35mm，现采用固定调整法装配，试确定各组成环的尺寸偏差，并求调整件的分组数及尺寸系列。

【解】

① 画装配尺寸链图，校核各环公称尺寸。

依题意，轴向间隙为 0.1～0.35mm，则封闭环 $A_0 = 0^{+0.35}_{+0.10}$mm，封闭环公差 $T_0 = 0.25$mm。A_3 为增环，A_1、A_2、A_4、A_5 为减环，$\xi_3 = +1$，$\xi_1 = \xi_2 = \xi_4 = \xi_5 = -1$，装配尺寸链如图 18-6（b）所示。

封闭环公称尺寸为：

$$A_0 = \sum_{i=1}^{m} \xi_i A_i = A_3 - (A_1 + A_2 + A_4 + A_5)$$
$$= [43 - (30 + 5 + 3 + 5)]\text{mm} = 0$$

由计算可知，各组成环公称尺寸无误。

② 选择调整件 A_5 为一垫圈，其加工比较容易，装卸方便，故选择 A_5 为调整件。

③ 确定各组成环公差 按经济精度确定各组成环公差：$T_1 = T_3 = 0.20$，$T_2 = T_5 = 0.10$mm，A_4 为标准件，其公差仍为已知数 $T_4 = 0.05$mm。各加工公差约为 IT11，可以经济加工。

④ 计算调整件 A_5 的调整量

$$T_{01} = \sum_{i=1}^{m} |\xi_i| T_i = T_1 + T_2 + T_3 + T_4 + T_5$$
$$= (0.20 + 0.10 + 0.20 + 0.05 + 0.10)\text{mm} = 0.65(\text{mm})$$

调整量 F 为

$$F = T_{01} - T_0 = (0.65 - 0.25)\text{mm} = 0.40(\text{mm})$$

⑤ 确定各组成环极限偏差 确定各组成环的极限偏差：$A_1 = 30^{\ 0}_{-0.20}$mm，$A_2 = 5^{\ 0}_{-0.10}$mm，$A_3 = 43^{+0.20}_{\ 0}$mm，$A_4 = 3^{\ 0}_{-0.05}$mm，则 $\Delta_1 = -0.10$mm，$\Delta_2 = -0.05$mm，$\Delta_3 = +0.10$mm，$\Delta_4 = -0.025$mm，$\Delta_0 = +0.225$mm。

⑥ 计算调整件 A_5 的极限偏差 调整件 A_5 的中间偏差为

$$\Delta_0 = \sum_{i=1}^{m} \xi_i \Delta_i = \Delta_3 - (\Delta_1 + \Delta_2 + \Delta_4 + \Delta_5)$$
$$\Delta_5 = \Delta_3 - \Delta_0 - (\Delta_1 + \Delta_2 + \Delta_4)$$
$$= [+0.10 - 0.225 - (0.10 - 0.05 - 0.025)]\text{mm} = 0.05(\text{mm})$$

调整件 A_5 的极限偏差为

$$\text{ES}_5 = \Delta_5 + \frac{1}{2} T_5 = \left(0.05 + \frac{1}{2} \times 0.10\right)\text{mm} = 0.10(\text{mm})$$

$$\text{EI}_5 = \Delta_5 - \frac{1}{2} T_5 = \left(0.05 - \frac{1}{2} \times 0.10\right)\text{mm} = 0(\text{mm})$$

所以，调整件 A_5 的尺寸为

$$A_5 = 5^{+0.10}_{0}\text{mm}$$

⑦ 确定调整件的分组数 Z　取封闭环公差与调整件公差之差作为调整件各组之间的尺寸差 S，则

$$S = T_0 - T_5 = (0.25 - 0.10)\text{mm} = 0.15(\text{mm})$$

调整件的分组数 Z 为

$$Z = \frac{F}{S} + 1 = \frac{0.40}{0.15} + 1 = 3.67 \approx 4$$

分组数不能为小数，取 $Z=4$。当实际计算的 Z 值和圆整数相差较大时，可通过改变各组成环公差或调整件公差的方法，使 Z 值近似为整数。另外，分组数不宜过多，否则将给生产组织工作带来困难。由于分组数随调整件公差的减小而减少，因此，如有可能，应使调整件公差尽量小些。一般分组数 Z 取 3~4 为宜。

⑧ 确定各组调整件的尺寸　在确定各组调整件尺寸时，可根据以下原则来计算：

a. 当调整件的分组数 Z 为奇数时，预先确定的调整件尺寸是中间的一组尺寸，其余各组尺寸相应增加或减少各组之间的尺寸差 S。

b. 当调整件的分组数 Z 为偶数时，则以预先确定的调整件尺寸为对称中心，再根据尺寸差 S 确定各组尺寸。

本例中分组数 $Z=4$，为偶数，故以 $A_5 = 5^{+0.10}_{0}\text{mm}$ 为对称中心，各组尺寸差 $S=0.15\text{mm}$，则各组尺寸分别为：

$$A_5 = (5 - 0.075 - 0.15)^{+0.10}_{0}\text{mm} = 5^{-0.125}_{-0.225}\text{mm}$$

$$A_5 = (5 - 0.075)^{+0.10}_{0}\text{mm} = 5^{+0.025}_{-0.075}\text{mm}$$

$$A_5 = (5 + 0.075)^{+0.10}_{0}\text{mm} = 5^{+0.175}_{+0.075}\text{mm}$$

$$A_5 = (5 + 0.075 + 0.15)^{+0.10}_{0}\text{mm} = 5^{+0.325}_{+0.225}\text{mm}$$

所以，$A_5 = 5^{-0.125}_{-0.225}\text{mm}$，$A_5 = 5^{+0.025}_{-0.075}\text{mm}$，$A_5 = 5^{+0.175}_{+0.075}\text{mm}$，$A_5 = 5^{+0.325}_{+0.225}\text{mm}$。

固定调整法装配多用于大批量生产中。在产量大、装配精度要求高的生产中，固定调整件可以采用多件组合的方式，如预先将调整垫做成不同的厚度（1mm、2mm、5mm、10mm），再制作一些更薄的金属片（0.01mm、0.02mm、0.05mm、0.10mm 等），装配时根据尺寸结合原理（同量块使用方法相同），把不同厚度的垫片组成各种不同尺寸，以满足装配精度的要求。这种调整方法比较简便，它在汽车、拖拉机生产中广泛应用。

(2) 可动调整法

采用改变调整件的相对位置来保证装配精度的方法称为可动调整法。

在机械产品的装配中，零件可动调整的方法很多，如图 18-8 表示卧式车床中可动调整法的应用实例。图 18-8（a）是通过调整套筒的轴向位置来保证齿轮的轴向间隙；图 18-8（b）表示机床中滑板采用调节螺钉使楔块上、下移动来调整丝杠和螺母的轴向间隙；图 18-8（c）是主轴箱用螺钉来调整端盖的轴向位置，最后达到调整轴承间隙的目的；图 18-8（d）表示小滑板上通过调整螺钉来调节镶条的位置，保证导轨副的配合间隙。

可动调整法能按经济加工精度加工零件，而且装配方便，可以获得比较高的装配精度。在使用期间，可以通过调整件来补偿由于磨损、热变形所引起的误差，使之恢复原来的精度要求。它的缺点是增加了一定的零件数目以及要具备较高的调整技术。这种方法优点突出，因而使用较为广泛。

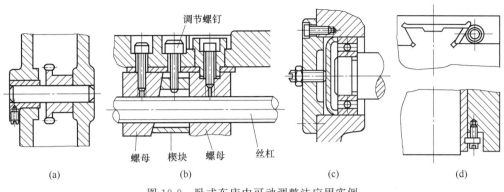

图 18-8 卧式车床中可动调整法应用实例

（3）误差抵消调整法

在产品或部件装配时，通过调整有关零件的相互位置，使其加工误差相互抵消一部分，以提高装配精度，这种方法称为误差抵消调整法。这种方法在机床装配时应用较多，如在装配机床主轴时，通过调整前后轴承的径向圆跳动；在滚齿机工作台分度蜗轮装配中，采用调整两者偏心方向来抵消误差，最终提高了分度蜗轮的装配精度。

参 考 文 献

[1] 王槐德. 机械制图新旧标准代换教程. 北京：中国标准出版社，2017.

[2] 周湛学，赵小明. 图解机械零件加工精度测量及实例（2版）. 北京：化学工业出版社，2014.

[3] 马恒，孙素荣. 公差配合与测量技术. 北京：机械工业出版社，2018.

[4] 黄云清. 公差配合与测量技术. 北京：机械工业出版社，2019.

[5] 荀占超. 公差配合与测量技术. 北京：机械工业出版社，2018.

[6] 杨丙乾. 机械制造技术基础. 北京：化学工业出版社，2016.

[7] 胡建生. 机械制图. 北京：机械工业出版社，2019.

[8] 贾振元，王福吉，董海. 机械制造技术基础（2版）. 北京：科学出版社，2019.

[9] 谭豫之，李伟. 机械制造工艺学（2版）. 北京：机械工业出版社，2016.

[10] 温秉权. 机械制造基础. 北京：北京理工大学出版社，2017.

[11] 邓文英，宋力宏. 金属工艺学. 北京：高等教育出版社，2016.

[12] 陈津. 现代合金钢冶炼. 北京：化学工业出版社，2015.

[13] 张昌钦，田彬. 简明钢铁冶金学教程. 北京：化学工业出版社，2016.

[14] 尹成湖，周湛学. 机械加工工艺简明速查手册. 北京：化学工业出版社，2016.

[15] 郭兰申，王阳. 机械制造工程学. 北京：化学工业出版社，2015.

[16] 刘永利，万苏文. 机械制造基础. 北京：化学工业出版社，2014.

[17] 陈培里. 工程材料及热加工. 北京：高等教育出版社，2015.

[18] 崔占全. 工程材料. 北京：机械工业出版社，2017.

[19] 尤尔根·布尔麦斯特. 机械制造工程基础. 湖南：湖南科学技术出版社，2019.

[20] 塞洛普·卡尔帕基安. 制造工程与技术——机加工. 北京：机械工业出版社，2019.

[21] 朱张校，姚可夫. 工程材料. 北京：清华大学出版社，2011.

[22] 闻邦椿. 机械设计手册第1卷. 北京：机械工业出版社，2018.

[23] 张卫，方峻. 互换性与测量技术. 北京：机械工业出版社，2021.

[24] 吴拓. 公差配合与技术测量. 北京：机械工业出版社，2021.

[25] 刘让贤. 几何量公差配合与技术测量. 上海：上海科学技术出版社，2015.

[26] 朱红. 公差配合与几何测量检测技术. 北京：机械工业出版社，2018.

[27] 甘永立. 几何量公差与检测. 上海：上海科学技术出版社，2013.

[28] 娄琳. 公差配合与测量技术. 北京：人民邮电出版社，2018.

[29] 温秉权. 机械制造基础. 北京：北京理工大学出版社，2017.

[30] 黄明宇. 金工实习（冷加工）（4版）. 北京：机械工业出版社，2019.

[31] 侯书林，朱海. 机械制造基础（下册）——机械加工工艺基础. 北京：北京大学出版社，2011.

[32] 齐乐华. 工程材料与机械制造基础. 北京：高等教育出版社，2006.